普通高等教育“十三五”规划教材

有机合成

（第二版）

杨光富　主编

華東理工大學出版社
EAST CHINA UNIVERSITY OF SCIENCE AND TECHNOLOGY PRESS
·上海·

图书在版编目(CIP)数据

有机合成/杨光富主编. —2 版. —上海：华东理工大学出版社，2016. 8（2024. 7 重印）

ISBN 978 - 7 - 5628 - 4718 - 2

Ⅰ. ①有…　Ⅱ. ①杨…　Ⅲ. ①有机合成-高等学校-教材　Ⅳ. ①O621. 3

中国版本图书馆 CIP 数据核字(2016)第 140889 号

项目统筹 / 焦婧茹
责任编辑 / 焦婧茹
出版发行 / 华东理工大学出版社有限公司
地址：上海市梅陇路 130 号，200237
电话：021 - 64250306
网址：www.ecustpress.cn
邮箱：zongbianban@ecustpress.cn
印　　刷 / 广东虎彩云印刷有限公司
开　　本 / 787 mm × 1092 mm　1/16
印　　张 / 15.25
字　　数 / 376 千字
版　　次 / 2010 年 11 月第 1 版
2016 年 8 月第 2 版
印　　次 / 2024 年 7 月第 7 次
定　　价 / 42.00 元

第二版前言

虽然当初我们下定决心组织编写这本供化学、应用化学及其相关专业本科生使用的《有机合成》教材时，就知道这不是一件容易的事，但我们仍然愿意去尝试。令我们感到欣慰的是，本书自 2010 年出版以来，先后四次印刷，受到了广大读者的关注和肯定，一些高校把该书作为高年级本科生的教材，并且将他们在使用过程中发现的一些问题及时反馈给了我们，也提出了很多建设性的意见和建议。这对我们而言是一种莫大的鼓舞和激励。

五年过去了！有机合成化学在这五年里又取得了很多新的重要进展，编者非常有必要将这些重要进展反映出来，正好出版社也提出了希望再版的要求。最后我们决定对本书进行修订，并把这次再版看作是一次很好的学习提高的机会，一方面总结近年来有机合成化学的重要进展，如碳氢活化反应、光活化反应等；另一方面也对读者尤其是使用本书作为教材的高校师生所提出的意见和建议进行反馈。

经过大家的讨论，我们确定了再版的基本原则：在教材体系上，整体上与第一版保持一致，只是将部分章节的顺序进行了调整，将原第 9 章“杂环化合物的合成”调整为第 8 章，将原第 8 章“多步骤有机合成”调整为第 9 章；在内容的更新上，删除了一些缺乏实际应用价值的传统反应实例，如原第 4 章 4.5 节“由邻二醇制备烯烃”的内容，同时增加了近年来有机合成化学重要进展的内容，如第 3 章中增加了 3.6 节“C—H 键活化反应”、第 9 章“多步骤有机合成”中增加了 9.8 节“降三萜天然产物(+)- Propindilactone G 的合成”、第 10 章中增加了 10.8 节“基于微反应技术的有机合成”和 10.9 节“基于可见光介导的光氧化还原催化的有机合成方法学”；在反应实例的选取上，要充分反映我国科学家的研究成果，优先选取已经进行工业化应用的实例，尤其是在药物和农药合成上的应用实例。

本书的再版任务仍然由华中师范大学杨光富教授(负责编写第 1、10 章)、刘盛华教授(负责编写第 5、9 章)、丁明武教授(负责编写第 3、4 章)、华中科技大学龚跃法教授(负责编写第 2、7 章)、武汉大学李早英教授(负责编写第 6、8 章)共同承担，由杨光富教授担任主编，负责全书的统稿工作。在再版的过程中，得到了华东理工大学出版社的大力支持和帮助；武汉理工大学陈宬博士在参考文献整理及文字校对方面提供了有力帮助，通读了全书，并提出了很多修改意见，在此表示最诚挚的感谢！

鉴于我们自身的水平所限，虽经反复推敲和斟酌，书中错漏之处仍在所难免，恳请广大读者批评指正！

编　者

2016 年 5 月 1 日

前 言

有机合成化学是有机化学最重要的组成部分之一，也是人类创造新物质的最有效工具。经过近200年的发展，有机合成的理论体系已经基本完善，有机合成方法、技术和手段均取得了辉煌的成就，并不断获得新的发展。如今，不同学科之间的界限已越来越模糊。但可以相信的是，在不久的将来，化学学科区别于其他学科的一个最重要的特征就在于，化学家可以从分子水平上来操控分子结构，无论是复杂的天然产物，还是纳米颗粒，甚至是全基因组。这其中，有机合成就是必不可少的关键技术之一。正因为如此，有机合成化学是化学专业及相关专业本科生的必修课之一。

基于以上考虑，我们决定组织编写供本科生使用的《有机合成》教材，并获得了“十一五”国家重点图书出版规划立项。承担这样一项任务是十分艰巨的。一方面，有机合成化学的发展非常迅速，内容极其丰富，如何能够从最新的研究成果中合理选材，提取出既能反映当前有机合成化学发展趋势，又能够符合本科生学习特点的内容无疑是非常困难的。另一方面，面向本科生的有机合成化学类的教材已经出版较多，要想写出一本具有新意和特点的教材不是一件容易的事情。

经过反复讨论，我们确定了本书的编写原则：教材体系方面，以有机合成的基本理论为主线，以键的构建进行章节划分；在内容的选取上，既要注意到与基础有机化学的衔接，又要能反映当前有机合成化学的发展趋势，尽可能选取那些既能涉及基础有机化学中的基本反应理论，又能突出有机合成中高效性、选择性以及绿色化的合成实例；在写作方式上，既注重对有机合成基本原理的描述，又要注意对具体实例的描述，通过对与实际生活密切相关的一些合成实例的描述，来启发、激发学生的兴趣和创造性。

按照以上编写思路，全书共分10章。第1章是绪论，主要介绍有机合成的发展历史、发展趋势以及面临的挑战。第2章主要介绍逆合成分析，包括逆合成分析的基本原理以及合成子的概念，对常用的合成子进行重点介绍，并通过一些具体实例来阐述逆合成分析的应用。第3章和第4章主要讨论碳碳单键和碳碳双键的形成。第5章主要介绍碳环的形成和断开。第6章主要介绍有机合成中的官能团保护，重点介绍常见官能团(如羟基、羰基、羧基和氨基)的保护与去保护策略。第7章重点介绍有机合成中的选择性，重点讨论化学选择性、区域选择性以及立体选择性控制的策略。第8章主要介绍多步骤有机合成，选取一些典型的药物和农药分子进行介绍，在介绍这些目标分子合成时，所涉及的有机反应大多数属于本科生在知识水平范围内可以理解的反应，同时还着重强调有机合成的高效性以及选择性控制，并进一步强化逆合成分析原理的应用。第9章主要介绍杂环化合物的合成。杂环化合物是最重要的一类有机化合物,但杂环化合物的合成对本科生而言是一个难点。因此,本章主要选取一些典型的五元和六元杂环进行介绍,对稠杂环化合物基本上不涉及。第10章主要对有机合成的新技术和新方法进行介绍,着重体现有机合成朝着高效性、经济性、绿色化的趋势向前发展。每个章节后面均附有参考文献,可作为进一步阅读的材料。除了第1章和第10章之外,其他章还附有少量的思考题,有些还标注了相应的参考文献,目的是引导学生深入思考。

本书的编写任务由华中师范大学杨光富教授(负责编写第1、10章)、刘盛华教授(负责编写第5、8章)、丁明武教授(负责编写第3、4章),华中科技大学龚跃法教授(负责编写第2、7章),以及武汉大学李早英教授(负责编写第6、9章)共同承担。全书由杨光富负责统稿。在编写过程中,我们参考了大量的期刊文献以及书籍,在此对所引文献和书籍的作者表示最衷心的感谢!华中师范大学汪焱钢教授通读了全部书稿,并提出了许多宝贵意见,在此表示最诚挚的感谢!编者水平有限,书中不足之处在所难免,恳请读者批评指正!

目 录

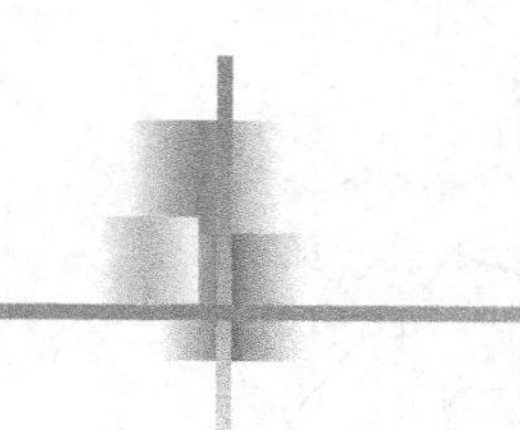

第1章 绪论

有机合成是指通过对一系列有机化学反应路线的合理设计，利用相对比较简单的分子来制备比较复杂目标分子的过程。我国2008年度最高科学技术奖获得者徐光宪院士曾经指出，化学合成技术是人类社会20世纪的七大技术之一。如果没有发明合成氨，合成尿素和第一、第二、第三代新农药的化学合成技术，世界粮食产量至少要减半，60亿人口中的30亿就会饿死；如果没有发明合成各种抗生素和新药物的药物合成技术，人类平均寿命要缩短25年；如果没有发明合成纤维、合成橡胶及合成塑料的高分子合成技术，人类生活要受到很大影响；如果没有合成大量新分子和新材料的化学工业技术，人们常说的信息技术、生物技术、核科学和核武器技术、航空航天和导弹技术、激光技术及纳米技术这六大技术根本就无法实现。因此，合成化学是化学的核心，它使化学成为一门“中心的、实用的、创造性的科学”。

1.1 有机合成的发展历程[1,2]

第一例有机合成可以追溯到1828年。当时德国的一位青年化学家维勒(F. Wöhler)在加热氰酸铵的水溶液时，意外地得到了尿素，从而首次实现了从无机化合物制备有机化合物这一过程。但是，由于当时受“生命力学说”的影响，人们并没有意识到这项工作的重要性，并且认为尿素只是动物体的一种低级排泄物，而且容易分解为二氧化碳和氨气，因此不承认有机化合物可以通过无机化合物来制备。直到1845年，柯尔贝(H. Kolbe)成功实现了从单质碳制备乙酸，并第一次使用“合成”这一术语来描述乙酸的制备过程；1854年贝特洛(Berthelot)又报道了油脂的合成，与此同时，一些其他的有机化合物也相继由无机化合物制备得到。这样，“生命力学说”才真正被推翻。

从维勒报道第一例有机合成到现在，已经经历了180多年。这期间，有机合成化学已经取得了飞速的发展，并多次获得诺贝尔化学奖(见表1-1)。值得一提的是，E. Fischer所完成的(+)-葡萄糖的合成是19世纪末最重要的一项全合成研究。这不仅是因为所合成的目标分子中官能团的复杂性，而且还因为在该项合成中成功地实现了目标分子中4个手性中心的立体化学控制。此外，在合成(+)-葡萄糖的过程中，E. Fischer还提出了有机化学中描述立体构型的重要方法，即费歇尔投影式。

进入20世纪以后，有机合成化学得到了进一步的发展，在第二次世界大战以前，人们就已经完成了多种复杂天然产物的全合成研究，特别值得一提的是，1903年Willstätter通过16步反应成功合成了天然产物颠茄酮，这在当时是一项十分了不起的成就[1]。更有趣的

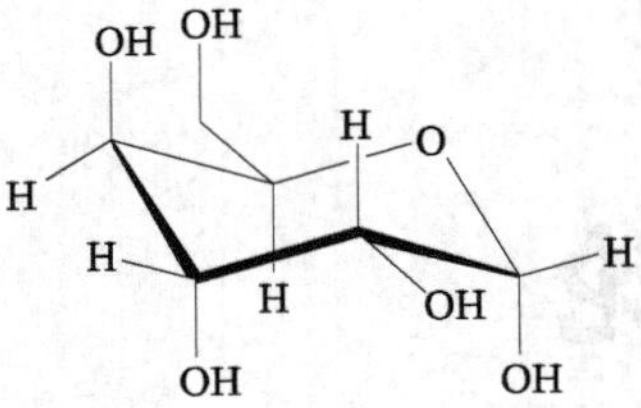

(+)-葡萄糖

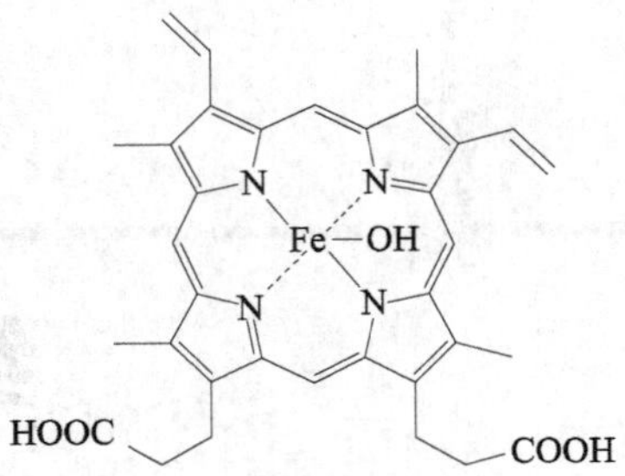

高铁血红素

是,1917 年 R. Robinson 利用一分子的琥珀醛、一分子的甲胺和一分子的 3-酮基戊二酸在生理条件下的一步反应就成功合成了颠茄酮(见图 1-1)。由于该反应条件与生理条件极其相似,而且反应产率也很高,为此,Robinson 以该反应为起点提出了天然物生源假说理论,这应该可以看作是现代生物合成理论的最早起源。按照天然物生源假说理论,Robinson 认为颠茄酮在植物体内也是按照这种反应过程进行合成的,他还把这个理论推广到其他天然产物的生物合成。尽管事后的研究表明,颠茄酮的生物合成并不是 Robinson 所想象的那样,但他的工作却推动了生源理论的大发展,生物合成已经成为当前极其活跃的研究领域。

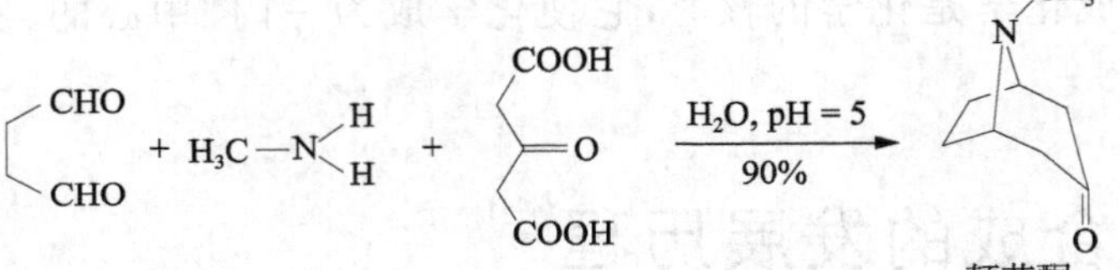

H_2O, pH = 5
90%

颠茄酮

图 1-1　Robinson 报道的颠茄酮一步合成法

一百多年以来,先后有十几项有机合成方面的工作获得诺贝尔化学奖(见表 1-1)。其中,1912 年格林尼亚(V. Grignard)因发明格氏试剂,开创了有机金属在各种官能团反应中的新领域而获得诺贝尔化学奖;1930 年 H. Fischer 因合成高铁血红素及在血红素和叶绿素的结构研究方面的突出成就而获得诺贝尔化学奖;1950 年狄尔斯(O. Diels)和阿尔德(K. Alder)因发现双烯合成反应而获得诺贝尔化学奖;齐格勒和纳塔发现有机金属催化烯烃定向聚合,实现乙烯的常压聚合而荣获 1963 年诺贝尔化学奖。

表 1-1　因有机合成方面的贡献获诺贝尔化学奖情况

获奖年份	获 奖 者	国 籍	获 奖 成 就
2010	Richard F. Heck	美 国	在有机合成中钯催化交叉偶联研究领域的贡献
	Ei-ichi Negishi	日 本	
	Akira Suzuki	日 本	
2005	Yves Chauvin	法 国	在烯烃复分解反应及机理研究方面的贡献
	Robert H. Grubbs	美 国	
	Richard R. Schrock	美 国	
2001	W. S. Knowles	美 国	在不对称合成研究领域的贡献
	B. Sharpless	美 国	
	R. Noyri	日 本	

（续表）

获奖年份	获奖者	国籍	获奖成就
1990	E. J. Corey	美国	有机合成中的逆合成分析法
1984	R. B. Merrifield	美国	发明了固相多肽合成法
1979	H. C. Brown G. Wittig	美国 德国	在有机合成中发展了有机硼、有机磷试剂及相关反应
1965	R. B. Woodward	美国	在复杂天然有机化合物合成方面的重大贡献
1963	K. Ziegler Natta	德国 意大利	发明了 Ziegler-Natta 催化剂，首次实现了烯烃的定向聚合
1950	O. Diels K. Alder	德国 德国	发现了 Diels-Alder 双烯合成反应
1937	W. N. Haworth P. Karrer	英国 瑞士	发现了糖类环状结构和合成 Vc 胡萝卜素、核黄素及维生素 A 和维生素 B_2 的研究
1930	H. Fischer	德国	血红素和叶绿素的结构研究，合成了高铁血红素
1928	A. Windaus	法国	甾醇的结构测定和维生素 D_3 的合成
1912	V. Grignard P. Sabatier	法国 法国	格林尼亚试剂的发明 有机化合物的催化加氢
1902	E. Fischer	德国	糖类和嘌呤化合物的合成

伍德沃德（R. B. Woodward）是 20 世纪最伟大的有机合成大师，他开创了有机合成的伍德沃德时代。他以极其精湛的技术，先后合成了奎宁、可的松、胆固醇、皮质酮、马钱子碱、利血平、叶绿素等多种复杂有机化合物。据不完全统计，他合成的各种极难合成的复杂有机化合物达 24 种以上，所以他被称为“现代有机合成之父”。1965 年伍德沃德因在有机合成方面的杰出贡献而荣获诺贝尔化学奖。获奖后，又组织了 14 个国家的 110 位化学家，协同攻关，探索维生素 B_{12} 的人工合成问题。在他以前，这种极为重要的药物只能从动物的内脏中经人工提炼，所以价格极为昂贵，且供不应求。

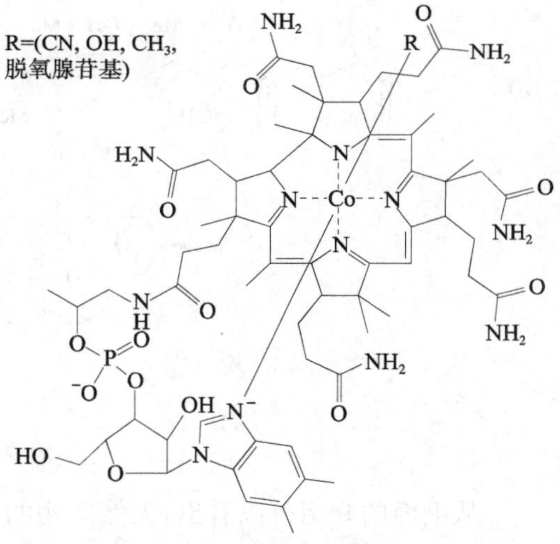

维生素 B_{12} 的化学结构

维生素 B_{12} 的结构极为复杂，伍德沃德设计了一个拼接式的合成方案，即先合成维生素 B_{12} 的各个局部结构，然后再把它们拼接起来。这种方法后来成了合成所有有机大分子时普遍采用的方法。此外，在合成维生素 B_{12} 过程中，伍德沃德和他的学生兼助手霍夫曼一起，提出了分子轨道对称性守恒原理，这一理论用对称性简单直观地解释了许多有机化学过程中的立体化学控制的问题，如电环化反应过程、环加成反应过程、σ 键迁移过程等。

20 世纪另一位有机合成大师是科里（E. J. Corey），他和伍德沃德同为哈佛大学教授，共事了 20 多年。在伍德沃德之后，有机合成开始进入科里时代。科里先后完成了 100 多种复杂天然产物的全合成，建立了有机合成中的逆合成分析理论，并因此而获得 1990 年诺贝尔化学奖。由于我们将在第 2 章中会专门介绍逆合成分析理论，故在此不再赘述。

事实上,除了伍德沃德和科里之外,在20世纪还涌现出了很多伟大的有机合成大师,如美国Scripps研究所的尼古劳(K. C. Nicolaou)、瑞士苏黎世理工学院埃申莫瑟(A. Eschenmoser)、美国威斯康星大学的约翰逊(W. S. Johnson)、美国哥伦比亚大学的S. Danishefsky及哈佛大学的Kishi。需要特别指出的是,Kishi教授完成了迄今为止相对分子质量最大、手性中心最多的天然产物(岩沙海葵毒素)的全合成。岩沙海葵毒素亦称沙海葵毒素或群体海葵毒素,它是从海葵Zoantharia类的Palythoa(属腔肠动物)中分离出来的一种毒素,是目前已知毒性最强烈的海洋生物毒素之一(小鼠经口$LD_{50}=0.15\ \mu g/kg$),它的毒性不仅比神经性毒剂沙林高出几个数量级,而且比剧毒性的河豚毒素或石房蛤毒素也大数十倍。因此,岩沙海葵毒素的全合成是有机合成历史上最伟大的里程碑之一,它标志着人类已经具备了合成任何复杂分子的能力。

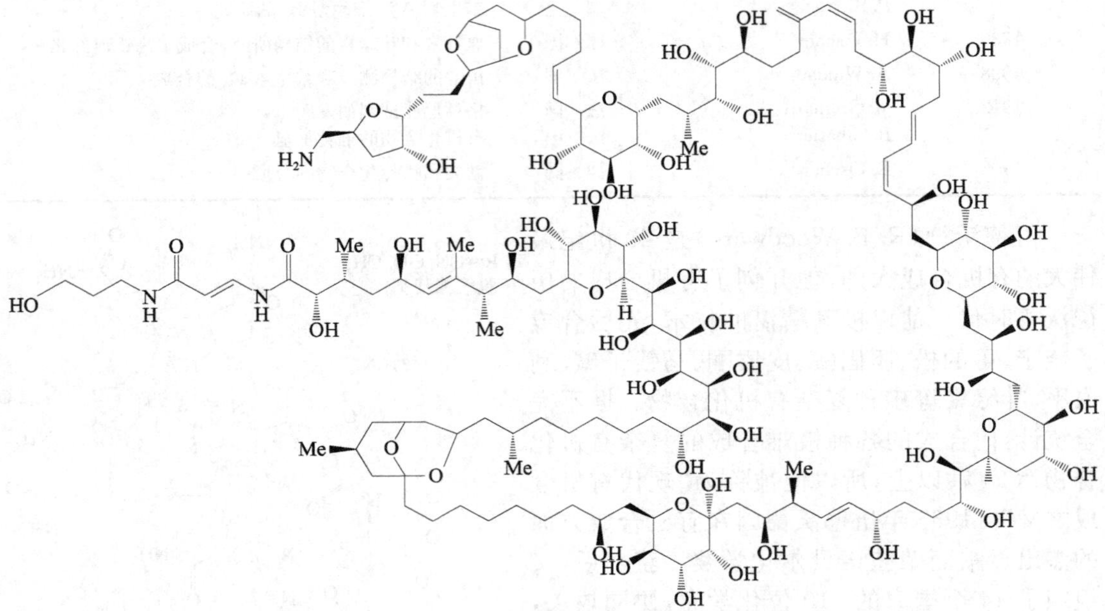

岩沙海葵毒素(Palytoxin)的结构

从上面的介绍可以看出,天然产物的全合成是推动有机合成发展的重要原因。人们之所以对天然产物的全合成感兴趣,一个重要原因就在于,这些天然产物往往具有重要的生理活性,研究这些天然产物的全合成可以为深入探讨天然产物的结构与活性关系提供有利条件,从而为药物研发提供新思路。此外,天然产物分子中往往具有很多手性中心,因此在开展天然产物合成的过程中,如何实现手性中心的立体化学控制成为有机合成化学家必须要面对的一个挑战,因此天然产物的全合成研究推动了不对称合成方法学研究的蓬勃发展。进入21世纪以后,不对称合成方法学研究成为有机合成中的热点领域。2001年美国科学家威廉·诺尔斯(W. S. Knowles)、日本科学家野依良治(R. Noyri)和美国科学家巴里·夏普雷斯(B. Sharpless)因在不对称合成方面所取得的突出成就而获得诺贝尔化学奖。这三位科学家之所以能够获奖,不仅因为他们发展了一系列不对称催化氢化和不对称氧化反应的新方法,更重要的是,他们所发展的这些不对称合成方法被广泛应用于治疗帕金森症药物、心血管药、抗生素、激素、抗癌药及中枢神经系统类药物等大量手性药物的工业化合成或研制上,极大地推动了手性药物的发展。

2005年法国化学家伊夫·肖万(Yves Chauvin)、美国化学家罗伯特·格拉布(Robert H. Grubbs)和理查德·施罗克(Richard R. Schrock)因在烯烃复分解反应研究领域的杰出贡献而荣获诺贝尔化学奖，这是进入21世纪以后有机合成研究领域的第二次获奖。该项研究之所以能够获奖，是因为烯烃复分解反应是有机化学中最重要的，也是最有用的反应之一，已被广泛应用于化学工业，尤其是在制药业和塑料工业中，对有机化学、高分子科学及绿色化学的发展起到了革命性的推动作用。近年来，设计合成新型的金属催化剂、研究利用烯烃复分解反应来设计合成各种新型有机功能分子成为有机合成化学的热点领域。

化学反应通常可以分为化合、分解、置换、复分解四种基本类型，其中复分解反应就是指两种化合物互相交换成分而生成另外两种化合物的反应。诺贝尔化学奖评委会主席佩尔·阿尔伯格曾将复分解反应幽默地比喻为“交换舞伴的舞蹈”。肖万首次提出了烯烃复分解反应中的催化剂应当是金属卡宾，并详细阐明了复分解反应的机理，即这些催化剂是如何担当“中间人”、帮助烯烃分子“交换舞伴”的过程。这项研究为开发具有实际应用价值的催化剂奠定了理论基础。施罗克设计合成出世界上第一代可有效用于烯烃复分解反应的金属钼的卡宾化合物。随后，格拉布又发现金属钌的卡宾化合物也可以作为烯烃复分解反应的金属化合物催化剂，而且这种催化剂在空气中很稳定，因而更为实用，被人们称为“格拉布催化剂”。此后，格拉布又对该类钌催化剂做了改进，使之成为第一种化学工业普遍使用的烯烃复分解催化剂，并成为检验新型催化剂性能的标准。此外，需要指出的是，烯烃复分解法可以取代许多传统的有机合成方法，并且反应步骤更为简化，降低了原料消耗，极大地提高了化工生产中的产量和效率，而且由于催化剂的使用，反应在正常温度和压力下就可以完成。这些特点使得有机合成向着绿色化学迈出了重要的一步，明显降低了传统合成反应对环境的污染。烯烃复分解反应获得诺贝尔化学奖再次表明，科学理论只有同工业生产相结合，做出了改善人类生活、提高人类生存质量的发明和创造后，才能真正成为推动人类社会发展的科学理论。

1.2 有机合成的发展趋势及面临的挑战[3-5]

随着科学技术的不断发展，不同学科之间的界限越来越模糊。因此，在不久的将来，化学学科区别于其他学科的一个最重要特征就在于，化学家可以从分子水平上来操控分子结构，无论是复杂的天然产物，还是纳米颗粒，甚至是全基因组。这其中，有机合成就是必不可少的关键技术之一。

事实上，有机合成化学正是在分离和鉴定天然产物的过程中逐步发展起来的。在20世纪，可以说天然产物研究是推动有机合成发展最重要的驱动力。在合成各种复杂结构天然产物的过程中，有机合成的基本理论与方法也得到了蓬勃发展。目前，有机合成化学已经建立了基本完善的理论体系，借助已有理论体系的指导，人类已经具备了合成任何复杂天然产物的能力。但不幸的是，我们却还并不擅长合成出具有特定功能的分子。过去，人们是先合成分子，然后再进行性质的研究，去发现所合成的分子究竟具备什么样的功能。因此，传统有机合成化学是一种由结构导向的合成化学。但是，随着化学的聚焦点从结构向功能的转移，如何更为有效地合成出具有所期待的物理、化学或生物学性质的分子是摆在有机合成化学家面前一个十分严峻的挑战，也是一项十分艰巨的任务。换句话来说，由结构导向的有机合成向由功能导向的有机合成转变无疑是21世纪有机合成化学最重要的发展方向之一。

尽管有机合成在过去的一百多年里已经取得了辉煌的成就，但是，有机合成仍然面临众多的挑战，而如何实现有机合成的高效性、高选择性及绿色化是现代有机合成化学所面临的最大挑战。

高效性。尽管人类已经具备了合成任何复杂分子的能力，但如何以最经济、实用的合成路线来进行合成却仍然是一个没有解决的问题。Hendrickson曾经指出[6]，一个理想的合成应该是利用一个并不需要任何中间环节的连续反应过程来直接合成目标分子，在形成复杂分子骨架的同时，可以正确引入官能团。因此，尽量减少反应步骤及不必要的原子是提高合成总体效率的基础。例如，酰胺键的合成通常采用如图1-2所示的三种路线[7]。前两条路线需要两步反应才能得到目标分子，其具体路线包括：羧酸首先转化成活性更高的酰氯[见图1-2(a)]或者酸酐[见图1-2(b)]，再与胺反应合成酰胺键。此外，酰胺键的合成还可以通过羧酸与胺在大于等当量缩合剂的作用下完成[见图1-2(c)]。这三条合成路线都涉及很多不必要的原子，原子经济性低，因此整体合成效率低。但是，如果采用如图1-3所示的钌催化的由伯醇和胺直接合成酰胺键的反应[8][见图1-3(a)]或者钌催化的以伯醇和腈为原料合成酰胺键的反应[9][见图1-3(b)]来进行的话，其效率可以得到明显提高。

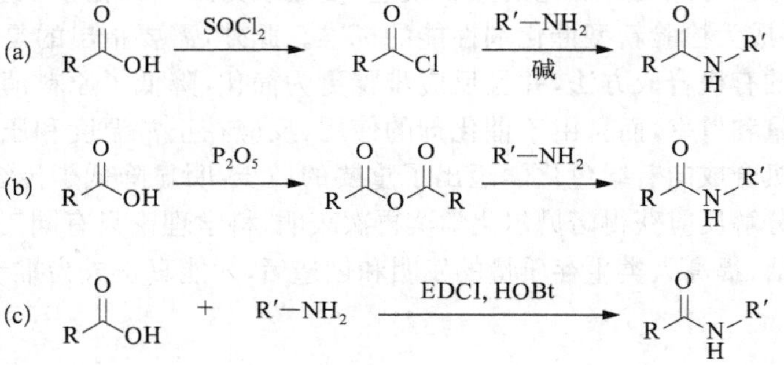

(a) RCOOH —$SOCl_2$→ RCOCl —R′—NH_2, 碱→ RCONHR′

(b) RCOOH —P_2O_5→ RCOOCOR —R′—NH_2→ RCONHR′

(c) RCOOH + R′—NH_2 —EDCI, HOBt→ RCONHR′

图1-2 酰胺键的三种传统合成方法(合成效率低)

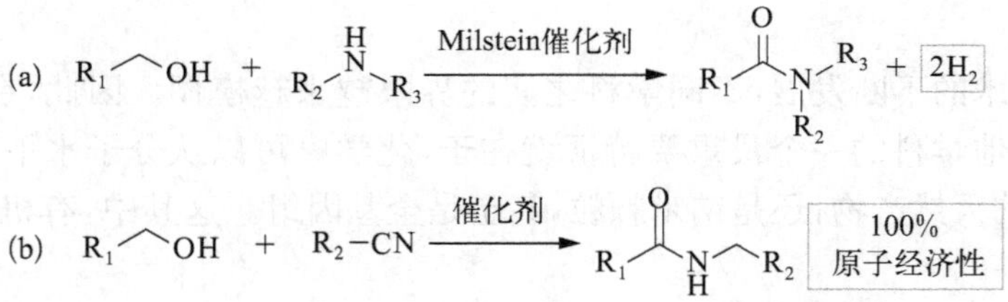

(a) R_1CH_2OH + R_2NHR_3 —Milstein催化剂→ $R_1CON(R_2)R_3$ + $2H_2$

(b) R_1CH_2OH + R_2—CN —催化剂→ $R_1CONHCH_2R_2$　100% 原子经济性

图1-3 酰胺键的高效合成方法(合成效率高)

高选择性[10]。有机化学反应的选择性通常可以分为三个层次：化学选择性(Chemoselectivity)、区域选择性(Regioselectivity)和立体选择性(Stereoselectivity)。一个理想有机合成路线的设计实质上包含两个部分：对目标分子的合理切割及化学反应的有序组装。由于天然产物的分子结构中往往含有多个官能团及手性中心，如何使反应发生在特定的官能团上(即化学选择性)、如何在特定位置选择性地引入特定官能团(即区域选择性)及如何控制反应的立体化学尤其是同时控制多个手性中心的立体化学(即立体选择性)，这些都是极富挑战性的研究课题，要解决这些挑战无疑要依赖于高选择性有机化学反应方法学的发展。因而从这个角度来讲，反应方法学研究是有机合成化学的一个重要内容。为此，发展和应用高选择性的有机反应一直是有机合成化学研究的热点及前沿领域，我们将在第7章中专门介绍有机化学反应选择性控制的方法和策略。

氨基醇类化合物是具有广泛生物活性的化合物。例如，奎宁(Quinine)是一种可可碱和4-甲氧基喹啉类抗疟疾药物，是快速血液裂殖体杀灭剂[见图1-4(a)]。然而，其异构体奎尼丁(Quinidine)是一种膜抑制性抗心律失常药，能直接作用于心肌细胞膜，可显著延长心肌不应期，降低自律性、传导性及心肌收缩力[见图1-4(b)]。下面以氨基醇类化合物的合成为例来说明有机合成中的选择性控制。最近，Buchward等在《Nature》上发表了一篇关于"一锅法"生成氨基醇的合成策略，该策略同时实现了化学选择性、区域选择性和立体选择性的巧妙控制[11]。如图1-5所示，以烯酮为原料，首先在铜催化剂和手性配体的作用下以高区域选择性和高对映选择性的方式生成相应的中间体烯醇。然后，烯醇进一步发生氢胺化反应生成光学纯度高的含有三个手性中心的氨基醇类化合物。令人振奋的是，该类化合物的八组立体异构体都可以利用这种策略得以合成。例如，以(*E*)-**1-1**或者(*Z*)-**1-1**为原料，化合物**1-2**的八组立体异构体可以利用该策略得以有效合成(见图1-6)。

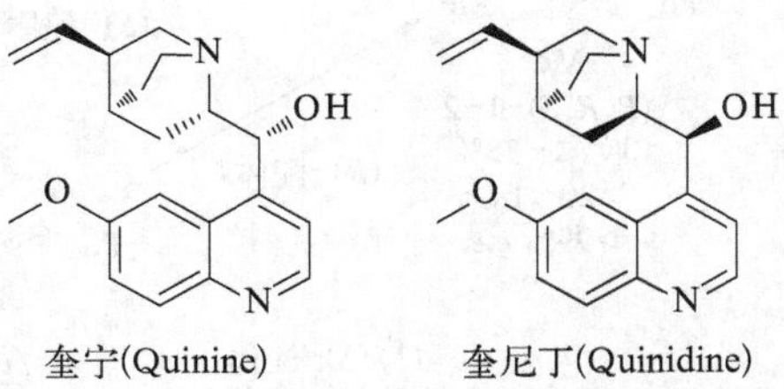

奎宁(Quinine)　　奎尼丁(Quinidine)

图1-4 氨基醇类药物

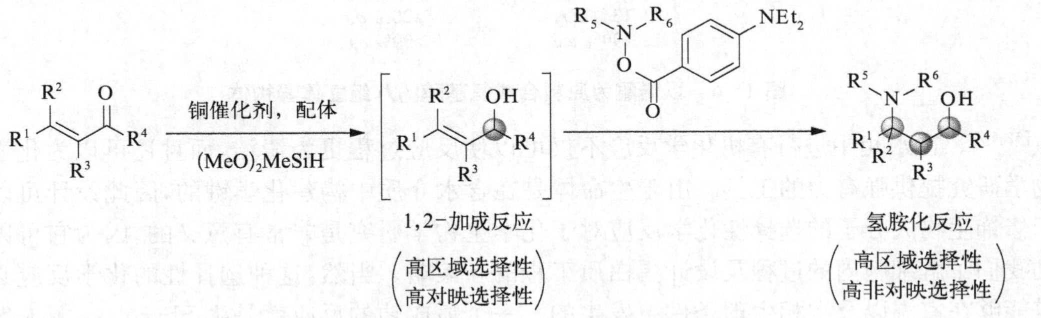

铜催化剂，配体

$(MeO)_2MeSiH$

1,2-加成反应

(高区域选择性 高对映选择性)

氢胺化反应

(高区域选择性 高非对映选择性)

图1-5 "一锅法"高选择性合成氨基醇类化合物

绿色化[12-15]。传统有机合成在为人类社会提供各种功能分子的同时，由于合成过程中所产生的废弃物对生态环境造成了严重的污染和破坏。为此，在20世纪90年代初，人们提出了"绿色化学"的新概念，即如何改进化学化工的工艺技术，从源头上降低，甚至消除废弃物的生成，从而达到减少环境污染的目的。对于有机合成来讲，要实现绿色化，就是要实现高选择性、高效的化学反应，实现"零排放"。此外，如何实现大规模地、经济地将大气中的二氧化碳转化为有机化合物的合成也是合成化学家的一个挑战。如果能够成功实现这种转变，那么有机合成化学家无疑将为改变地球上碳循环不可逆的现状做出巨大贡献，到那时，基于绿色化学的循环经济时代也就真正到来了！

此外，由于有机化合物一般不溶于水，所以人们长期以来都认为有机反应在有机溶剂中进行时应该更为高效。随着科学的发展，这一传统观点正在接受挑战，人们发现一些有机化学反应在非有机溶剂中进行时反而更为高效。例如，水相中的有机反应正成为一个新的热

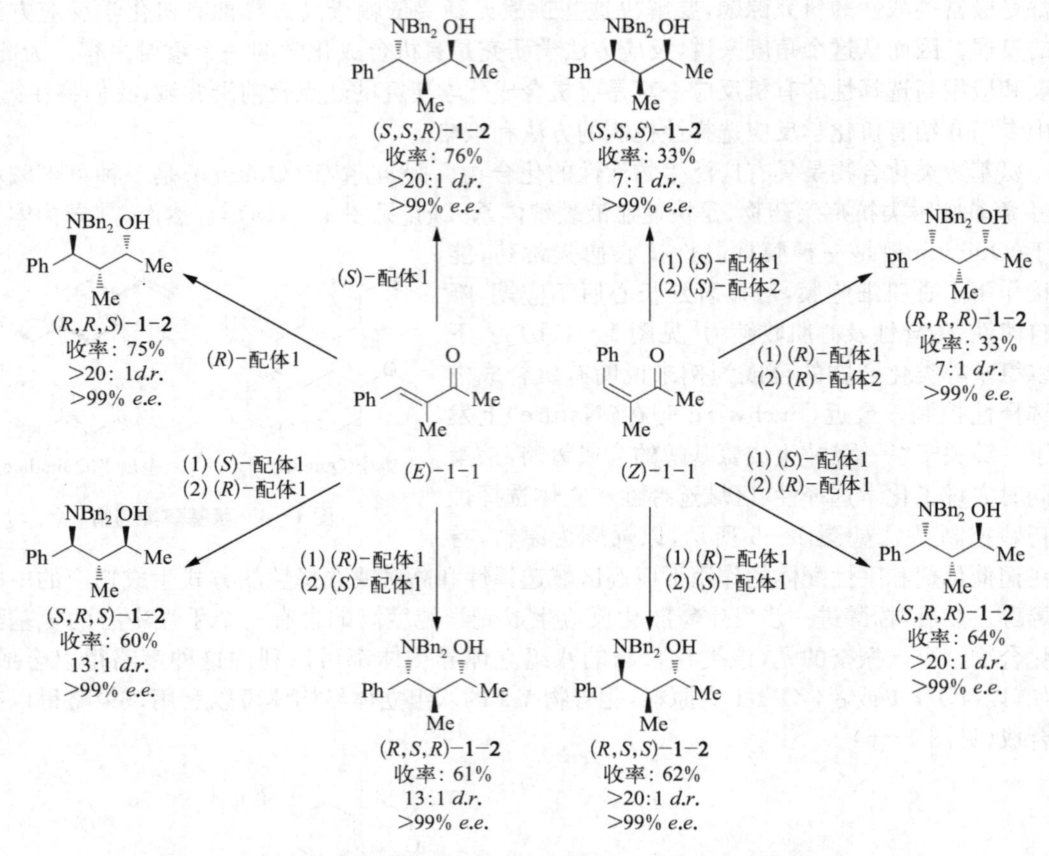

图 1-6　以烯酮为原料合成氨基醇的八组立体异构体

点[12,13]。在水相中进行有机化学反应不仅可以使反应过程更为清洁，而且还可以为化学生物学研究提供强有力的工具。由于生命体是在含水介质中构建化学键的，因此设计可以用于修饰生物大分子的选择性化学反应对于化学生物学研究是非常有意义的，因为它可以帮助我们了解细胞内的过程及设计蛋白质工程的新策略。当然，这种选择性的化学反应必须是能够在室温以及水相生理条件下发生的。一个最成功的反应就是由 Sharpless 等人发展的叠氮与炔烃在碘化亚铜催化下的[3+2]环加成反应[见图 1-7(a)][13,15]。通常情况下，叠氮化合物与炔烃的加成反应需要在高温下进行。但是，在碘化亚铜催化下，该反应可以非常顺利地在生理温度下和水相中发生，因此可以很方便地用于各种生物分子如病毒颗粒、蛋白质、核酸等的选择性修饰。例如，豇豆花叶病毒(cowpea mosaic virus，CPMV)由 60 个相同的结构单元组成，而每个结构单元又是由两个蛋白亚基围绕一个单链 RNA 组成的。豇豆花叶病毒用叠氮化合物进行修饰后，可以很顺利地与一种含炔基的染料分子进行偶联，这样，病毒颗粒就可以通过偶联上的染料基团进行标记[见图 1-7(b)]。

总之，从第一例有机合成报道开始，有机合成已经经历了一百多年的发展历史，为人类社会的发展做出了卓越的贡献，并为其他相关学科的发展提供了强大的物质基础。与此同时，人类社会对各种功能分子需求的不断增长及环境保护意识的日益增强，对有机合成化学提出了更高的要求，发展理想的有机合成、合成具有所期待的特定功能的目标分子始终是有机合成化学家的追求！

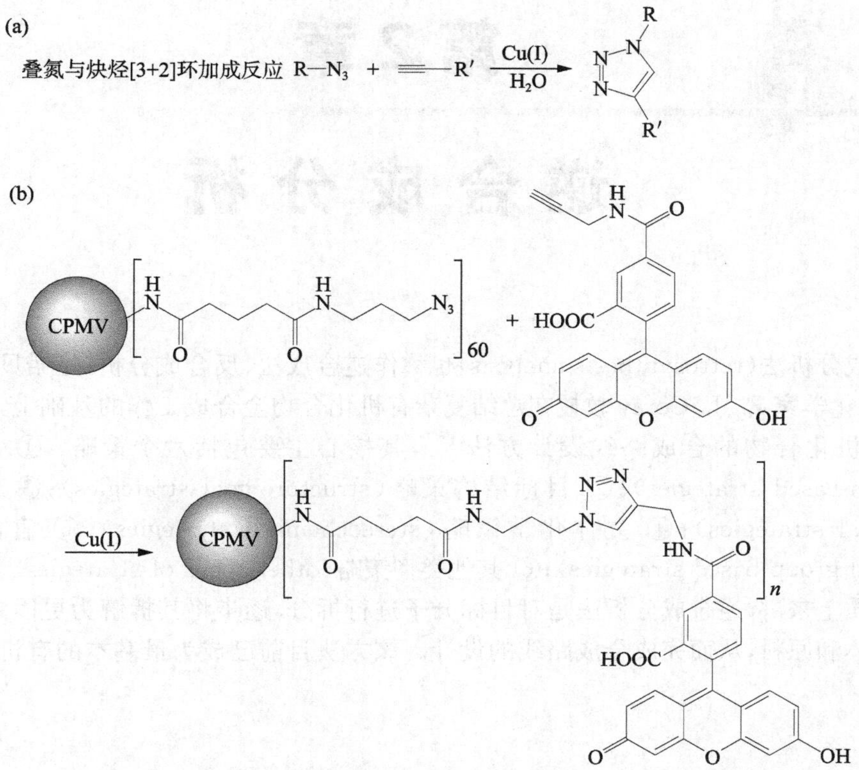

(a)

叠氮与炔烃[3+2]环加成反应 $R{-}N_3 + \equiv{-}R' \xrightarrow[H_2O]{Cu(I)}$

(b)

CPMV 60 + HOOC O O OH

Cu(I) CPMV HN O n HOOC O O OH

图 1-7 利用叠氮与炔烃的[3+2]环加成反应对 CPMV 进行化学修饰

参 考 文 献

[1] 张滂. 有机合成进展. 北京:科学出版社，1992.

[2] 伍贻康，吴毓林. 有机合成的新世纪——有机合成近年进展鉴赏. 化学进展，2007，19：6-34.

[3] Federsel H J. Acc. Chem. Res.，2009，42：671-680.

[4] 杜灿屏，刘鲁生，张恒. 21 世纪有机化学发展战略. 北京:化学工业出版社，2002.

[5] Burns N Z，Baran P S，Hofmann R W. Angew. Chem. Int. Ed.，2009，48：2854-2867.

[6] Hendrickson J B. J. Am. Chem. Soc.，1975，97：5784-5800.

[7] 李志成，王辉辉，买文鹏，等. 酰胺的合成方法综述. 广东化工，2013，40：62-63.

[8] Gunanathan C，Ben-David Y，Milstein D. Science，2007，317：790-792.

[9] Kang B，Fu Z，Hong S H. J. Am. Chem. Soc.，2013，135：11704-11707.

[10] Shenvi R A，O'Malley D P，Baran P S. Acc. Chem. Res.，2009，42：530-541.

[11] Shi S，Wong Z L，Buchwald S L. Nature，2016，532:353-356..

[12] Chanda A，Fokin V V. Chem. Rev.，2009，109:725-748.

[13] Li C J，Chen L. Chem. Soc. Rev.，2006，35：68-82.

[14] Mason B P，Price K E，Steinbacher J L，et al. Chem. Rev.，2007，107：2300-2318.

[15] Wang Q，Chan T R，Hilgraf R，et al. J. Am. Chem. Soc.，2003，125：3192.

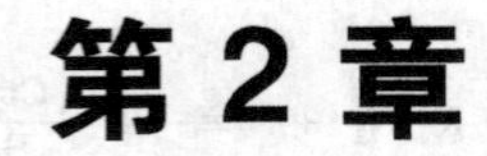

第2章

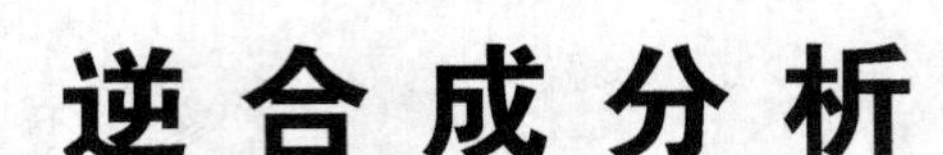

逆合成分析

逆合成分析法(retrosynthesis analysis)也称作逆合成法、反合成分析,是诺贝尔化学奖得主、美国化学家 E. J. Corey 教授在总结复杂有机化合物全合成工作的基础上,所提出来的一种有机化合物的合成路线设计方法[1-3],其核心主要包括六个策略:① 转换策略(transform-based strategies);② 目标结构策略(structure-goal strategies);③ 拓扑策略(topological strategies);④ 立体化学策略(stereochemical strategies);⑤ 官能团策略(functional group-based strategies);⑥ 其他类型策略(other types of strategies)。

从本质上来讲,逆合成分析法是对目标分子进行拆分,逐步将其拆解为更简单、更容易合成的前体和原料,从而完成合成路线的设计。该方法目前已成为最基本的有机合成路线设计方法。

2.1 逆合成分析的基本原理

逆合成分析一般从目标化合物的结构着手,把分子按一定的方式切成几个片断,这些理想的片段通常被称作合成子(synthon)。在进行逆合成分析时,结构上的每一步变化被称为转换(transform),一般用双线箭头表示,能够进行一定转换的最小分子结构,称为反合成子(retron);而通常合成步骤的每一步被称为反应(reaction),一般用单线箭头表示。

逆合成分析:目标分子⇒C⇒B⇒起始原料。

合成路线:起始原料→B→C→目标分子。

以 1-苯丙醇为例,可以表示为

$$\text{PhCH(OH)}CH_2CH_3 \Longrightarrow \text{PhCH(OH)}^{\oplus} + CH_3CH_2^{\ominus}$$

$$\text{PhCHO} + CH_3CH_2MgBr \longrightarrow \text{PhCH(OH)}CH_2CH_3 \qquad (2\text{-}1\text{-}1)$$

切断(disconnection)是逆合成分析中最常用的手法,基本原则是这些片断可以通过已知的或可以信赖的化学反应进行重新连接。每一个片断必须有相对应的试剂,且该试剂应该比目标分子更容易得到。例如,1,4-丁炔二醇的两种切断方式都是合理的,但是方式(b)更可行,因为其相应的合成试剂乙炔和甲醛容易得到,且在碱作用下它们之间易发生加成反应。

$$\mathrm{HOCH_2C{\equiv}CCH_2OH} \overset{(a)}{\Longrightarrow} \mathrm{HO^-} + {}^{\oplus}\mathrm{CH_2C{\equiv}CCH_2}^{\oplus} + \mathrm{HO^-}$$

$$\overset{(b)}{\Longrightarrow} \mathrm{{}^+CH_2OH} + {}^{\ominus}\mathrm{C{\equiv}C}^{\ominus} + \mathrm{{}^+CH_2OH}$$

一般而言,在靠近官能团的位置进行切断,有利于合成反应的实施。例如

$$\mathrm{CH_3CH_2CH_2CH(OH)CH{=}CH_2} \Longrightarrow \mathrm{CH_3CH_2CH_2\overset{\oplus}{C}HOH} + {}^{\ominus}\mathrm{CH{=}CH_2}$$

因此,其合成反应为

$$\mathrm{CH_2{=}CHBr} \xrightarrow{\mathrm{Mg,\ THF}} \mathrm{CH_2{=}CHMgBr} \xrightarrow{n\text{-}\mathrm{C_3H_7CHO}} \mathrm{TM} \tag{2-1-2}$$

利用目标分子的对称性进行切断往往可以简化合成步骤。例如

$$\text{2,6-双[N-(1-苯基-2-羟乙基)氨基甲酰基]吡啶} \Longrightarrow \text{吡啶-2,6-}(\overset{\oplus}{\mathrm{C}}\mathrm{{=}O})_2 + 2\ \mathrm{Ph\text{-}CH(CH_2OH)\text{-}}\overset{\ominus}{\mathrm{N}}\mathrm{H}$$

合成反应

$$\mathrm{H_3COOC\text{-}C_5H_3N\text{-}COOCH_3} + \mathrm{H_2N\text{-}CH(Ph)\text{-}CH_2OH} \longrightarrow \mathrm{TM} \tag{2-1-3}$$

此外,C—C 键偶联反应为分子骨架的切断提供了一种新的方式。例如,

$$\mathrm{H_3C\text{-}C_6H_4\text{-}C_6H_4\text{-}NC} \Longrightarrow \mathrm{H_3C\text{-}C_6H_4}^{\ominus} + {}^{\oplus}\mathrm{C_6H_4\text{-}NC}$$

合成反应:

$$\mathrm{H_3C\text{-}C_6H_4\text{-}B(OH)_2} + \mathrm{Br\text{-}C_6H_4\text{-}NC} \xrightarrow{\mathrm{Pd(0)}} \text{目标分子} \tag{2-1-4}$$

上式所示的是 Suzuki 偶联反应。

对较复杂的化合物,为了更加合理地对分子进行切断,人们还可以采用下述手法对目标分子进行改造:官能团的连接和重排(Connection and rearrangement, Con/Rearr)、官能团的互换(Functional group interconversion, FGI)、官能团的添加(Functional group addition, FGA)、官能团的移去(Functional group removal, FGR)。

这些手法的基本依据是具有可以利用的已知的简单化学反应。通过这些手法处理后,一般可以将目标分子转换成更容易得到的化合物。为了更好地理解这些手法,下面给出了几个相关的典型例子。

对某些多官能团的化合物,可以通过连接的手法来减少目标分子中的官能团数,达到改造目标分子结构的目的。例如

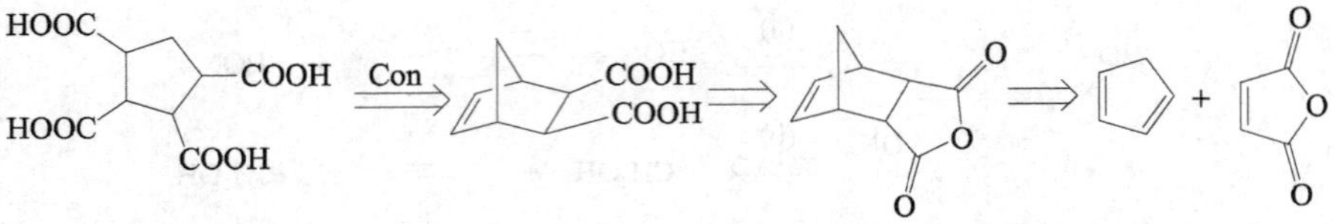

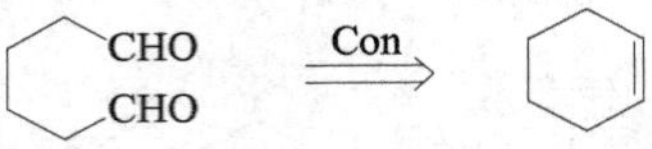

HOOC, HOOC, COOH, COOH $\xrightarrow{\text{Con}}$ COOH, COOH $\Longrightarrow$ O, O, O $\Longrightarrow$ + O, O, O

CHO, CHO $\xrightarrow{\text{Con}}$

对某些具有特殊结构的化合物,可以通过重排的手法来简化目标分子的结构。例如

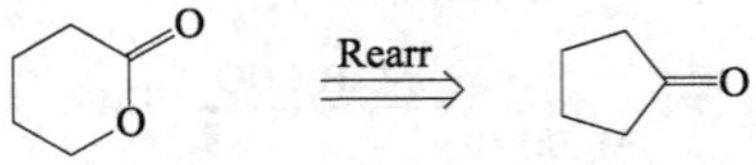

O, O $\xrightarrow{\text{Rearr}}$ O　Baeyer-Villiger 重排

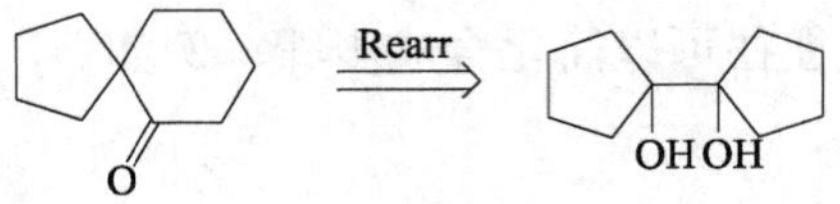

O $\xrightarrow{\text{Rearr}}$ OH OH　Pinacol 重排

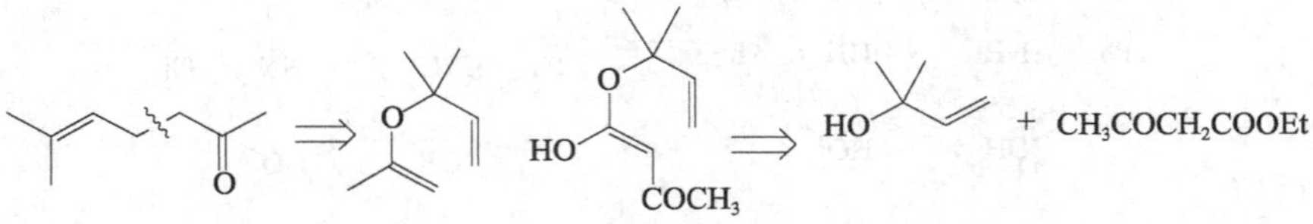

O $\Longrightarrow$ O, HO, COCH$_3$ $\Longrightarrow$ HO + CH_3COCH_2COOEt

Claisen 重排

H, H, O $\Longrightarrow$ H, H, OH $\Longrightarrow$ OH $\Longrightarrow$ O

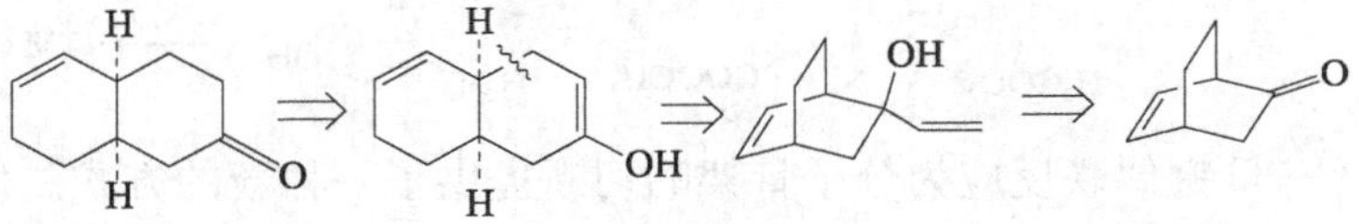

Cope 重排

官能团的转换(FGI)、添加(FGA)或移去(FGR)也常常可以用于改造目标分子的结构。例如

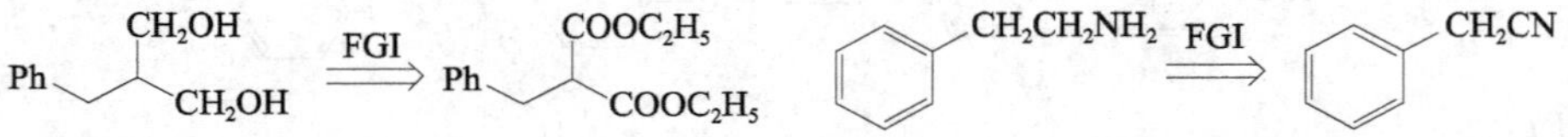

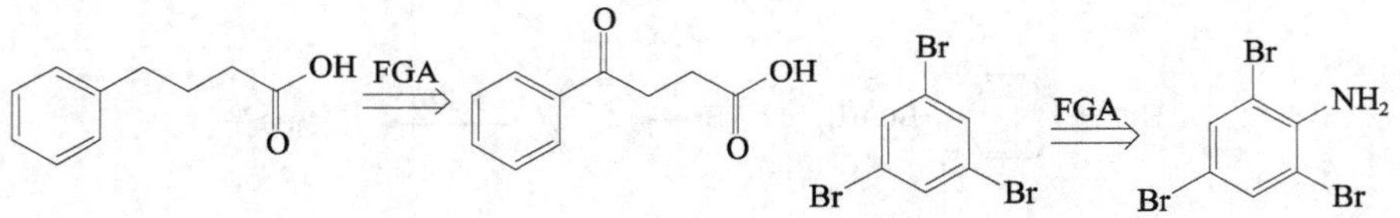

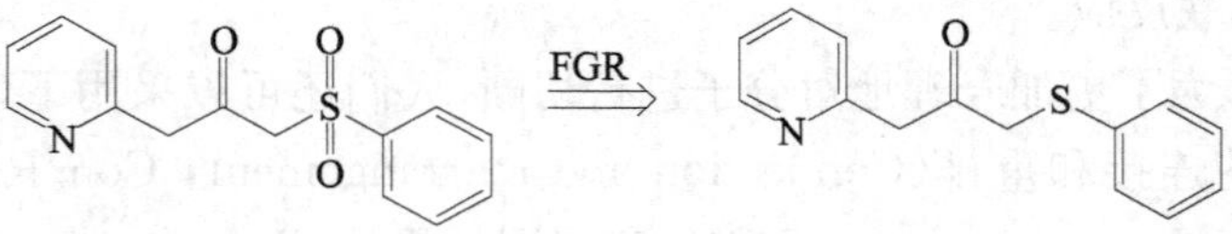

Ph, CH_2OH, CH_2OH $\xrightarrow{\text{FGI}}$ Ph, $COOC_2H_5$, $COOC_2H_5$　　$CH_2CH_2NH_2$ $\xrightarrow{\text{FGI}}$ CH_2CN

OH, O $\xrightarrow{\text{FGA}}$ O, OH, O　　Br, Br, Br $\xrightarrow{\text{FGA}}$ Br, NH_2, Br, Br

N, O, O, S, O $\xrightarrow{\text{FGR}}$ N, O, S

2.2　合成子

碳链和碳环的构筑是有机合成中最基本的任务。形成新的碳碳键所采用的化学反应主要有三大类:其一是利用离子型反应,即碳负离子或带有较高负电荷密度的碳中心试剂(亲核试剂,电子给予体 donor)与碳正离子或带有正电荷密度的碳中心试剂(亲电试剂,电子接

受体 acceptor)的结合。例如

$$\text{CH}_2\!=\!\text{CHCH}_2\text{Cl} + \text{NaCH(CO}_2\text{C}_2\text{H}_5)_2 \longrightarrow \text{CH}_2\!=\!\text{CHCH}_2\text{CH(CO}_2\text{C}_2\text{H}_5)_2 \qquad (2\text{-}2\text{-}1)$$

其二是利用碳中心自由基的偶联反应。例如

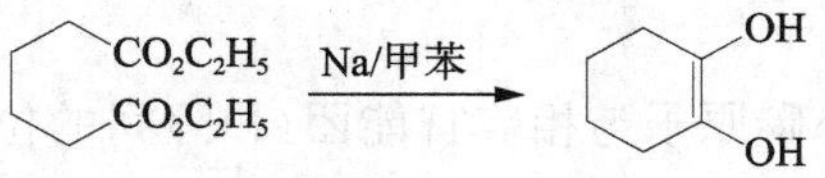

(2-2-2)

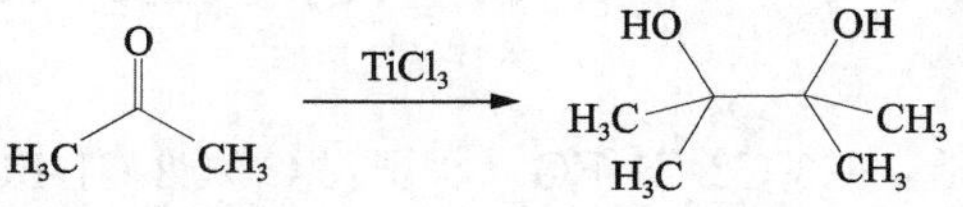

Na/甲苯

(2-2-3)

TiCl$_3$

其三是利用周环反应来形成新的碳链或碳环。例如

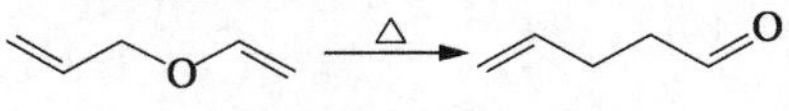

(2-2-4)

Claisen 重排

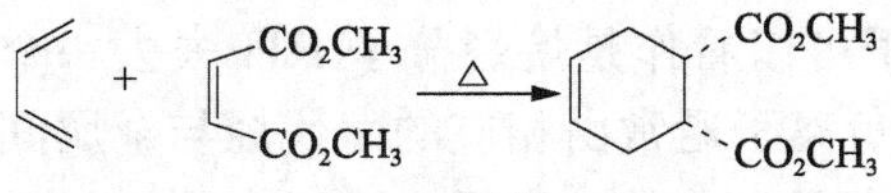

(2-2-5)

D-A 反应

这类反应在形成一些特定结构的碳环或碳链时极为有用,反应过程是立体专一性的。下面通过乙烷的合成反应为例来介绍合成子的概念。

$$\text{CH}_3\text{Li} + \text{CH}_3\text{I} \longrightarrow \text{CH}_3\text{CH}_3 + \text{LiI} \qquad (2\text{-}2\text{-}6)$$

$$2\,\text{CH}_3\text{I} + \text{Na} \longrightarrow \text{CH}_3\text{CH}_3 + 2\,\text{NaI} \qquad (2\text{-}2\text{-}7)$$

乙烷可以通过甲基锂与碘甲烷的反应得到,该过程可以理想地看作甲基负离子与甲基正离子的结合,甲基负离子显然为给电子的合成单元,被称作给电子合成子,简称 d-合成子;而甲基正离子显然为接受电子的合成单元,被称作受电子合成子,简称 a-合成子。乙烷也可以由碘甲烷与金属钠作用(Wurtz 反应)得到。该反应为自由基反应过程,可以看作两个甲基自由基的结合,甲基自由基被称作自由基合成子,简称 r-合成子。具有合成子功能的试剂被称为该合成子的合成等价体(synthetic equivalent)。值得强调的是,一个特定合成子的合成等价体可以超过一个。

对周环反应,其逆合成分析不能进行简单的切断,一般常用反合成子的概念。例如,在 Diels-Alder 反应中,双烯体和亲双烯体是其反合成子;而 Claisen 重排反应的烯丙基乙烯基醚即为其反合成子。反合成子概念也可应用于其他的反应,如下述 Michael 反应中的苯乙酮和丁烯酮,以及 Robinson 增环反应中的 2-甲基-1,3-环己二酮和丁烯酮。

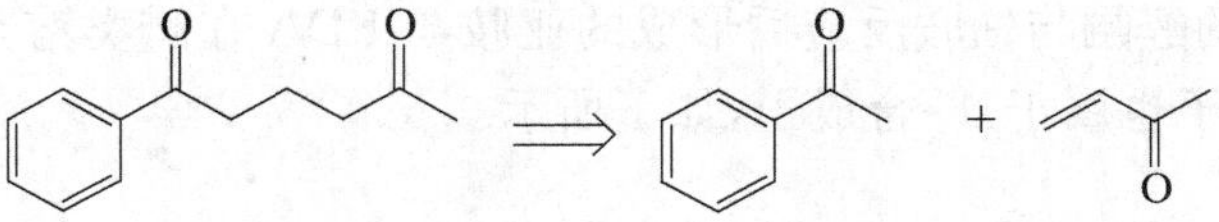

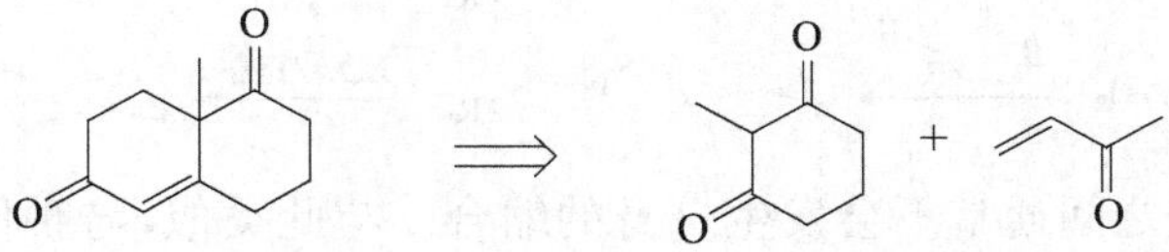

对某一特定的目标分子,其多种可能的逆合成路线组成的定向非循环图,称为反合成树(retrosynthetic tree)。

2.2.1 常见的 a-合成子和 d-合成子

根据合成子内反应中心碳原子与相应官能团(FG)间的位置不同,a-合成子又可以细分为 $a^0 \sim a^n$ 合成子,d-合成子分为 $d^0 \sim d^n$ 合成子。其中 n 值表示反应中心碳原子与相应官能团间的相对位置,例如

$$a^3: {}^{+}C3\text{-}C2\text{-}C1\text{-}FG \qquad d^3: {}^{-}C3\text{-}C2\text{-}C1\text{-}FG$$

下面为一些常见的合成子和它们的合成等价体。

1. d-合成子

常见的 d-合成子主要有烷基、d^0、d^1、d^2 和 d^3 几种类型。d^0 合成子是指一些杂原子为中心的亲核试剂。烷基负离子可以看作是烷烃分子 RH 失去一个质子后形成的,但由于烷烃的酸性一般都非常弱,烷基负离子通常由相应的卤代烃与金属间发生金属-卤素交换反应来制备的。与此类似,烯基负离子和芳基负离子也可以由同样的反应制备得到。例如

$$\text{CH}_2{=}\text{CH}{-}\text{Br} + 2\,\text{Li(Na)} \longrightarrow \text{CH}_2{=}\text{CH}{-}\text{Li} + \text{LiBr} \qquad (2\text{-}2\text{-}8)$$

$$\text{PhBr} + 2\,\text{Li(Na)} \longrightarrow \text{PhLi} + \text{LiBr} \qquad (2\text{-}2\text{-}9)$$

末端炔烃的酸性较强($pKa \approx 22$),其负离子可以由炔烃与强碱,如 $NaNH_2$、RLi 和 RMgX 等,直接反应得到。例如

$$RC{\equiv}CH + C_2H_5MgCl \longrightarrow RC{\equiv}CMgCl + C_2H_6 \qquad (2\text{-}2\text{-}10)$$

一些连有含杂原子的强吸电子取代基的甲基或亚甲基化合物,因 α-H 具有较强的酸性,在强碱作用下易失去一个质子形成稳定的 d^1-合成子。常用的 d^1-合成子的合成等价体主要包括 CH_3NO_2、CH_3SOCH_3、$CH_3SO_2CH_3$、HCN、R_3SiCH_2Cl、$Ph_3P^+\text{-}CH_2RX^-$、硫叶立德试剂和硫代缩醛等。

连有醛基、酮基、酯基和氰基的甲基或亚甲基化合物,其 α-H 的酸性相当强,在强碱作用下可以形成稳定的 d^2-合成子。这类合成子常用的合成等价体包括 RCH_2CHO、RCH_2COPh、RCH_2CO_2Et、$CH_2(CO_2Et)$、$CH_3COCH_2CO_2Et$ 和 $CH_2(CN)_2$ 等。常用的强碱主要有:叔丁醇钾($pKa \approx 20$)、二异丙基氨基锂(LDA,$pKa \approx 40$)、丁基锂($pKa > 40$)、氢氧化钠($pKa \approx 16$)、碳酸钾($pKa \approx 10$)。

具有活性 α-H 的醛酮与伯胺反应后形成的亚胺与 LDA 在醚类溶剂中发生去质子反应后,形成的亚胺负离子也属于 d^2-合成子,如下所示

$$\text{C}_6\text{H}_{11}\text{NH}_2 \xrightarrow{\text{RCOCH}_2\text{R}'} \text{C}_6\text{H}_{11}\text{N}{=}\text{C(R)CH}_2\text{R}' \xrightarrow{\text{LDA/THF}} \text{C}_6\text{H}_{11}\text{N}^{\ominus}{\cdots}\text{C(R)}{\cdots}\text{CHR}'\ \text{Li}^+ \qquad (2\text{-}2\text{-}11)$$

该合成子与亚胺之间通常不会发生自身的缩合。与此类似,与肼作用后生成的腙经去

质子后也可以形成有利用价值的 d^2-合成子，它与亲电试剂反应常表现出很好的区域选择性和立体选择性[4]。例如

LDA/THF　Li^+　N　N　Me_2　CH_3I　CH_3　N　NMe_2　+　CH_3　N　NMe_2　(2-2-12)

10%　90%

具有活性 α-H 的醛酮与仲胺反应后形成的烯胺(enamine)是一类有用的电中性的 d^2-合成子，它可以与卤代烃、α,β-不饱和羰基化合物及丙烯腈等亲电试剂发生反应。常用的仲胺主要有四氢吡咯(pyrrolidine)、六氢吡啶(piperidine)和吗啡啉(morpholine)。

具有活性 α-H 的羧酸与 2-氨基醇反应后可以得到 2-噁唑啉(2-oxazoline)。后者与 LDA 在 THF 中反应后得到的碳负离子是一种很有用的 d^2-合成子。利用该合成子可以合成 α-取代羧酸和 α-取代醛[5]。

R　O　N　(1) LDA/THF　(2) R′X　R　R′　O　N　H_3O^+　R　CO_2H　R′　(1) $NaBH_4$　(2) H_3O^+　R　CHO　R′　(2-2-13)

连有乙烯基和巯基的亚甲基化合物具有足够强的酸性与丁基锂等强碱发生质子交换反应，形成具有一定利用价值的 d^3-合成子。一些常见的 d^3-合成子及其合成等价体如下所示

$\ominus$　SLi　　SH

RO_2C　CO_2R　$\ominus$　　RO_2C　CO_2R

$^{\ominus}C{\equiv}C{-}CO_2R$　　$HC{\equiv}C{-}CO_2R$

$^{\ominus}C{\equiv}C{-}CH_2OTHP$　　$HC{\equiv}C{-}CH_2OTHP$

$\ominus$　$OSiR_3$　　$OSiR_3$

某些环丙烷衍生物也已经发展成为 d^3-合成子试剂[6]，例如

$\ominus\ominus$　$\oplus$　OCH_3

Li　OCH_3　H　H　(1) RCOR′　(2) CH_3SO_2Cl　R　R′　OSO_2CH_3　OCH_3　H　H　CH_3ONa　R　R′　OCH_3　OCH_3　(2-2-14)

$\ominus$　OCH_3　O

OCH_3　$OSiMe_3$　$TiCl_4$　$TiCl_3$　O　OCH_3　RCOR′　R　R′　$OTiCl_3$　OCH_3　O　(2-2-15)

2. a-合成子

常见的a-合成子主要包括烷基、a^1、a^2和a^3 几种类型。烷基正离子可以看作是由R-X发生C—X键异裂后产生的。卤代烷和硫酸甲酯是它们最常用的合成等价体。此外，碳酸二甲酯、磺酸酯和磷酸三甲酯也可以作为烷基合成子的等价体。Meerwein试剂(Me_3OBF_4)是一种很强的甲基化试剂。

羰基正离子是具有代表性的a^1-合成子。其合成等价体包括酰氯、羧酸酐、羧酸、酰胺和黄原酸酯以及*O*-三烷基硅基硫代半缩醛等。此外，羟烷基正离子、氨烷基正离子也属于a^1-合成子，它们对应的合成等价体分别为醛酮和亚胺化合物。另外，氯甲基甲醚是甲氧基甲基正离子的合成等价体。

常见的a^2-合成子主要有α-羰基正离子和β-羟基正离子，即

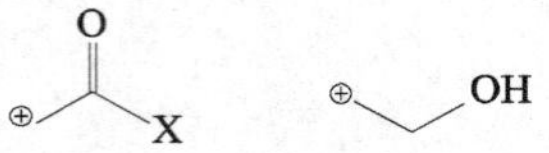

它们相应的合成等价体是α-卤代羰基化合物和环氧乙烷。α-卤代羰基化合物可以通过羰基化合物的直接卤代获得。此外，α，β-不饱和硝基化合物也是a^2-合成子的等价体。

常见的a^3-合成子主要有β-羰基正离子，相应的合成等价体是α，β-不饱和羰基化合物、α，β-不饱和羧基化合物和α，β-不饱和腈。烯丙基正离子和炔丙基正离子也可以视为a^3-合成子，它们相应的合成等价体主要为3-卤代丙烯、3-卤代丙炔、2-丙烯醇的磺酸酯和2-丙炔醇的磺酸酯。此外，氧杂环丁烷有时也可以充当a^3-合成子的合成等价体。

结构特殊的环丙基甲基化合物可以充当a^4-合成子的合成等价体，具体结构如下所示

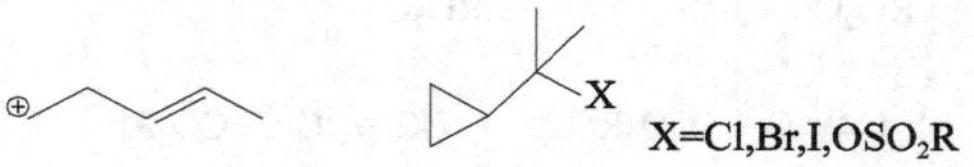

X=Cl,Br,I,OSO_2R

此外，虽然人们已发现一些可以充当a^5-和a^6-合成子的化合物[6]，但这类试剂在合成上很少加以使用。

2.2.2 极性转换

某些作为a-合成子的等价体，经过适当的化学反应后，可以转化成d-合成子的等价体；反之亦然。这种导致合成子类型发生改变的过程，被称作极性转换[7]。极性转换在较大程度上扩大了合成等价体的选择范围。下面介绍一下极性转换的主要手法。

1. 杂原子的交换

通过交换合成试剂分子内的杂原子，可以使一些常见的a-合成子转换成d-合成子。卤代烃RX经与金属镁或锂等反应后形成有机金属试剂RM，中心碳原子由缺电子反应中心变成富电子反应中心。卤代烃经与三苯基膦反应形成膦叶立德试剂后，中心碳原子的反应性发生了逆转。

$RCl \longrightarrow R\text{-}M(M=Li,MgCl,Cu)$

$RCH_2X \longrightarrow RCH{=}PPh_3$

醛的羰基碳原子为缺电子中心(a^1),但它与1,3-丙二硫醇反应形成的硫代缩醛与强碱作用后,原来醛基碳原子上的氢被移去,形成新的富电子中心(d^1)。酰氯是提供酰基正离子的有效合成试剂(a^1),它与四羰基铁酸钠作用后可以转变成酰基负离子的合成试剂(d^1)。

RCHO ⟶ 2-R-1,3-二噻烷负离子

RCOCl ⟶ $RCOFe(CO)_4^{\ominus}$

2. 杂原子的引入

普通的烯烃因分子内含有π电子,通常属于给电子试剂。若将烯烃氧化成环氧乙烷化合物,即引入一个氧原子后,那么原来双键上的碳原子的反应性就被逆转(d→a)。

$=\ \longrightarrow$ 环氧乙烷

烯醇负离子与卤素(通常为氯或溴)反应,即在分子内引入一个卤素原子后,其α-碳原子的反应性由亲核性变成了亲电性($d^2 \rightarrow a^2$)。

$CH_2{=}C(OM)CH_3 \xrightarrow{Br_2} BrCH_2COCH_3$

α,β-不饱和羰基化合物在碱性条件下与硫醇发生共轭加成反应,由此产生的β-硫醚易被过氧化氢氧化成砜,后者在碱作用下可以在原化合物电正性的β-碳原子上形成碳负离子($a^3 \rightarrow d^3$)。

$CH_2{=}CH\text{-}Z \xrightarrow{RSH} \xrightarrow{[O]} RO_2S\overset{\ominus}{C}HCH_2Z$

Z=CHO,COR,CO_2R,CN

3. 碳片段的引入

尽管在合成试剂分子内引入某些碳片段后可以使反应中心发生极性逆转或迁移,这方面的应用实例较少。芳香醛(a^1)与氰根加成及氢原子迁移后,使醛基碳原子的极性发生逆转(安息香缩合反应)。醛(a^1)与乙炔负离子加成得到的2-炔醇经氧化成2-炔酮后,末端炔氢原子易被强碱攫取形成炔碳负离子(d^3),从而使反应中心的位置发生了迁移。

2.3 逆合成实例分析

2.3.1 单官能团化合物的逆合成分析

对开链的单官能团分子,通常可以考虑在官能团的α-碳或β-碳的连接处进行切断。

1. 醇化合物

3-苯基-3-庚醇的逆合成分析过程如下所示。

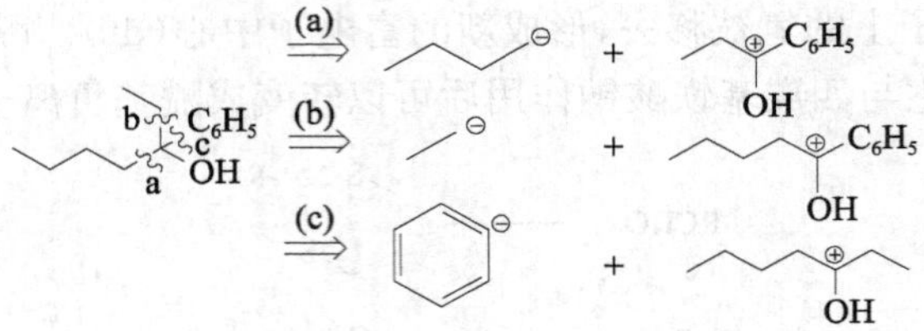

从理论上讲,上述三种切断方法都是合理的。但考虑到所用合成试剂的来源和价格,方法(a)和(b)所用的试剂比较容易得到。方法(a)相应的合成反应如下所示。

$$n\text{-}C_4H_9Cl \xrightarrow{Mg,Et_2O} n\text{-}C_4H_9MgCl \xrightarrow{C_6H_5COCH_2CH_3} TM \qquad (2\text{-}3\text{-}1)$$

2. 羰基化合物

对 α 位或 β 位含有支链烷基的羰基化合物,其逆合成分析中可以使用切断的手法。例如,2-苄基环己酮的逆分析过程如下所示。

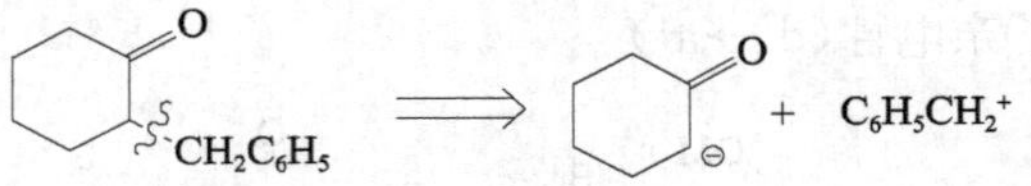

相应的合成反应

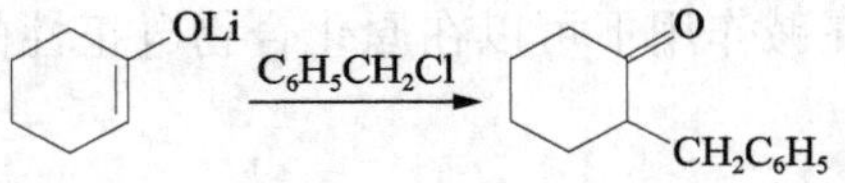

$$\xrightarrow{C_6H_5CH_2Cl} \qquad (2\text{-}3\text{-}2)$$

3-甲基环己酮的逆分析过程和相应的合成反应如下所示。

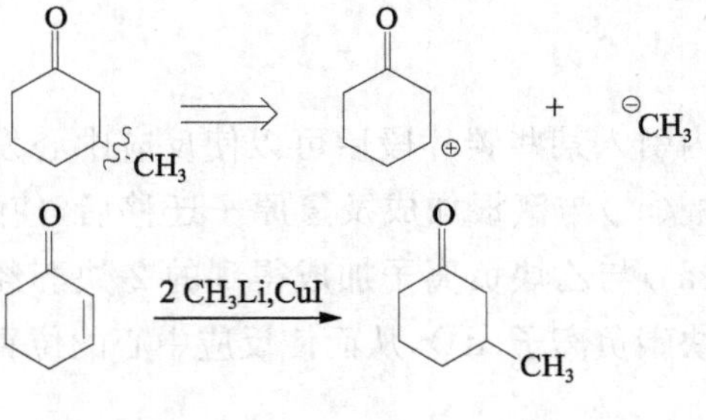

$$\xrightarrow{2\ CH_3Li,CuI} \qquad (2\text{-}3\text{-}3)$$

2.3.2 双官能团化合物的逆合成分析

1. 1,5-双官能团化合物

对 1,5-双官能团分子,通常可以利用 a^3-合成子和 d^2-合成子的组合方式进行切断。

例1

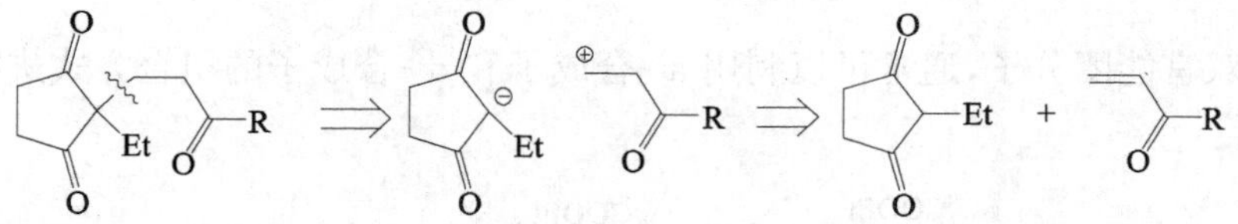

O / Et / O / R ⟹ O / Et / O + $^{\oplus}$ / O / R ⟹ O / Et / O + O / R

例2

EtO / O / OAc ⟹(FGI) EtO / O / O ⟹(FGA) EtO / O / COOEt / O

⟹(裂解) EtO / O / COOEt + $^{\oplus}$ / O ⟹ EtO / O / O / OEt + O

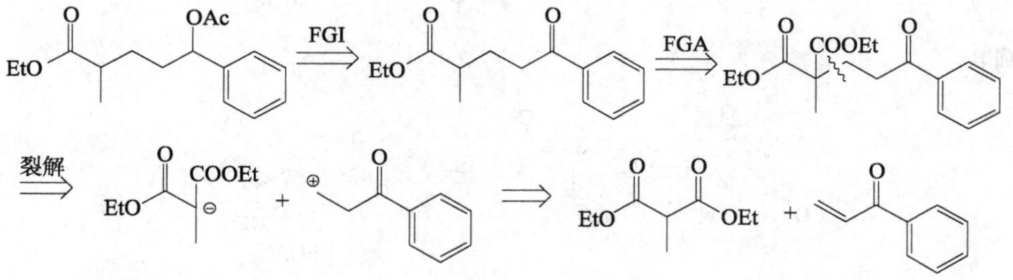

2. 1,4-双官能团化合物

对1,4-双官能团分子,通常可以利用 a^2-合成子和 d^2-合成子的组合方式进行切断。

例3

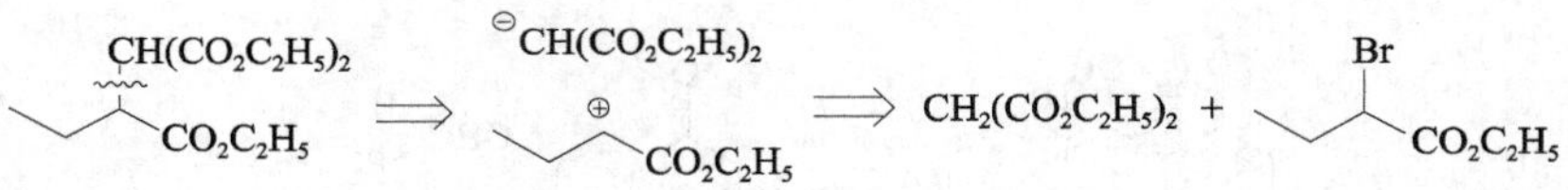

$CH(CO_2C_2H_5)_2$ / $CO_2C_2H_5$ ⟹ $^{\ominus}CH(CO_2C_2H_5)_2$ + $^{\oplus}$ / $CO_2C_2H_5$ ⟹ $CH_2(CO_2C_2H_5)_2$ + Br / $CO_2C_2H_5$

例4

OH / $CH(CO_2C_2H_5)_2$ ⟹ $^{\oplus}$ / OH + $^{\ominus}CH(CO_2C_2H_5)_2$ ⟹ $CH_2(CO_2C_2H_5)_2$ + O

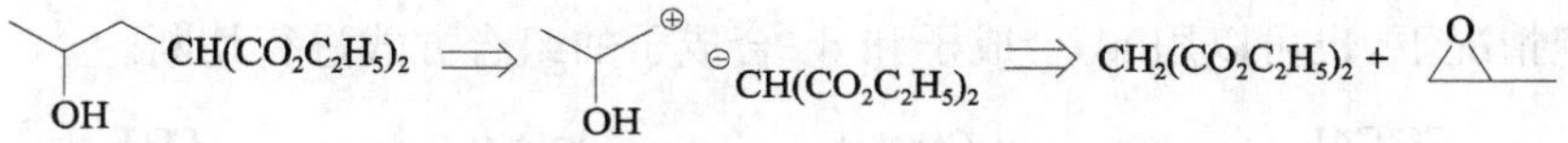

在特定情况下,也可以用 a^3-合成子和 d^1-合成子的组合方式进行切断。

例5

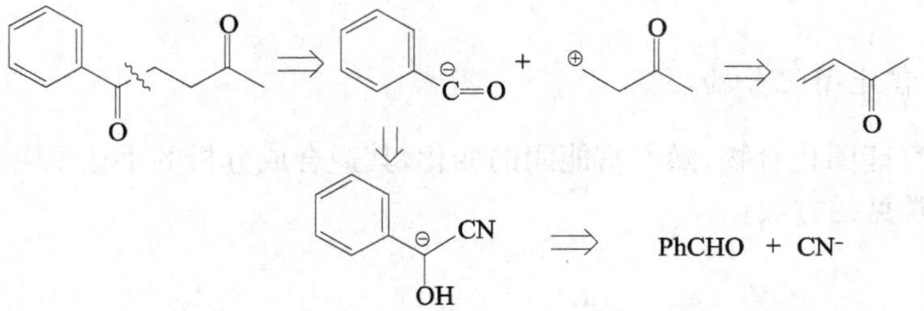

O / O ⟹ $^{\ominus}$C=O + $^{\oplus}$ / O ⟹ O

⇓

$^{\ominus}$ / CN / OH ⟹ PhCHO + CN^-

例6[8]

Ph / O / NH_2 / Cl ⟹ Ph / O / NO_2 / Cl ⟹ Ph / O / $^{\oplus}$ / Cl + $^{\ominus}CH_2NO_2$ ⟸ CH_3NO_2

⟹ Ph / O / Cl ⟹ CHO / Cl + Ph / O

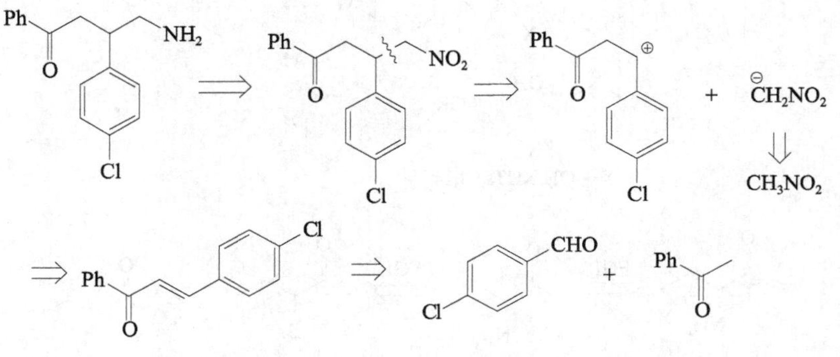

3. 1,3-双官能团化合物

对 1,3-双官能团分子,通常可以利用 a^1-合成子和 d^2-合成子的组合方式进行切断。

例 7

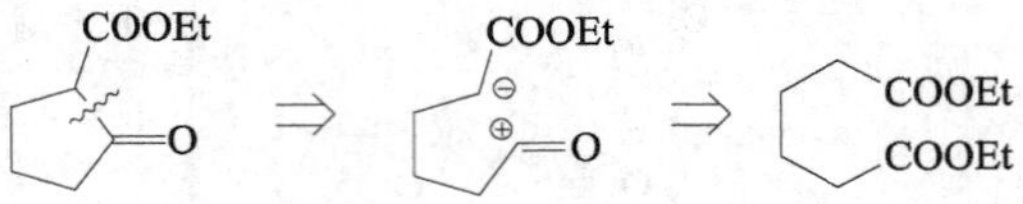

COOEt O ⟹ COOEt ⊖ ⊕ O ⟹ COOEt COOEt

例 8

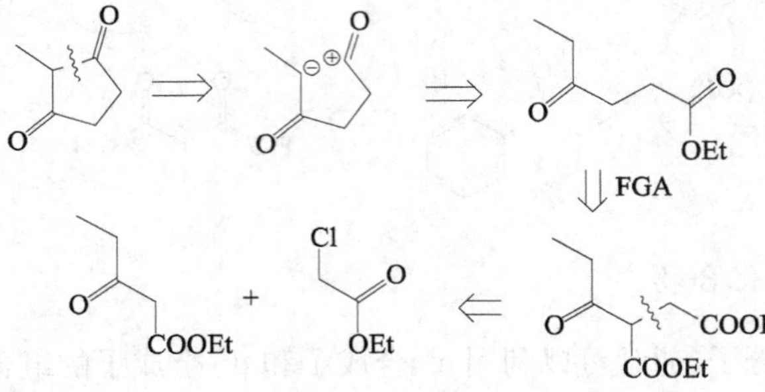

O O ⟹ ⊖ ⊕ O O ⟹ O O OEt

⇓ FGA

O COOEt + Cl O OEt ⟸ O COOEt COOEt

例 9

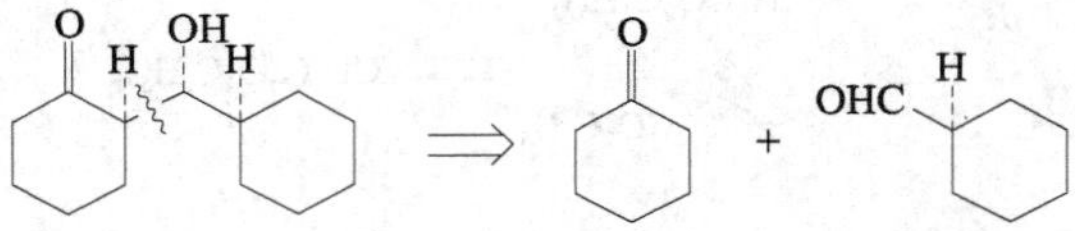

O H OH H ⟹ O + OHC H

在特定情况下,也可以用 a^2-合成子和 d^1-合成子的组合方式进行切断。

$CO_2C_2H_5$ $CO_2C_2H_5$ $\overset{FGI}{\Longrightarrow}$ $CO_2C_2H_5$ CN ⟹ $CO_2C_2H_5$ ⊕ ⊖CN ⟹ $CO_2C_2H_5$ Cl + NaCN

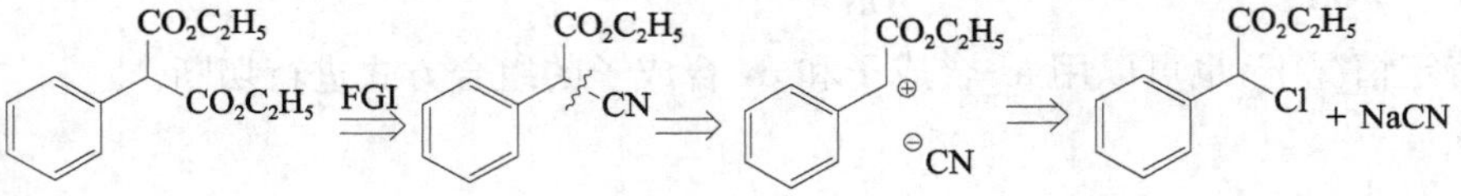

4. 1,2-双官能团化合物

对 1,2-双官能团化合物,随着官能团的变化,其逆合成分析的手法也需要随之变化。下面列出了几种常见的方法。

例 10

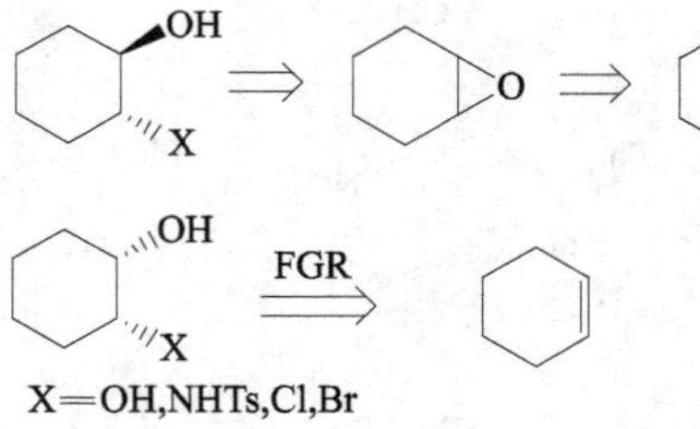

OH X ⟹ O ⟹

OH X $\overset{FGR}{\Longrightarrow}$

X=OH,NHTs,Cl,Br

例 11

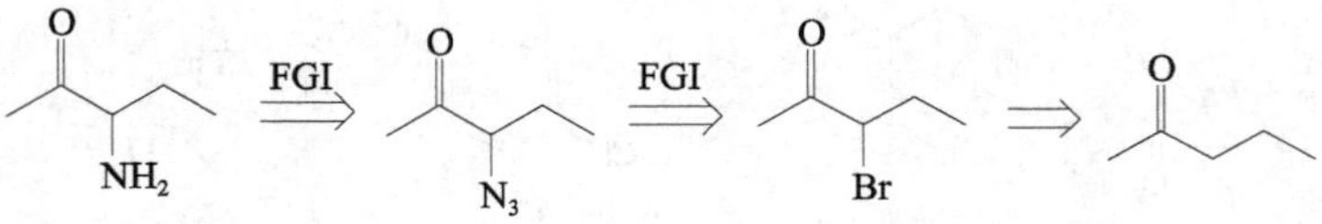

O NH_2 $\overset{FGI}{\Longrightarrow}$ O N_3 $\overset{FGI}{\Longrightarrow}$ O Br ⟹ O

例 12

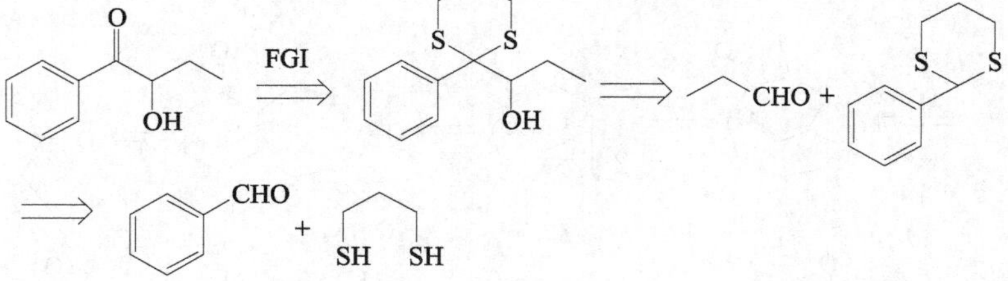

$$\text{PhCOCH(OH)CH}_2\text{CH}_3 \xRightarrow{\text{FGI}} \text{Ph-C(SCH}_2\text{CH}_2\text{CH}_2\text{S)-CH(OH)CH}_2\text{CH}_3 \Longrightarrow \text{CH}_3\text{CH}_2\text{CHO} + \text{2-苯基-1,3-二噻烷}$$

$$\Longrightarrow \text{PhCHO} + \text{HSCH}_2\text{CH}_2\text{CH}_2\text{SH}$$

例 13

FGI, FGA; NH_2, NO_2, OEt, CHO, CH_3NO_2

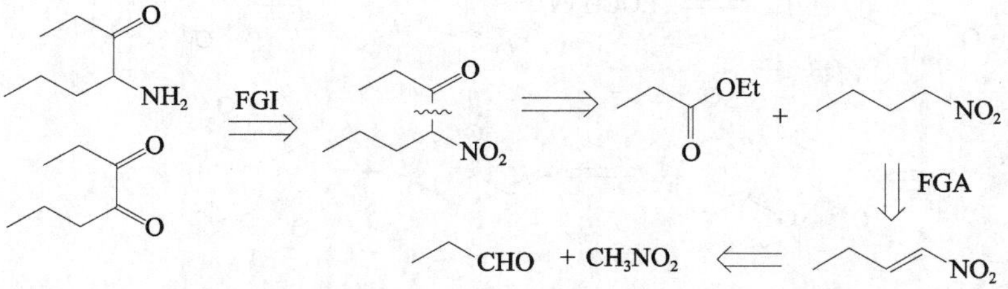

对 1,6-双官能团分子，通常可以利用 Con 和 Rearr 两种手法将其转换成环己酮或者环己烯及其衍生物，后者在适当的反应条件下已被氧化开环。

例 14

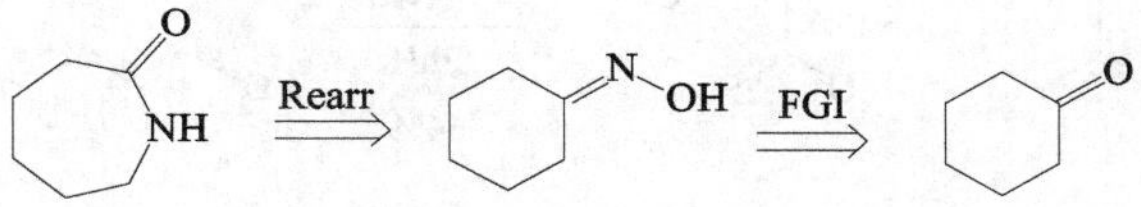

NH, Rearr, N, OH, FGI, O

例 15

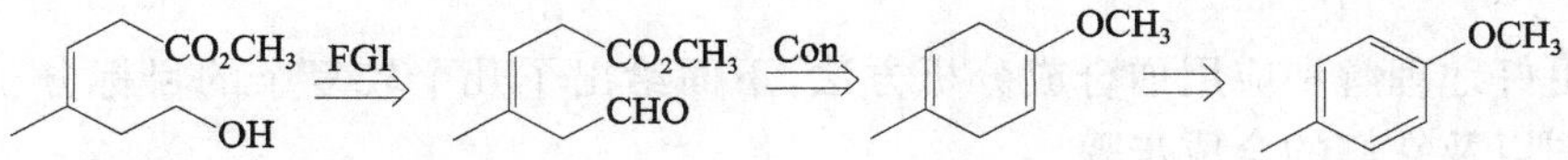

CO_2CH_3, OH, FGI, CO_2CH_3, CHO, Con, OCH_3, OCH_3

5. 环状化合物

对环己烯衍生物，通常可以利用[4＋2]环加成的逆反应方式将环切开。

例 16

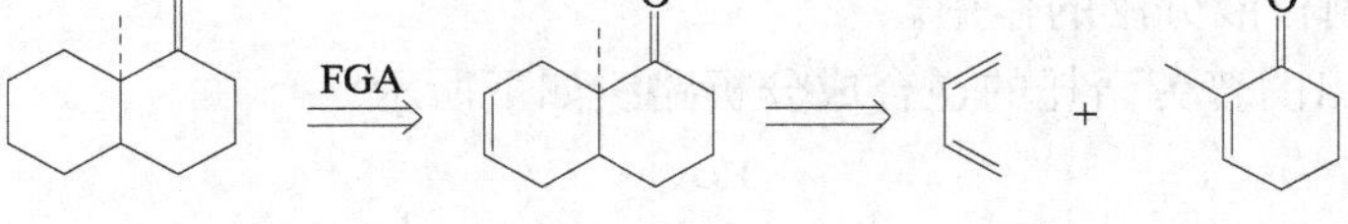

O, FGA, O, O, +

例 17

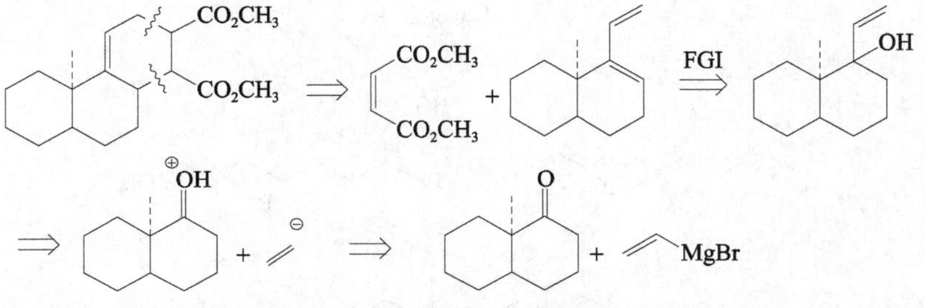

CO_2CH_3, CO_2CH_3, CO_2CH_3, CO_2CH_3, +, FGI, OH

$\overset{\oplus}{O}H$, +, $\ominus$, +, MgBr

此外，环状化合物还可利用分子内的亲核加成或取代反应将环切开[9]。

例 18

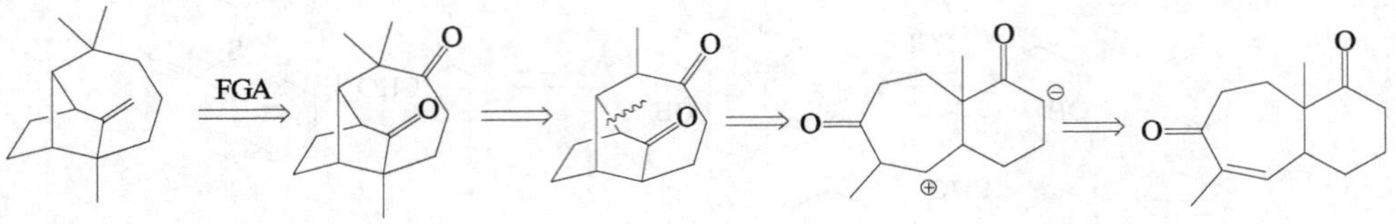

FGA

例 19

$ROCH_2Cl$ +

FGA

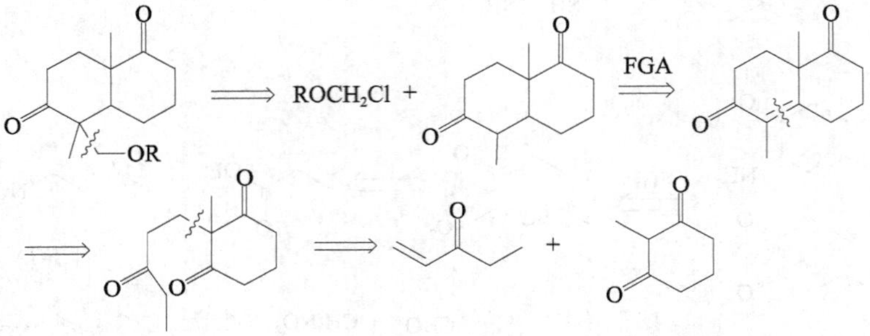

上述逆合成分析中都利用了 1,5-双羰基化合物在碱作用下易发生成环这一反应作为切断的基础。事实上,这一手法在 Robinson 增环反应中已经得到成功的应用[10]。例如

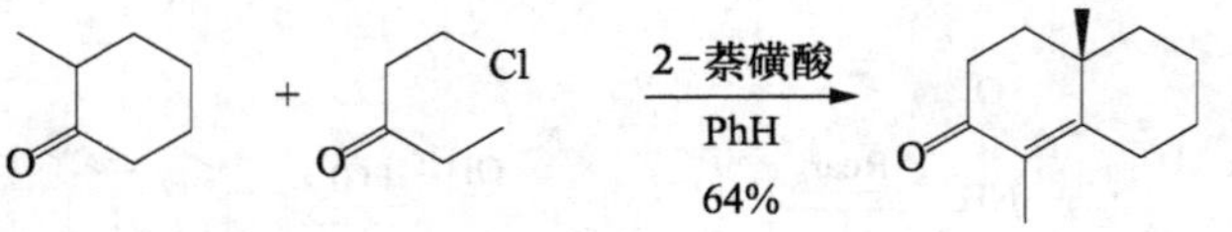

2-萘磺酸

PhH

64%

(2-3-4)

2.3.3 复杂化合物的逆合成分析

为了更好地理解和应用逆合成分析方法,下面给出了几个较复杂的目标分子的逆合成分析路线图以及它们的合成步骤。

1. 普劳诺托 (Plaunotol)的合成

普劳诺托为一种抗溃疡病药。本品是研究泰国植物 Croton subbyratus (Kurz)而发现的生物活性成分。具有增加胃黏膜血流量,增强胃黏膜抵抗力的作用,促进胃组织内前列腺素的生成,抑制胃液分泌的作用。

Kogen[11] 提出的普劳诺托的逆合成分析路线如下所示。

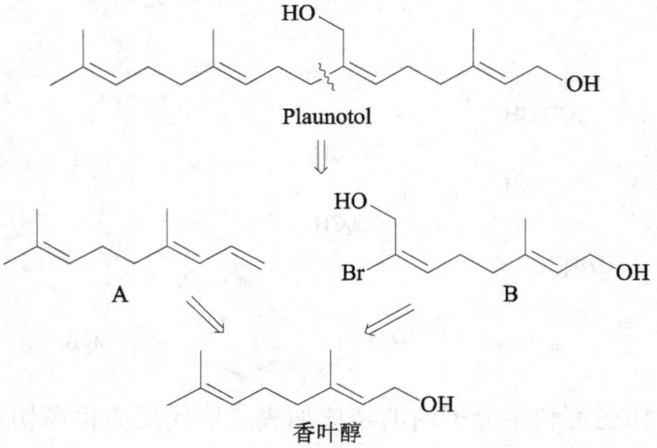

Plaunotol

A

B

香叶醇

该合成过程采用会聚法，首先合成A和B两个片段，然后将两个片段进行偶联。具体合成步骤如下所示。

香叶醇 —(Ac_2O,吡啶,Et_2O; 85%)→ OAc
香叶醇 —(79% MnO_2,CH_2Cl_2)→ —(90% Ph_3PCH_3,BuLi,THF)→ —(9-BBN,THF)→ A (BBN-9)
OAc —(81% *m*-CPBA, CH_2Cl_2)→ OAc —(76% HIO_4,THF,H_2O)→ OHC…OAc —(94% $(F_3CH_2CO)_2P(O)CH(Br)COOMe$, ^tBuOK,THF,18-冠-6)→ Br, COOMe, OAc —(57% DIBAL,CH_2Cl_2)→ B (HO, Br, OH)
A —(77% B,$PdCl_2$(dppf),Ph_3As, Cs_2CO_3,DMF)→ Plaunotol (HO, OH)

2. 麦角林(ergoline)分子骨架的合成

尼麦角林(nicergoline)为半合成的麦角生物碱。主要成分为麦角烟酸酯，具有较强的α受体阻滞作用和扩张血管的作用，能加强脑部新陈代谢和神经递质转化作用，具有抑制血小板聚集和抗血栓作用；能有效促进脑梗死、神经外科手术后神经功能的恢复；对治疗由脑血管疾病引起的脑血管性痴呆、多发性脑梗死痴呆有较好的疗效。

Nicergoline (H_3C, H, N, N—CH_3, OCH_3, Br, N, O, O)

近年来，Padwa等人[12]对麦角林衍生物的合成进行了研究。下面给出的是一个利用D-A反应进行结构转换的逆合成路线。

Ergoline骨架 (O, COOMe, N, Boc) ⟹ (O, COOMe, O, N, Boc) ⟹ (O, COOMe, O, N, Boc)

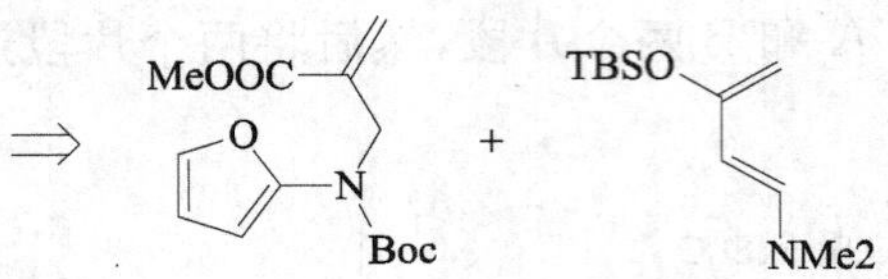

具体合成步骤如下所示。

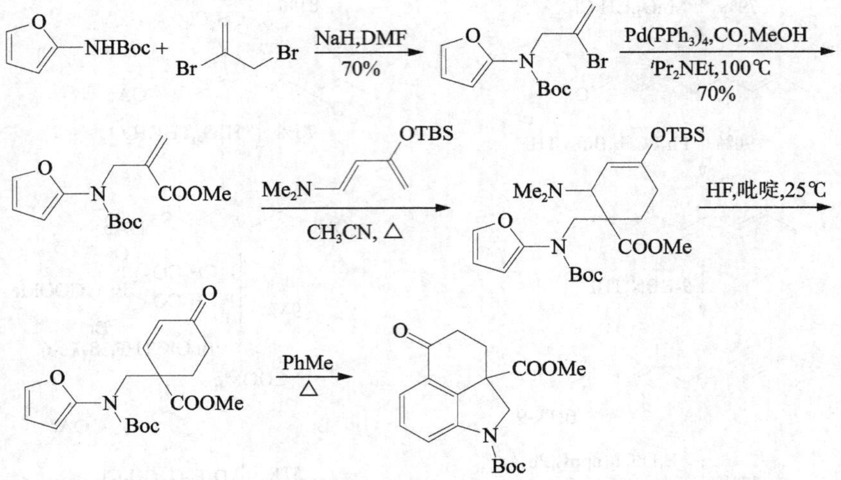

该合成过程主要步骤包括2,3-二溴丙烯的亲核取代,溴代烯烃在钯催化下的羰化酯化反应,1-二甲氨基-3-三丁基硅氧基-1,3-丁二烯参与的D-A反应,以及最后脱水形成苯环的反应。

3. NK-1受体拮抗剂的合成

神经激肽NK-1受体拮抗剂是一类制药领域十分受人关注的物质。被Merck公司称为Substance-P的NK-1受体拮抗剂显示出良好的神经肽的抗抑郁活性。Maligres等人[13]发现下述螺环化合物也是一类临床候选的NK-1受体拮抗剂。其逆合成分析路线如下所示。

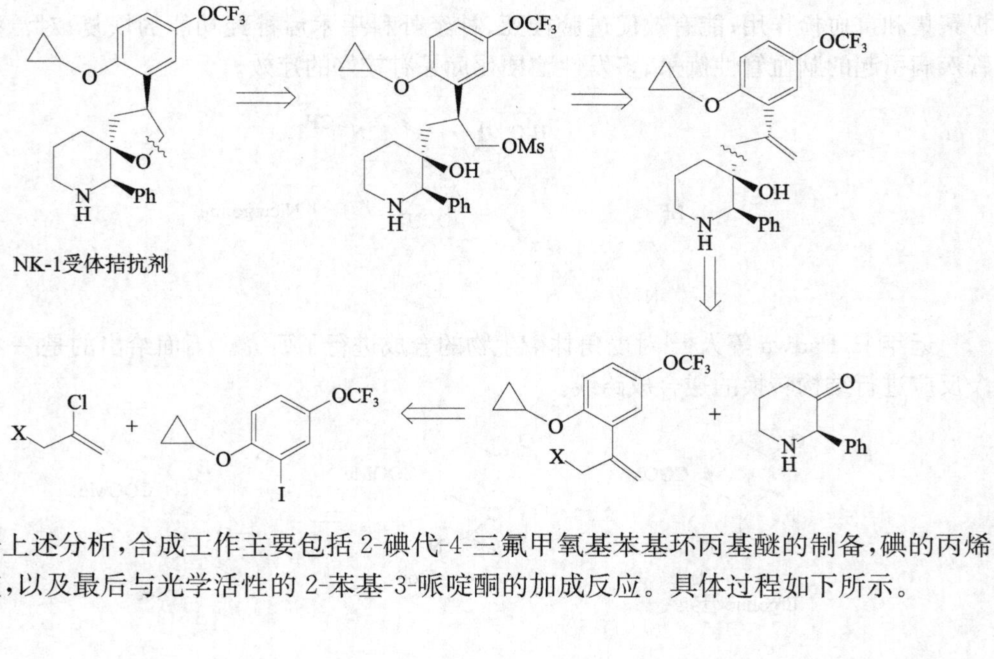

NK-1受体拮抗剂

根据上述分析,合成工作主要包括2-碘代-4-三氟甲氧基苯基环丙基醚的制备,碘的丙烯基化反应,以及最后与光学活性的2-苯基-3-哌啶酮的加成反应。具体过程如下所示。

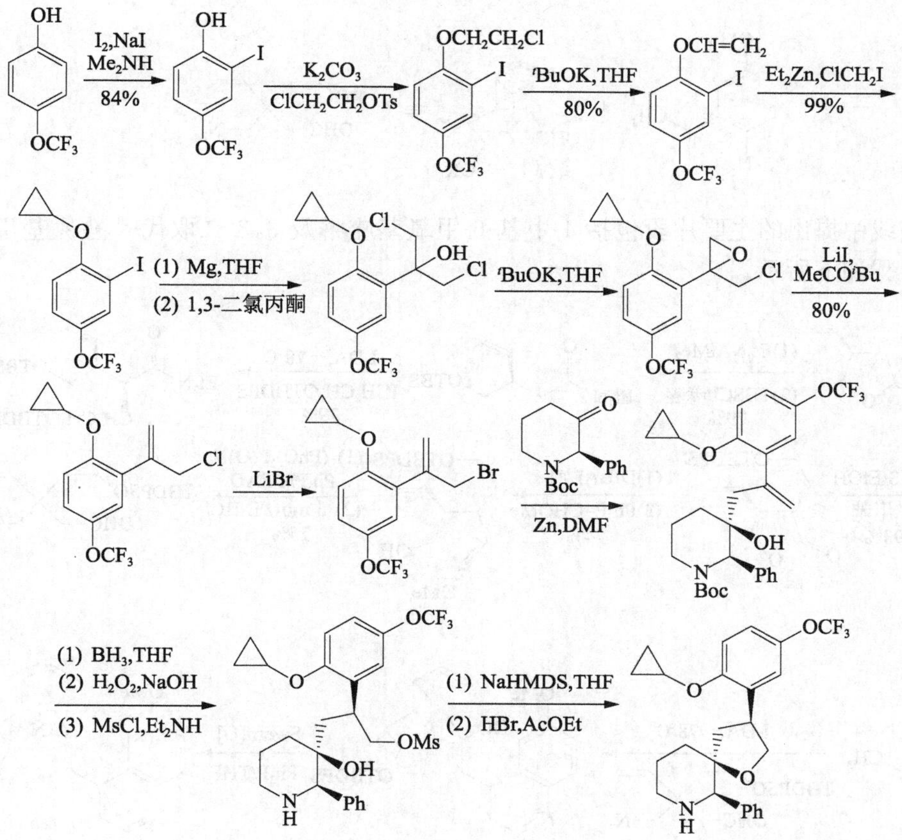

4. 奎宁(Quinine)的合成

奎宁是一种生物碱,属于喹啉类衍生物,又称为金鸡纳碱。它存在于蓓草科金鸡纳树皮中。自从17世纪开始印第安人就用金鸡纳树皮的提取液来治疗疟疾。1852年L. Pasteur对其进行最初的立体化学研究,阐明其为左旋体,直到1940年它的立体结构才被彻底阐明。

自20世纪40年代Woodward成功合成了奎宁以后,又有一些合成化学家从不同的起始原料出发,利用不对称合成技术直接合成了光学纯的奎宁。其中具有代表性的工作有G. Stork[14]和E. N. Jacobsen.[15]分别提出的不对称全合成路线。

G. Stork提出的逆合成分析路线如下所示。

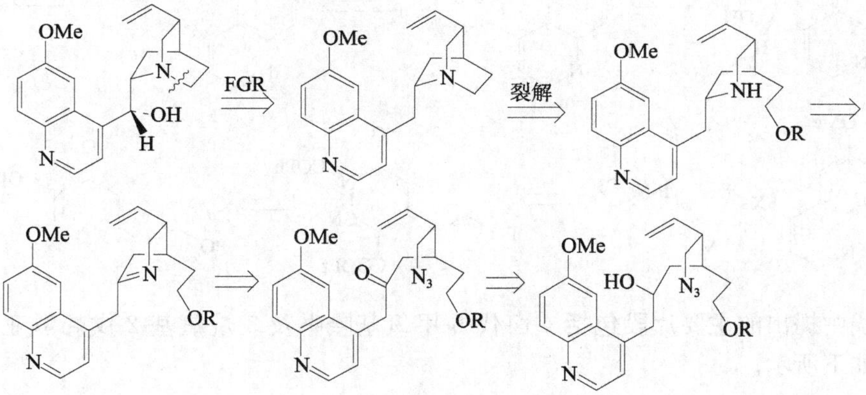

OMe
⟹ CH_3 + OHC N_3 OR ≡ RO OHC N_3
N

该路线中提出的主要片段包括4-甲基-6-甲氧基喹啉及3,3-二取代-4-叠氮基丁醛。具体合成步骤如下所示。

O O —(1)Et_2NAlMe_2 (2)TBSCl/咪唑 79%→ Et_2N O OTBS —LDA,−78℃ $ICH_2CH_2OTBDPS$ 79%→ Et_2N O OTBS $CH_2CH_2OTBDPS$

—PPTS/EtOH 二甲苯 93%→ OTBDPS O O —(1)DIBAL-H (2)Ph_3P=CHOMe 74%→ OTBDPS OH OMe —(1) $(PhO)_2P(O)N_3$ Ph_3P/DEAD (2) 5 mol/L HCl 75%→ TBDPSO OHC N_3

OMe CH_3 N —LDA,−78℃ TBDPSO OHC N_3→ OMe HO N_3 OTBDPS N —Swern[O] Ph_3P/THF→ OMe N OR N

—$NaBH_4$/THF MeOH→ OMe H NH OTBDPS N —(1) HF/MeCN (2) MsCl/吡啶 (3) MeCN,回流→ OMe N N —NaH DMSO,O_2→ OMe N ·OH H N

E. N. Jacobsen提出的逆合成分析路线如下所示。

OMe N ·OH H N ⟹ OMe P-N O N ⟹ OMe P-N N ⟹

OMe X N + P-N M ⟹ PO O N COPh H CN COOEt ⟹ PO O N COPh H

该路线中提出的主要片段包括4-卤代-6-甲氧基喹啉及5-烷氧基-2-戊烯酰亚胺。具体合成步骤如下所示。

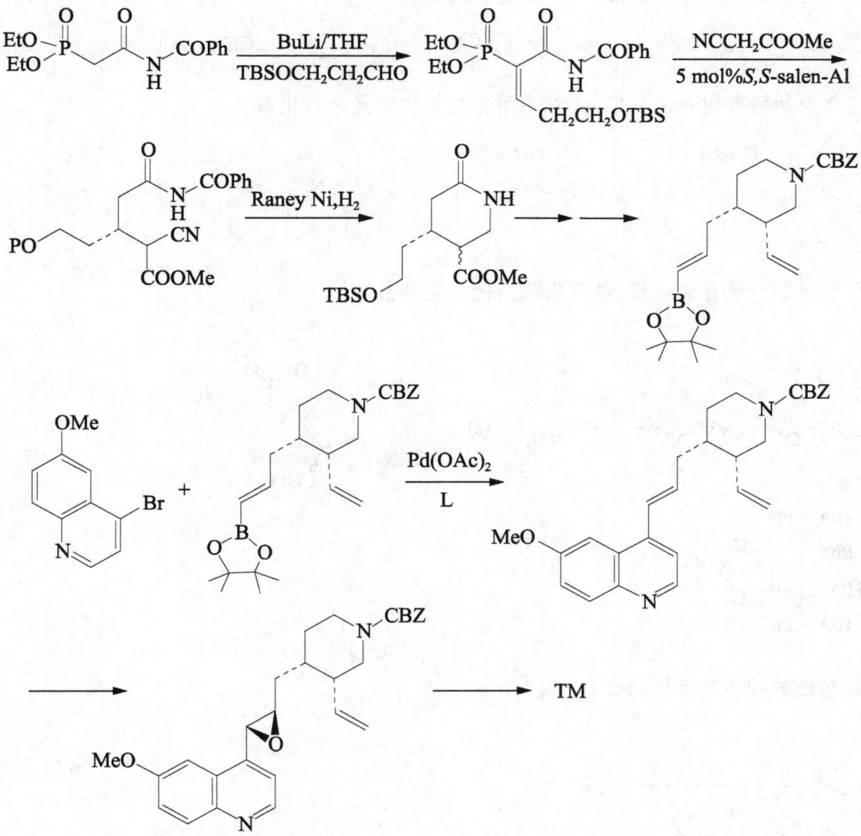

思　考　题

1. 根据你所学过的有机反应，识别出合成下列化合物的反合成子，写出实现这些合成步骤的合适试剂。

(1) 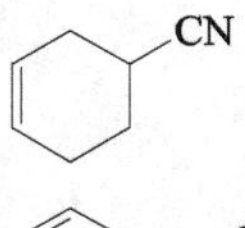　(2) 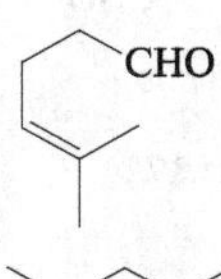　(3)

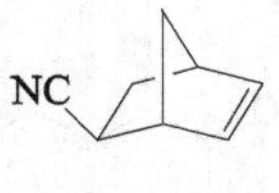

(4) 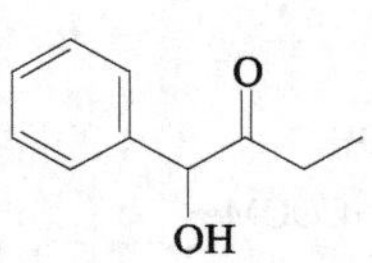　(5) 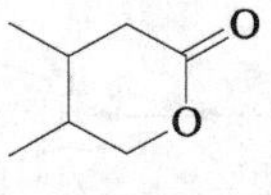　(6)

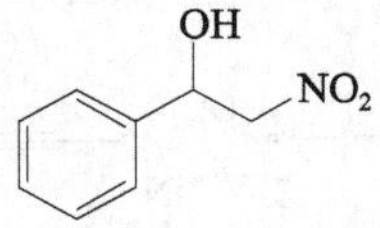

2. 写出下列化合物的逆合成分析路线，写清楚需要的合成子及相对应的等价体。

(1) 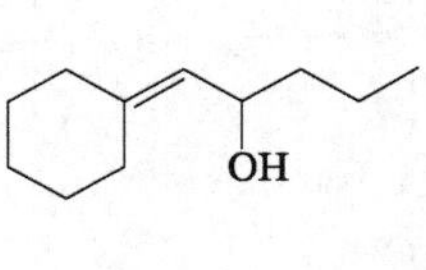　(2) 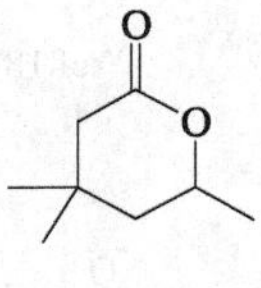　(3)

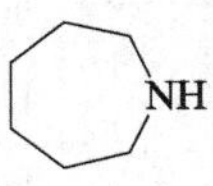

(4) 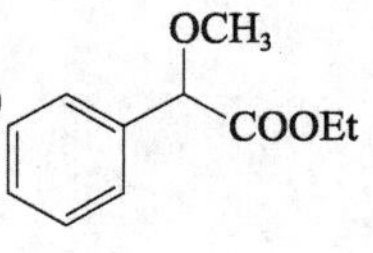　(5) 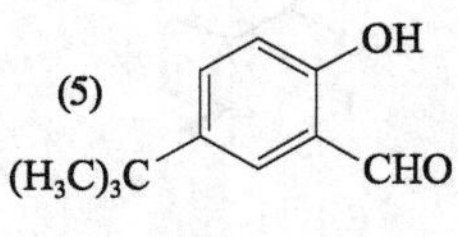　(6)

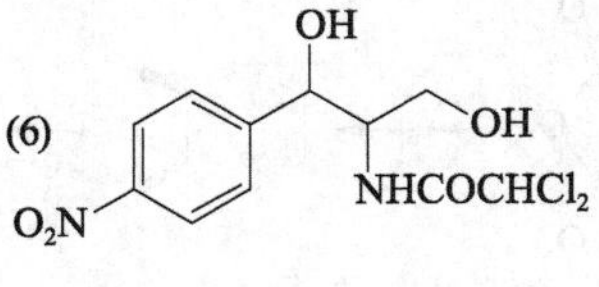

3. 注意下列化合物的官能团间的位置,进行逆合成分析。

4. 写出下列化合物的可能合成方案,并对不同方案的优缺点进行比较。

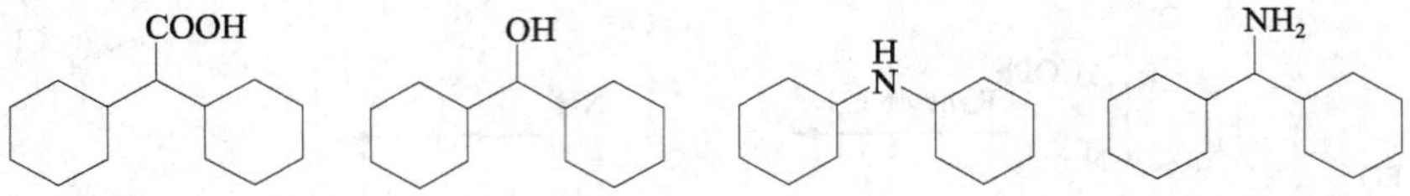

COOH　　OH　　H N　　NH_2

5. 对下列化合物进行逆合成分析,并写出相应的合成路线。

(1) 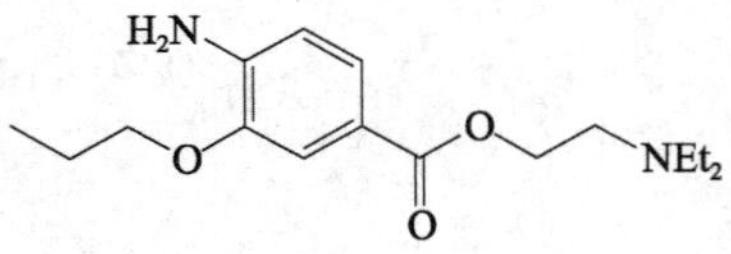 H_2N　O　O　NEt_2　O

(2) O　O　HO　CHO

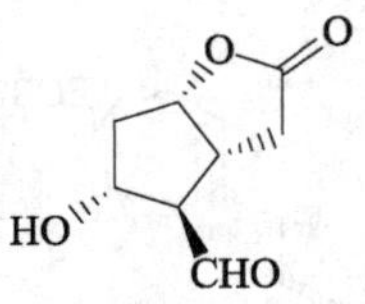

(3) 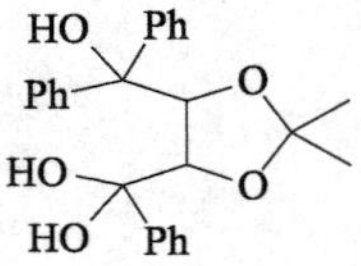 HO　Ph　Ph　O　O　HO　HO　Ph

6. 由指定的起始原料合成目标化合物[16]。

(1)

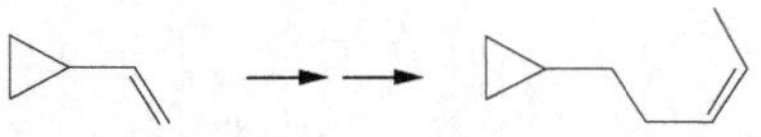

(2) 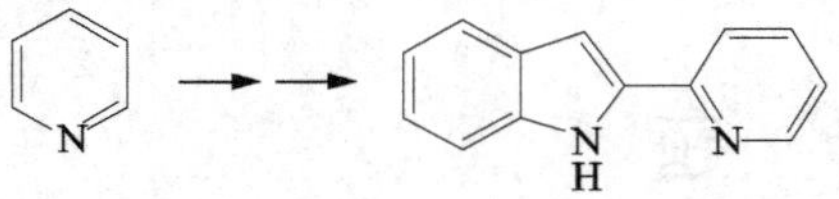 N　N H　N　ref.16

(3) 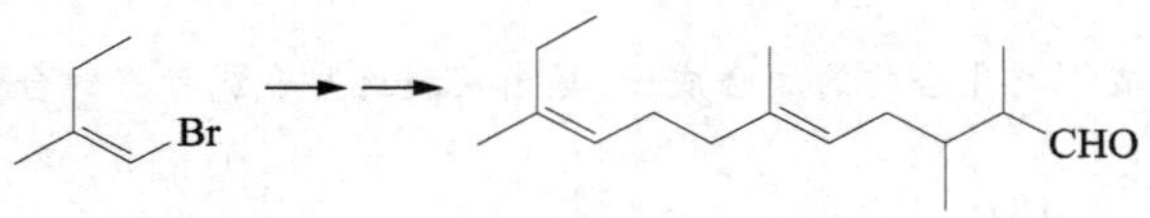 Br　CHO

(4) 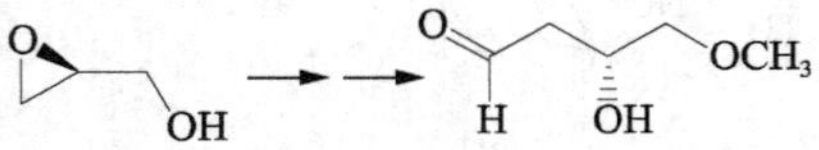 O　OH　O　H　OH　OCH_3　ref.17

(5) 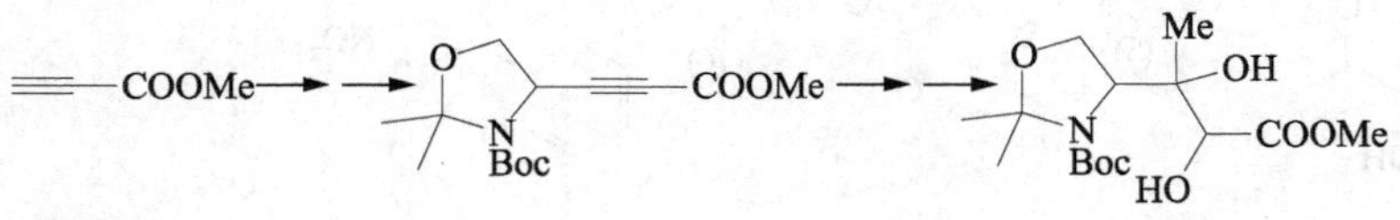 COOMe　O　N Boc　COOMe　O　N Boc　Me　OH　COOMe　HO

(6) 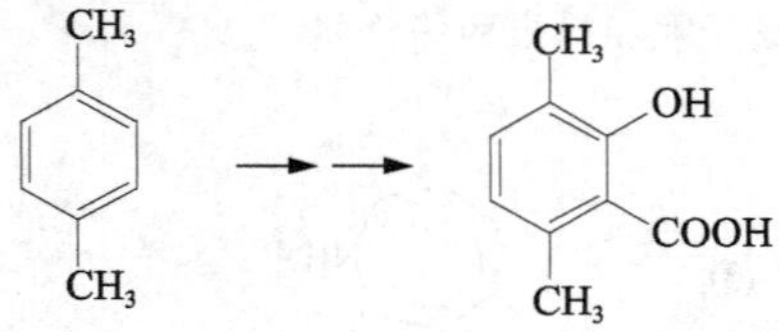 CH_3　CH_3　CH_3　OH　COOH　CH_3　ref.18

(7) 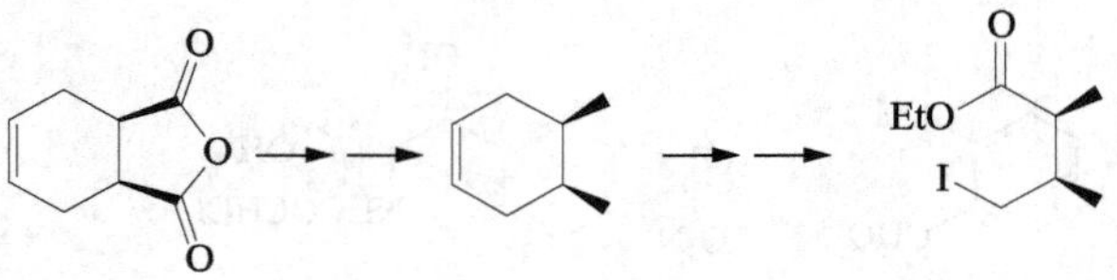 O　O　O　EtO　O　I

7. 对下列目标化合物进行逆合成分析,并写出合理的合成路线。

(1) 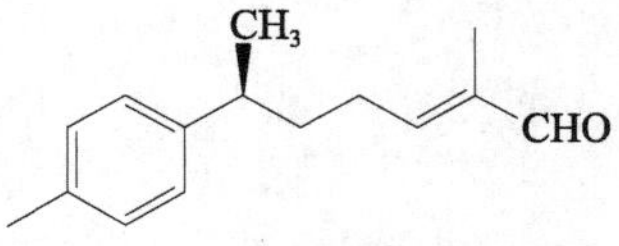 ref.19

(E)-(S)-坚果醛

(2) 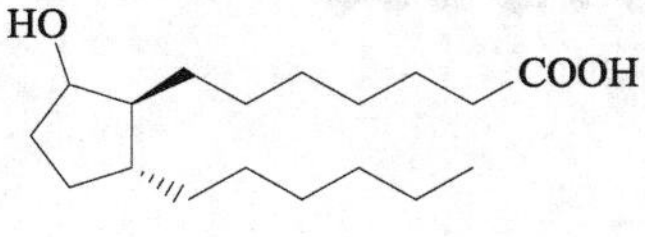 ref.20,21

(3) 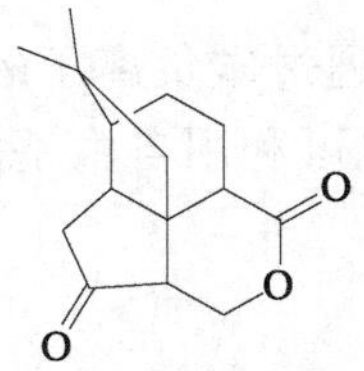 ref.22

夸德尔酮

参 考 文 献

[1] Corey E J. Pure and Applied Chem., 1967, 14: 19.
[2] Core E J, Wipke W T. Science, 1969, 166: 178.
[3] Nobel Lecture of E. J. Corey, 1990.
[4] Corey E J, Enders D. Chem. Ber., 1978, 111: 1337.
[5] Meyers A I, Knauss G, Kamata K, et al. J. Am. Chem. Soc., 1976, 98: 567.
[6] Corey E J, Ulrich P. Tetrahedron Lett., 1975, 16(43): 3685.
[7] Seebach D. Angew. Chem. Int. Ed., 1979, 18: 239.
[8] Corey E J, Zhang F Y. Org. Lett., 2000, 2: 4257-4259.
[9] Corey E J, Cramer R D Ⅲ, Howe W J. J. Am. Chem. Soc., 1972, 94: 440.
[10] Heathcock C H, Mahaim C, Schlecht M F, et al. J. Org. Chem., 1984, 49: 3264.
[11] Tago K, Kogen H. Tetrahedron, 2000, 56: 8825.
[12] Padwa A, Bur S K, Zhang H J. J. Org. Chem., 2005, 70: 6833.
[13] Maligres P E, Waters M M, Lee J, et al. J. Org. Chem., 2002, 67: 1093.
[14] Stork G, Niu D Q, Fujimoto A, et al. J. Am. Chem. Soc., 2001, 123: 3239.
[15] Raheem I T, Goodman S N, Jacobsen E N. J. Am. Chem. Soc., 2004, 126: 706.
[16] Lipińska T M. Tetrahedron, 2006, 62: 5736.
[17] Nicolaou K C, Li Y W. Angew. Chem. Int. Ed., 2001, 40: 3849-3853.
[18] Nicolaou K C, Koide K, Xu J Y, et al. Tetrahedron Lett., 1997, 38: 3671.
[19] Takano S, Goto E, Ogasawara K. Tetrahedron Lett., 1982, 23: 5567.
[20] Shono T, Kise N, Fujimoto, et al. J. Org. Chem., 1992, 57: 7175.
[21] Mikolajczyk M, Zúurawinski R. J. Org. Chem., 1998, 63: 8894.
[22] Smith A B Ⅲ, Konopelski J P. J. Org. Chem., 1984, 49: 4094.

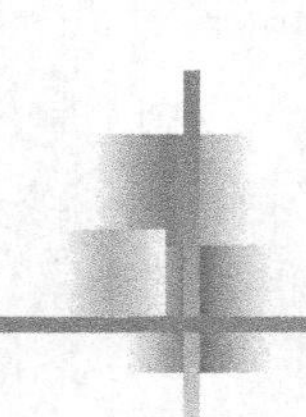

第 3 章

碳碳单键的形成

碳碳单键的形成是增长碳链的重要方法，最常用的方法是通过碳负离子的反应，如亲核取代反应、缩合反应、麦克尔(Michael)加成反应、偶联反应。也可利用自由基的反应来形成碳碳单键。本章按反应类型来介绍各种碳碳单键的形成方法。

3.1 烷基化反应

形成碳负离子最常用的方法是在碱的作用下，夺取有机化合物分子中的质子，因此，所使用的碱必须是比有机化合物更强的碱。当碳原子与一些吸电子取代基(如羰基、酯基、氰基等)相连时，碳原子上所连的氢原子会具有一定的酸性，易于被碱夺取而形成碳负离子，如式(3-1-1)。表 3－1 列出了一些常见有机化合物及溶剂的 pKa[1]。

$$R^1CH_2\overset{O}{\overset{\|}{C}}R^2 + \overset{\ominus}{N}H_2 \rightleftharpoons R^1\overset{\ominus}{C}H\overset{O}{\overset{\|}{C}}R^2 + NH_3 \tag{3-1-1}$$

$$CH_3\overset{O}{\overset{\|}{C}}CH_2\overset{O}{\overset{\|}{C}}OCH_2CH_3 + CH_3CH_2\overset{\ominus}{O} \rightleftharpoons CH_3\overset{O}{\overset{\|}{C}}\overset{\ominus}{C}H\overset{O}{\overset{\|}{C}}OCH_2CH_3 + CH_3CH_2OH$$

表 3－1　一些常见有机化合物及溶剂的 pKa

化 合 物	pKa	化 合 物	pKa
$C\underline{H}_2(NO_2)_2$	3.6	$PhCOC\underline{H}_3$	15.8
$CH_3COC\underline{H}_2NO_2$	5.1	$CH_3O\underline{H}$	16
$CH_3C\underline{H}_2NO_2$	8.6	$CH_3CH_2O\underline{H}$	18
$CH_3COC\underline{H}_2COCH_3$	9	$(CH_3)_3CO\underline{H}$	19
$PhCOC\underline{H}_2COCH_3$	9.6	$ArCOC\underline{H}_2CH_3$	19
$C\underline{H}_3NO_2$	10.2	$CH_3COC\underline{H}_3$	20
$CH_3COC\underline{H}_2COOCH_2CH_3$	10.7	$RC\underline{H}_2COOCH_2CH_3$	24.5
$CH_3COC\underline{H}(CH_3)COCH_3$	11	$C\underline{H}_3CN$	25
$C\underline{H}_2(CN)_2$	11.2	$Ph_3C\underline{H}$	33
$C\underline{H}_2(SO_2CH_2CH_3)_2$	12.5	$N\underline{H}_3$	35
$C\underline{H}_2(CO_2CH_2CH_3)_2$	12.7	$CH_3SOC\underline{H}_3$	35
$CH_3CH_2C\underline{H}(CO_2CH_2CH_3)_2$	15	$(CH_3CH_2)_2N\underline{H}$	36
$\underline{H}_2O$	15.7		

从表 3－1 中可以看出，不同的吸电子取代基具有不同的活化 α-H 作用，其中以硝基的作用最强，其大致的吸电子活性顺序为：$NO_2>COR>SO_2R>COOR>CN>Ph$。当碳原子上连有两个吸电子取代基时，其活化 α-H 的作用出现叠加而表现更强，如乙酰丙酮（$CH_3CO\underline{CH_2}COCH_3$）的 p$K$a 为 9，而丙酮（$CH_3CO\underline{CH_3}$）的 p$K$a 为 20。烷基的存在可降低 α-H 的酸性，如丙二酸二乙酯[$C\underline{H}_2(CO_2CH_2CH_3)_2$]的 p$K$a 为 12.7，而乙基丙二酸二乙酯[$CH_3CH_2C\underline{H}(CO_2CH_2CH_3)_2$]的 p$K$a 为 15。表 3－1 还列出了一些常用溶剂的 pKa，当溶剂的 pKa 大于某个有机化合物的 pKa 时，其所形成的碱就可夺取该有机化合物上的氢，形成碳负离子。

在有机合成中最常用活化 α-H 的取代基是羰基，如酮在碱的作用下，可失去 α-H 生成碳负离子。事实上，这种碳负离子是以烯醇负离子的形式存在，这是由于氧的电负性比碳强，使得 α-C 上的负电荷转移到氧上，形成烯醇负离子。当然烯醇负离子上的负电荷实际上是分散在三个原子间，也正是由于负电荷的分散作用，而使碳负离子得到稳定，如式(3-1-2)。

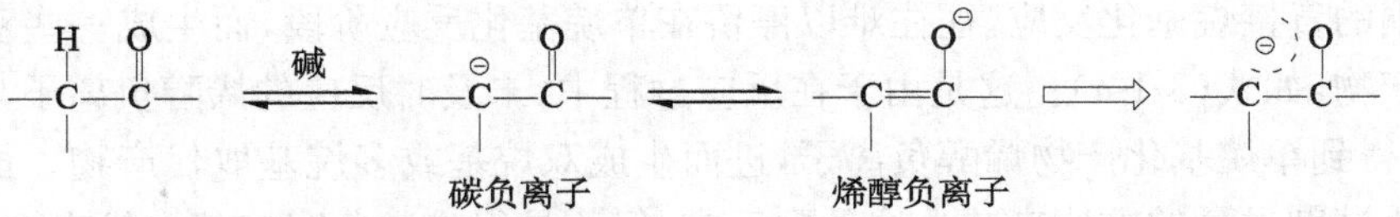

$$-\overset{H}{\underset{|}{C}}-\overset{O}{\overset{\|}{C}}- \underset{}{\overset{\text{碱}}{\rightleftharpoons}} \underset{\text{碳负离子}}{-\overset{\ominus}{\underset{|}{C}}-\overset{O}{\overset{\|}{C}}-} \rightleftharpoons \underset{\text{烯醇负离子}}{-\underset{|}{C}=\overset{O^{\ominus}}{\overset{|}{C}}-} \Longrightarrow -\overset{\ominus}{\underset{|}{C}}\cdots\overset{O}{C}- \tag{3-1-2}$$

由于上述形成烯醇负离子的反应是一个平衡反应，且活泼的烯醇负离子与质子溶剂之间也包含一个竞争平衡，因此，必须根据反应物结构的不同选择不同的碱和溶剂，才能得到较高浓度的烯醇负离子，从而使烷基化反应能顺利进行。一般所选择的溶剂的酸性和碱的共轭酸的酸性，要比酮的酸性弱得多才好。具体来说，对于具有活泼亚甲基的化合物（如乙酰乙酸乙酯），可选择醇钠/醇体系；而对于一般的酸性弱的酮，则需选择更强的碱，如金属 Na、K 或 NaH 在苯或乙醚的悬浮液、$NaNH_2$/液氨、Ph_3CNa/苯或乙醚、二甲亚砜钠/二甲亚砜等，由于这些强碱在非极性溶剂中溶解度较差，后来又使用了一些大位阻仲胺盐，产生了很好的效果，这些大位阻仲胺盐如二异丙基氨基锂（LDA）、双（三甲硅基）氨基锂（LHMDS）和 2,2,6,6-四甲基哌啶锂（Li-TMP），由于位阻很大亲核性很弱但碱性很强，不会去进攻其他对亲核试剂敏感的官能团，而且其分子中的脂链增加了它们在非极性溶剂中的溶解度，使得它们可溶于许多非极性溶剂甚至烃中。

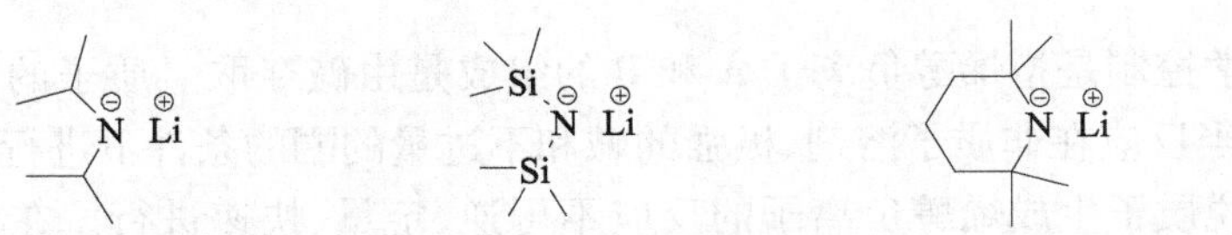

$N^{\ominus}\ Li^{\oplus}$　　　Si　$N^{\ominus}\ Li^{\oplus}$　Si　　　$N^{\ominus}\ Li^{\oplus}$

二异丙基氨基锂　　　双（三甲硅基）氨基锂　　　2,2,6,6-四甲基哌啶锂

3.1.1　简单酮、醛、酯及腈的烷基化反应

只含有一个羰基的简单酮虽也可直接进行烷基化反应，但反应产物往往比较复杂。从表 3－1 可以看出，简单酮生成烯醇负离子，必须使用比乙醇钠或甲醇钠更强的碱。叔丁醇钾是更强的碱，可以用于简单酮的烷基化反应，但它的碱性不足以将简单酮完全转变为烯醇负离子，这样容易发生烯醇负离子与酮自身之间的羟醛缩合副反应。使用比叔丁醇钾更强的碱，如氨基钠、氢化钠或三苯甲基钠，可以将简单酮完全转变为烯醇负离子，但如果使用的

溶剂是非极性溶剂,因这些强碱溶解度低,反应在非均相中进行,造成烯醇负离子缓慢生成,共存的烯醇负离子与未及时转化的酮之间也容易发生羟醛缩合副反应。然而,在应用大位阻仲胺盐时不会出现这种情况,因而现在已广泛使用它们来代替传统的碱产生烯醇负离子。烯醇负离子的亲核取代反应一般是 *C*-烷基化反应,这是由于碳负离子亲核性一般强于氧负离子的亲核性。常采用的烷基化试剂是卤代烷、对甲苯磺酸酯或甲磺酸酯、环氧化物。其中伯或仲卤代烷、烯丙基或苄基卤代烷可得到很好的结果,但叔卤代烷烷基化反应的产率低,这是由于叔卤代烷在碱性条件下易发生消去卤化氢的副反应。简单酮的烷基化反应例子见式(3-1-3)。

$$PhCOCH(CH_3)_2 \xrightarrow{NaH} PhC(O^-Na^+)=C(CH_3)_2 \xrightarrow{(CH_3)_2C=CHCH_2Br} PhCOC(CH_3)_2CH_2CH=C(CH_3)_2 \quad 88\% \tag{3-1-3}$$

简单酮的直接烷基化反应,往往难以停留在单烷基化反应阶段,而生成一些双烷基或多烷基取代产物,如式(3-1-4)。这是由于在反应过程中,未及时反应的烯醇负离子与单烷基化产物作用,得到单烷基化产物烯醇负离子,进而生成双烷基或多烷基取代产物。虽然可以通过将烷基化试剂过量的方法来减少这种副反应,但还是很难避免多烷基取代产物的生成。

$$R^1CH=C(O^-)R^2 \xrightarrow{CH_3I} R^1CH(CH_3)COR^2 \xrightarrow{R^1CH=C(O^-)R^2} R^1C(CH_3)=C(O^-)R^2 \xrightarrow{CH_3I} R^1C(CH_3)_2COR^2 \tag{3-1-4}$$

不对称简单酮的直接烷基化反应,还往往容易生成单烷基化产物的混合物。这是由于在碱的作用下,容易生成烯醇负离子 **A** 和 **B** 的混合物,如式(3-1-5),烯醇负离子 **A** 和 **B** 的组成取决于反应是在动力学控制还是热力学控制条件下进行。

$$R^1R^2CHCOCH_2R^3 \xrightarrow{B^-} \underset{\mathbf{A}}{R^1R^2C=C(O^-)CH_2R^3} + \underset{\mathbf{B}}{R^1R^2CHC(O^-)=CHR^3} \tag{3-1-5}$$

所谓动力学控制是指烯醇负离子 **A** 和 **B** 的组成是由碱夺取氢质子的相对速度决定的,如式(3-1-6)。当反应在非质子溶剂、极强的碱和不过量的酮的条件下进行时,反应属于动力学控制,此时,脱质子生成烯醇负离子的反应不可逆、定量、快速进行。在此条件下,碱一般优先进攻位阻较小的 α-H,而生成烯醇负离子 **B**,这是由于空间位阻较小时有利于强碱进攻,脱质子速度快(见表 3-2)。

$$R^1R^2CHCOCH_2R^3 + B^- \begin{cases} \xrightarrow{k_a} \underset{\mathbf{A}}{R^1R^2C=C(O^-)CH_2R^3} \\ \xrightarrow{k_b} \underset{\mathbf{B}}{R^1R^2CHC(O^-)=CHR^3} \end{cases} \tag{3-1-6}$$

而热力学控制则是指烯醇负离子 **A** 和 **B** 可通过平衡反应快速转化，其组成是由 **A** 和 **B** 的相对热力学稳定性决定的，如式(3-1-7)。当反应在质子溶剂和过量酮的条件下进行时，反应属于热力学控制，此时，脱质子生成烯醇负离子 **A** 和 **B** 的反应可逆，且可通过平衡反应互相转化。质子溶剂的作用在于通过提供质子来促进质子化/脱质子的平衡反应，过量的酮也起着提供质子来促进平衡反应的作用。在此条件下，一般优先生成取代基多的烯醇负离子 **A**，这是由于取代基多的烯醇负离子更加稳定(见表 3－2)。

$$R^1R^2CHC(=O)CH_2R^3 + B^{\ominus} \rightleftharpoons R^1R^2C{=}C(O^{\ominus})CH_2R^3\ (\mathbf{A})$$
$$R^1R^2CHC(=O)CH_2R^3 + B^{\ominus} \rightleftharpoons R^1R^2CHC(O^{\ominus}){=}CHR^3\ (\mathbf{B}) \qquad (3\text{-}1\text{-}7)$$

表 3－2　不同反应条件下烯醇负离子 A 和 B 的组成

反应条件	A 和 B 的组成[2,3]	
	2-甲基环戊酮 → A (H₃C 取代，双键在取代碳一侧) + B (双键在另一侧)	
Ph_3CLi（动力学控制）	28%	72%
Ph_3CLi/过量酮（热力学控制）	94%	6%
二异丙基氨基锂/THF（动力学控制）	$CH_3CH_2CH_2C(=O)CH_3 \longrightarrow CH_3CH_2CH{=}C(O^{\ominus})CH_3$ 0	$+\ CH_3CH_2CH_2C(O^{\ominus}){=}CH_2$ 100%

不对称简单酮的直接烷基化反应，在应用大位阻仲胺强碱时，可得到较好的实验结果。如式(3-1-8)应用二异丙氨基锂作碱的反应，可以中等产率制得动力学控制的单烷基化反应产物[4]。

$$\text{2-甲基环己酮} \xrightarrow{[(CH_3)_2CH]_2NLi} \text{烯醇锂}(O^{\ominus}\,Li^{\oplus}) \xrightarrow{PhCH_2Br} \text{2-苄基-6-甲基环己酮}\ 42\%\sim45\% \qquad (3\text{-}1\text{-}8)$$

当然，不对称简单酮的直接烷基化反应，在很多情况下都容易得到单烷基化产物的混合物，双烷基化和三烷基化产物也可能生成，这在有机合成上是很不利的。但我们可以采取一些特殊的方法来改进不对称简单酮的直接烷基化反应,其中的关键是能根据需要制得特定结构的烯醇负离子。α,β-不饱和酮在液氨中用锂还原,就能通过1,4-氢负离子加成还原生成不对称酮的特定结构的烯醇负离子(烯醇负离子总是在原料的碳碳双键一侧形成),由于该烯醇负离子发生进一步烷基化反应的速度比其平衡转变快,因此可以获得所需要的烷基化产物,如式(3-1-9)[5]。必须注意的是,在液氨中应该用锂来还原,而不能用钠或钾,这是由于用钠或钾时,容易发生烯醇负离子的平衡转变,从而得到混合的烷基化产物,这也说明烯醇锂盐比钠或钾要更稳定,不容易发生平衡转变。

$$\xrightarrow{Li/NH_3} \xrightarrow[60\%]{CH_3I} \quad (3\text{-}1\text{-}9)$$

得到特定结构烯醇负离子的另一种方法是通过烯醇硅醚与甲基锂或苄基三甲基氟化铵的反应,该反应中硅醚键发生断裂而生成双键位置不变的烯醇负离子,如式(3-1-10)。其中烯醇硅醚可通过烯醇盐与三甲基氯硅烷反应制得,虽然该反应常得到烯醇硅醚的混合物,但可通过蒸馏或色谱法来提纯而得到纯的烯醇硅醚。

$$\xrightarrow[(2)\ (CH_3)_3SiCl]{(1)\ NaH}\ 78\% + 22\% \qquad \xrightarrow[\text{或 } R_4\overset{\oplus}{N}\overset{\ominus}{F}]{CH_3Li} \xrightarrow[84\%]{PhCH_2Br} \quad (3\text{-}1\text{-}10)$$

文献报道的简单醛直接烷基化反应很少,这是由于碱作用于醛制备烯醇负离子时,更容易发生羟醛缩合副反应。因此,必须用很强的碱快速、定量地将醛转化为烯醇负离子,才能得到较高产率的烷基化产物。应用KNH_2/NH_3(液)或KNH_2/THF体系,可成功地进行醛的直接烷基化反应,如式(3-1-11)[6]。

$$(CH_3)_2CHCHO \xrightarrow[THF]{KH} (H_3C)_2C{=}CH\overset{\ominus}{O} \xrightarrow[88\%]{BrCH_2CH{=}C(CH_3)_2} (CH_3)_2C(CHO)CH_2CH{=}C(CH_3)_2 \quad (3\text{-}1\text{-}11)$$

酯的烷基化反应不能用醇钠作碱,这是由于在醇钠的作用下,酯主要发生分子间的酯缩合反应。然而在低温下,以更强的碱(如氨基钠、二异丙基氨基锂)作用,酯也可发生直接烷基化反应,如式(3-1-12)[7]。

$$C_6H_{11}COOCH_3 \xrightarrow[THF]{LDA} C_6H_{10}^{\ominus}COOCH_3 \xrightarrow[HMPA,\ 90\%]{CH_3(CH_2)_6I} C_6H_{10}(COOCH_3)(CH_2)_6CH_3 \quad (3\text{-}1\text{-}12)$$

腈在强碱二异丙基氨基锂的作用下,亦可生成相应的碳负离子,并进一步发生烷基化反应。如乙腈与环氧乙烷的反应,见式(3-1-13)[8]。

$$H_3CC\equiv N \xrightarrow[THF]{LDA} LiH_2CC\equiv N \xrightarrow[(2)\ (CH_3)_3SiCl]{(1)\ \text{环氧乙烷}} \underset{78\%}{(CH_3)_3SiOCH_2CH_2CH_2C\equiv N} \quad (3\text{-}1\text{-}13)$$

3.1.2　活泼亚甲基化合物的烷基化反应

与一个硝基或两个吸电子基(如酮基、酯基、氰基)相连的亚甲基化合物称为活泼亚甲基化合物,该类化合物亚甲基的酸性比简单酮的酸性强得多,如乙酰乙酸乙酯的 pKa 为 10.7,而丙酮的 pKa 为 20。因此,它们与醇钠的无水醇溶液作用,即可形成烯醇负离子,继而顺利发生烷基化反应。在有机合成中,活泼亚甲基化合物的烷基化反应比简单酮的直接烷基化反应具有更大的优越性,这是由于活泼亚甲基化合物的烷基化反应是在更弱碱存在下的反应,这大大降低了烷基化试剂可能发生的消去副反应;活泼亚甲基化合物更容易完全转化为烯醇负离子,从而减少了缩合副反应的发生;活泼亚甲基化合物更容易制备单烷基化产物,如式(3-1-14)。

$$CH_3COCH_2COOCH_2CH_3 \xrightarrow{EtONa} CH_3C(ONa){=}CHCOOCH_2CH_3 \xrightarrow[69\%\sim72\%]{CH_3(CH_2)_3Br} CH_3COCH(COOCH_2CH_3)(CH_2)_3CH_3$$

$$CH_2(COOC_2H_5)_2 + \text{3-氯环戊烯} \xrightarrow[61\%]{EtONa} \text{3-环戊烯基}{-}CH(COOC_2H_5)_2 \quad (3\text{-}1\text{-}14)$$

活泼亚甲基化合物也可以发生双烷基化反应,如果烷基化试剂使用二卤代烷,则可经单烷基化产物的分子内烷基化反应,生成环状化合物,通过这种方法可合成三元环至七元环状化合物[9],如式(3-1-15)。

$$CH_2(COOC_2H_5)_2 + BrCH_2CH_2CH_2Cl \xrightarrow[53\%\sim55\%]{EtONa} \text{环丁烷-1,1-}(COOC_2H_5)_2 \quad (3\text{-}1\text{-}15)$$

在活泼亚甲基化合物的烷基化反应中,应用最广泛的是乙酰乙酸乙酯和丙二酸二乙酯。它们的烷基化产物可通过成酮分解而得到各种酮类和羧酸化合物,如式(3-1-14)、式(3-1-15)得到的反应产物,可进一步经碱性条件下水解,再在酸性条件下加热脱去一个羧基而得到最终的酮和羧酸衍生物,见式(3-1-16)。

$$CH_3COCH(COOCH_2CH_3)(CH_2)_3CH_3 \xrightarrow{OH^{\ominus}} CH_3COCH(COO^{\ominus})(CH_2)_3CH_3 \xrightarrow[\triangle,\ -CO_2]{H^{\oplus}} \underset{52\%\sim61\%}{CH_3CO(CH_2)_4CH_3}$$

$$\text{环丁烷-1,1-}(COOC_2H_5)_2 \xrightarrow[(2)\ H^{\oplus}]{(1)\ OH^{\ominus}} \text{环丁烷-1,1-}(COOH)_2 \xrightarrow[-CO_2]{\triangle} \text{环丁烷}{-}COOH \quad (3\text{-}1\text{-}16)$$

当烷基化试剂是活性低的芳基或烯基卤化物时,活泼亚甲基化合物一般不与它发生烷基化反应,但连有多个强吸电子基的芳基卤化物则能发生反应,如式(3-1-17)。该反应不是通过亲核取代反应 S_N2 机理进行,而是通过加成/消去机理(S_NAr)进行,反应中间体为 δ-复合物负离子,多个强吸电子基的存在有利于其稳定。

$$O_2N-C_6H_3(NO_2)-Cl \xrightarrow{^{\ominus}CH(CN)COOC_2H_5} \left[O_2N-C_6H_3^{\ominus}(NO_2)(Cl)CH(CN)COOC_2H_5 \right] \tag{3-1-17}$$

$$\xrightarrow[90\%]{-Cl^{\ominus}} O_2N-C_6H_3(NO_2)-CH(CN)COOC_2H_5$$

在过量强碱氨基钠/液氨条件下，没有强吸电子基取代的溴苯也可与丙二酸二乙酯发生取代反应，如式(3-1-18)。该反应的机理又与上述不同，是通过消去/加成历程进行，苯炔是该反应的中间体。

$$C_6H_5-Br \xrightarrow{NaNH_2} [\text{苯炔}] \xrightarrow[50\%]{^{\ominus}CH(COOC_2H_5)_2} C_6H_5-CH(COOC_2H_5)_2 \tag{3-1-18}$$

烯醇负离子的烷基化反应一般是C-烷基化反应，但在一些特定的情况下，会出现O-烷基化副反应。对于活泼亚甲基化合物，如果其酸性太强(碳负离子活性低)，即其烯醇平衡浓度太高，则有可能发生O-烷基化副反应。表3-3列出了一些羰基化合物的烯醇平衡浓度，其中，以1,3-二酮类化合物的烯醇平衡浓度最高，因而最容易发生O-烷基化副反应。如式(3-1-19)，1,3-环己二酮的烷基化反应就以O-烷基化产物为主。另一个极端的例子是酚类，酚类以烯醇式存在，其烷基化反应以O-烷基化占绝对优势。

$$\text{3-ONa-环己-2-烯酮} \xrightarrow{BuBr} \underset{37\%}{\text{3-OBu-环己-2-烯酮}} + \underset{15\%}{\text{2-Bu-1,3-环己二酮}} \tag{3-1-19}$$

表3-3　一些羰基化合物的烯醇平衡浓度

	烯醇式平衡浓度/%
CH_3COCH_3	0.000 25
环己酮	0.020
$CH_3COCH_2COOC_2H_5$	7.5
$CH_3COCH(COOC_2H_5)_2$	69
$CH_3COCH_2COCH_3$	80

溶剂对活泼亚甲基化合物的烷基化反应也有影响。如乙酰乙酸乙酯的烷基化反应，在强极性溶剂HMPA(六甲基磷酰三胺)中以O-烷基化反应为主，而在THF或叔丁醇中则完全是C-烷基化反应[10]。这是由于六甲基磷酰三胺强烈地溶剂化K^+，使氧负离子更加裸露，更容易被烷基化。

$$CH_3C(O^{\ominus}K^{\oplus})=CHCOOC_2H_5 + (C_2H_5O)_2SO_2 \longrightarrow CH_3C(OC_2H_5)=CHCOOC_2H_5 + CH_3COCH(C_2H_5)COOC_2H_5 \tag{3-1-20}$$

溶剂		
HMPA	83%	15%(2%二烷基化产物)
^{t}BuOH	0	94%(6%二烷基化产物)
THF	0	94%(6%二烷基化产物)

3.1.3　双负离子的烷基化反应

活泼亚甲基化合物在碱的作用下，活泼亚甲基首先被转变为烯醇负离子，如果再加入过量的强碱，则可生成双烯醇负离子，如式(3-1-21)[3]。这是由活泼亚甲基和末端烷基 pKa 不同决定的，可用于形成双负离子的碱如烷基锂、氨基钠(钾)、二异丙基氨基锂等。

$$\mathrm{Ph}\overset{\mathrm{O}}{\overset{\|}{\mathrm{C}}}\underset{\uparrow\ \mathrm{p}Ka=9.6}{\mathrm{CH_2}}\overset{\mathrm{O}}{\overset{\|}{\mathrm{C}}}\overset{\mathrm{p}Ka=20\ \swarrow}{\mathrm{CH_3}} \xrightarrow[\mathrm{THF}]{\mathrm{LDA}} \mathrm{Ph}\overset{\mathrm{OLi}}{\overset{|}{\mathrm{C}}}{=}\mathrm{CH}\overset{\mathrm{O}}{\overset{\|}{\mathrm{C}}}\mathrm{CH_3} \xrightarrow[\mathrm{THF}]{\mathrm{LDA}} \mathrm{Ph}\overset{\mathrm{OLi}}{\overset{|}{\mathrm{C}}}{=}\mathrm{CH}\overset{\mathrm{OLi}}{\overset{|}{\mathrm{C}}}{=}\mathrm{CH_2} \qquad (3\text{-}1\text{-}21)$$

双负离子与等物质的量烷基化试剂的反应，并不发生在活泼亚甲基上，而是在末端烷基上，如式(3-1-22)[11]。这是由于末端碳负离子的亲核反应活性(或碱性)大于活泼亚甲基碳负离子的缘故，这种烷基化反应称为 γ-烷基化反应。

$$\mathrm{Ph}\overset{\mathrm{OLi}}{\overset{|}{\mathrm{C}}}{=}\mathrm{CH}\overset{\mathrm{OLi}}{\overset{|}{\mathrm{C}}}{=}\mathrm{CH_2} \xrightarrow[(2)\ \mathrm{H_3O^{\oplus}}]{(1)\ \mathrm{CH_3CH_2I}} \mathrm{Ph}\overset{\mathrm{O}}{\overset{\|}{\mathrm{C}}}\mathrm{CH_2}\overset{\mathrm{O}}{\overset{\|}{\mathrm{C}}}\mathrm{CH_2CH_2CH_3}$$

$$\mathrm{CH_3}\overset{\mathrm{O}}{\overset{\|}{\mathrm{C}}}\mathrm{CH_2}\overset{\mathrm{O}}{\overset{\|}{\mathrm{C}}}\mathrm{CH_3} \xrightarrow{2\ \mathrm{KNH_2}} \mathrm{H_3C}\overset{\mathrm{OK}}{\overset{|}{\mathrm{C}}}{=}\mathrm{CH}\overset{\mathrm{OK}}{\overset{|}{\mathrm{C}}}{=}\mathrm{CH_2} \xrightarrow[(2)\ \mathrm{H_3O^{\oplus}}]{(1)\ \mathrm{BuBr}} \underset{81\%\sim82\%}{\mathrm{CH_3}\overset{\mathrm{O}}{\overset{\|}{\mathrm{C}}}\mathrm{CH_2}\overset{\mathrm{O}}{\overset{\|}{\mathrm{C}}}(\mathrm{CH_2})_4\mathrm{CH_3}} \qquad (3\text{-}1\text{-}22)$$

不对称 1,3-二酮理论上可能生成两种不同的双负离子，但大多数情况下都只生成一种，因此，其烷基化反应也可得到单一的产物。端基被烃化的活性次序如下：$C_6H_5CH_2 > CH_3 > CH_2$，如式(3-1-23)。

$$\mathrm{CH_3}\overset{\mathrm{O}}{\overset{\|}{\mathrm{C}}}\mathrm{CH_2}\overset{\mathrm{O}}{\overset{\|}{\mathrm{C}}}\mathrm{CH_2CH_3} \xrightarrow{2\ \mathrm{NaNH_2}} \mathrm{H_2C}{=}\overset{\mathrm{ONa}}{\overset{|}{\mathrm{C}}}{-}\underset{\mathrm{H}}{\mathrm{C}}{=}\overset{\mathrm{ONa}}{\overset{|}{\mathrm{C}}}{-}\mathrm{CH_2CH_3} \xrightarrow[(2)\ \mathrm{H_3O^{\oplus}}]{(1)\ \mathrm{RBr}} \mathrm{RCH_2}\overset{\mathrm{O}}{\overset{\|}{\mathrm{C}}}\mathrm{CH_2}\overset{\mathrm{O}}{\overset{\|}{\mathrm{C}}}\mathrm{CH_2CH_3} \qquad (3\text{-}1\text{-}23)$$

β-酮酸酯在过量强碱的作用下也可生成双负离子，此双负离子与各种烷基化试剂作用，以很高的产率得到 γ-烷基化产物[12]，如式(3-1-24)。

$$\mathrm{CH_3}\overset{\mathrm{O}}{\overset{\|}{\mathrm{C}}}\mathrm{CH_2}\overset{\mathrm{O}}{\overset{\|}{\mathrm{C}}}\mathrm{OCH_3} \xrightarrow[(2)\ \mathrm{RLi}]{(1)\ \mathrm{NaNH_2}} \mathrm{H_2C}{=}\overset{\overset{\ominus}{\mathrm{O}}}{\overset{|}{\mathrm{C}}}{-}\underset{\mathrm{H}}{\mathrm{C}}{=}\overset{\overset{\ominus}{\mathrm{O}}}{\overset{|}{\mathrm{C}}}{-}\mathrm{OCH_3} \xrightarrow[(2)\ \mathrm{H_3O^{\oplus}}]{(1)\ \mathrm{EtBr}} \underset{84\%}{\mathrm{CH_3(CH_2)_2}\overset{\mathrm{O}}{\overset{\|}{\mathrm{C}}}\mathrm{CH_2}\overset{\mathrm{O}}{\overset{\|}{\mathrm{C}}}\mathrm{OCH_3}} \qquad (3\text{-}1\text{-}24)$$

3.1.4　烯胺的烷基化反应

醛酮的直接烷基化反应，容易得到混合物，其中一个替代的方法就是应用烯胺与活泼烷基化试剂的烷基化反应。烯胺可方便地由醛酮与仲胺在脱水剂存在下制备，最好是以苯为溶剂、以对甲苯磺酸为催化剂，通过水分离器共沸除水来得到。最常用的仲胺是四氢吡咯，其次是吗啉和六氢吡啶。由于制备烯胺的反应为可逆反应，因此，烯胺的所有反应都需在无水条件下进行，如式(3-1-25)。

$$R^1CH_2COR^2 + R_2NH \rightleftharpoons R^1CH_2C(OH)(NR_2)R^2 \xrightleftharpoons{-H_2O} R^1CH{=}C(NR_2)R^2 \quad (3\text{-}1\text{-}25)$$

烯胺之所以能与烷基化或酰基化试剂发生反应,是由于其分子中烷氨基强烈的推电子性,使得β-碳原子带有若干负电荷,能作为亲核试剂进行各种反应。如应用烯胺与活泼烷基化试剂的反应,可以较高的产率得到烷基化产物,如式(3-1-26),故可将其当作醛酮直接烷基化的一个替代方法。

$$R^1CH{=}C(NR_2)R^2 + R^3CH_2\text{-}X \longrightarrow R^1CH(CH_2R^3)C(={}^{\oplus}NR_2)R^2 \xrightarrow{H_2O} R^1CH(CH_2R^3)COR^2 \quad (3\text{-}1\text{-}26)$$

和醛酮的直接烷基化反应相比,烯胺的烷基化反应有下列优点:① 烯胺的烷基化不需使用强碱,反应条件温和,可以避免醛酮的自缩合反应;② 烯胺的烷基化一般为单烷基化反应,不易产生多烷基化产物;③ 烯胺的烷基化具有较好的区域选择性,总是发生在取代基少的一边,而醛酮的直接烷基化反应容易得到混合物。

但烯胺与一般的卤代烷的烷基化反应,较多地生成无用的 *N*-烷基化产物而不是 *C*-烷基化产物。只有采用活泼卤代物如烯丙基卤、苄基卤、α-卤代酮、α-卤代腈等,才能得到较高产率的 *C*-烷基化产物。这是由于活泼卤代烷虽也可产生 *N*-烷基化产物,然而这种 *N*-烷基化产物中的活泼取代基可从氮原子不可逆地转移到碳原子上。因此,烯胺的烷基化反应一般局限于使用活泼的烷基化试剂,如式(3-1-27)[13]。

$$\text{环己酮} \xrightarrow{\text{四氢吡咯(NH)}} \text{烯胺} \xrightarrow[(2)\ H_2O]{(1)\ CH_2{=}CHCH_2Br} \text{2-}(CH_2CH{=}CH_2)\text{环己酮}\ (66\%) \quad (3\text{-}1\text{-}27)$$

烯胺的烷基化之所以具有较好的区域选择性,是由于在以不对称酮制备烯胺时,主要生成双键上取代较少的烯胺。双键上取代较多的烯胺由于存在着取代基与胺亚甲基之间的空间位阻,妨碍了氮上孤对电子与双键π体系的共轭,从而使其变得不稳定,如式(3-1-28)。利用烯胺烷基化的区域选择性来进行合成的例子,如式(3-1-29)[14]。

$$\text{2-甲基环己酮} \xrightarrow{\text{四氢吡咯(NH)}} \text{烯胺(CH}_3\text{)}\ 90\% + \text{烯胺(CH}_3\text{)}\ 10\% \quad (3\text{-}1\text{-}28)$$

$$H_3COOCH_2C\text{-环己酮} \xrightarrow{\text{四氢吡咯(NH)}} H_3COOCH_2C\text{-烯胺} \xrightarrow[(2)\ H_2O]{(1)\ MeCOCH(Br)Me} H_3COOCH_2C\text{-环己酮-}CH(CH_3)COCH_3\ (31\%) \quad (3\text{-}1\text{-}29)$$

烯胺与酰氯或酸酐很容易反应，得到的产物可水解为β-二酮或酮酸酯。此时反应也可以在氮原子上进行，但反应是可逆的，因此可以高产率得到 *C*-酰基化产物，如式(3-1-30)。

$$\text{环己酮} \xrightarrow{\text{吗啉}} \text{1-吗啉基环己烯} \xrightarrow[\text{(2) } H_2O]{\text{(1) } CH_3(CH_2)_5COCl,\ NEt_3} \text{2-}[C(O)(CH_2)_5CH_3]\text{环己酮}\ (75\%) \qquad (3\text{-}1\text{-}30)$$

3.2　缩合反应

缩合反应是烯醇负离子(或碳负离子)与羰基之间通过亲核进攻而生成缩合产物，是一种形成碳碳单键的好方法。缩合反应主要包括羟醛缩合反应(Aldol Condensation)、Claisen 缩合反应。

3.2.1　羟醛缩合反应

羟醛缩合反应主要指烯醇负离子(或碳负离子)与醛或酮之间的缩合反应，包括醛或酮的自身缩合反应、混合的缩合反应。

在碱的作用下，含 α-H 的醛可发生自身缩合反应，生成β-羟基醛。反应是由所生成的烯醇负离子与醛自身之间的亲核加成而进行的，如式(3-2-1)[15]。

$$CH_3CH_2CH_2CHO \xrightarrow[75\%]{KOH} CH_3CH_2CH_2CH(OH)CH(C_2H_5)CHO \qquad (3\text{-}2\text{-}1)$$

在同样条件下，酮的自身缩合反应比醛困难，这是由于酮羰基的亲电反应活性不如醛的，所以酮的自身缩合反应平衡偏向于反应物，如式(3-2-2)。然而，如果采用特殊的方法将加成产物不断从反应体系中移走，也可制得β-羟基酮。

$$\underset{99\%}{H_3C-\overset{O}{\overset{\|}{C}}-CH_3} \overset{OH^{\ominus}}{\rightleftharpoons} \underset{1\%}{(CH_3)_2C(OH)CH_2COCH_3} \qquad (3\text{-}2\text{-}2)$$

不同醛酮之间的混合缩合反应比较复杂，一般容易生成混合物，但没有 α-H 的醛(如芳香醛、甲醛)与含 α-H 的醛酮之间的缩合，则容易得到交叉缩合的产物。这是由于没有 α-H 的醛不会发生自身缩合反应，而只是提供高亲电性的羰基与烯醇负离子发生加成反应，如式(3-2-3)。其中后一个例子之所以能得到交叉缩合的产物，是由于甲醛羰基的活性要高于丁醛，从而避免了丁醛的自身缩合反应。

$$PhCHO + CH_3COCH_3 \xrightarrow[77\%]{NaOH} PhCH(OH)CH_2COCH_3$$

$$2HCHO + CH_3CH_2CH_2CHO \xrightarrow[90\%]{K_2CO_3} CH_3CH_2C(CH_2OH)_2CHO \qquad (3\text{-}2\text{-}3)$$

如果两种醛酮都含有α-H,则可预先将其中一种以强碱转化为烯醇负离子,再加入另一种反应物,可得到较高产率的交叉缩合产物。该方法之所以成功,是由于加成反应中生成了较稳定的六元环金属螯合物,避免了其他副反应的发生,如式(3-2-4)[16]以较高的产率得到了两种不同酮之间的交叉缩合产物。

$$\xrightarrow{\text{LDA}} \quad \xrightarrow{} \quad \xrightarrow[88\%]{H_3\overset{\oplus}{O}} \qquad (3\text{-}2\text{-}4)$$

由于在强碱条件下醛容易发生自身缩合反应,因此其烯醇负离子不容易单独制得。要想得到两种不同醛之间的交叉缩合产物,一个替代方法是预先将其中一种醛转化为亚胺,再与强碱作用,得到的碳负离子与另一种醛发生缩合反应,可顺利得到两种不同醛之间的交叉缩合产物,如式(3-2-5)[17]。这种替代方法的优点在于,亚胺在强碱条件下不容易发生自身缩合反应(C═N 双键的亲电性比 C═O 双键的弱),而亚胺碳负离子的亲核反应活性又比烯醇负离子的高,与另一分子的醛更容易发生缩合反应。

$$CH_3CHO \xrightarrow{C_6H_{11}NH_2} C_6H_{11}\text{—}N{=}CHCH_3 \xrightarrow{\text{LDA}} C_6H_{11}\text{—}N{=}CHCH_2Li \qquad (3\text{-}2\text{-}5)$$

$$\xrightarrow{CH_3CH_2CH_2CHO} CH_3CH_2CH_2\overset{OH}{\overset{|}{C}}HCH_2CH{=}N\text{—}C_6H_{11} \xrightarrow{H_3\overset{\oplus}{O}} CH_3CH_2CH_2CH{=}CHCH{=}O$$

利用醛的烯醇硅醚也可代替其烯醇负离子进行缩合反应。如在 $TiCl_4$ 等 Lewis 酸催化条件下,一种醛的烯醇硅醚与另一种醛反应,可顺利制备两种不同醛之间的交叉缩合产物,如式(3-2-6)[18]。该反应也称为 Mukaiyama 反应。

$$PhCH_2CH_2CHO + Me_3SiCl \xrightarrow{\text{DMF}} PhCH_2CH{=}CHOSiMe_3$$

$$PhCH_2CH{=}CHOSiMe_3 + CH_3CH_2CH_2CHO \xrightarrow{TiCl_4} CH_3CH_2CH_2\overset{OH}{\overset{|}{C}}H\underset{CHO}{\underset{|}{C}}HCH_2Ph \qquad (3\text{-}2\text{-}6)$$

羟醛缩合反应并不局限于仅使用醛酮形成的烯醇负离子进行反应。在强碱作用下,将酯、腈、羧酸转变为碳负离子,再和醛、酮之间发生缩合反应得到产物。例如,在强碱作用下,酯先生成碳负离子,再与羰基化合物发生缩合反应,可以较高的产率得到β-羟基酯,醛和酮都可顺利反应,如式(3-2-7)[19]。

$$CH_3COOC_2H_5 \xrightarrow{LiNH_2} \overset{\ominus}{C}H_2COOC_2H_5 \xrightarrow[(2)\ NH_4Cl]{(1)\ Ph_2CO} \underset{75\%\sim84\%}{Ph_2\overset{OH}{\overset{|}{C}}CH_2COOC_2H_5} \qquad (3\text{-}2\text{-}7)$$

利用这种方法可得到腈和醛、酮之间的交叉缩合产物。在强碱作用下,腈可生成碳负离子,再与羰基化合物发生缩合反应,制得β-羟基腈,如式(3-2-8)[20]。

$$CH_3CN \xrightarrow{^nBuLi} {}^{\ominus}CH_2CN \xrightarrow[68\%]{(CH_3CH_2)_2C=O} (CH_3CH_2)_2C(OH)CH_2CN \quad (3\text{-}2\text{-}8)$$

这种方法甚至可得到羧酸和醛、酮之间的交叉缩合产物。羧酸与两分子强碱作用，可生成双负离子，该双负离子与醛酮的反应，发生在碳负离子上，产物水解后，最终得到β-羟基羧酸，如式(3-2-9)[21]。

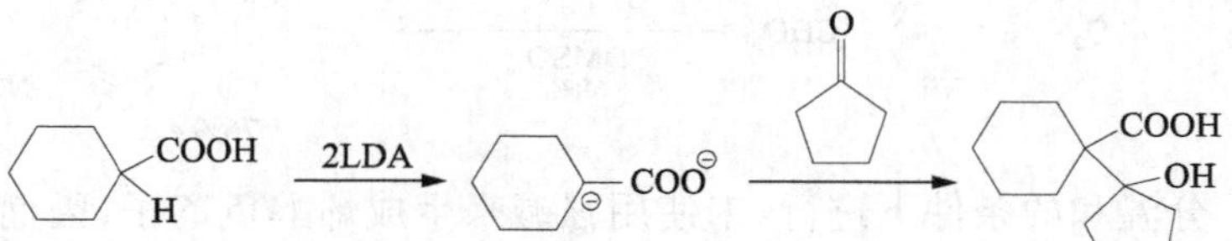

(3-2-9)

羟醛缩合反应中另一个重要问题是立体选择性的控制。如醛与酮之间的交叉缩合反应，理论上可得到四种对映异构体，其中两种为顺式(羟基与 R^2 处于顺位，也称赤式)，两种为反式(羟基与 R^2 处于反位，也称苏式)，如式(3-2-10)。如果反应在生成顺式和反式之间有选择性，则称为非对映异构体选择性反应，产物是一对对映异构体，没有旋光活性；如果反应选择性生成四种对映异构体中的一种，则称为对映异构体选择性反应，产物中一个对映异构体占优势，有旋光活性。

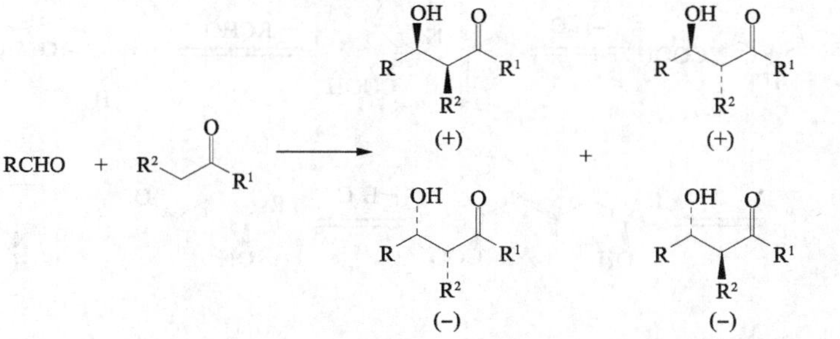

(3-2-10)

顺式（赤式）　　反式（苏式）

当应用烯醇锂负离子来进行羟醛缩合反应时，有大位阻取代基的酮可以得到很好的非对映异构体选择性，如式(3-2-11)[22]。反应中酮用强碱 LDA 处理时，由于叔丁基大的空间位阻，仅生成稳定的 Z 式烯醇负离子，该 Z 式烯醇负离子与苯甲醛加成，只生成一对顺式(赤式)加成产物。反应的非对映异构体选择性可以通过反应过渡态的稳定性予以解释，在该反应中，锂离子参与形成了一类似六元环椅式过渡态，在该过渡态中，苯基与叔丁基处于反位时1,3-位阻最小，最稳定。

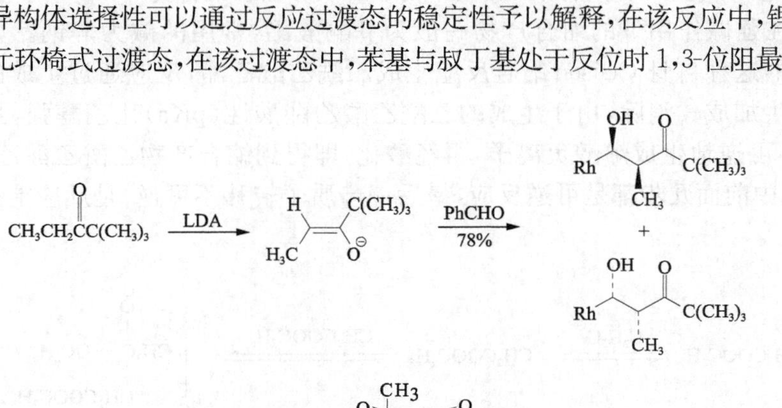

$$CH_3CH_2COC(CH_3)_3 \xrightarrow{LDA} (Z)\text{-}H_3C(H)C=C(O^{\ominus})C(CH_3)_3 \xrightarrow[78\%]{PhCHO} PhCH(OH)CH(CH_3)COC(CH_3)_3 \quad (3\text{-}2\text{-}11)$$

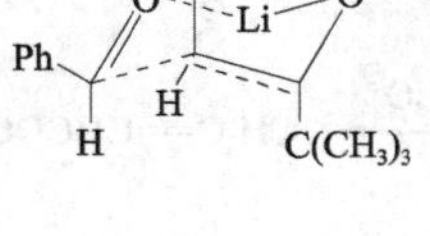

在一些特殊催化剂的作用下,羟醛缩合反应也可以得到很好的对映选择性。最近,通过有机小分子催化进行不对称合成已越来越引起人们的兴趣。其中一个著名的例子是脯氨酸催化的不对称羟醛缩合反应,如式(3-2-12)[23]。反应用L-脯氨酸催化丙酮与醛的羟醛缩合反应,得到R-构型为主的加成产物。

$$CH_3COCH_3 + O_2N\text{-}C_6H_4\text{-}CHO \xrightarrow[\text{DMSO, 68\%}]{\text{L-proline (COOH)}} CH_3COCH_2CH(OH)\text{-}C_6H_4\text{-}NO_2 \quad (76\%\ e.e.) \tag{3-2-12}$$

该反应在十分温和的条件下进行,未使用强碱来生成烯醇负离子,因而不是通过烯醇负离子机理进行,而是通过烯胺机理进行的,如式(3-2-13)。反应先是丙酮与L-脯氨酸作用生成烯胺中间体,该中间体与酮经过一个环状过渡态发生缩合反应,最后L-脯氨酸水解掉下来而得到缩合产物。其对映选择性的原因是由于这个环状过渡态中L-脯氨酸的羧基参与形成分子内氢键,使得酮与L-脯氨酸的羧基处于同面,从而得到R-构型为主的加成产物。

$$CH_3COCH_3 + \text{L-proline} \underset{}{\overset{-H_2O}{\rightleftharpoons}} \text{enamine (COOH)} \underset{}{\overset{RCHO}{\rightleftharpoons}} [\text{cyclic TS: R(H)C=O}\cdots H\text{-}O\text{, N}] \rightleftharpoons RCH(OH)CH_2C(CH_3)=N^{\oplus}\text{(pyrrolidine)}COO^{\ominus} \underset{}{\overset{+H_2O}{\rightleftharpoons}} RCH(OH)CH_2COCH_3 + \text{L-proline (COOH)} \tag{3-2-13}$$

3.2.2 Claisen缩合反应

Claisen缩合反应主要指酯与酯在强碱作用下的缩合反应,或酮的烯醇负离子与酯之间的缩合反应。其中分子内酯与酯在强碱作用下的成环缩合也称为Dieckmann缩合。

酯与酯在强碱作用下的缩合产物一般为β-酮酸酯,常用的碱为醇钠。如乙酸乙酯在醇钠作用下的这种自身Claisen缩合反应生成乙酰乙酸乙酯,反应通过生成的碳负离子与乙酸乙酯发生加成—消除,由于生成的乙酰乙酸乙酯酸性(pKa)比乙醇强,最后一步发生质子转移,不可逆地生成烯醇负离子,再经酸化,即得到缩合产物乙酰乙酸乙酯,如式(3-2-14)。该机理中前面几步都是可逆反应,最后一步质子转移不可逆,是反应能完全进行下去的原因。

$$CH_3COOC_2H_5 \overset{C_2H_5O^{\ominus}}{\rightleftharpoons} {}^{\ominus}CH_2COOC_2H_5 \overset{CH_3COOC_2H_5}{\rightleftharpoons} \left[CH_3C(O^{\ominus})(OC_2H_5)CH_2COOC_2H_5 \right] \tag{3-2-14}$$

$$\rightleftharpoons CH_3\overset{O}{\overset{\|}{C}}CH_2COOC_2H_5 \xrightarrow{C_2H_5O^{\ominus}} CH_3\overset{O^{\ominus}}{\overset{|}{C}}{=}CHCOOC_2H_5 \xrightarrow{H_3\overset{\oplus}{O}} CH_3\overset{O}{\overset{\|}{C}}CH_2COOC_2H_5$$

许多α-单取代酯可以发生这种自身的 Claisen 缩合反应，以较高的产率生成β-酮酸酯，如式(3-2-15)[24]。

$$CH_3(CH_2)_3COOC_2H_5 \xrightarrow{C_2H_5ONa} CH_3(CH_2)_3CO\underset{}{C}H(CH_2CH_2CH_3)COOC_2H_5 \quad (3\text{-}2\text{-}15)$$

但对于α-双取代酯，反应最后一步无法发生质子转移，此时用醇钠作碱时就得不到自身缩合产物。然而采用更强的碱，如氢化钠或三苯甲基钠，则 Claisen 缩合反应仍然可以进行，如式(3-2-16)[25]。

$$CH_3CH_2CH(CH_3)COOC_2H_5 \xrightarrow[63\%]{Ph_3CNa} CH_3CH_2CH(CH_3)C(=O)-C(CH_3)(CH_2CH_3)-COOC_2H_5 \quad (3\text{-}2\text{-}16)$$

两种不同的酯在碱的作用下也可发生 Claisen 缩合反应，但容易生成自身缩合和交叉缩合的混合物。如果采用没有α-H 的酯作为亲电试剂组分，与另一种含α-H 的酯发生缩合反应，则可制备交叉缩合产物。当然必须使用酯基亲电活性高的并且没有α-H 的酯才能得到好的实验结果，常用的这种酯包括芳酸酯、甲酸酯和草酸酯，这些酯的亲电活性都比脂肪羧酸酯的高，因而可有效避免脂肪羧酸酯的自身缩合副反应，如式(3-2-17)[26,27]。

$$CH_3CH_2COOC_2H_5 + C_6H_5COOC_2H_5 \xrightarrow[51\%]{^iPr_2NMgBr} C_6H_5COCH(CH_3)COOC_2H_5$$

$$PhCH_2COOC_2H_5 + HCOOC_2H_5 \xrightarrow[90\%]{EtONa} PhCH(CHO)COOC_2H_5 \quad (3\text{-}2\text{-}17)$$

$$\begin{matrix}CH_2COOC_2H_5\\|\\CH_2COOC_2H_5\end{matrix} + \begin{matrix}COOC_2H_5\\|\\COOC_2H_5\end{matrix} \xrightarrow[86\%\sim91\%]{EtONa} \begin{matrix}COCOOC_2H_5\\|\\CHCOOC_2H_5\\|\\CH_2COOC_2H_5\end{matrix}$$

具有适当分子结构的双酯或多酯，在强碱作用下可发生分子内缩合即 Dieckmann 缩合反应而生成环状化合物。用这种方法最容易制备五、六元环状化合物，反应是在碱作用下形成的碳负离子，通过分子内缩合而进行的，如式(3-2-18)[28]。

$$C_2H_5OOC(CH_2)_4COOC_2H_5 \xrightarrow{EtONa} C_2H_5OOC\overset{-}{C}H-CH_2CH_2CH_2COOC_2H_5 \xrightarrow{74\%\sim81\%} \text{2-(乙氧羰基)环戊酮 }(COOC_2H_5) \quad (3\text{-}2\text{-}18)$$

一些双酯化合物在发生 Dieckmann 缩合反应时，双取代的α-C 不发生成环反应，而单取代的α-C 可发生成环反应，从而可以选择性地只生成一种成环产物，如式(3-2-19)[29]。

$$C_2H_5OOCCH_2(CH_2)_3CH(CH_3)COOC_2H_5 \xrightarrow{EtONa} C_2H_5OOC\bar{C}H(CH_2)_3CH(CH_3)COOC_2H_5 \longrightarrow \text{(2-乙氧羰基-6-甲基环己酮)}$$

$$C_2H_5OOCCH_2(CH_2)_3CH(CH_3)COOC_2H_5 \xrightarrow{EtONa} C_2H_5OOCCH_2(CH_2)_3\bar{C}(CH_3)COOC_2H_5 \nrightarrow \text{(2-甲基-2-乙氧羰基环己酮)} \quad (3\text{-}2\text{-}19)$$

同样,下列三酯在碱的作用下,只在单取代的 α-C 发生成环反应,且只生成五元环化合物,而不生成四元环化合物,如式(3-2-20)[30]。

$$C_2H_5OOCCH_2CH_2CH(COOC_2H_5)CH(COOC_2H_5)CH_3 \xrightarrow{EtONa} C_2H_5OOC\bar{C}HCH_2CH(COOC_2H_5)CH(COOC_2H_5)CH_3 \xrightarrow{92\%} \text{(五元环产物:}COOC_2H_5\text{、}CH_3\text{、}C_2H_5OOC\text{、}=O\text{)} \quad (3\text{-}2\text{-}20)$$

通常 Dieckmann 缩合反应制备大环化合物时产率不高,因为此时容易发生分子间的 Claisen 缩合反应。但若在稀溶液条件下反应,也可以较高的产率制得大环化合物,这是由于在稀溶液条件下反应可有效避免分子间缩合,而有利于分子内缩合,如式(3-2-21)[31]。

$$\text{(}PhCH_2O\text{、}PhH_2CO\text{取代苯甲酸酯二酯,含}CH_3\text{、}COOCH_3\text{、}COOCH_3\text{)} \xrightarrow[77\%]{[(CH_3)_3Si]_2NNa} \text{(大环内酯:}PhCH_2O\text{、}PhH_2CO\text{、}CH_3\text{、}COOCH_3\text{、}=O\text{)} \quad (3\text{-}2\text{-}21)$$

Claisen 缩合反应也可在酮与酯之间进行,其中酮以甲基酮最容易反应,酯以亲电活性高的芳酸酯、甲酸酯和草酸酯最好。为了减少酮或酯的自身缩合副反应,常将酮和酯先混合,再滴加到含碱的溶液中。如苯甲酸乙酯与苯乙酮之间的缩合反应,见式(3-2-22)。

$$C_6H_5COCH_3 + C_6H_5COOC_2H_5 \xrightarrow[62\%\sim71\%]{C_2H_5ONa} C_6H_5COCH_2COC_6H_5 \quad (3\text{-}2\text{-}22)$$

酮与甲酸酯之间的缩合反应产物，几乎完全以烯醇式存在，如式(3-2-23)[32]。

$$\text{环己酮} + HCOOC_2H_5 \xrightarrow[70\%\sim74\%]{NaH} \text{2-(羟基亚甲基)环己酮 (=CHOH)} \tag{3-2-23}$$

酮与草酸酯之间的缩合反应产物，取决于彼此的反应用量，如当丙酮与两分子的草酸酯反应时，得到双酯化合物，如式(3-2-24)[33]。

$$CH_3\overset{O}{\overset{\|}{C}}CH_3 + \begin{matrix}COOC_2H_5\\ |\\ COOC_2H_5\end{matrix} \xrightarrow[85\%]{C_2H_5ONa} H_5C_2OO\overset{O}{\overset{\|}{C}}CCH_2\overset{O}{\overset{\|}{C}}CH_2\overset{O}{\overset{\|}{C}}COOC_2H_5 \tag{3-2-24}$$

对于同时含有酮与酯的化合物，酮与酯之间的缩合反应也可以在分子内进行。和 Dieckmann 缩合一样，这种方法主要用于制备五、六元环状化合物，如式(3-2-25)。

$$CH_3CH_2\overset{O}{\overset{\|}{C}}CH_2(CH_2)_4COOC_2H_5 \xrightarrow[83\%]{C_2H_5ONa} \text{2-丙酰基环己酮 }(\text{—}\overset{O}{\overset{\|}{C}}CH_2CH_3) \tag{3-2-25}$$

3.3　麦克尔(Michael)加成反应

麦克尔(Michael)加成反应也是形成碳碳键的重要方法，该反应是指碳负离子(或烯醇负离子、烯胺)与 α，β-不饱和羰基化合物或 α，β-不饱和腈等进行的共轭加成反应。以亲核试剂烯醇负离子为例，麦克尔加成反应是通过烯醇负离子先发生共轭加成生成负离子加成物，再发生质子化而得到加成产物，反应中只需要催化量的碱就可以了，如式(3-3-1)。反应中每一步都是可逆的，尽管热力学和动力学控制的烯醇负离子都可应用，但是绝大部分烯醇负离子的麦克尔加成反应得到的是热力学控制的加成产物。

$$R\overset{O}{\overset{\|}{C}}CHR_2 \underset{}{\overset{\overset{\ominus}{B}}{\rightleftharpoons}} R\overset{O^{\ominus}}{\overset{|}{C}}{=}CHR_2 \xrightarrow{\ >C{=}C<X\ } \rightleftharpoons R\overset{O}{\overset{\|}{C}}-\underset{R}{\overset{R}{C}}-\overset{|}{\underset{|}{C}}-\overset{X}{C^-} \underset{}{\overset{BH}{\rightleftharpoons}} R\overset{O}{\overset{\|}{C}}-\underset{R}{\overset{R}{C}}-\overset{|}{\underset{|}{C}}-\overset{X}{CH} \tag{3-3-1}$$

$X = COOR, COR, CN, NO_2$

酮在强碱的作用下，产生烯醇负离子，该烯醇负离子可与 α，β-不饱和羰基化合物发生麦克尔加成反应，得到热力学控制的加成产物，如式(3-3-2)[34]。

$$\text{2-甲基环戊酮} + CH_2{=}CHCOOCH_3 \xrightarrow[53\%]{{}^tBuOK} \text{2-甲基-2-}(CH_2CH_2COOCH_3)\text{环戊酮} \tag{3-3-2}$$

活泼亚甲基化合物在相对较弱的碱(如醇钠、氢氧化钾等)的作用下，也容易发生麦克尔加成反应，如式(3-3-3)[35,36]。

$$CH_2(COOC_2H_5)_2 + H_2C{=}C(Ph)COOC_2H_5 \xrightarrow[55\%\sim60\%]{EtONa} (C_2H_5OOC)_2HC{-}CH_2CH(Ph)COOC_2H_5$$

$$PhCH(CN)COOC_2H_5 + CH_2{=}CHCN \xrightarrow[69\%\sim83\%]{KOH} PhC(CN)(COOC_2H_5)CH_2CH_2CN \tag{3-3-3}$$

硝基化合物由于硝基很强的吸电子作用,在季铵碱的作用下可产生碳负离子,该碳负离子可与 α,β-不饱和羰基化合物发生麦克尔加成反应,如式(3-3-4)[37]。

$$(CH_3)_2CHNO_2 + CH_2{=}CHCOOCH_3 \xrightarrow[80\%\sim86\%]{PhCH_2\overset{\oplus}{N}(CH_3)_3\overset{\ominus}{OH}} O_2NC(CH_3)_2CH_2CH_2COOCH_3 \tag{3-3-4}$$

烯胺与 α,β-不饱和羰基化合物的麦克尔加成反应也可以进行,如式(3-3-5)[38]。

$$\text{(烯胺:吡咯烷基环己烯衍生物)} + H_2C{=}CHCCH_3(=O) \xrightarrow{66\%} \text{(2-}CH_2CH_2CCH_3(=O)\text{-取代环己酮)} \tag{3-3-5}$$

其他可以产生 α,β-不饱和羰基化合物或 α,β-不饱和腈的化合物,也可以直接与亲核试剂发生麦克尔加成反应,如 β-卤代羰基化合物、β-二烷氨基羰基化合物的季铵盐等。这些化合物可先通过消去反应生成 α,β-不饱和羰基化合物,然后再发生麦克尔加成反应,如式(3-3-6)。

$$\text{2-}(CH_2\overset{\oplus}{N}(CH_3)_3\overset{\ominus}{I})\text{环己酮} + CH_3C(=O){-}CH(CH_3)COOC_2H_5 \xrightarrow{{}^{i}PrONa} \text{2-}[CH_2C(CH_3)(COOC_2H_5)(COCH_3)]\text{环己酮} \tag{3-3-6}$$

某些亲核试剂也可以与 α,β-不饱和羰基化合物发生麦克尔加成反应,如 CN^- 与 α,β-不饱和腈的加成反应,生成腈类化合物,如式(3-3-7)[39]。

$$PhHC{=}C(CN)Ph + KCN \xrightarrow[95\%\sim98\%]{CH_3OH,H_2O} PhHC(CN){-}CH(CN)Ph \tag{3-3-7}$$

3.4 应用有机金属试剂的反应

许多有机金属试剂可用于碳碳单键的形成,包括有机锂试剂、有机镁(格氏)试剂、有机锌试剂、烃基铜锂试剂、过渡金属试剂(如钯试剂)等。它们通常是由卤化物与各种金属直接作用得到,也可以通过一些特殊方法制备。如有机锂试剂可通过氢-金属交换而制得,式(3-4-1)中芳基锂试剂由芳基化合物与活泼的烷基锂发生氢-金属交换而得到[40],其中的酰胺基团起导向作用，使反应在邻位发生，可能是酰胺基团与烷基锂形成复合物，因而反应优先在邻位发生。其他的一些可与 Li^+ 配位的取代基，如磺酰基、烷氧基等，也有类似的邻位导向作用。

$$\text{PhCONEt}_2 + {}^n\text{BuLi} \longrightarrow [\text{complex}] \longrightarrow \text{2-Li-C}_6\text{H}_4\text{CONEt}_2 \quad (3\text{-}4\text{-}1)$$

有机锂试剂还可通过卤素-金属交换而制得，如式(3-4-2)中烯基锂试剂由烯基卤化物与丁基锂反应而得到[41]。其反应的驱动力是由活泼的烷基锂生成更加稳定的烯基锂试剂。

$$\text{CH}_3\text{CH}{=}\text{CHBr} + {}^t\text{BuLi} \longrightarrow \text{CH}_3\text{CH}{=}\text{CHLi} \quad (3\text{-}4\text{-}2)$$

3.4.1　有机金属试剂与羰基化合物的反应

有机锂试剂、格氏试剂中的 C—Li 键和 C—Mg 键高度极化，由于 Li、Mg 的电正性，使得与其相连的碳带有部分负电荷，可以看作是一种碳负离子。由于 Li 的电正性大于 Mg 的，故有机锂试剂的活性高于格氏试剂的。而格氏试剂由于容易制备且价格便宜，使用更为广泛。

格氏试剂和有机锂试剂都可以与醛酮发生加成反应，生成的产物经水解得到醇类化合物。伯醇可由甲醛与格氏试剂或有机锂试剂作用，再经酸性条件下水解而制得，如式(3-4-3)[42]。

$$\text{C}_6\text{H}_{11}\text{Cl} \xrightarrow{\text{Mg}} \text{C}_6\text{H}_{11}\text{MgCl} \xrightarrow[\text{(2) H}_3\text{O}^{\oplus}]{\text{(1) HCHO}} \underset{64\%\sim69\%}{\text{C}_6\text{H}_{11}\text{CH}_2\text{OH}} \quad (3\text{-}4\text{-}3)$$

伯醇也可由环氧化物与格氏试剂或有机锂试剂发生开环反应而制得，该方法可将卤代烷转化为增长两个碳的醇，如式(3-4-4)[43]。

$$\text{CH}_3(\text{CH}_2)_3\text{MgBr} + \text{环氧乙烷} \xrightarrow[60\%\sim62\%]{} \text{CH}_3(\text{CH}_2)_5\text{OH} \quad (3\text{-}4\text{-}4)$$

仲醇则可由其他醛与格氏试剂或有机锂试剂作用而得到，如式(3-4-5)[41,44]。

$$3\text{-ClC}_6\text{H}_4\text{MgBr} + \text{CH}_3\text{CHO} \longrightarrow \xrightarrow[82\%\sim85\%]{\text{H}_3\text{O}^{\oplus}} 3\text{-ClC}_6\text{H}_4\text{CHOHCH}_3$$

$$\text{CH}_3\text{CH}{=}\text{CHBr} \xrightarrow{{}^t\text{BuLi}} \text{CH}_3\text{CH}{=}\text{CHLi} \xrightarrow[72\%]{\text{PhCHO}} \text{H}_3\text{CHC}{=}\text{CHCH(OH)Ph} \quad (3\text{-}4\text{-}5)$$

有机锂试剂与酮的反应，可以较高的产率得到叔醇，如式(3-4-6)[45]。

$$\text{C}_4\text{H}_9\text{Li} + \text{环己酮} \xrightarrow[89\%]{} \text{1-C}_4\text{H}_9\text{-环己醇 (HO, C}_4\text{H}_9) \quad (3\text{-}4\text{-}6)$$

格氏试剂与位阻大的酮则不容易发生加成反应,此时很容易发生竞争性的羰基还原反应,如式(3-4-7)[46]只生成还原反应产物醇。而有机锂试剂则对位阻不敏感,与位阻大的酮仍然可发生加成反应,如式(3-4-8)[47],而应用格氏试剂时仍然只得到还原反应产物。

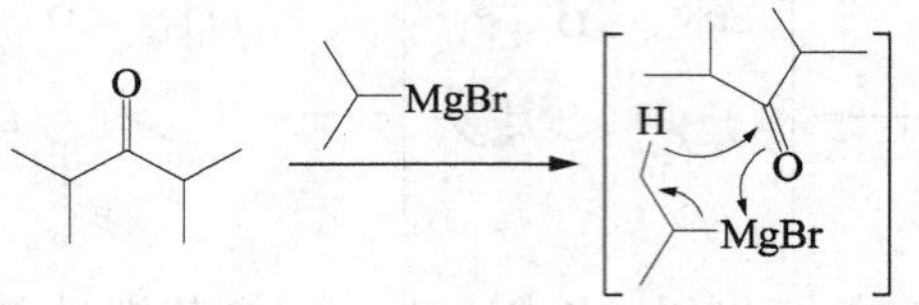

(3-4-7)

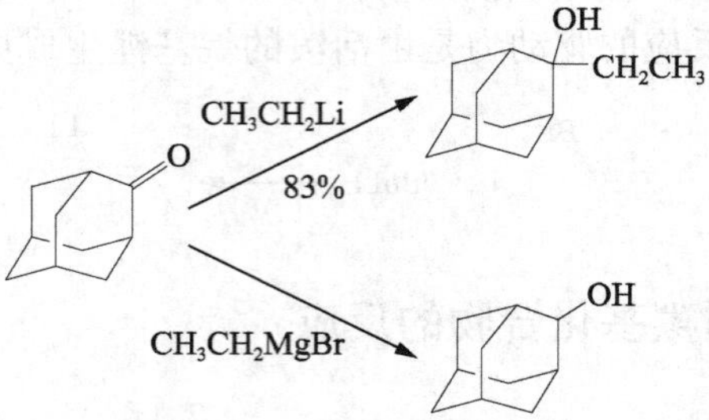

(3-4-8)

格氏试剂和有机锂试剂与酯、原甲酸酯、腈、CO_2、亚胺等也可进行反应,生成不同的反应产物。两分子格氏试剂与甲酸乙酯反应,可得到相应的仲醇,反应中先生成中间体醛,醛再与格氏试剂作用得到仲醇。若两分子格氏试剂与其他酯反应,则可制备相应的叔醇,如式(3-4-9)[48,49]。

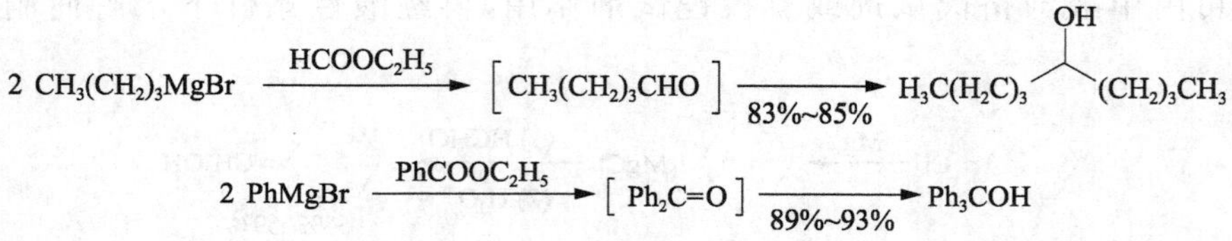

$$2\ CH_3(CH_2)_3MgBr \xrightarrow{HCOOC_2H_5} [CH_3(CH_2)_3CHO] \xrightarrow{83\%\sim85\%} H_3C(H_2C)_3CH(OH)(CH_2)_3CH_3$$

$$2\ PhMgBr \xrightarrow{PhCOOC_2H_5} [Ph_2C{=}O] \xrightarrow{89\%\sim93\%} Ph_3COH \tag{3-4-9}$$

格氏试剂与原甲酸酯的反应,则可以制备醛类化合物。反应先经过格氏试剂与原甲酸酯的取代,得到的缩醛在反应条件下是稳定的,再经酸性条件下水解,最后生成醛,如式(3-4-10)[50]。

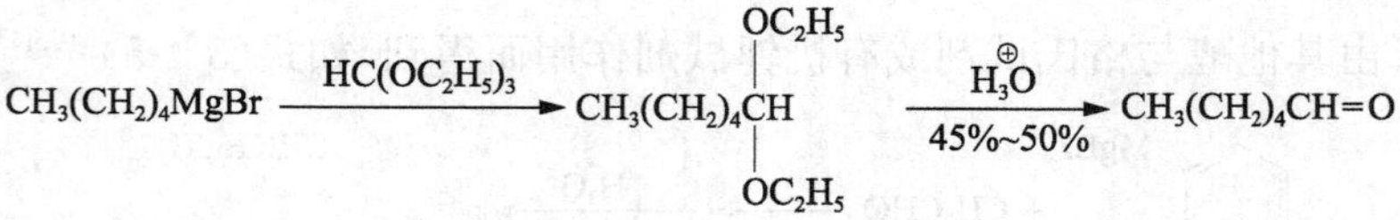

$$CH_3(CH_2)_4MgBr \xrightarrow{HC(OC_2H_5)_3} CH_3(CH_2)_4CH(OC_2H_5)_2 \xrightarrow[45\%\sim50\%]{H_3O^{\oplus}} CH_3(CH_2)_4CH{=}O \tag{3-4-10}$$

两分子格氏试剂与腈反应,得到的加成产物经水解生成酮,如式(3-4-11)[51]。

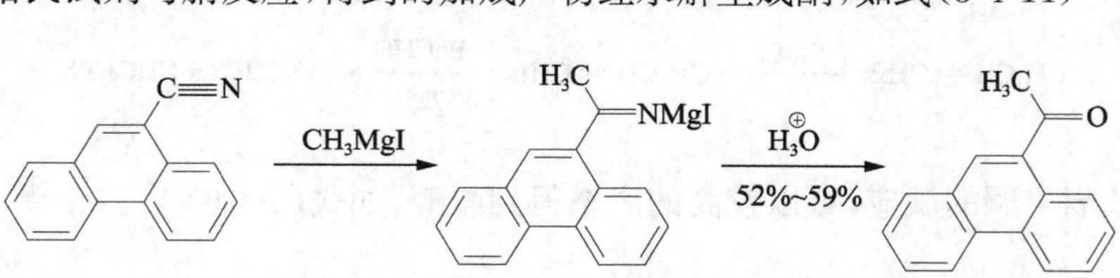

(3-4-11)

格氏试剂与 CO_2 的反应,可以制备羧酸衍生物,该方法可将卤代烷转化为增长一个碳的酸。有机锂试剂亦可发生类似的反应,如式(3-4-12)[52,53]。

$$\text{H}_3\text{C-C}_6\text{H}_2(\text{CH}_3)_2\text{-MgBr} \xrightarrow{CO_2} \text{H}_3\text{C-C}_6\text{H}_2(\text{CH}_3)_2\text{-COOMgBr} \xrightarrow[86\%\sim87\%]{\overset{\oplus}{H_3O}} \text{H}_3\text{C-C}_6\text{H}_2(\text{CH}_3)_2\text{-COOH}$$

$$\text{H}_3\text{C-C}_6\text{H}_4\text{-OCH}_2\text{OCH}_3 \xrightarrow{{}^t\text{BuLi}} \text{H}_3\text{C-C}_6\text{H}_3(\text{OCH}_2\text{OCH}_3)\text{-Li} \xrightarrow[90\%]{(1)\ CO_2\quad (2)\ \overset{\oplus}{H_3O}} \text{H}_3\text{C-C}_6\text{H}_3(\text{OCH}_2\text{OCH}_3)\text{-COOH}$$

(3-4-12)

有机锂试剂甚至可与羧酸反应制备酮，该方法之所以能成功，是由于反应中生成了稳定的双锂盐，它在随后用酸水解时才释放出酮，如式(3-4-13)[54]。格氏试剂则不能进行此类反应。

$$(CH_3)_3CCOOH \xrightarrow{2\ PhLi} (CH_3)_3C\text{C}(\overset{\ominus}{O}\overset{\oplus}{Li})(Ph)\text{—}\overset{\ominus}{O}\ \overset{\oplus}{Li} \xrightarrow[65\%]{\overset{\oplus}{H_3O}} (CH_3)_3C\overset{O}{\overset{\|}{C}}\text{—}Ph \qquad (3\text{-}4\text{-}13)$$

格氏试剂与亚胺发生加成反应，再经水解可以制备胺类衍生物，如式(3-4-14)[55]。

$$PhCH{=}NCH_3 \xrightarrow{PhCH_2MgCl} Ph\text{—}CH(N(MgCl)CH_3)CH_2Ph \xrightarrow[96\%]{\overset{\oplus}{H_3O}} Ph\text{—}CH(NHCH_3)CH_2Ph \qquad (3\text{-}4\text{-}14)$$

格氏试剂和有机锂试剂是活泼的反应试剂，它们与酰氯的反应很难停留在生成酮的阶段，而是进一步与酮反应生成醇。而有些金属有机试剂则活性较低，如有机镉试剂，可由格氏试剂与 $CdCl_2$ 反应制得。有机镉试剂不与酮反应，所以它与酰氯的反应可以停留在生成酮的阶段，因而可利用这种性质由有机镉试剂与酰氯的反应来制备酮，如式(3-4-15)[56]。

$$CH_3MgI \xrightarrow{CdCl_2} (CH_3)_2Cd \xrightarrow{\text{R-COCl}} \text{R-COCH}_3 \qquad (3\text{-4-15})$$

同样，有机锌试剂的活性也比格氏试剂和有机锂试剂低，它们不与酯反应。故含有酯基的有机锌试剂是可以制得的，它通常由活泼的 α-溴代酯与锌作用得到。应用锌、α-溴代酯与羰基化合物反应可以一步得到 β-羟基酸酯，该反应称为 Reformatsky 反应，如式(3-4-16)[57]。

$$PhCH{=}O + BrCH_2COOC_2H_5 \xrightarrow[(2)\ \overset{\oplus}{H}]{(1)\ Zn} Ph\text{—}CH(OH)CH_2COOC_2H_5 \quad 61\%\sim64\% \qquad (3\text{-}4\text{-}16)$$

另一种很有用的金属有机试剂是烃基铜锂试剂，它一般是由有机锂试剂与卤化亚铜反应得到。在与 α,β-不饱和羰基化合物反应时，烃基铜锂试剂与格氏试剂出现差异。格氏试剂一般与羰基发生亲核加成反应，而烃基铜锂试剂则发生 1,4-共轭加成反应，如式(3-4-17)[58]。

$$CH_3CH{=}CHCOCH_3 \xrightarrow[(2)\ H_3\overset{\oplus}{O}]{(1)\ CH_3MgBr} CH_3CH{=}CHC(OH)(CH_3)CH_3 \quad (3\text{-}4\text{-}17)$$

$$\text{3-甲基-2-环己烯酮} \xrightarrow[98\%]{Me_2CuLi} \text{3,3-二甲基环己酮}$$

3.4.2 偶联反应

有机金属试剂与卤代烷直接发生取代反应,似乎是形成碳碳单键的简便方法。但活性高的有机钠、有机锂、格氏试剂等与卤代烷的反应,在有机合成中应用有限,这是由于这些反应常伴有复杂的自由基反应历程,其他的副反应如消除反应也很严重。如卤代烷在金属钠存在下的反应,得到的两个烷烃连在一起的偶联产物产率一般不高,该反应称为伍兹(Wurtz)反应。在应用不同的卤代烷进行混合型伍兹反应时,容易生成难于分离的交叉偶联反应产物和自身偶联反应产物,如式(3-4-18)。

$$RX \xrightarrow{Na} R-R \quad (3\text{-}4\text{-}18)$$

$$R^1X + R^2X \xrightarrow{Na} R^1-R^2 + R^1-R^1 + R^2-R^2$$

格氏试剂与卤代烷等烷基化试剂的反应,由于副反应多,应用价值一般不大,但在催化量的Cu(Ⅰ)存在下,可以较高的产率得到偶联反应产物,如式(3-4-19)[59]。该反应是通过格氏试剂先与Cu(Ⅰ)作用,生成有机铜中间体,再发生偶联反应。

$$CH_2{=}CH(CH_2)_9MgBr + \text{THP}{-}O(CH_2)_{21}I \xrightarrow[70\%]{Li_2CuCl_4} \text{THP}{-}O(CH_2)_{30}CH{=}CH_2 \quad (3\text{-}4\text{-}19)$$

烃基酮锂试剂可更好地替代有机锂和格氏试剂,与烷基化试剂发生偶联反应。该反应适用范围广,各种烷基化试剂(如烷基、芳基、烯基卤代烷等)都可以反应。其中,芳基、烯基卤代烷在一般的亲核取代反应中是难以进行的,但在这种铜锂试剂的反应中却很容易进行,如式(3-4-20)[60]。

$$\text{7,7-二溴双环[4.1.0]庚烷} \xrightarrow[65\%]{Me_2CuLi} \text{7,7-二甲基双环[4.1.0]庚烷}$$

$$C_6H_5I \xrightarrow[90\%]{Me_2CuLi} C_6H_5CH_3 \quad (3\text{-}4\text{-}20)$$

$$PhCH{=}CHBr \xrightarrow[81\%]{Me_2CuLi} PhCH{=}CHCH_3$$

上述反应之所以能顺利进行,是由于其反应机理不同于一般的亲核取代反应。铜属于含有空d轨道的过渡金属,容易发生加成反应。因而,铜试剂与卤代烷的反应可能含有两步:首先是发生卤代烷对铜(Ⅰ)试剂的氧化加成反应,生成三价的铜(Ⅲ)配合物中间体;铜(Ⅲ)配合物中间体再发生还原消除，两个烷基 R 和 R′结合，得到偶联产物。反应物铜试剂是线形结构，通过与卤代烷发生垂直方向的加成反应，得到 T 形结构的铜(Ⅲ)配合物中间体，而还原消除只在相邻的两个烷基 R 和 R′之间发生，而不在 R′和 R′之间发生，因而只生成交叉偶联产物 R-R′，而不生成 R′-R′，如式(3-4-21)。许多其他过渡金属参与的偶联反应都是按类似的机理进行的。

$$R-X + R'-Cu(I)-R' \xrightarrow{\text{氧化加成}} R'-\underset{X}{\overset{R}{Cu(III)}}-R' \xrightarrow{\text{还原消除}} R-R' + R'-Cu(I)-X \tag{3-4-21}$$

末端炔烃在卤化亚铜的作用下可发生氧化偶联，生成对称的二炔类化合物，该反应必须在氧气或空气中进行，反应可能是通过形成炔基自由基中间体，炔基自由基再二聚得到二炔，该反应称为 Glaser 反应，是形成碳碳键的有效方法之一，如式(3-4-22)。

$$HOOCCH{=}CH(CH_2)_2C{\equiv}CH \xrightarrow[O_2]{CuCl} \underset{100\%}{HOOCCH{=}CH(CH_2)_2C{\equiv}C{-}C{\equiv}C{-}(CH_2)_2CH{=}CHCOOH} \tag{3-4-22}$$

另一类更重要的金属有机试剂是有机钯试剂，许多有机钯催化形成碳碳键的反应，具有极高的化学选择性和区域选择性。三位化学家 Heck，Negishi 和 Suzuki 在钯催化交叉偶联反应研究领域做出了杰出贡献，他们的研究成果向化学家提供了精致工具，使人类能有效合成复杂有机物，因而共同获得了 2010 年度的诺贝尔化学奖。由于钯属于贵金属，十分昂贵，因而许多应用钯的反应都尽量使用催化反应，即只需要使用催化量的钯，就可得到高产率的反应产物。而其他金属有机试剂(如格氏试剂和有机锂试剂)的反应往往使用化学计量的金属试剂。有机钯试剂可由零价钯与不饱和卤化物进行氧化加成得到，零价钯则可使用 $Pd(PPh_3)_4$ 或通过 $Pd(OAc)_2$、$Pd(Ph_3P)_2Cl_2$ 中二价钯的原位还原。该有机钯试剂可与亲核性或含 π 键的有机金属试剂、炔烃、烯烃等反应，生成偶联产物。

许多有机金属试剂可与有机钯试剂发生交叉偶联反应，其中包括有机锂、格氏试剂、有机锌、有机铜、有机锡、有机硼等。其反应机理如下：先发生零价钯与卤代烃之间的氧化加成，生成二价的有机钯试剂；再与有机金属试剂发生金属转移反应，生成含有两个 C—Pd 键的钯中间体；最后进行还原消除，得到偶联产物，重新再生出零价钯催化剂，进行下一步循环，如式(3-4-23)。

$$R-X \xrightarrow[\text{氧化加成}]{Pd(0)} R-Pd(II)-X \xrightarrow[\text{金属转移}]{R'-M} R-Pd(II)-R' \xrightarrow[\text{还原消除}]{-Pd(0)} R-R' \tag{3-4-23}$$

有机锂试剂在 $Pd(PPh_3)_4$ 存在下，可与烯基卤化物反应，得到构型保留的取代产物，反应是通过形成的有机钯试剂与有机锂的偶联反应进行的，格氏试剂也可在类似的条件下发生偶联反应，如式(3-4-24)[61,62]。

$$C_4H_9Li + H_4C_9{-}CH{=}CH{-}Br \xrightarrow[63\%]{Pd(PPh_3)_4} H_4C_9{-}CH{=}CH{-}C_4H_9$$

$$PhMgBr + \text{2-(OSO}_2\text{CF}_3\text{)biphenyl} \xrightarrow[\text{(H}_3\text{C)}_2\text{N}{-}\text{CH(CH}_3\text{)}{-}\text{CH}_2{-}\text{PPh}_2]{PdCl_2} \underset{95\%}{\text{o-terphenyl}} \tag{3-4-24}$$

有机锌试剂也可与有机钯试剂发生偶联反应，芳基锌、烯基锌和烷基锌均可参与反应，以较高的产率得到偶联反应产物，该反应称为 Negishi 反应，如式(3-4-25)[63]。

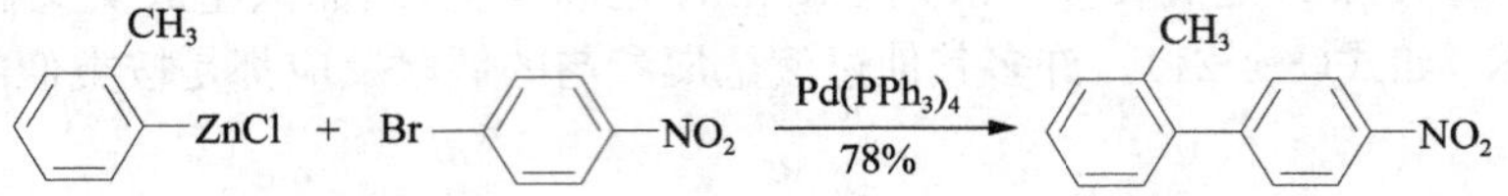
(3-4-25)

有机锡试剂是另一类更为常见和有效的与有机钯试剂发生反应的偶联试剂，该反应的适用范围很广，许多芳基、烯基和烷基卤化物均可顺利参与反应，该反应称为 Stille 反应，如式(3-4-26)[64]。但该反应生成了高毒性的卤代三烷基锡副产物。

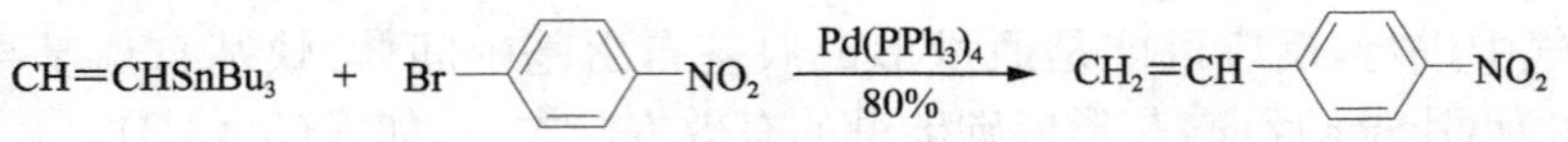
(3-4-26)

在钯催化下，应用有机硼试剂的偶联反应更为引人注目，该反应适用范围广，反应条件温和，反应副产物硼酸毒性低，因而现在实验室和工业上都得到了广泛的应用，该反应称为 Suzuki反应，如式(3-4-27)[65]。反应在碱性条件下进行有利，此时芳基硼酸转化为富电子的芳基硼酸盐，有利于偶联反应的进行。

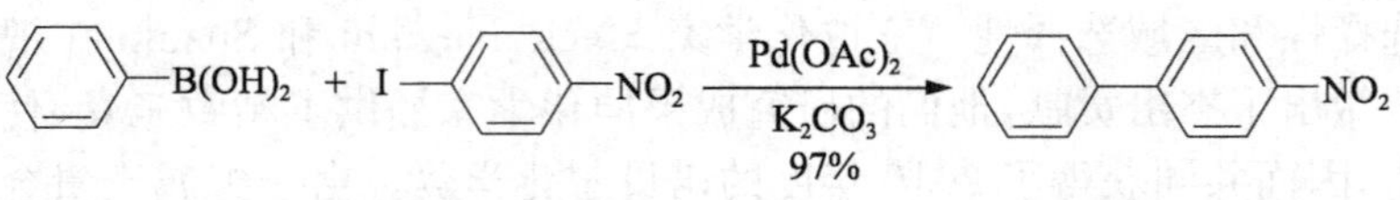
(3-4-27)

Suzuki 反应已在一些医药和农药合成中得到应用，例如治疗高血压的药物氯沙坦甲盐，是一种有效的血管紧张素 AT_1 受体拮抗剂，其化学结构中的联苯部分就是通过 Suzuki 反应构建的：在钯催化下，首先利用含四唑基团的邻苯硼酸与含咪唑基团的溴苯衍生物发生 Suzuki 反应，得到的联苯衍生物用稀硫酸处理除去三苯甲基保护基，再在碱作用下即生成药物氯沙坦甲盐，如式(3-4-28)[66]。

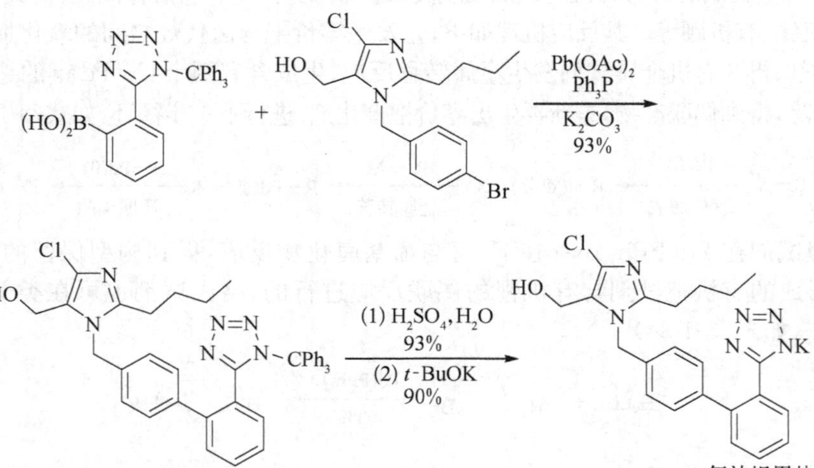
(3-4-28)

氯沙坦甲盐

啶酰菌胺是由德国巴斯夫公司 2003 年开发的新型烟酰胺类农用高效杀菌剂，其生产中也应用了 Suzuki 反应：4-氯苯基硼酸与 2-氯代硝基苯在钯催化下发生 Suzuki 反应，得到的联苯衍生物再经还原和酰化反应，即可制得杀菌剂啶酰菌胺，如式(3-4-29)[67]。

Cl—C₆H₄—B(OH)₂ + 2-chloronitrobenzene $\xrightarrow{Pd(OAc)_2,\ Ph_3P,\ NaOH}$ 4'-chloro-2-nitrobiphenyl $\xrightarrow{Fe/H^+}$ 2-amino-4'-chlorobiphenyl $\xrightarrow{2\text{-chloronicotinoyl chloride (COCl)},\ NEt_3}$ 啶酰菌胺

(3-4-29)

在钯和卤化亚铜共催化下，末端炔烃也可与卤代烃发生交叉偶联反应，反应通过形成具有亲核活性的炔基铜中间体，再与有机钯试剂发生偶联反应，该反应称为 Sonogashira 反应，如式(3-4-30)[68]。

$$CH{\equiv}C(CH_2)_5CH_3 + CH_3O\text{—C}_6H_4\text{—I} \xrightarrow[\text{CuI},Bu_4NOH,\ 98\%]{Pd(OAc)_2} CH_3O\text{—C}_6H_4\text{—C}{\equiv}C(CH_2)_5CH_3 \tag{3-4-30}$$

有机钯试剂还可直接与烯烃发生偶联反应，该反应称为 Heck 反应，是钯催化最重要的偶联反应之一。零价钯对不饱和卤代烃先进行氧化加成，再与烯烃反应，最终得到相当于不饱和基团取代烯烃氢的产物，如式(3-4-31)[69]。反应可将烯烃与另一个芳烃或烯烃直接相连，且所使用的原料是易得的卤代芳烃或卤代烯烃、烯烃，因而在有机合成中得到了广泛的应用。

$$\text{2-Br-C}_6H_4\text{-I} + CH_2{=}CHCOOH \xrightarrow[NEt_3,\ 82\%]{Pd(OAc)_2} \text{2-Br-C}_6H_4\text{-CH}{=}CHCOOH \tag{3-4-31}$$

Heck 反应在工业上已成功应用于一些化工产品的制备，如对甲氧基肉桂酸辛酯(OMC)是一种广泛使用于护肤化妆品中的紫外线吸收剂，其合成可以使用 4-溴苯甲醚和丙烯酸辛酯的 Heck 反应一步制得，如式(3-4-32)[70]。

$$CH_3O\text{—C}_6H_4\text{—Br} + CH_2{=}CHCOOCH_2CH(C_2H_5)C_4H_9 \xrightarrow[Na_2CO_3,\ 86\%]{Pd/C} CH_3O\text{—C}_6H_4\text{—CH}{=}CHCOOCH_2CH(C_2H_5)C_4H_9 \tag{3-4-32}$$

对甲氧基肉桂酸辛酯(OMC)

3.5 自由基加成反应

尽管涉及自由基的反应一般比较复杂，但通过控制反应条件仍然可将自由基反应应用于碳碳单键的构建。自由基与烯烃的加成反应就是一种较好的形成碳碳单键的方法，这是由于这类自由基反应一般不发生重排，且自由基与烯烃的加成反应速度往往快于与其他基

团(如羟基、羰基、酯基及卤素)的反应,故不需对这些基团进行保护。

在进行自由基加成反应时,最常用的产生自由基的方法是通过偶氮二异丁腈(AIBN)/三丁基氢化锡的方法。该方法生成碳自由基的原理是:通过加热偶氮二异丁腈(AIBN)可产生腈基异丙基自由基,该自由基尽管活性极低,但可夺取三丁基氢化锡的氢(Sn—H 很弱,极易与自由基反应)生成活性高的三丁基锡自由基,三丁基锡自由基再与卤代烃反应得到碳自由基,如式(3-5-1)。这种碳自由基即可应用于与烯烃发生加成反应。

$$\text{AIBN} \xrightarrow{\triangle} (CH_3)_2\dot{C}CN \xrightarrow{Bu_3SnH} Bu_3Sn\cdot \xrightarrow{R-X} R\cdot \tag{3-5-1}$$

应用卤代烷与烯烃之间的分子间自由基加成反应可形成新的碳碳单键,有吸电子基取代的烯烃反应时产率较高,而且自由基进攻一般发生在位阻小的一端,如式(3-5-2)[71]。

$$+ \; CH_2=CHCOOCH_3 \xrightarrow[AIBN]{Bu_3SnH} H_3COOCH_2CH_2C\text{-} \quad 55\% \tag{3-5-2}$$

如果分子中适当部位同时含有卤素与烯键,则这种自由基加成反应也可以发生在分子内,从而成为一种形成碳环的方法,如式(3-5-3)[72]。

$$\xrightarrow{Bu_3SnH} \left[\; CH_2CH_2CH=C(CH_3)_2, \; CH_3 \; \right] \xrightarrow{62\%} \quad CH_3 \tag{3-5-3}$$

3.6 C—H 键活化反应

由于普通烃的 C—H 键具有强的键离解能,化学反应性质不活泼,长期以来很难直接作为反应官能团用于形成碳碳单键。直到最近,通过 C—H 键活化反应来构建碳碳单键才取得显著的进展[73]。如传统制备联苯类化合物的方法,可以使用一些有机金属或硼试剂与卤代芳烃在催化剂存在下进行偶联反应,如式(3-6-1),该方法往往需预先制得有机金属或硼试剂,且反应往往伴随着大量卤化物等有机废物的生成。而应用 C—H 键活化反应来制备联苯类化合物,则直接应用芳烃与卤代芳烃在催化剂存在下进行反应,如式(3-6-2)。可以看出:通过 C—H键活化反应来构建碳碳单键,可以有效减少化合物合成步骤、提高反应的原子经济性。

$$R^1\text{-}C_6H_4\text{-}M + X\text{-}C_6H_4\text{-}R^2 \xrightarrow[-MX]{\text{催化剂}} R^1\text{-}C_6H_4\text{-}C_6H_4\text{-}R^2 \tag{3-6-1}$$

M=Mg, Zn, Sn, B　　X=Cl, Br, I, OTf

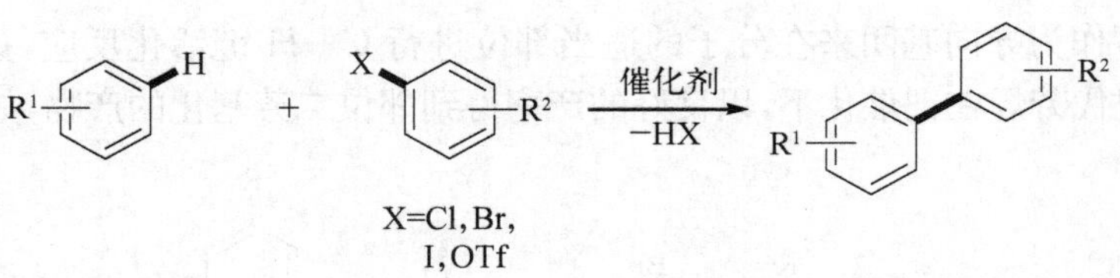

R¹ H + X R² —催化剂 / −HX→ R¹ R²

(3-6-2)

X=Cl, Br, I, OTf

过渡金属催化剂常常被用来活化 C—H 键，在过渡金属催化剂作用下，C—H 键可以发生断裂生成金属—碳键（C—M 键），从而诱导一系列的化学反应。使用导向基团来控制反应选择性，则成为 C—H 键活化反应顺利进行得到所需要产物的有效手段。导向基团一般使用可与过渡金属催化剂配位的官能团，如带有孤对电子的含 N 或 O 原子的官能团，它可通过形成稳定的五元或六元金属杂环中间体，使反应导向到空间邻近的 C—H 键上去进行。如式(3-6-3)，在导向基团存在下，偶联反应在导向基团的邻位 C—H 键上进行。

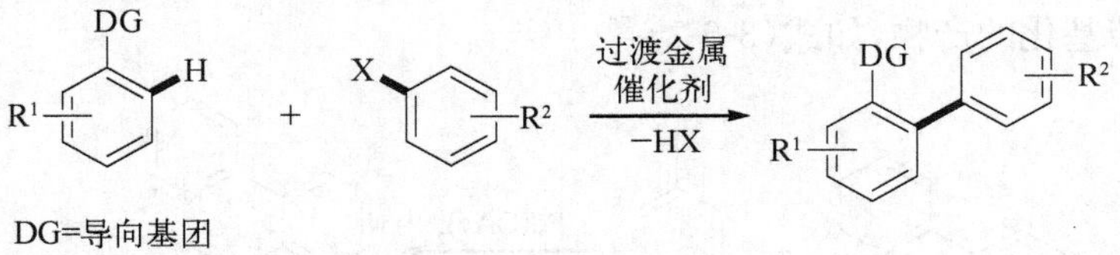

DG H R¹ + X R² —过渡金属催化剂 / −HX→ DG R² R¹

(3-6-3)

DG=导向基团

酚或醇羟基可作为导向基团来控制反应选择性，如联苯酚与碘代芳烃在钯催化下，可选择性地在联苯酚的 2′位进行芳基化反应，相当于芳基取代了联苯酚 2′位的氢原子，如式(3-6-4)[74]。

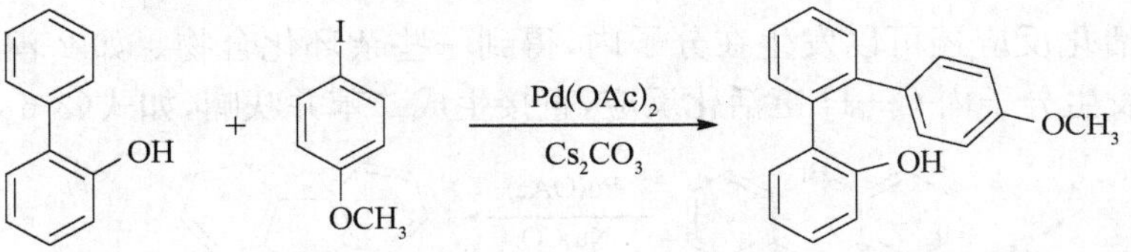

OH + I OCH_3 —$Pd(OAc)_2$ / Cs_2CO_3→ OCH_3 OH

(3-6-4)

该反应的机理如下：先发生零价钯与碘代烃之间的氧化加成，生成二价的有机钯试剂；再与碱性条件下所形成的联苯酚铯盐发生金属转移反应，生成的钯中间体通过活化 2′位的 C—H 键，形成六元金属杂环中间体，在碱作用下再转化为含有两个 C—Pd 键的钯中间体；最后进行还原消除，得到偶联产物，重新再生出零价钯催化剂，进行下一步循环，如式(3-6-5)。

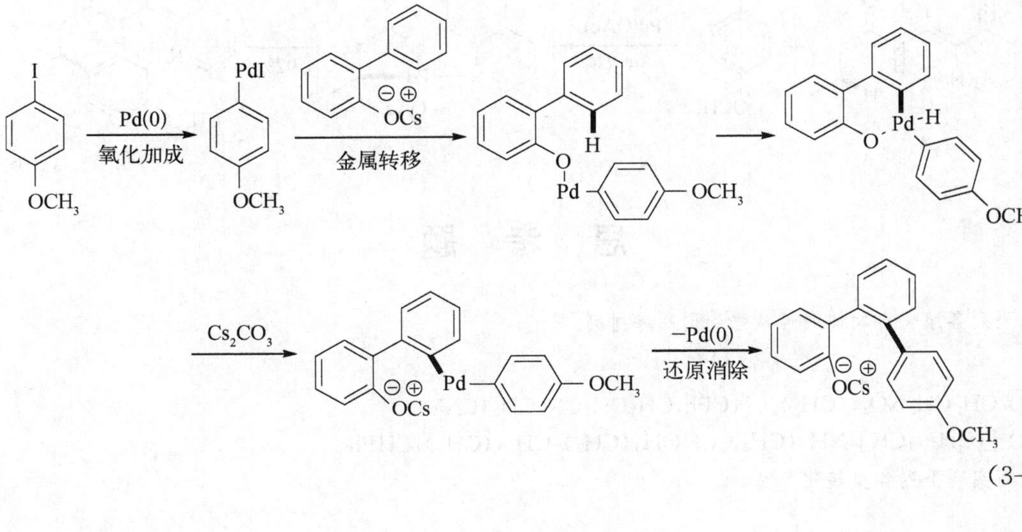

I OCH_3 —Pd(0) / 氧化加成→ PdI OCH_3 —$O^{\ominus}Cs^{\oplus}$ / 金属转移→ H O Pd OCH_3 → O Pd-H OCH_3

—Cs_2CO_3→ $O^{\ominus}Cs^{\oplus}$ Pd OCH_3 —−Pd(0) / 还原消除→ $O^{\ominus}Cs^{\oplus}$ OCH_3

(3-6-5)

酰胺基也可作为导向基团来在分子的适当部位进行C—H键活化反应，如下列芳基酰胺可与两分子的溴代芳烃在钯催化下，以良好的产率得到邻位二芳基化的产物，如式(3-6-6)[75]。

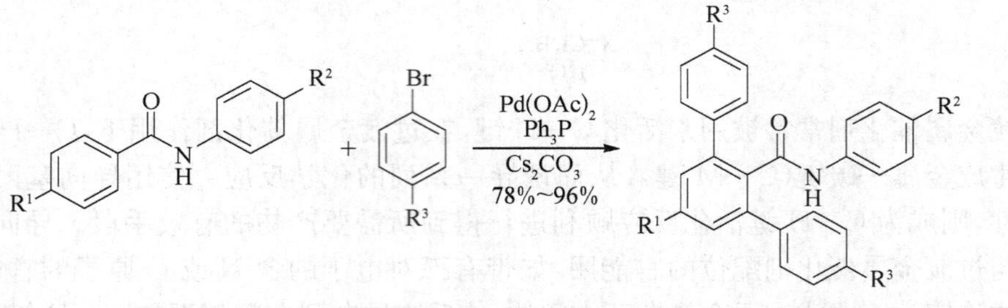

R^1, R^2, O, N, H + Br, R^3 $\xrightarrow[\text{Cs}_2\text{CO}_3,\ 78\%\sim96\%]{\text{Pd(OAc)}_2,\ \text{Ph}_3\text{P}}$ R^3, O, N, H, R^2, R^1, R^3 (3-6-6)

一些含氮杂环可以其氮原子上的孤对电子与过渡金属配位，因而也能作为导向基团进行C—H键活化反应。如2-苯基吡啶与4-乙酰基碘苯在钯催化下发生C—H键活化反应，得到在苯环上芳基化的产物，如式(3-6-7)[76]。

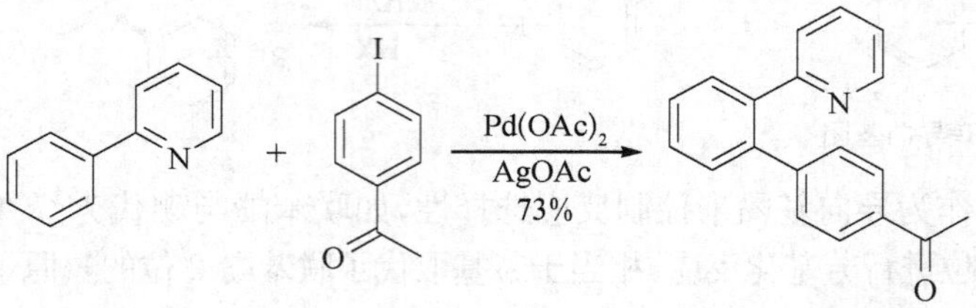

N + I, O $\xrightarrow[\text{AgOAc},\ 73\%]{\text{Pd(OAc)}_2}$ N, O (3-6-7)

C—H键活化反应还可以发生在分子内，得到一些杂环化合物。如2-溴二苯醚在钯催化下于170℃发生分子内C—H键活化反应，直接生成二苯并呋喃，如式(3-6-8)[77]。

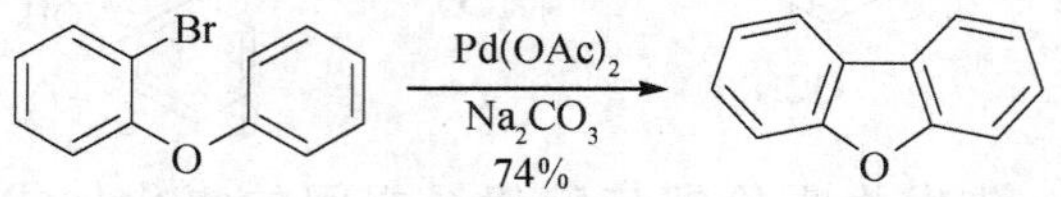

Br, O $\xrightarrow[\text{Na}_2\text{CO}_3,\ 74\%]{\text{Pd(OAc)}_2}$ O (3-6-8)

使用一些双齿配体导向基团，则可实现烷烃C—H键的活化反应。如8-氨基喹啉酰胺可与碘代烃在钯催化下，发生β位烷烃C—H键的活化反应，顺利得到偶联产物。反应可能经过双五元环钯中间体进行，如式(3-6-9)[78]。

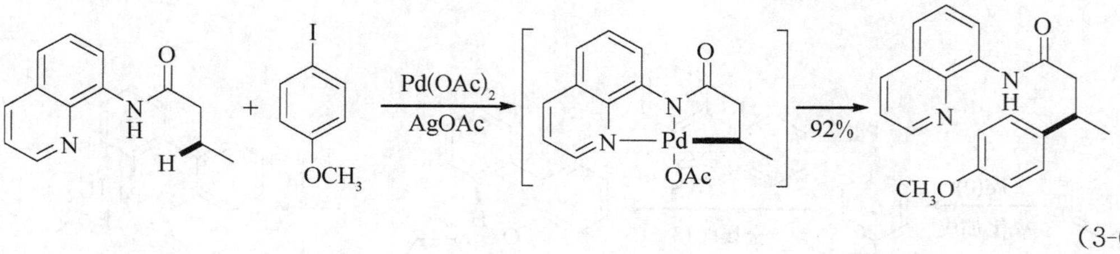

N, O, N, H, H + I, OCH_3 $\xrightarrow[\text{AgOAc}]{\text{Pd(OAc)}_2}$ [N, O, N—Pd, OAc] $\xrightarrow{92\%}$ N, O, N, H, CH_3O (3-6-9)

思 考 题

1. 将下列各组化合物按酸性从强到弱顺序排列[79]。

(1) $CH_3CH_2NO_2$，$(CH_3)_2CHCOPh$，CH_3CH_2CN，$CH_2(CN)_2$

(2) $[(CH_3)_2CH]_2NH$，$(CH_3)_2CHOH$，$(CH_3)_2CH_2$，$(CH_3)_2CHPh$

2. 如何实现下列各步转化[80]？

(1) 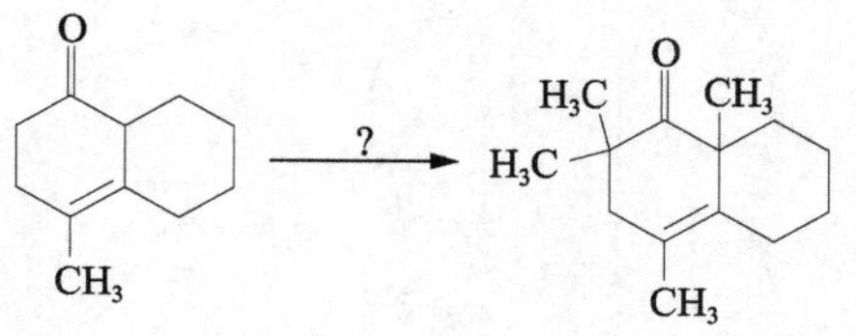　(2) 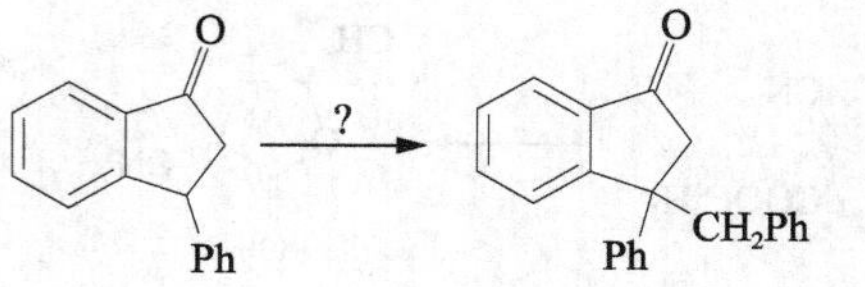

(3) 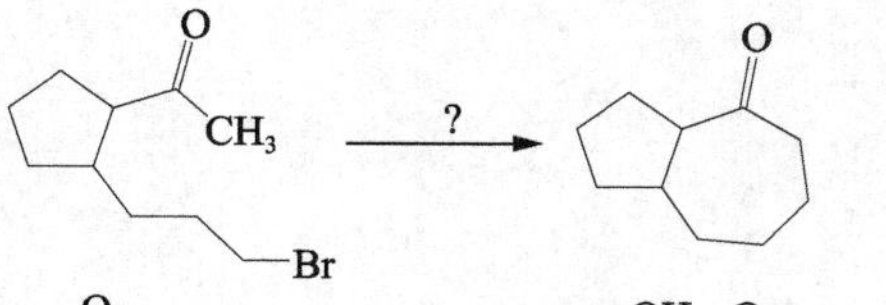　(4) 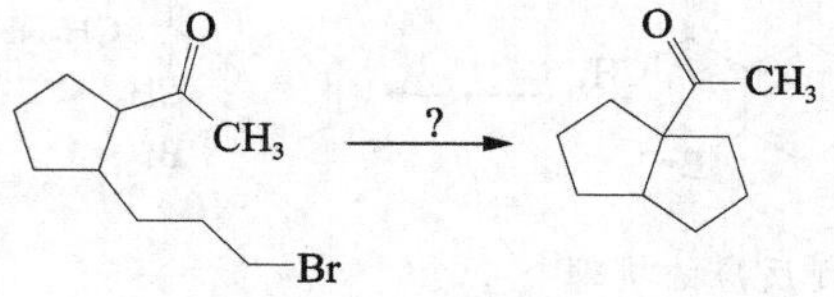

(5) 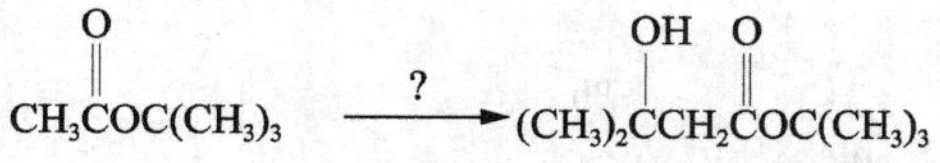

(6) 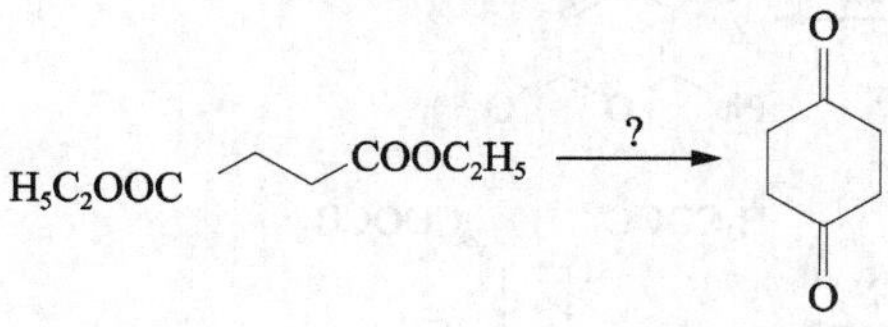

(7) 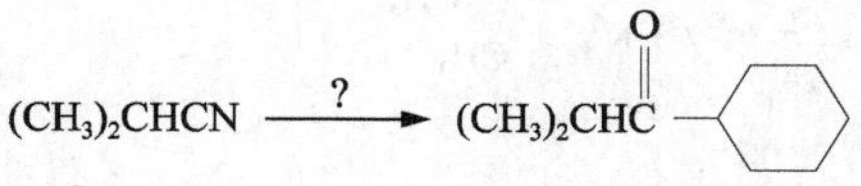

(8) 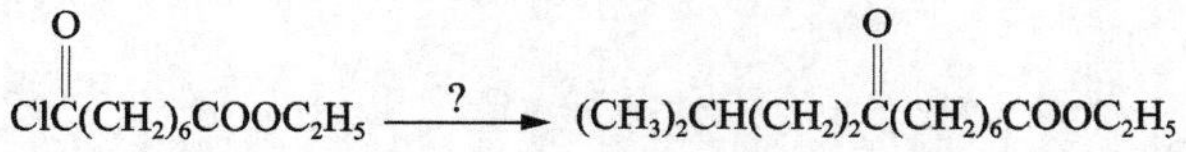

(9) 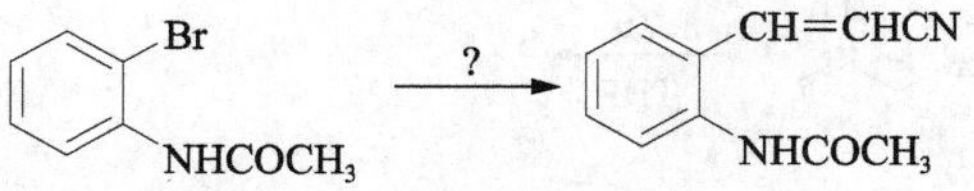

3．由易得原料合成下列化合物[81]。

(1) 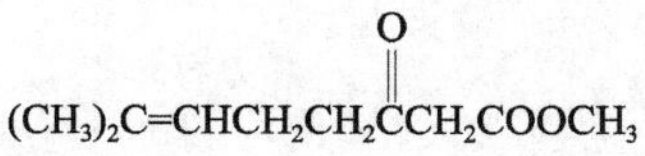　(2) 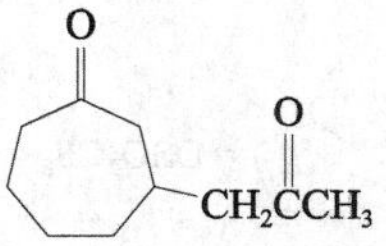

(3) 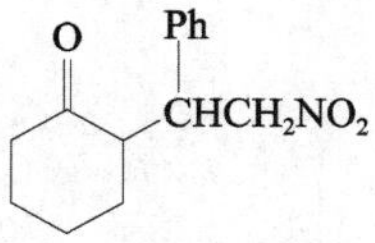

4．如何由起始原料合成下列化合物[82]？

(1) 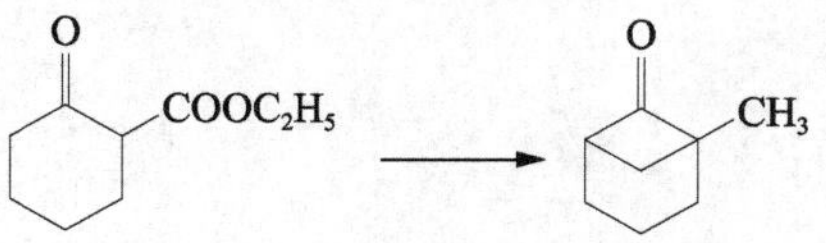

(2) 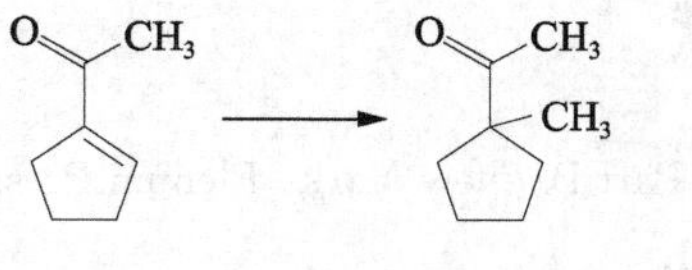

(3) 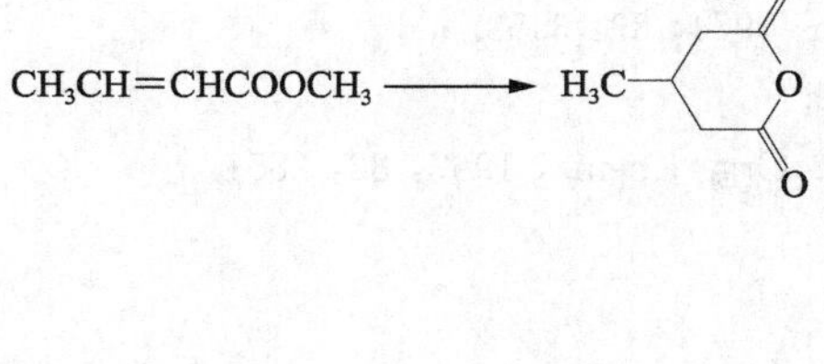

(4) $NCCH_2COOC_2H_5$ ⟶ (CH₃, O, CN, O)

(5) (O, CH_3, Br) ⟶ (OH, CH_2NH_2, CH_3, Br)

5\. 写出下列反应的机理[83]。

(1) $PhCOCH_2R$ + $Ph-C\equiv C-COOC_2H_5$ $\xrightarrow{碱}$ (Ph, R, Ph, O, O)

(2) $N-CH=C(CH_3)_2$ + $H_3COOC-CH=CH-COOCH_3$ $\xrightarrow{CH_3CN}$ (H_3COOC, $COOCH_3$, CH_3, CH_3, N)

6\. 写出下列反应的产物结构[84]。

(O, N, Ph, Boc) + (Br, Ph) $\xrightarrow[THF]{Zn}$

7\. 写出下列反应产物的结构。

(1) $Me_3Si-CH=CH-SnMe_3$ + (OSO_2CF_3) $\xrightarrow{Pd(PPh_3)_4}$

(2) (CONHEt, $B(OH)_2$) + (S, Br) $\xrightarrow{Pd(PPh_3)_4}$

(3) (OH) + (Br, Ph) $\xrightarrow[CuI, Et_2NH]{Pd(PPh_3)_2Cl_2}$

参 考 文 献

[1] Carey F A, Sundberg R J. Advanced Organic Chemistry, Part B. New York: Plenum Press, 1983.

[2] House H O, Trost B M. J. Org. Chem., 1965, 30: 1341.

[3] Stork G, Kraus G A, Garcia G A. J. Org. Chem. 1974, 39: 3459.

[4] Gall M, House H O. Org. Synth., 1972, 52: 39.

[5] Smith H A, Huff B J L, Powers W J Ⅲ, et al. J. Org. Chem., 1967, 32: 2851.

[6] Groenewegen P, Kallenberg H, van der Gen A. Tetrahedron. Lett., 1978, 19(5): 491.
[7] Williams T R, Sirvio L M. J. Org. Chem., 1980, 45: 5082.
[8] Creger P L. J. Org. Chem., 1972, 37: 1907.
[9] Mariella R P, Raube R. Org. Synth., 1963, Ⅳ: 288.
[10] Kurts A L, Masias A, Genkina N K, et al. Dokl. Akad. Nauk. SSSR (Eng.), 1969, 187: 595.
[11] Hampton K G, Harris T M, Hauser C R. Org. Synth., 1967, 47: 92.
[12] Huckin S N, Weiler, L. J. Amer. Chem. Soc., 1974, 96: 1082.
[13] Stork G, Brizzolara A, Landesman H, et al. J. Amer. Chem. Soc., 1963, 85: 207.
[14] Sisido K, Kurozumi S, Utimoto K. J. Org. Chem., 1969, 34: 2661.
[15] Grignard V, Vesterman A. Bull. Chim. Soc. Fr., 1925, 37: 425.
[16] Woodbury R P, Rathke M W. J. Org. Chem., 1977, 42: 1688.
[17] Wittig G, Reiff H. Angew. Chem. Inter. Ed. Engl., 1968, 7: 7.
[18] Mukaiyama T, Banno K., Narasaka K. J. Am. Chem. Soc., 1974, 96: 7503.
[19] Dunnavant W R, Hauser C R. Org. Synth., 1964, 44: 56.
[20] Kaiser E M, Hauser C R. J. Org. Chem., 1968, 33: 3402.
[21] Krapcho A P, Jahngen E G E Jr. J. Org. Chem., 1974, 39: 1650.
[22] Heathcock C H, Buse C T, Kleschick W A, et al. J. Org. Chem., 1980, 45: 1066.
[23] List B, Lerner R A, Barbas Ⅲ C F. J. Am. Chem. Soc., 2000, 122: 2395.
[24] Briese R R, McElvain S M. J. Am. Chem. Soc., 1933, 55: 1697.
[25] Hudson Jr B E, Hauser C R. J. Am. Chem. Soc., 1941, 63: 3156.
[26] Royals E E, Turpin D G. J. Am. Chem. Soc., 1954, 76: 5452.
[27] Bottorff E M, Moore L L. Org. Synth., 1964, 44: 67.
[28] Pinkney P S. Org. Synth., 1943, Ⅱ: 116.
[29] Vul'fson N S, Zaretskii V I. J. Gen. Chem. USSR., 1959, 29: 2704.
[30] Newman M S, McPherson J L. J. Org. Chem., 1954, 19: 1717.
[31] Hurd R N, Shah D H. J. Org. Chem., 1973, 38: 390.
[32] Ainsworth C. Org. Synth., 1963, Ⅳ: 536.
[33] Riegel E R, Zwilgmeyer F. Org. Synth., 1943, Ⅱ: 126.
[34] House H O, Roelofs W L, Trost B M. J. Org. Chem., 1966, 31: 646.
[35] Kaiser E M, Mao C L, Hauser C F, et al. J. Org. Chem., 1970, 35: 410.
[36] Horning E C, Finelli A F. Org. Synth., 1963, Ⅳ: 776.
[37] Moffett R B. Org. Synth., 1963, Ⅳ: 652.
[38] Croft K D, Ghisalberti E L, Jeffries P R, et al. Aust. J. Chem., 1979, 32: 2079.
[39] McRae J A, Bannard R A B. Org. Synth., 1963, Ⅳ: 393.
[40] Beak P A, Brown R A. J. Org. Chem., 1977, 42: 1823.
[41] Neuman H, Seebach D. Tetrahedron Lett., 1976, 17(52): 4839.
[42] Gilman H, Catlin W E. Org. Synth., 1932, Ⅰ: 182.
[43] Dreger E E. Org. Synth., 1932, Ⅰ: 299.
[44] Overberger C G, Saunders J H, Allen R E, et al. Org. Synth., 1955, Ⅲ: 200.
[45] Buhler J D. J. Org. Chem., 1973, 38: 904.
[46] Cowan D O, Mosher H S. J. Org. Chem., 1962, 27: 1.
[47] Fry J L, Engler E M, Schleyer P V R. J. Am. Chem. Soc., 1972, 94: 4628.
[48] Coleman G H, Craig D. Org. Synth., 1943, Ⅱ: 179.
[49] Bachman W E, Hetzner H P. Org. Synth., 1955, Ⅲ: 839.

[50] Bachman G B. Org. Synth., 1943, Ⅱ: 323.
[51] Callen J E, Dornfeld C A, Coleman G H. Org. Synth., 1955, Ⅲ: 26.
[52] Bowen D M. Org. Synth., 1955, Ⅲ: 553.
[53] Ronald R C. Tetrahedron Lett., 1975, 16(46): 3973.
[54] Levine R, Karten M J. J. Org. Chem., 1976, 41: 1176.
[55] Moffett R B. Org. Synth., 1963, Ⅳ: 605.
[56] Miyano M, Dorn C R. J. Org. Chem., 1972, 37: 268.
[57] Hauser C R, Breslow D S. Org. Synth., 1955, Ⅲ: 408.
[58] House H O, Respess W L, Whitesides G M. J. Org. Chem., 1966, 31: 3128.
[59] Heiser U F, Dobner B. J. Chem. Soc., Perkin Trans., 1997, 6: 809.
[60] Corey E J, Posner G H. J. Am. Chem. Soc., 1967, 89: 3911.
[61] Yamamura M, Moritani I, Murahashi S. J. Org Chem., 1975, 91: C39.
[62] Kamikawa T, Hayashi T. Synlett, 1997, 2: 163.
[63] Negishi E, Takahashi T, King A O. Org. Synth., 1993, Ⅷ: 430.
[64] McKean D R, Parrinello G, Renaldo A F, et al. J. Org. Chem., 1987, 52: 422.
[65] Wallow T L, Novak B M. J. Org. Chem., 1994, 59: 5034.
[66] Johnson D S, Li J J. 新药合成艺术. 上海: 华东理工大学出版社, 2008.
[67] 吴鸿飞, 孙克, 张敏恒. 农药, 2014, 53(8): 619.
[68] Urgaonkar S, Verkade J G. J. Org. Chem., 2004, 69: 5752.
[69] Plevyak J E, Dickerson J E, Heck R F. J. Org. Chem., 1979, 44: 4078.
[70] Eisenstadt A, Keren Y. EP 509426 (1992).
[71] Burke S D, Fobare W B, Arminsteadt D M. J. Org. Chem., 1982, 47: 3348.
[72] Bakuzis P, Campos O O S, Bakuzis M L F. J. Org. Chem., 1976, 41: 3261.
[73] (a) Alberico D, Scott M E, Lautens M. Chem. Rev., 2007, 107: 174; (b) Lyons T W, Sanford M S. Chem. Rev., 2010, 110: 1147; (c) Guo X X, Gu D W, Wu Z, et al. Chem. Rev., 2015, 115: 1622.
[74] Satoh T, Kawamura Y, Miura M, et al. Angew. Chem., Int. Ed. Engl., 1997, 36: 1740.
[75] Kametani Y, Satoh T, Miura M, et al. Tetrahedron Lett., 2000, 41: 2655.
[76] Shabashov D, Daugulis O. Org. Lett., 2005, 7: 3657.
[77] Ames D E, Opalko A. Synthesis, 1983, 234.
[78] Zaitsev V G, Shabashov D, Daugulis O. J. Am. Chem. Soc., 2005, 127: 13154.
[79] (a) Matthews W S, Bares J E, Bartmess J E, et al. J. Am. Chem. Soc., 1975, 97: 7006; (b) Zook H D, Kelly W L, Posey I Y. J. Org. Chem., 1968, 33: 3477.
[80] (a) Wharton P S, Sundin C E. J. Org. Chem., 1968, 33: 4255; (b) Rockett B W, Hauser C R. J. Org. Chem., 1964, 29: 1394; (c) House H O, Sayer T S B, Yau C C. J. Org. Chem., 1978, 43: 2153; (d) Rathke M W, Sullivan D F. J. Am. Chem. Soc., 1973, 95: 3050; (e) Nielsen A T, Carpenter W R. Org. Synth., 1973, V: 288; (f) Canonne P, Foscolos G, Lemay G. Tetrahedron Lett., 1980, 155; (g) Whaley H A. J. Am. Chem. Soc., 1971, 93: 3767; (h) deMayo P, Sydnes L K, Wenska G. J. Org. Chem., 1980, 45: 1549.
[81] (a) Sum F W, Weiler L. J. Am. Chem. Soc., 1979, 101: 4401; (b) House H O, Kleschick W A, Zaiko E J. J. Org. Chem., 1978, 43: 3653; (c) Feuer H, Hirschfeld A, Bergmann E D. Tetrahedron, 1968, 24: 1187.
[82] (a) Wenkert E, Strike D P. J. Org. Chem., 1962, 27: 1883; (b) Deghenghi R, Gaudry R. Tetrahedron Lett., 1962, 489; (c) Cason J. Org. Synth., 1963, IV: 630; (d) Glickman S A, Cope

A C. J. Am. Chem. Soc., 1945, 67: 1012; (e) Fleming I, Woolias M. J. Chem. Soc. Perkin Trans., 1979, 827.

[83] (a) Fried J. in "Heterocyclic Compounds", Elderfield R C (ed.), Vol. 1, Wiley, New York (1950), p. 385; (b) Manis P A, Rathke M W. J. Org. Chem., 1980, 45: 4952.

[84] Waters M M, Lee J, Reamer R A, et al. J. Org. Chem., 2002, 67: 1093.

第4章 碳碳双键的形成

碳碳双键的形成也是增长碳链的重要方法，碳碳双键还可进一步被还原为碳碳单键。常用的形成碳碳双键的方法包括消除反应、Wittig 反应、β-内酯的脱羧、炔烃的还原、由邻二醇制备烯烃及烯烃复分解反应等。本章按反应类型来介绍各种碳碳双键的形成方法。

4.1 消除反应

通过消除反应可以形成碳碳双键，按反应方式的差异可分为β-消除反应、热解顺式消除反应、缩合消除反应等。

4.1.1 β-消除反应

β-消除反应可用式(4-1-1)来表示，其中 X＝OH、OCOR、卤素、OSO_2R、S^+R_2、N^+R_3 等。这些反应包括酸催化条件下的醇脱水反应(X＝OH)，碱性条件下酯、卤代烃、烷基磺酸酯(X＝OCOR，卤素，OSO_2R)的消除反应，以及巯盐或季铵盐(X＝S^+R_2，N^+R_3)的 Hofmann 消除反应。

$$R^1C(R^2)(H)\text{—}C(R^3)(X)R^4 \xrightarrow{-HX} R^2(R^1)C=C(R^3)R^4 \qquad (4\text{-}1\text{-}1)$$

X＝OH, OCOR, Cl, Br, I, OSO_2R, S^+R_2, N^+R_3

尽管β-消除反应可方便地应用于碳碳双键的构建，但从有机合成的角度来考虑还存在一些不足。对于结构不对称的反应物，β-消除反应容易生成不同消除方向的混合物，究竟生成哪一种消除方向为主的产物，取决于不同的反应条件或反应机理。当β-消除反应按 E1 机理(碳正离子机理)进行时，容易生成双键碳原子上取代基较多的烯烃(Saytzeff 消除方向)，如酸催化条件下的醇脱水反应、碱性条件下酯、卤代烃、烷基磺酸酯的消除反应等；而碱性条件下季铵盐或巯盐的消除反应，则优先得到双键碳原子上取代基较少的烯烃(Hofmann 消除方向)。如式(4-1-2)中，溴代烃在碱性条件下的消除反应主要生成取代基较多的烯烃；而结构类似的季铵盐的消除反应则优先生成取代基较少的烯烃。所以我们可通过采用不同的离去基团，来制备所需要的烯烃。

$$CH_3CH(Br)CH_2CH_3 \xrightarrow{NaOEt} \underset{81\%}{CH_3CH{=}CHCH_3} + \underset{19\%}{CH_2{=}CHCH_2CH_3}$$

$$CH_3CH(\overset{\oplus}{N}Me_3\overset{\ominus}{I})CH_2C_2H_5 \xrightarrow[130℃]{KOH} \underset{2\%}{CH_3CH{=}CHC_2H_5} + \underset{98\%}{CH_2{=}CHCH_2C_2H_5} \quad (4\text{-}1\text{-}2)$$

如果反应物 β-碳上存在能形成共轭体系的取代基(如羰基或芳基),则消除反应优先生成更稳定的共轭烯烃,而与所使用的反应物类型无关。如式(4-1-3)中,尽管采用了易生成Hofmann烯烃的季铵盐,但反应还是唯一地生成共轭烯烃(Saytzeff 消除方向)。

Ph　$\overset{\oplus}{N}Me_3\overset{\ominus}{O}H$　→　Ph（100%）　+　Ph（0）　(4-1-3)

空间位阻也会影响到β-消除反应的消除方向,若一个 β-碳上连有位阻大的取代基,则会阻碍该 β-碳上氢原子的消除。如式(4-1-4)中氯代烃在碱性条件下的消除反应,优先生成Hofmann 消除方向的末端烯烃。这是由于叔丁基大的空间位阻,阻碍了碱对与其相邻的 β-H 的进攻。

Cl　—碱→　81%　+　19%　(4-1-4)

当 β-消除反应按 E1 机理(碳正离子机理)进行时,还容易出现碳正离子重排反应,从而使反应结果变得更加复杂。尤其是酸催化条件下的醇脱水反应,如式(4-1-5)中就发生了碳正离子重排反应。

CH_3　CH_3　OH　$\xrightarrow{H^{\oplus}}$　CH_3　CH_3　$\overset{\oplus}{O}H_2$　$\xrightarrow{-H_2O}$　CH_3　CH_3　⊕

(4-1-5)

→　CH_3　⊕　CH_3　$\xrightarrow{-H^{\oplus}}$　CH_3　CH_3

β-消除反应一般是以反式消除方式发生消除反应,这是由于当离去基与β-H 处于反式位置时,电子云轨道重叠达到最大化,最容易发生消除反应。如二溴二苯乙烷的内消旋体在乙醇钾的作用下,只生成反式消除产物——顺式溴代二苯乙烯;而二溴二苯乙烷的另一非对映异构体的 β-消除反应,也只生成反式消除产物——反式溴代二苯乙烯,如式(4-1-6)[1]。

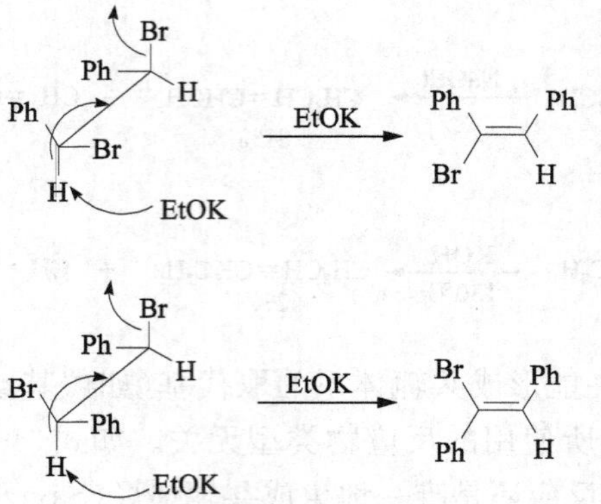

Ph, Br, H, Ph, Br, H, EtOK → (EtOK) Ph, Ph, Br, H

(4-1-6)

Ph, Br, H, Br, Ph, H, EtOK → (EtOK) Br, Ph, Ph, H

由于β-消除反应一般发生反式消除，开链化合物可通过碳碳单键的旋转使离去基与β-H处于反式位置。但环状化合物中碳碳单键无法自由旋转，因而不一定能使离去基与β-H处于反式位置。在环己烷衍生物中，只有使离去基与β-H处于直立键位置时才能使其处于反式位置，从而发生β-消除反应。如式(4-1-7)中，当离去基Cl处于直立键位置时，只能与左边的β-H处于反式，因而仅生成Hofmann烯烃，而无Saytzeff消除方向的烯烃生成。

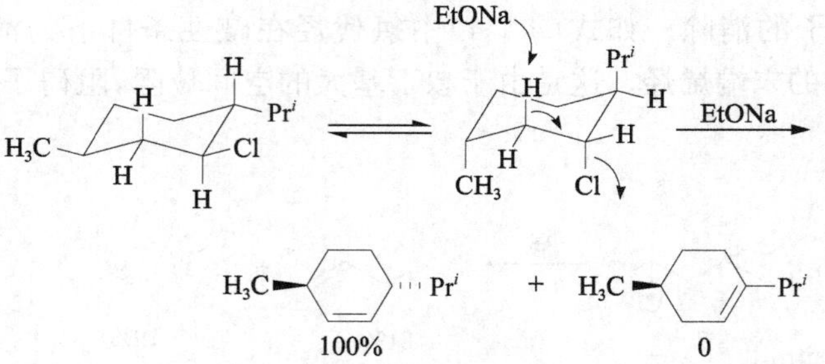

H_3C, H, H, H, H, Pr^i, Cl ⇌ EtONa, H, Pr^i, H, H, H, CH_3, Cl → (EtONa)

(4-1-7)

H_3C—(环己烯)—Pr^i 100% + H_3C—(环己烯)—Pr^i 0

尽管β-消除反应容易发生反式消除，但在一些特殊情况下，也可能发生顺式消除。如由于环的限制，离去基与β-H无法处于反式位置，而只能处于顺式位置，此时就可以发生顺式消除反应，如式(4-1-8)[2]。

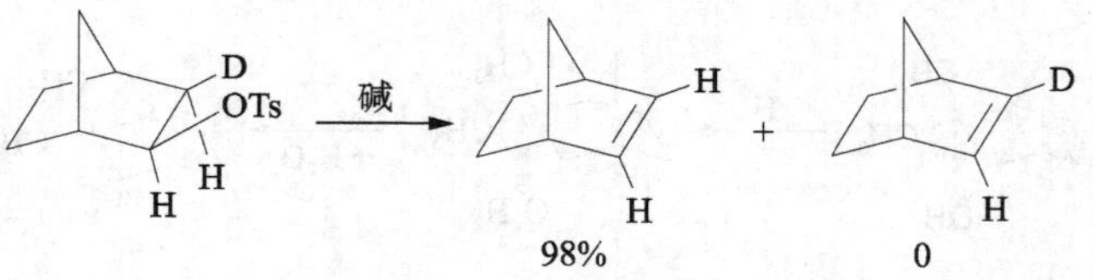

D, OTs, H, H → (碱) H, H 98% + D, H 0

(4-1-8)

另外，如果反应物一边的β-碳原子上连有吸电子基或芳基，有利于该β-H的消除反应，则也可能发生顺式消除反应。如式(4-1-9)[3]中与苯基相连的β-H酸性较强，尽管与离去基处于顺式位置，仍然优先发生消除反应。

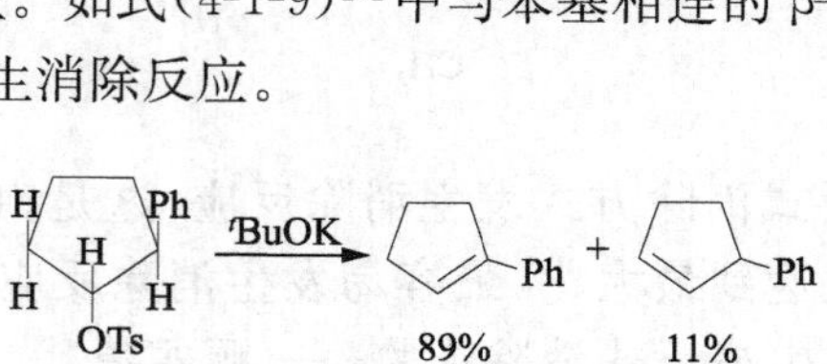

H, Ph, H, H, H, OTs → (^{t}BuOK) Ph 89% + Ph 11%

(4-1-9)

尽管β-消除反应有一些缺陷，但酸性条件下的醇脱水反应、碱性条件下卤代烃和烷基磺酸酯的消除反应仍然在烯烃合成中得到了广泛的应用。

4.1.2　热解顺式消除反应

另一种形成碳碳双键的消除反应是热解顺式消除反应，该方法在有机合成中有较大的用处。能够发生热解顺式消除反应的反应物包括羧酸酯、黄原酸酯、胺氧化物、亚砜和硒氧化物。该反应的特点是在加热条件下通过形成较为稳定的五元或六元环状过渡态，离去基与β-H以顺式方式消除得到烯烃。如酯的热解顺式消除反应机理，见式(4-1-10)。该反应的最大优点是无须加入酸或碱就可得到烯烃，尤其适合于制备对酸或碱不稳定或高活性的烯烃。

$$R^1R^3C(H)\text{-}C(O\text{-}COR)R^2R^4 \xrightarrow{\text{加热}} R^1R^3C{=}CR^2R^4 + RCOOH \qquad (4\text{-}1\text{-}10)$$

羧酸酯的热解顺式消除反应需要的温度最高，常需达到300～500℃，反应可通过直接加热高沸点羧酸酯，或将高沸点羧酸酯的蒸气通过加热管来实现，如式(4-1-11)[4]。

$$NC\text{-}C_6H_4\text{-}CH(OCOCH_3)CH_3 \xrightarrow[76\%]{575\sim600℃} NC\text{-}C_6H_4\text{-}CH{=}CH_2 \qquad (4\text{-}1\text{-}11)$$

利用羧酸酯的热解顺式消除反应无须加入酸或碱就可进行的特点，可以制备一些不稳定的烯烃。如式(4-1-12)中得到的4,5-二亚甲基环己烯，没有进一步重排为更稳定的邻二甲苯。

$$\text{4,5-双(乙酰氧甲基)环己烯}\ (CH_2OCOCH_3)_2 \xrightarrow[47\%]{500℃} \text{4,5-二亚甲基环己烯} \not\longrightarrow \text{邻二甲苯} \qquad (4\text{-}1\text{-}12)$$

和β-消除反应一样，热解顺式消除反应也存在缺点，容易生成不同消除方向的混合物。如果反应物β-碳上存在产生共轭效应的取代基(如羰基或芳基)，则热解消除反应也是优先生成更稳定的共轭烯烃。由于是以顺式方式发生消除反应，环状化合物的热解消除反应必须能形成环状过渡态。如在环己烷衍生物中，无论离去基处于直立键还是平伏键，只要能形成环状过渡态就可以发生热解消除反应。在式(4-1-13)中，顺式酯在加热条件下的反应，离去基处于直立键只能与左边的β-H形成环状过渡态，得到非共轭的烯烃；而反式酯的离去基处于平伏键，可以与两边的β-H(都处顺位)形成环状过渡态，但优先生成更稳定的共轭烯烃。

$$\text{顺式: } (OCOCH_3, COOC_2H_5\text{ 环己烷}) \xrightarrow{435℃} \text{3-环己烯-1-甲酸乙酯 } (COOC_2H_5)$$
$$\text{反式: } (OCOCH_3, COOC_2H_5\text{ 环己烷}) \xrightarrow{435℃} \text{1-环己烯-1-甲酸乙酯 } (COOC_2H_5) \qquad (4\text{-}1\text{-}13)$$

羧酸酯的热解顺式消除反应所需要的温度太高，容易发生其他的副反应，限制了其在有机合成中的应用。而黄原酸酯(即硫代碳酸酯)却可在较低的温度(150～250℃)下发生热解顺式消除反应,因而效果更好。黄原酸酯一般通过醇转化而来,首先将醇在强碱(如 NaH)作用下与 CS_2 反应,再与碘甲烷作用就可得到黄原酸酯,如式(4-1-14)[4]。值得注意的是,该反应若直接使用原料醇来脱水,则容易发生碳正离子重排反应,而得不到所需要的烯烃。

(1) NaH (2) CS_2 → CH_3I → H_3CS … 200℃ 71% (4-1-14)

胺氧化物的热解顺式消除反应所需要的温度更低(100～200℃),因而在烯烃合成中得到了广泛的应用,该反应称为 Cope 消除反应。Cope 消除反应是通过一个五元环的过渡态而进行的,其中的胺氧化物可通过叔胺的氧化得到,常用的氧化剂是 H_2O_2 或间氯过氧苯甲酸(*m*-CPBA),如式(4-1-15)[6]。

$CH_2N(CH_3)_2$ —H_2O_2→ … $N(CH_3)_2$ —160℃, 85%→ $=CH_2$ (4-1-15)

亚砜的热解顺式消除反应也可在较低的温度下且通过一个五元环的过渡态而进行。由于亚砜可以通过硫醚的氧化(如间氯过氧苯甲酸或 $NaIO_4$)方便制备,因此亚砜的热解顺式消除反应也是制备烯烃的一个有用方法,如式(4-1-16)[7]。

Ph, SPh —*m*-CPBA→ Ph, SPh(O) —94%→ Ph (4-1-16)

硒氧化物的热解顺式消除反应最容易进行,在 0～100℃就可发生顺式消除反应,许多该类反应在室温甚至更低温度下就可进行。这是由于 C—Se 键较弱,容易发生断裂的缘故。因此硒氧化物的顺式消除反应已应用于许多烯烃的合成中。硒氧化物可由硒化物方便地氧化得到,再在反应条件下直接发生消除反应得到烯烃,如式(4-1-17)[8]。

(1) Ph_2CuLi (2) PhSeBr → SePh, Ph —H_2O_2, 10℃, 72%→ Ph

$CH_2CH_2OSO_2Ar$ —$PhSe^-$→ CH_2CH_2SePh —O_3→ (4-1-17)

$CH_2CH_2Se(O)Ph$ —77℃, 60%→ $CH=CH_2$

4.1.3 缩合反应

通过羟醛缩合反应得到的加成产物,可进一步发生脱水反应生成烯烃,这也是一种形成碳碳双键的好方法。在合适条件和适当取代基存在的情况下，羟醛缩合和脱水消除反应可以连续进行，直接得到共轭的α，β-不饱和羰基化合物。由于羟醛缩合反应是通过烯醇负离子进行的，而酸性条件和碱性条件都有利于烯醇负离子的形成，因此缩合反应既可以在酸性条件下进行，也可以在碱性条件下完成。

在酸或碱的作用下，至少含两个α-H 的醛或酮可发生自身缩合反应，生成的β-羟基醛酮容易进一步发生脱水反应得到α，β-不饱和醛或酮，如式(4-1-18)[9,10]。

$$C_6H_{13}CH_2CHO \xrightarrow{NaOEt} \left[C_7H_{15}CH(OH)-CH(C_6H_{13})CHO \right] \xrightarrow[79\%]{-H_2O} C_7H_{15}CH=C(C_6H_{13})CHO \tag{4-1-18}$$

$$H_3C-CO-CH_3 \xrightarrow[79\%]{H^{\oplus}} (H_3C)(CH_3)C=CH-CO-CH_3$$

不同醛酮之间的混合缩合反应比较复杂，一般容易生成混合物，但没有α-H 的醛(如芳香醛、甲醛)与含α-H 的醛酮之间的缩合反应，则容易得到交叉缩合的产物，如式(4-1-19)[11]。

$$(CH_3)_3CCOCH_3 + PhCHO \xrightarrow[90\%]{NaOH} (CH_3)_3CCOCH=CHPh \tag{4-1-19}$$

不同醛酮之间的混合缩合反应也可以发生在分子内，生成环状烯烃。如果是生成五元环至七元环，这种分子内的缩合反应比分子间更容易进行。如式(4-1-20)中(亚)甲基进攻分子内的醛(或酮)得到环戊烯醛或环己烯酮[12,13]。

$$O=CHCH_2CH_2CH_2CH(C_3H_7)CH=O \xrightarrow[115℃]{-H_2O} \text{4-}C_3H_7\text{-cyclopent-1-ene-1-CHO} \tag{4-1-20}$$

$$\text{2-}(CH_2CH_2COCH_3)\text{cyclohexanone} \xrightarrow[90\%]{H^{\oplus}} \text{octahydronaphthalen-2-one}$$

α，β-不饱和羰基化合物通过麦克尔加成反应可以制备 1，5-二羰基化合物，有时这种反应产物容易发生进一步的分子内缩合成环反应，生成六元环化合物，这种成环反应称为 Robinson 成环，它是一种重要的合成环己烯酮的方法，已在萜类和甾体化合物的合成中获得了广泛的应用。如式(4-1-21)[14]，该反应先发生麦克尔加成，得到的 1，5-二羰基化合物只需在弱碱四氢吡咯的作用下，就可进一步发生分子内缩合反应，生成环状产物，说明分子内缩合比分子间缩合反应更容易发生。

$$\text{2-methylcyclohexane-1,3-dione} \xrightarrow[KOH]{CH_2=CHCOCH_3} \text{2-}CH_3\text{-2-}(CH_2CH_2COCH_3)\text{cyclohexane-1,3-dione} \xrightarrow{\text{pyrrolidine (N-H)}} \text{bicyclic enedione (}CH_3\text{)}\ 63\%\sim65\% \tag{4-1-21}$$

α,β-不饱和羰基化合物也可用其前体化合物替代,发生 Robinson 成环反应。如式(4-1-22)[15],该反应用β-二烷氨基羰基化合物的季铵盐作为麦克尔加成反应的受体,同样可以较高的产率制得 Robinson 成环产物。

$$+\ CH_3COCH_2CH_2\overset{\oplus}{N}(CH_3)_3 \xrightarrow[71\%]{EtO^{\ominus}} \tag{4-1-22}$$

由于发生麦克尔加成反应的烯醇负离子常受热力学控制的,不对称酮的 Robinson 成环反应具有区域选择性,在取代基多的位置发生反应,如 2-甲基环己酮的 Robinson 成环反应发生在与甲基相连的 α-碳原子上。如果想制备另一种成环产物,可将不对称酮转变为烯胺,此时由于受到空间位阻的影响,优先生成取代基少的烯胺。再经烯胺与 α,β-不饱和羰基化合物的 Robinson 成环反应,就可选择性地得到另一种成环产物,如式(4-1-23)[16,17]。

$$\xrightarrow[NaH]{CH_3CH=CHCOCH_3} \xrightarrow{72\%}$$

$$\xrightarrow{} \xrightarrow{CH_2=CHCOCH_3} \xrightarrow[45\%]{NaOAc,\ HOAc} \tag{4-1-23}$$

具有活泼亚甲基的化合物与醛酮的缩合反应可在更温和的条件下进行,采用弱碱胺或胺/弱酸的混合物可有效地催化该类反应,以较高的产率得到缩合产物,该反应称为 Knoevenagel 缩合反应。其中,胺既起碱的作用使活泼亚甲基化合物形成一定浓度的烯醇负离子,也可在酸的作用下与羰基反应生成亲电活性更高的质子化的亚胺离子,从而促进缩合反应的发生,而且第二步消除反应的β-H 来源于活泼亚甲基,酸性强,极易消除,因而该反应产率很高。温和的弱酸弱碱反应条件也大大减少了醛酮的自身缩合副反应。许多活泼亚甲基化合物可发生 Knoevenagel 缩合反应,包括乙酰乙酸乙酯、丙二酸二乙酯、氰乙酸乙酯等,如式(4-1-24)[18-20]。

$$C_3H_7CHO + CH_3COCH_2COOC_2H_5 \xrightarrow[81\%]{\text{piperidine}} C_3H_7CH=C(COCH_3)(COOC_2H_5)$$

$$CH_3(CH_2)_3CH(CH_2CH_3)CHO + CH_2(COOC_2H_5)_2 \xrightarrow[RCOOH]{\text{piperidine}} CH_3(CH_2)_3CH(CH_2CH_3)CH=C(COOC_2H_5)_2 \quad 87\% \tag{4-1-24}$$

$$\text{cyclohexanone} + CH_2(CN)(COOC_2H_5) \xrightarrow[100\%]{RNH_3^{\oplus}\ OAc^{\ominus}} \text{cyclohexylidene}=C(CN)(COOC_2H_5)$$

由于硝基强烈的吸电子性，硝基甲烷可以发生 Knoevenagel 缩合反应，生成 α,β-不饱和硝基化合物。此外，也可直接应用丙二酸在吡啶(或六氢吡啶)中与羰基化合物反应，吡啶(或六氢吡啶)可以催化缩合产物的脱羧，因而直接得到 α,β-不饱和羧酸，如式(4-1-25)[21,22]。

$$Me_2N-C_6H_4-CHO + CH_3NO_2 \xrightarrow[83\%]{C_5H_{11}NH_2} Me_2N-C_6H_4-CH{=}CHNO_2$$

$$PhCHO + CH_3CH_2CH(COOH)_2 \xrightarrow[60\%]{吡啶} PhCH{=}C(COOH)CH_2CH_3 \qquad (4\text{-}1\text{-}25)$$

缩合反应广泛应用于医药和农药的生产中，如农用杀菌剂烯唑醇(Diniconazole)是 *N*-乙烯基三唑类化合物，具有高效、广谱和内吸活性。其 *N*-乙烯基三唑结构的构建就利用了 α-三唑基酮与醛的缩合反应，反应在氢氧化钠或胺的作用下进行。得到的缩合产物再用 $NaBH_4$ 还原，即可制得杀菌剂烯唑醇，如反应式(4-1-26)[23]。

(4-1-26)

烯唑醇

4.2　Wittig 反应

季鏻盐在碱的作用下，生成相应的膦叶立德，膦叶立德与羰基化合物反应，得到烯烃和膦氧化物，该反应称为 Wittig 反应，如式(4-2-1)，其中季鏻盐可由膦与卤代烷方便地制得。德国化学家 Georg Wittig 最先发现这一反应在烯烃合成中的价值，他也因此分享了 1979 年的诺贝尔化学奖。Wittig 反应是一种有效构建碳碳双键的方法，和消除反应相比，它具有下述优点：① 区域选择性高，反应总是在羰基化合物碳氧双键的位置形成碳碳双键，不发生双键的异构化；② 原料醛酮和季鏻盐容易得到，反应条件温和，选择反应条件可以控制产物的立体化学。该反应的缺陷是生成了等物质的量的副产物三苯基氧膦，原子经济性较低。

$$Ph_3P + RCH_2X \longrightarrow Ph_3\overset{\oplus}{P}-CH_2R\ \overset{\ominus}{X} \xrightarrow{碱}$$

$$Ph_3P{=}CHR \xrightarrow{R^1COR^2} R^1R^2C{=}CHR + Ph_3P{=}O \qquad (4\text{-}2\text{-}1)$$

膦叶立德具有稳定的共振结构，其碳原子的 p 轨道与磷原子的一个 d 轨道部分重叠，可看作是内盐和 P ═C 双键的平衡，因此膦叶立德具有亲核反应活性，可进攻各种亲电试剂。现在普遍认为 Wittig 反应的机理首先是膦叶立德与羰基化合物发生加成反应，直接生成氧磷杂四元环，该四元环再分解得到产物，反应的驱动力是形成了非常牢固的磷氧双键，如式(4-2-2)。

$$Ph_3P{=}CHR \rightleftharpoons Ph_3\overset{\oplus}{P}{-}\overset{\ominus}{C}HR$$

$$Ph_3P{=}CHR + O{=}CR^1R^2 \longrightarrow \text{(氧磷杂四元环)} \longrightarrow R^1R^2C{=}CHR + Ph_3P{=}O \qquad (4\text{-}2\text{-}2)$$

膦叶立德的反应活性与取代基 R 有关，当 R 为烷基或 H 时活性很高，被称为活泼型膦叶立德。该类膦叶立德可迅速与羰基化合物反应生成烯烃，产率很高。活泼型膦叶立德由于活性高，能与氧气或水反应，因此必须在无水和惰性气体保护下进行。通常是将强碱加入季鏻盐的溶液中，生成的红色膦叶立德不经分离，直接再加入羰基化合物，红色消去即表示反应结束。常用的强碱包括叔丁醇钾、醇钠、NaH、氨基钠、正丁基锂等，如式(4-2-3)[24]。

$$Ph_3\overset{\oplus}{P}CH_2(CH_2)_3CH_3\overset{\ominus}{Br} \xrightarrow[DMSO]{^nBuLi} Ph_3P{=}CH(CH_2)_3CH_3 \xrightarrow[56\%]{CH_3COCH_3} (CH_3)_2C{=}CH(CH_2)_3CH_3 \qquad (4\text{-}2\text{-}3)$$

活泼型膦叶立德与醛反应的立体化学优先生成热力学不稳定的 *Z* 式烯烃，这种立体选择性是由立体因素造成的。现在倾向于认为，其反应的过渡态出现较早，结果是通过活泼型膦叶立德的P ═C 双键与醛的 C ═O 双键以垂直方式直接加成，这样在生成顺式氧磷杂四元环的过渡态中，取代基 R^1 避开了另一取代基 R^2，因而优先生成顺式氧磷杂四元环，顺式氧磷杂四元环再分解为 *Z* 式烯烃，如式(4-2-4)[25]。

$$Ph_3P{=}CHR^2 + O{=}CHR^1 \longrightarrow [\text{过渡态}] \longrightarrow \text{顺式氧磷杂四元环} \longrightarrow (Z)\text{-}R^2CH{=}CHR^1 \qquad (4\text{-}2\text{-}4)$$

活泼型膦叶立德与醛反应的立体化学与所使用的碱有关系，当使用含钠、钾离子的碱时，*Z* 式选择性很高；而当使用含锂离子的碱时，*Z* 式选择性大大下降，如式(4-2-5)[26]。

$$Ph_3\overset{\oplus}{P}CH_2CH_3\overset{\ominus}{Br} \xrightarrow{NaNH_2} Ph_3P{=}CHCH_3 \xrightarrow[98\%]{PhCHO} \underset{87\%\,Z}{PhCH{=}CHCH_3}$$

$$Ph_3\overset{\oplus}{P}CH_2CH_3\overset{\ominus}{Br} \xrightarrow{^nBuLi} Ph_3P{=}CHCH_3 \xrightarrow[76\%]{PhCHO} \underset{58\%\,Z}{PhCH{=}CHCH_3} \qquad (4\text{-}2\text{-}5)$$

活泼型膦叶立德与脂肪醛反应 *Z* 式选择性高，已应用于许多天然产物的合成中。如长链不饱和脂肪酸是动物和高等植物脂类的基本组成部分，碳原子数为 12～28，具有一个或多个双键，动物脂类主要是顺式不饱和脂肪酸。利用活泼型膦叶立德与脂肪醛的 Wittig 反应，可合成该类化合物，如亚油酸的合成，反应的 Z 式选择性为 97%，见式(4-2-6)[27]。

$$\mathrm{Ph_3\overset{\oplus}{P}CH_2CH_2CH{=}CH(CH_2)_4CH_3\ Br^{\ominus}} \xrightarrow[\text{71\%}]{\mathrm{NaH}\quad \mathrm{OHC(CH_2)_7COOCH_3}} \mathrm{CH_3(CH_2)_4CH{=}CHCH_2CH{=}CH(CH_2)_7COOCH_3}\ (97\%\ Z) \tag{4-2-6}$$

膦叶立德中 R 为酯基、酰基、氰基等吸电子基团时，膦叶立德碳上负电荷被分散，活性较低，被称为稳定型膦叶立德。该类膦叶立德对氧气或水稳定，无须无水和惰性气体保护。稳定型膦叶立德用 NaOH 或 K_2CO_3 等较弱的碱就可由相应的季鏻盐制得，有些已成为商品化的试剂。和活泼型膦叶立德相反，稳定型膦叶立德与醛反应的立体化学优先生成热力学稳定的 E 式烯烃，这种 E 式选择性可能是由于其反应的过渡态出现较迟，结果是稳定型膦叶立德的P═C 双键与醛的 C═O 双键以较为平行的方式直接加成，由于空间位阻原因优先生成反式氧磷杂四元环，反式氧磷杂四元环再分解为 E 式烯烃；也可能是由于生成的氧磷杂四元环容易逆回到反应物，重新结合最终导致生成更多热力学稳定的反式氧磷杂四元环。稳定型膦叶立德与醛反应的例子如式(4-2-7)[28]。

$$\mathrm{Ph_3P{=}CHR^2} + \mathrm{O{=}CHR^1} \longrightarrow [\text{过渡态}] \longrightarrow \text{反式氧磷杂四元环} \longrightarrow \mathrm{R^2CH{=}CHR^1}\ (E) \tag{4-2-7}$$

$$\mathrm{Ph_3\overset{\oplus}{P}CH_2COOC_2H_5Br^{\ominus}} \xrightarrow{\mathrm{NaOH}} \mathrm{Ph_3P{=}CHCOOC_2H_5} \xrightarrow[\text{77\%}]{\mathrm{PhCHO}} \mathrm{PhCH{=}CHCOOC_2H_5}\ (100\%\ E)$$

膦叶立德中 R 为芳基、烯基、炔基等共轭基团时，膦叶立德碳上负电荷也被分散，活性中等，被称为半稳定型膦叶立德。该类膦叶立德活性仍较高，必须在无水和惰性气体保护下进行，由季鏻盐制备时需使用叔丁醇钾、正丁基锂等强碱。半稳定型膦叶立德与醛反应生成 E、Z 混合的烯烃，没有立体选择性，如式(4-2-8)[29]。

$$\mathrm{Ph_3\overset{\oplus}{P}CH_2Ph\ Cl^{\ominus}} \xrightarrow{\mathrm{NaOEt}} \mathrm{Ph_3P{=}CHPh} \xrightarrow[\text{100\%}]{\mathrm{PhCHO}} \mathrm{PhCH{=}CHPh}\ (55\%\ E) \tag{4-2-8}$$

α-甲氧基膦叶立德与醛酮的反应，可以生成相应的乙烯基醚，乙烯基醚在酸性条件下水解，得到多一个碳原子的醛。如应用这种方法可将环己酮转变为环己基甲醛，见式(4-2-9)。

$$\text{环己酮} \xrightarrow[\text{67\%}]{\mathrm{CH_3OCH{=}PPh_3}} \text{环亚己基}{=}\mathrm{CHOCH_3} \xrightarrow{\mathrm{H_3\overset{\oplus}{O}}} [\text{环亚己基}{=}\mathrm{CHOH}] \longrightarrow \text{环己基}\mathrm{CH{=}O} \tag{4-2-9}$$

分子内含羰基的季鏻盐在碱的作用下，可发生分子内 Wittig 反应，生成环状或杂环化合物。其中的羰基组分除醛、酮外，酯、酰胺等也可以反应。如应用分子内醛基的 Wittig 反应可合成环辛烯衍生物，而应用分子内酰胺基的 Wittig 反应可合成吲哚衍生物，见式(4-2-10)[30,31]。

$$\xrightarrow{CH_3ONa}\left[\ \ \right]\xrightarrow{62\%}$$ (4-2-10)

$$\xrightarrow{BuLi}\left[\ \ \right]\longrightarrow\ (31\%\sim88\%)$$

对于反应活性较低的稳定型膦叶立德，可以应用改进的 Wittig 反应，即膦酰基活化的磷试剂来与羰基化合物作用形成碳碳双键。其中应用较广泛的是膦酸酯稳定的碳负离子与羰基化合物的反应，称为 Horner-Wadsworth-Emmons 反应，如式(4-2-11)。膦酸酯可方便地由亚膦酸酯与卤代烷通过 Arbuzov 反应制得，膦酸酯再在碱的作用下生成碳负离子，常用的碱包括 NaH、正丁基锂及醇钠等。膦酸酯稳定的碳负离子反应活性较高，当 R^1 = COR、COOR、CN 等吸电子基时也可以得到较高产率的烯烃，其副产物磷酸盐溶于水，可通过简单的水洗除去。然而，当 R^1 为烷基或 H 时不能用于合成烯烃。

$$(EtO)_2P(O)CH_2R^1 \xrightarrow{碱} (EtO)_2P(O)\overset{\ominus}{C}HR^1 \xrightarrow{R^2COR^3} R^1CH{=}CR^2R^3 + (EtO)_2P(O)O^{\ominus} \quad (4\text{-}2\text{-}11)$$

由于膦酸酯稳定的碳负离子活性高，与酮的反应产率较高，而稳定型膦叶立德与酮的反应产率低。如式(4-2-12)中膦酸酯稳定的碳负离子反应产率为 67%～77%[32]，而稳定型膦叶立德的反应产率只有 25%。

$$(EtO)_2P(O)CH_2COOC_2H_5 \xrightarrow{NaH} (EtO)_2P(O)\overset{\ominus}{C}HCOOC_2H_5 \xrightarrow[67\%\sim77\%]{环己酮} 亚环己基{=}CHCOOC_2H_5$$

$$Ph_3P{=}CHCOOC_2H_5 \xrightarrow[25\%]{环己酮} 亚环己基{=}CHCOOC_2H_5 \quad (4\text{-}2\text{-}12)$$

膦酸酯稳定的碳负离子与醛的反应更容易进行，生成以 *E* 式烯烃为主的产物。这可能是由于它与醛发生的加成反应是快速而又可逆的，加成物分解为产物烯烃才是决定反应速率步骤，从而更容易生成热力学稳定的 *E* 式烯烃，如式(4-2-13)[33,34]。

$$(EtO)_2P(O)CH_2COOC_2H_5 + CH_2{=}C(C_2H_5)CHO \xrightarrow[66\%]{NaOEt} CH_2{=}C(C_2H_5)CH{=}CHCOOC_2H_5\ (E)$$

$$(EtO)_2P(O)CH_2Ph + PhCHO \xrightarrow[63\%]{NaH} PhCH{=}CHPh\ (E) \quad (4\text{-}2\text{-}13)$$

三甲基硅对邻近的碳负离子有中等程度的稳定作用，三甲基硅稳定的碳负离子与羰基化合物的反应，也可用于合成烯烃，其反应活性比相应的膦叶立德高，该反应称为Peterson反应。如酯基及三甲硅基稳定的碳负离子与酮的反应，可以高产率制得烯烃，见式(4-2-14)[35]。

$$Me_3SiCH_2COOC_2H_5 \xrightarrow{^nBuLi} Me_3Si\overset{\ominus}{C}HCOOC_2H_5 \xrightarrow[94\%]{\text{环十二酮}} \text{环十二亚基}=CHCOOC_2H_5 \quad (4\text{-}2\text{-}14)$$

4.3 β-内酯的脱羧

β-内酯在140～160℃分解为烯烃和CO_2，产率很高，该反应是一种构建碳碳键的有效方法。由于Wittig反应不容易制备三取代和四取代烯烃，该方法可用于代替Wittig反应来制备三取代和四取代烯烃[36]。β-内酯的制备可先通过羧酸在两分子的强碱作用下，转化为双负离子，再与醛酮缩合反应得到β-羟基酸；β-羟基酸在吡啶中与苯磺酰氯作用，通过对羟基的磺酰化和连续的成环反应，得到β-内酯，如式(4-3-1)。

$$CH_3CH_2COOH \xrightarrow{2\ LDA} CH_3\underset{Li^{\oplus}}{C}HCOO^{\ominus}Li^{\oplus} \xrightarrow{PhCH_2COPh} PhCH_2-\underset{OH}{\overset{Ph}{C}}-\overset{CH_3}{C}HCOOH$$

$$\xrightarrow[\text{吡啶}]{PhSO_2Cl} PhCH_2-\underset{OSO_2Ph}{\overset{Ph}{C}}-\overset{CH_3}{C}-COO^{\ominus} \longrightarrow PhCH_2-\overset{Ph}{C}-\overset{H}{C}-CH_3\ (\beta\text{-内酯},\ O-C=O) \quad (4\text{-}3\text{-}1)$$

和热解消除反应一样，β-内酯的脱羧是顺式消除反应，β-内酯的生成也是立体专一的。因而用手性的β-羟基酸可以制备单一立体异构的烯烃，如式(4-3-2)。

$$\text{(H)(H}_3\text{C)C(COOH)}-\text{C(PhH}_2\text{C)(Ph)(OH)} \xrightarrow[\text{吡啶}]{PhSO_2Cl} \beta\text{-内酯} \xrightarrow{140℃} (H_3C)(PhH_2C)C=C(H)(Ph) + CO_2 \quad (4\text{-}3\text{-}2)$$

4.4 炔烃的还原

通过炔烃的部分还原可以生成烯烃。当炔烃用H_2部分还原制备烯烃时，一般使用Lindlar催化剂[37]。该催化剂通过往钯-碳酸钙中加入醋酸铅或喹啉来降低其活性，使炔烃用H_2还原时停留在生成烯烃阶段，而不进一步被还原为烷烃。该反应具有很高的立体选择性，生成热力学不稳定的Z式烯烃，是合成1,2-二取代Z式烯烃最方便的途径之一，在天然产物的合成中起到了很大的作用。如通过十八炔酸在 Lindlar 催化剂存在下进行加氢还原，可以以很高的产率制得油酸，见式(4-4-1)。

$$CH_3(CH_2)_7-C\equiv C-(CH_2)_7COOH \xrightarrow[\text{Lindlar催化剂}\ 95\%]{H_2} \underset{H\quad\quad H}{\overset{CH_3(CH_2)_7\quad (CH_2)_7COOH}{C=C}} \tag{4-4-1}$$

炔烃用 Na/液氨体系也可被还原为烯烃，反应的立体选择性很高，得到热力学稳定的 E 式烯烃，可与上述 Lindlar 催化剂还原互为补充[38]。Na/液氨还原体系只选择性还原碳碳三键，而不还原碳碳双键，因而还原过程中没有烷烃生成，如式(4-4-2)。

$$C_3H_7-C\equiv C-(CH_2)_7OH \xrightarrow{Na/NH_3} \underset{H\quad\quad (CH_2)_7OH}{\overset{H_7C_3\quad\quad H}{C=C}} \tag{4-4-2}$$

由于 Na 很活泼，其最外层电子容易失去，一般认为 Na/液氨体系还原碳碳三键的机理涉及电子转移，首先是电子由 Na 加到三键上形成阴离子自由基，阴离子自由基进一步在氨中质子化得到乙烯基自由基；然后是第二个电子加到乙烯基自由基上，优先生成热力学稳定的 E 式乙烯基阴离子，最后经质子化得到 E 式烯烃，如式(4-4-3)。

$$RC\equiv CR \xrightarrow{e^{\ominus}} \underset{\ddot{\ominus}\quad\quad R}{\overset{R}{C}}=\dot{C} \xrightarrow{NH_3} \underset{H\quad\quad R}{\overset{R}{C}}=\dot{C} \xrightarrow{e^{\ominus}} \underset{H\quad\quad R}{\overset{R}{C}}=\overset{\ddot{\ominus}}{C} \xrightarrow{NH_3} \underset{H\quad\quad R}{\overset{R\quad\quad H}{C=C}} \tag{4-4-3}$$

中间炔烃容易用 Na/液氨体系还原为 E 式烯烃，但末端炔烃由于易生成炔钠，炔钠上的负电荷阻碍了还原反应的发生，利用这一点可选择性地用 Na/液氨体系还原中间炔烃，而不影响末端炔烃，如式(4-4-4)[39]。

$$C_3H_7-C\equiv C-(CH_2)_4C\equiv CH \xrightarrow[75\%]{Na/NH_3} \underset{H\quad\quad (CH_2)_4C\equiv CH}{\overset{H_7C_3\quad\quad H}{C=C}} \tag{4-4-4}$$

炔烃还可被 $LiAlH_4$ 还原为烯烃，高立体选择性地生成 E 式烯烃，因此也是一种制备 E 式烯烃的好方法。如 3-己炔用 $LiAlH_4$ 在 120～125℃时可被还原为 E 式烯烃，见式(4-4-5)[40]。

$$CH_3CH_2C\equiv CCH_2CH_3 \xrightarrow[120\sim125°C\ 90\%]{LiAlH_4} \underset{H\quad\quad CH_2CH_3}{\overset{CH_3CH_2\quad\quad H}{C=C}} \tag{4-4-5}$$

炔烃分子的适当部位含羟基时，可使 $LiAlH_4$ 还原的速度加快，从而在更温和的条件下进行，这是由于羟基能与还原剂中的铝配位而形成环状中间体，从而促进该反应的进行。如炔丙醇或炔丁醇型反应物用 $LiAlH_4$ 还原时可在更低的温度下进行，见式(4-4-6)中反应温度为65℃时反应就可顺利进行[41]。

$$RC\equiv CCH_2OH \xrightarrow[CH_3ONa]{LiAlH_4} \left[H_3\overset{\ominus}{Al}-O-CH_2C\equiv CR \longrightarrow \text{(cyclic } H_2\overset{\ominus}{Al}\text{–O intermediate, R, H)} \right] \longrightarrow \underset{H\quad\quad CH_2OH}{\overset{R\quad\quad H}{C=C}}$$

$$\text{1-[CH(OCH}_3\text{)C}\equiv\text{CCH}_3\text{]-cyclohexan-1-ol} \xrightarrow[CH_3ONa\ 65°C]{LiAlH_4} \text{1-[CH(OCH}_3\text{)CH=CHCH}_3\text{]-cyclohexan-1-ol}\ (E)\ 85\% \tag{4-4-6}$$

炔烃与硼烷经过硼氢化和质子分解也可以得到烯烃，反应具有高度的顺式选择性。如3-己炔与烷基硼烷发生单硼氢化，高立体选择性地得到顺式烯基硼烷，该步加成反应是氢和硼原子协同进行的。顺式烯基硼烷与羧酸再发生质子分解反应，构型保持地得到顺式烯烃，如式(4-4-7)[42]。

$$CH_3CH_2C\equiv CCH_2CH_3 \xrightarrow{(C_5H_{11})_2BH} (CH_3CH_2)(H)C{=}C(CH_2CH_3)(B(C_5H_{11})_2) \xrightarrow[82\%]{CH_3COOH} (CH_3CH_2)(H)C{=}C(H)(CH_2CH_3)\ (99\%\ Z) \quad (4\text{-}4\text{-}7)$$

4.5 烯烃复分解反应

烯烃复分解反应是最近才发展起来的合成烯烃的新方法，该反应利用两个烯烃分子之间发生烯碳原子位置交换，生成两种新的烯烃，被形象地称为"交换舞伴"的反应，见式(4-5-1)[43-48]。该反应常使用末端烯烃进行反应，发生交换的产物之一是乙烯气体，容易除去，反应的产率很高。法国化学家 Chauvin、美国化学家 Grubbs 和 Schrock 因在烯烃复分解反应研究中所做的贡献，一起获得了 2005 年诺贝尔化学奖。

$$RCH{=}CH_2 + RCH{=}CH_2 \xrightarrow{\text{催化剂}} RCH{=}CHR + CH_2{=}CH_2 \quad (4\text{-}5\text{-}1)$$

烯烃复分解反应必须在过渡金属催化剂存在下才能进行，常用的催化剂是钌或钼的卡宾配合物。应用广泛的是 Grubbs 催化剂 A，它是钌的苄基配合物，稳定性好，具有良好的抗氧化、耐潮气性能，且不影响分子中许多其他官能团。最近发现的第二代 Grubbs 催化剂 B，应用也日益广泛，它的活性比催化剂 A 高，在应用催化剂 A 效果差时可使用高活性催化剂 B。

A: $(PCy_3)_2Cl_2Ru{=}CHPh$　　B: $(\text{Mes-NHC})(PCy_3)Cl_2Ru{=}CHPh$

Cy＝环己基，Mes＝2,4,6-三甲基苯基

烯烃复分解反应是一个可逆过程，通过连续除去生成的气体乙烯来促使平衡向右移动。反应先是催化剂与反应物烯烃作用，通过可逆交换生成金属卡宾 C，反应物烯烃再与 C 配位加成，生成金属四元杂环 D，D 分解生成产物烯烃和金属卡宾 E，E 再与反应物烯烃发生交换，放出气体乙烯，同时生出金属卡宾 C，再进入另一循环，如式(4-5-2)。

$$\text{Ru}{=}\text{CHPh} + \text{RCH}{=}\text{CH}_2 \rightleftharpoons \underset{\text{C}}{\text{Ru}{=}\text{CHR}} + \text{PhCH}{=}\text{CH}_2$$

$$\underset{\text{C}}{\text{Ru}{=}\text{CHR}} \xrightleftharpoons{\text{RCH}=\text{CH}_2} \text{D} \rightleftharpoons \underset{\text{E}}{\text{Ru}{=}\text{CH}_2} + \text{RCH}{=}\text{CHR} \qquad (4\text{-}5\text{-}2)$$

$$\text{E} \xrightleftharpoons{\text{RCH}=\text{CH}_2} \text{F} \rightleftharpoons \text{CH}_2{=}\text{CH}_2 + \underset{\text{C}}{\text{Ru}{=}\text{CHR}}$$

同种末端烯烃很容易发生烯烃复分解反应,得到对称的烯烃,产物常是 E、Z 烯烃的混合物,但大多数情况下以热力学稳定的 E 式为主。不同末端烯烃之间的交叉复分解反应很复杂,除了生成交叉复分解产物外,也生成各自的自身复分解产物,因而常得到各种烯烃的混合物。然而,有些情况下交叉复分解反应可得到单一的反应产物,当烯烃的组分之一采用活性低的α,β-不饱和羰基化合物或位阻较大的烯烃时,可得到高产率的交叉复分解产物。如活性高的烯烃与丙烯酸酯在 Grubbs 催化剂 B 存在下,可顺利得到交叉复分解产物,见式(4-5-3)[49]。在该反应中,钌催化剂先与活性高的烯烃反应,再与丙烯酸酯发生交叉复分解反应生成产物;活性高的烯烃也可发生自身复分解反应,但这一反应是可逆的,因此,经过较长时间的反应,就可得到高产率的交叉复分解产物。

$$\text{AcO}{-}(\text{CH}_2)_n{-}\text{CH}{=}\text{CH}_2 + \text{CH}_2{=}\text{CHCOOCH}_3 \xrightarrow[94\%]{\text{催化剂B}} \text{AcO}{-}(\text{CH}_2)_n{-}\text{CH}{=}\text{CHCOOCH}_3 \qquad (4\text{-}5\text{-}3)$$

当分子中含两个或两个以上末端烯烃时,可发生分子内烯烃复分解反应形成环状化合物。该反应又称关环复分解反应,在环状化合物的合成方面显示出越来越重要的作用,不仅可合成五、六元环,而且可合成用其他方法难以得到的中环和大环化合物,因而已成为各种碳环和杂环化合物的通用合成方法。如双烯在10%用量的 Grubbs 催化剂 A 的作用下,可以较高的产率得到双环化合物,该双环化合物是合成生物碱(—)-毒芹瑟碱的中间体,见式(4-5-4)。

$$\text{(N,5-二烯丙基吡咯烷-2-酮)} \xrightarrow[89\%]{10\%\text{催化剂A}} \text{(双环内酰胺)} \qquad (4\text{-}5\text{-}4)$$

在合成三或四取代烯烃时,使用 Grubbs 催化剂 A 常因位阻过大而不反应,这时可采用高活性的第二代 Grubbs 催化剂 B。如在下列合成四取代烯烃的反应中,使用 Grubbs 催化剂 A 得不到产物,而用催化剂 B 产率可达 90%,见式(4-5-5)。

$$\text{H}_5\text{C}_2\text{OOC}\ \ \text{COOC}_2\text{H}_5\ \text{(二烯)} \xrightarrow[90\%]{5\%\text{催化剂B}} \text{H}_5\text{C}_2\text{OOC}\ \ \text{COOC}_2\text{H}_5\ \text{(环己烯)} \qquad (4\text{-}5\text{-}5)$$

当分子中有多个末端烯烃时，反应优先生成五、六元环的环状化合物。如下列三烯在用 Grubbs 催化剂 B 催化时，只生成六元环产物，而不生成八、九元环产物，见式(4-5-6)[50]。

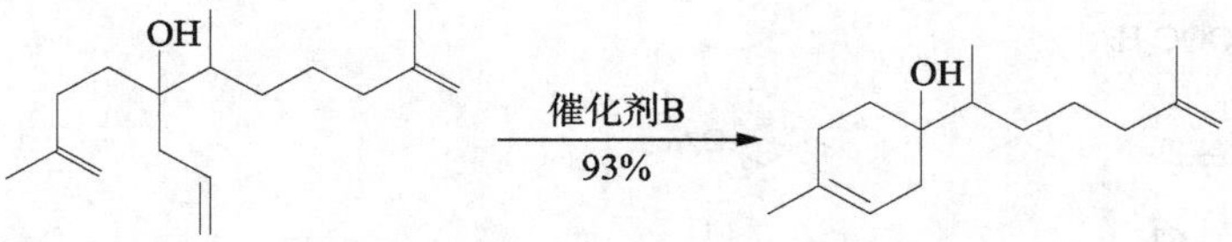

催化剂B
93%
(4-5-6)

中环化合物用通常的方法难以合成，应用关环复分解反应可方便地合成该类环状化合物。如下列八元环化合物的合成，见式(4-5-7)[51]。

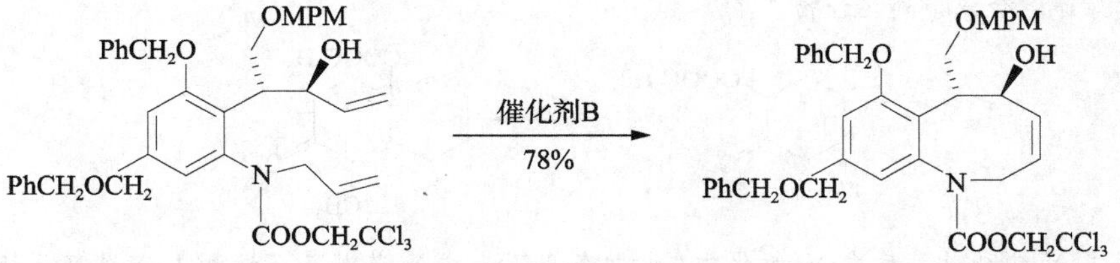

OMPM　$PhCH_2O$　OH　$PhCH_2OCH_2$　N　$COOCH_2CCl_3$
催化剂B
78%
OMPM　$PhCH_2O$　OH　$PhCH_2OCH_2$　N　$COOCH_2CCl_3$
(4-5-7)

大环化合物也容易通过关环复分解反应制得，为避免分子间产物的生成，一般将反应在高度稀释的条件下进行。如下列十四元环内酯的合成，见式(4-5-8)[52]。

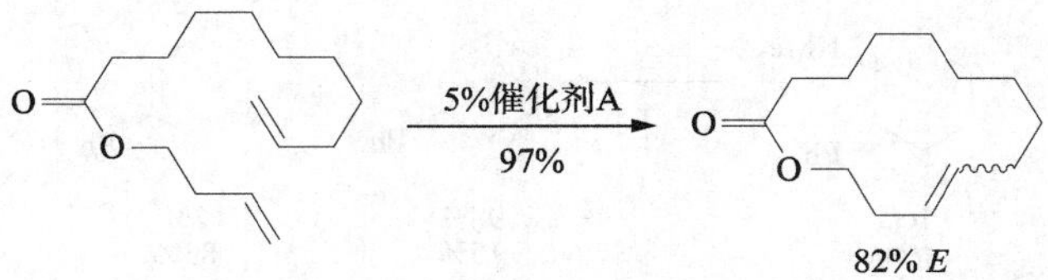

O　O
5%催化剂A
97%
O　O
82% *E*
(4-5-8)

烯烃复分解反应已应用于一些精细化学品的合成，如桃条麦蛾是桃和杏的一种重要害虫，其防治可采用性信息素方法。桃条麦蛾性信息素(1-醋酸氧基-5-癸烯)可通过烯烃复分解反应制得，如式(4-5-9)[53]。

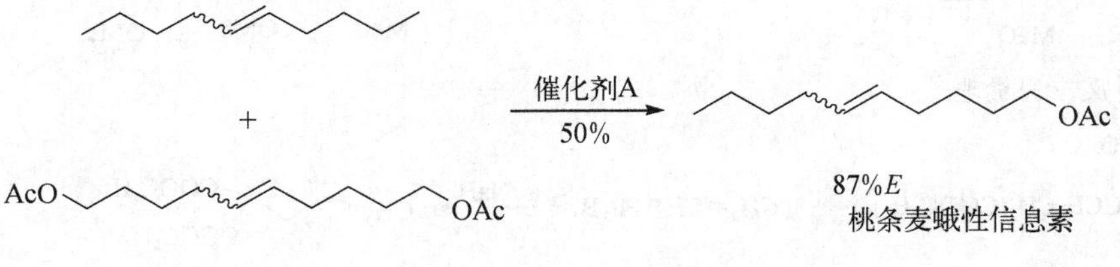

+
AcO　OAc
催化剂A
50%
OAc
87%*E*
桃条麦蛾性信息素
(4-5-9)

思　考　题

1. 如何实现下列各步转化[54]？

(1) 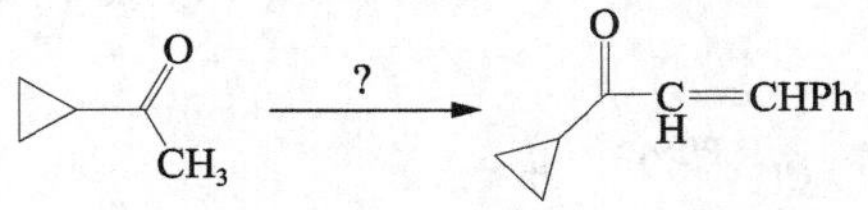 (环丙基)$C(=O)CH_3$ $\xrightarrow{?}$ (环丙基)$C(=O)CH=CHPh$

(2) 环己酮 $\xrightarrow{?}$ 亚甲基环己烷 ($=CH_2$)

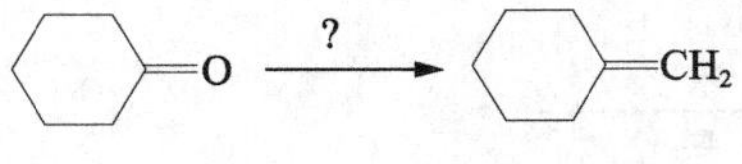

(3) 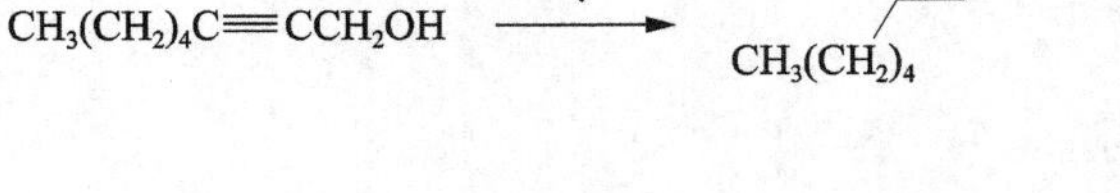 $CH_3(CH_2)_4C\equiv CCH_2OH \xrightarrow{?}$ $CH_3(CH_2)_4CH=CHCH_2OH$

2. 由易得原料合成下列化合物[55]。

(1) 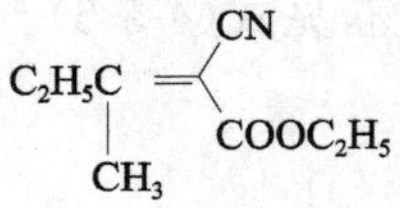 $C_2H_5C(CH_3)=C(CN)COOC_2H_5$

(2) OAc

(3) CN

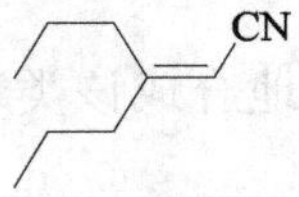

3. 如何由起始原料合成下列化合物[56]？

$COOC_2H_5$ → $COOC_2H_5$, O, CH_3

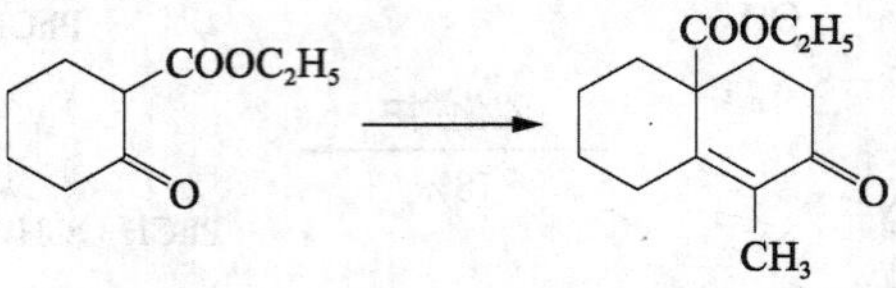

4. 为什么顺式 *N*-氧化物和反式 *N*-氧化物在加热条件下生成 3-苯基环已烯和 1-苯基环已烯的比例是不同的?

$\overset{\ominus}{O}$, $\overset{\oplus}{N}Me_2$, Ph —△→ Ph + Ph

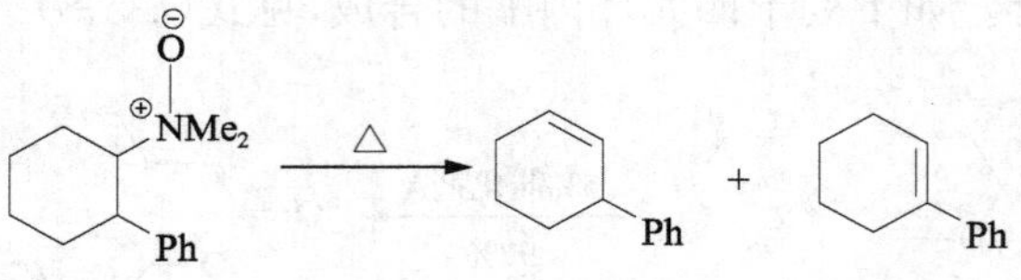

cis	98%	2%
trans	15%	85%

5. 写出两种将下列炔烃转化为 *Z*-烯烃的方法[57]。

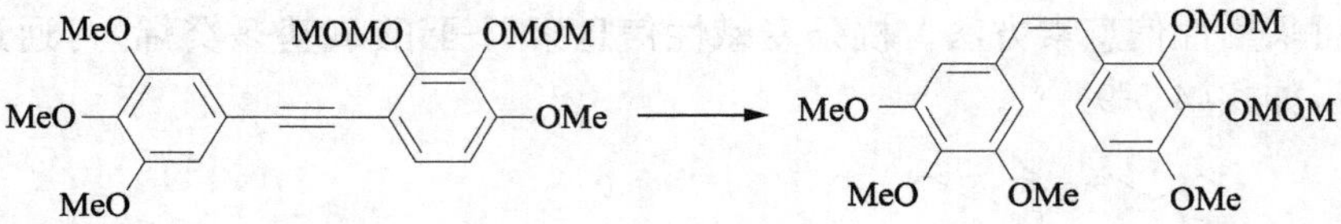

MeO, MeO, MeO, MOMO, OMOM, OMe → MeO, MeO, OMe, OMOM, OMOM, OMe

6. 写出下列反应的机理[58]。

(1)  $CH_3\overset{O}{\overset{\|}{C}}CH_2CH_2(COOC_2H_5)_2$ + $CH_2=CH\overset{\oplus}{P}Ph_3\overset{\ominus}{Br}$ $\xrightarrow{NaH}$ CH_3, $COOC_2H_5$, $COOC_2H_5$

(2) $CH_3CH_2\overset{O}{\overset{\|}{C}}CH_2CH_3$ $\xrightarrow{LDA}$ $\xrightarrow{CH_2=C(COOC_2H_5)P(O)(OC_2H_5)_2}$ $\xrightarrow{PhCHO}$ $CH_3CH_2\overset{O}{\overset{\|}{C}}\underset{CH_3}{CH}CH_2\underset{COOC_2H_5}{C}=CHPh$

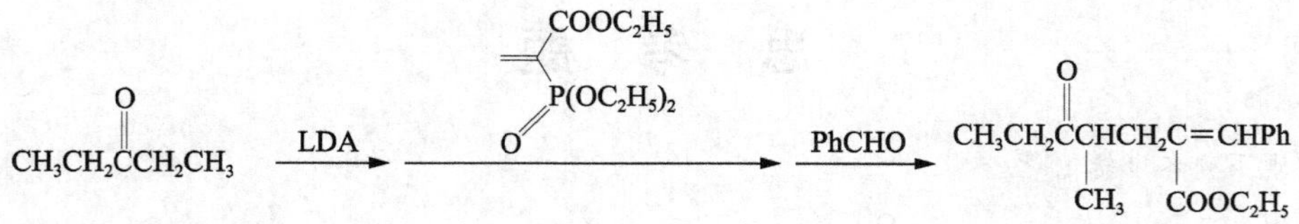

7. 写出下列反应的产物[59]。

Br, N $\xrightarrow[\text{r.t.}]{Cl_2Ru(PCy_3)_2(=CHPh)}$

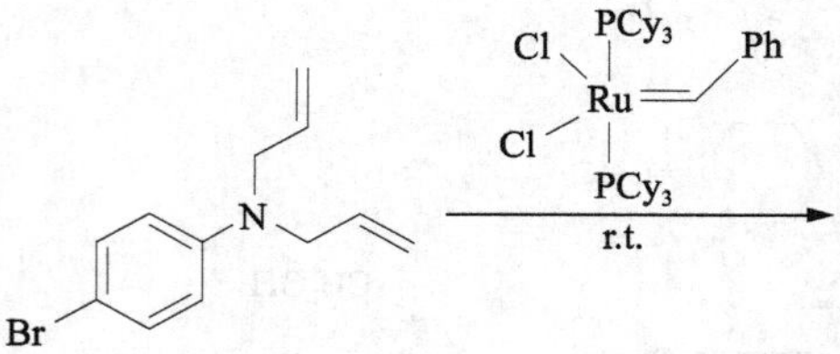

8. 写出下列反应的产物结构[60]。

(Reaction scheme: diene/triene substrate with N–COCF₃, catalyst: Mes–N⁀N–Mes carbene, Cl, Cl, Ru=CHPh, PCy₃; 80℃)

Mes–N　N–Mes

Cl　Ph

Ru

Cl

PCy_3

N

$COCF_3$

80℃

参考文献

[1] Pfeiffer P Z. Phys. Chem. (Leipzig), 1904, 48: 40.

[2] Brown H C, Liu K-J. J. Amer. Chem. Soc., 1970, 92: 200.

[3] Bartsch R A, Mintz E A, Parlman R M. J. Amer. Chem. Soc., 1974, 96: 4249.

[4] Overberger C G, Allen R E. J. Amer. Chem. Soc., 1946, 68: 722.

[5] Wilcox C F, Whiteney C G. J. Org. Chem., 1967, 32: 2933.

[6] Cope A C, Bumgardner C L. J. Amer. Chem. Soc., 1959, 81: 2799.

[7] Gu J X, Holland H L. Synth. Commun., 1998, 28: 3305.

[8] Clark R D, Heathcock C H. J. Org. Chem., 1976, 41: 1396.

[9] Villani F J, Nord F F. J. Amer. Chem. Soc., 1947, 69: 2605.

[10] Lorette N B. J. Org. Chem., 1957, 22: 346.

[11] Hill G A, Bramann G. Org. Synth., 1941, I: 81.

[12] English J, Barber G W. J. Amer. Chem. Soc., 1949, 71: 3310.

[13] Baisted D J, Whitehurst J S. J. Chem. Soc., 1961: 4089.

[14] Ramachandran S, Newman M S. Org. Synth., 1961, 41: 38.

[15] Cornforth J W, Robinson R. J. Chem. Soc., 1949: 1855.

[16] Scanio C J V, Starrett R M. J. Amer. Chem. Soc., 1971, 93: 1539.

[17] Stork G, Brizzolara A, Landesman H, et al. J. Amer. Chem. Soc., 1963, 85: 207.

[18] Cope A C, Hofmann C M. J. Amer. Chem. Soc., 1941, 63: 3456.

[19] Pratt E F, Werble E. J. Amer. Chem. Soc., 1950, 72: 4638.

[20] Hein R W, Astle M J, Shelton J R. J. Org. Chem., 1961, 26: 4874.

[21] Worrall D E, Cohen L. J. Amer. Chem. Soc., 1944, 66: 842.

[22] Gensler W J, Berman E. J. Amer. Chem. Soc., 1958, 80: 4949.

[23] 傅定一.烯唑醇合成工艺述评.农药,2002,43(9): 6.

[24] Bhalerao U T, Rapoport H. J. Amer. Chem. Soc., 1971, 93: 4835.

[25] Vedejs E, Marth C F. J. Amer. Chem. Soc., 1988, 110: 3948.

[26] Schlosser M, Christmann K F. Liebigs Ann. Chem., 1967, 708: 1.

[27] Bergelson L D, Shemyakin M M. Angew. Chem. Int. Ed. Engl., 1964, 3: 250.

[28] Wittig G, Haag W. Chem. Ber., 1955, 88: 1654.

[29] Wheeler O H, Batlle de Pabon H N. J. Org. Chem., 1965, 30: 1473.

[30] Begasse B, Le Corre M. Synthesis, 1981, 3: 197.

[31] Capuano L Drescher S, Hammerer V, et al. Chem. Ber., 1988, 121: 2259.

[32] Wadsworth W S, Emmons W D. Org. Synth., 1965, 45: 44.

[33] Sundberg R J, Bukowick P A, Holcombe F O. J. Org. Chem., 1967, 32: 2938.
[34] Wadsworth W S, Emmons W D. J. Amer. Chem. Soc., 1961, 83: 1733.
[35] Shimoji K, Taguchi H, Yamamoto H, et al. J. Amer. Chem. Soc., 1974, 96: 1620.
[36] Adam W, Baeza J, Liu J C. J. Amer. Chem. Soc., 1972, 94: 2000.
[37] Henrick C A. Tetrahedron lett, 1977, 33: 1845.
[38] Campbell K N, Eby T L. J. Amer. Chem. Soc., 1941, 63: 216.
[39] Dobson N A, Raphael R A. J. Chem. Soc., 1955, 3558.
[40] Magoon E F, Slaugh L H. Tetrahedron lett, 1967, 23: 4509.
[41] Evans D A, Nelson J V. J. Amer. Chem. Soc., 1980, 102: 774.
[42] Brown H C, Molander G A. J. Org. Chem., 1986, 51: 4512.
[43] Schuster M, Blechert S. Angew. Chem. Int. Ed. Engl., 1997, 36: 2036.
[44] Grubbs R H, Chang S. Tetrahedron Lett, 1998, 54: 4413.
[45] Armstrong S K. J. Chem. Soc., Perkin Trans. 1, 1998, 2: 371.
[46] Schrock R R. Tetrahedron Lett, 1999, 55: 8141.
[47] Fürstner A. Angew. Chem. Int. Ed. Engl., 2000, 39: 3012.
[48] Schrock R R, Hoveyda A H. Angew. Chem. Int. Ed. Engl., 2003, 42: 4592.
[49] Connon S J, Blechert S. Angew. Chem. Int. Ed. Engl., 2003, 42: 1900.
[50] Mörgenthaler J M, Spitzner D. Tetrahedron Lett., 2004, 45: 1171.
[51] Fellows I M, Kaelin D E, Martin S F. J. Amer. Chem. Soc., 2000, 122: 10781.
[52] Lee C W, Grubbs R H. Org. Lett., 2000, 2: 2145.
[53] Pederson R L, Grubbs R H. WO 0136368(2001).
[54] (a) Bunce S C, Dorsman H J, Popp F D. J. Chem. Soc., 1963, 303; (b) Greenwald R, Chaykovsky M, Corey E J. J. Org. Chem., 1963, 28: 1128; (c) Porter N A, Ziegler C B, Khouri F F, et al. J. Org. Chem., 1985, 50: 2252.
[55] (a) Prout F S, Hartman R J, Huang E P Y, et al. Org. Synth., 1963, Ⅳ: 93; (b) Bestman H J, Koschatzky K H, Vostrowsky O. Chem. Ber., 1979, 112: 1923; (c) Marshall J A, Hagan C P, Flynn G A. J. Org. Chem., 1975, 40: 1162.
[56] Snitman D L, Himmelsbach R J, Watt D S. J. Org. Chem., 1978, 43: 4578.
[57] Bui V P, Tudlicky T, Hansen T V, et al. Tetrahedron Lett., 2002, 43: 2839.
[58] (a) Schweizer E E, O'Neil G J. J. Org. Chem., 1965, 30: 2082; (b) Kleschick W A, Heathcock C H. J. Org. Chem., 1978, 43: 1256.
[59] Evans P, Grigg R, Monteith M. Tetrahedron Lett., 1999, 40: 5247.
[60] Edwards A S, Wybrow R A J, Johnstone C, et al. Chem. Commun., 2002, 14: 1542.

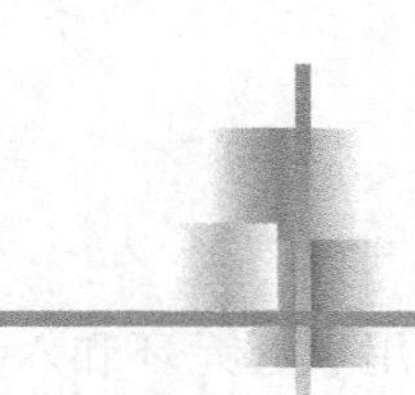

第5章 碳环的形成与断开

碳原子相互结合生成环状化合物以及碳环的断开是有机合成的核心内容之一。本章主要对碳环的形成方法和开环方法进行讨论。

5.1 分子内亲核反应成环

分子内的亲核取代和亲核加成反应是合成环状化合物的重要方法。常见的有以下几类。

5.1.1 烃化反应成环

在前面章节，我们介绍了烃化反应，如果该反应发生在分子内，即可形成环状化合物。

(5-1-1)

5.1.2 分子内 Claisen 缩合成环(Dieckmann 缩合反应)

二元羧酸酯可发生分子内及分子间的酯缩合反应。当分子中的两个酯基被四个或四个以上的碳原子隔开时，就会发生分子内酯缩合反应，形成五元环、六元环或更大环的酯环酮类化合物。

(5-1-2)

2013 年，涂永强院士课题组在合成石松类生物碱 lycojaponicumin C 时，利用 Dieckmann 缩合反应，有效地构建了三环三酮骨架[1]。

(5-1-3)

5.1.3 分子内羟醛缩合和 Robinson 环合反应成环

分子内的羟醛缩合反应也是合成环状化合物的重要方法之一，常用于五元环和六元环的形成。例如，环酮与 α,β-不饱和酮在碱催化下发生 Michael 加成，生成 1,5-二酮，然后发生分子内的羟醛缩合，形成一个新的六元环，再经消除脱水生成二环(或多环)酮，该反应称为 Robinson 环合反应[2,3]。

CH_3ONa ; (1) NaOH (2) H^+,Δ (5-1-4)

1986 年 Hackett 等[4]利用 Robinson 关环反应构筑季碳中心的策略完成了生物碱 Mesembrine 的全合成。

OMe OMe OMe SPh CHO ; MeO OMe OMe SPh ; (±)-Mesembrine (5-1-5)

5.1.4 分子内 Baylis-Hillman 反应成环

Baylis-Hillman 反应是在催化剂作用下活性烯与醛、酮的反应，得到一个具有多官能团的产物。该反应条件温和且具有较高的原子经济性和选择性。利用分子内 Baylis-Hillman 反应可方便地形成多种环状化合物[5]。

R O CHO n ; $TiCl_4/R'_4NX$; R O OH X n

Ph O CHO ; $TiCl_4/BnNEt_3Cl$ 90% ; Ph O OH Cl (5-1-6)

其反应机理如下

Ph O CHO ; $TiCl_4$ $BnNEt_3Cl$; $OTiL_n$ Cl Ph CHO

Ph H O TiL_n O Cl ; Cl Ph O $OTiL_n$; Ph O OH Cl

5.2 分子内亲电反应成环

分子内的亲电环化反应常涉及碳正离子中间体，这类阳离子环化反应在自然界中非常普遍，萜类化合物(异戊二烯类化合物)和甾体的生源合成大多通过这一途径。从以下四个阳离子环化反应的例子可以看出，阳离子环化可用于多种碳骨架的构筑。由于非稳定的碳正离子容易发生重排反应，只有当可形成较稳定的叔碳正离子时，反应才能得到较高的产率。

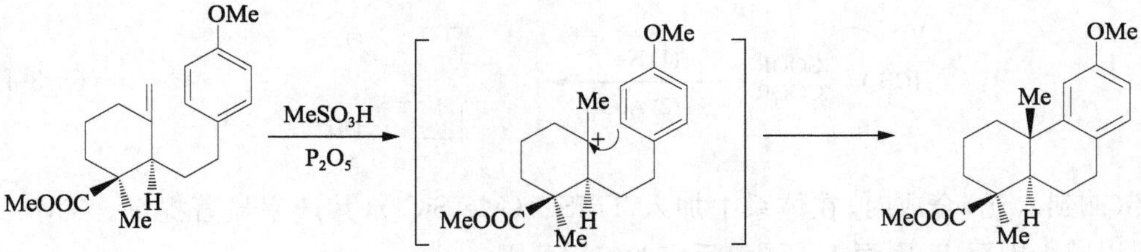

MeSO$_3$H, P$_2$O$_5$ (5-2-1)

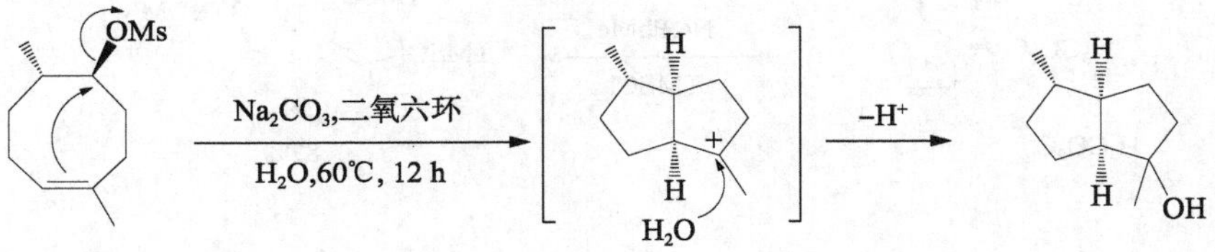

Na$_2$CO$_3$,二氧六环, H$_2$O,60℃, 12 h; −H$^+$ (5-2-2)

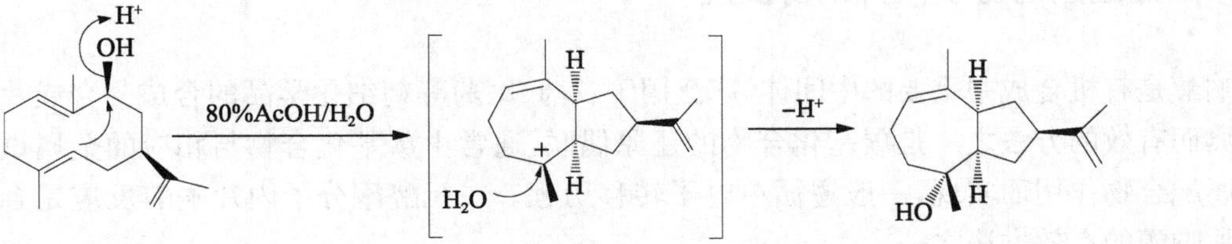

80%AcOH/H$_2$O; −H$^+$ (5-2-3)

在阳离子环化中，戊二烯正离子环化成环戊烯正离子是研究得较多的，其中 Nazarov 环化最具合成价值[6]。

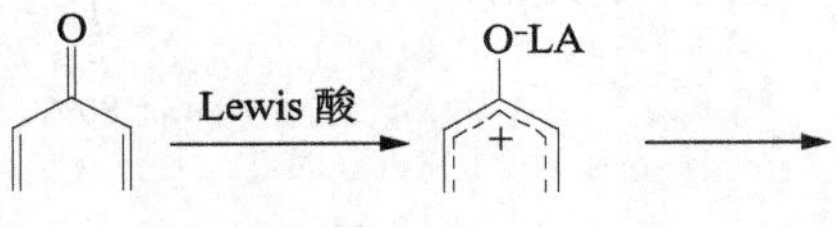

Lewis 酸

例如，α,β-不饱和酰氯与乙烯基硅醚在 Lewis 酸催化下形成的共轭二烯酮可直接发生 Nazarov 环化反应。

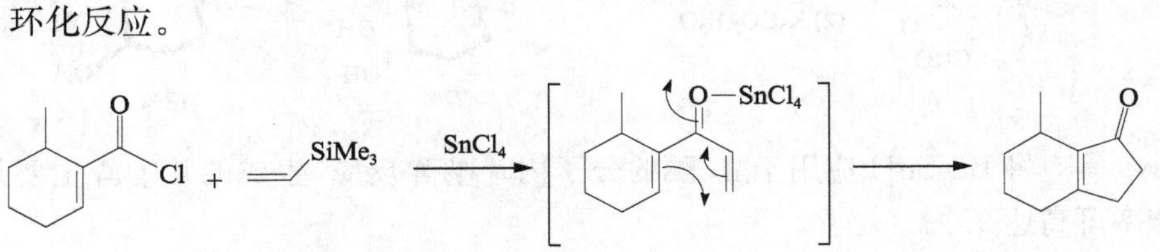

SnCl$_4$ (5-2-4)

5.3 分子内自由基反应成环

5.3.1 分子内偶姻缩合反应

偶姻缩合通过酯与高度分散的碱金属在热二甲苯中反应制备偶姻(α-羟基酮),它是一种重要的有机合成原料。脂肪族单酯结合生成对称结构,相应的二酯生成环状偶姻。分子内偶姻缩合是进行十元以上的碳环关环的有效方法之一(三十四元环已成功合成)[7]。

$(CH_2)_{10}$ COOR COOR (1) Na (2) AcOH O OH (5-3-1)

小环(四到六元)合成时,在体系中加入 TMSCl(Me_3SiCl),其产率显著提高。TMSCl 的加入可以减少副反应,因而扩大了该反应的应用范围。

H OTBDMS H_3CO_2C N H_3CO_2C Na,PhMe TMSCl TMSO TMSO H OTBDMS N 87% (5-3-2)

5.3.2 二元醛酮的分子内片呐醇反应

片呐醇是有机合成中重要的中间体,广泛用于农药、医药等精细化学品的合成。合成片呐醇经典而有效的方法之一是羰基化合物的还原偶联,通常由羰基化合物与相应的金属试剂或金属配合物作用而实现,一般遵循单电子转移历程。二元醛酮分子内片呐醇反应是合成环状片呐醇的有效方法之一。

O O (1) Zn/Hg,C_6H_6 (2) H_2O OH OH 80% (5-3-3)

H O CHO (1) Mg-Hg,$TiCl_4$,THF (2) K_2CO_3,H_2O H OH OH 72% + H OH OH 18% (5-3-4)

Hays 等[8]将 Bu_3SnH 应用于醛、酮的分子内片呐醇反应,生成的片呐醇主要是顺式邻二醇,产率可高达 99%。

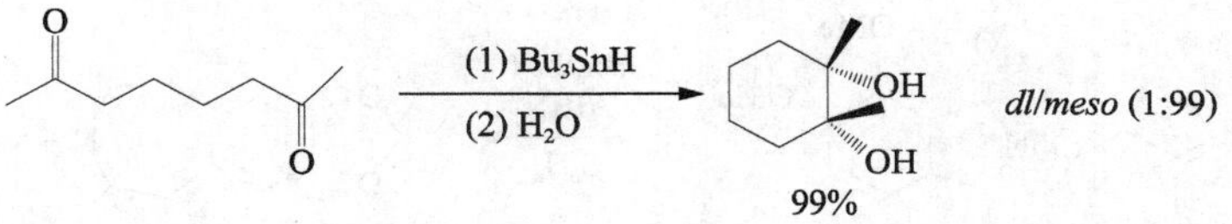

O　O　(1) Bu_3SnH (2) H_2O　OH　OH　99%　*dl*/*meso* (1:99)　　(5-3-5)

5.3.3　分子内的 McMurry 反应

McMurry 反应是醛或酮在还原性金属和低价态钛的作用下，两个羰基缩合去氧得到烯烃的反应，低温条件下该反应停留在片呐醇偶联阶段。对于分子内反应也能够有效地进行，因此该反应经常被应用于合成大环化合物或者天然产物。Nicolaou 等巧妙运用分子内 McMurry 反应环化合成了紫杉醇中心的八元环[9]。

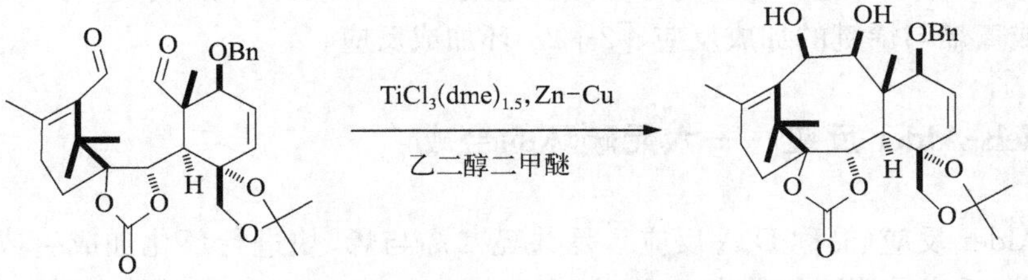

O　O　OBn　H　O　O　O　O　O　$TiCl_3(dme)_{1.5}$, Zn-Cu　乙二醇二甲醚　HO　OH　OBn　H　O　O　O　O　O　　(5-3-6)

5.3.4　分子内自由基加成反应

分子内的自由基加成反应是自由基与分子内烯键的加成反应。诱导环化的试剂有亚铜盐(CuX)、二价铑配合物[$RhCl_2(PPh_3)_3$]、有机锡氢化物(Bu_3SnH)等，其中研究最多、应用最广的是 Bu_3SnH 试剂。反应底物常为卤代烯。Bu_3SnH 分子中的 Sn—H 键的键能较小，在自由基引发剂[如偶氮二异丁腈(AIBN)]存在下易发生均裂，产生的锡自由基 Bu_3Sn·夺取分子内的卤原子，产生的碳自由基与分子内的双键加成。

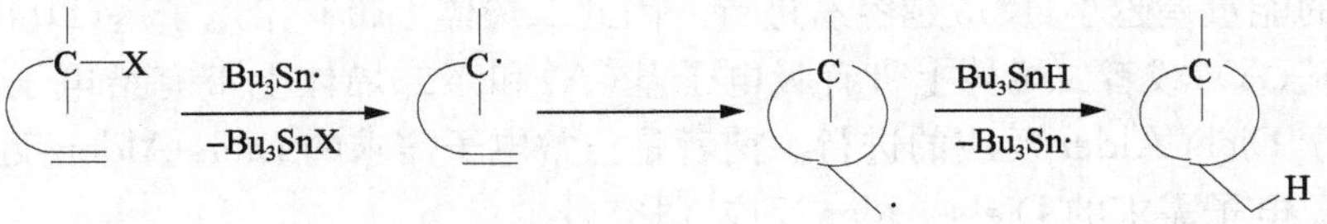

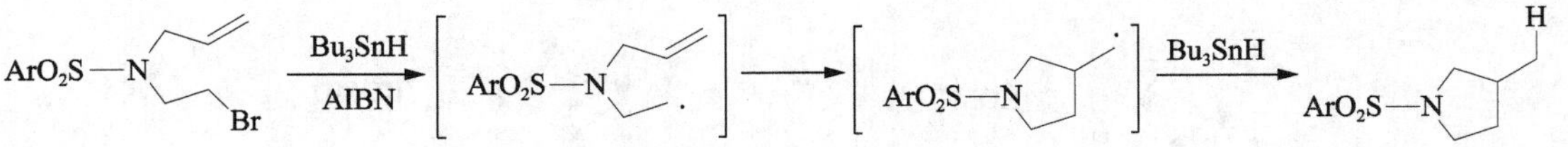

C—X　Bu_3Sn·　$-Bu_3SnX$　C·　→　C　Bu_3SnH　$-Bu_3Sn$·　C　H

ArO_2S—N　Br　Bu_3SnH　AIBN　[ArO_2S—N]　→　[ArO_2S—N]　Bu_3SnH　ArO_2S—N　H

(5-3-7)

通过芳基自由基与炔或烯发生分子内的加成反应，能方便地合成生物碱 Lennoxamine[10]。

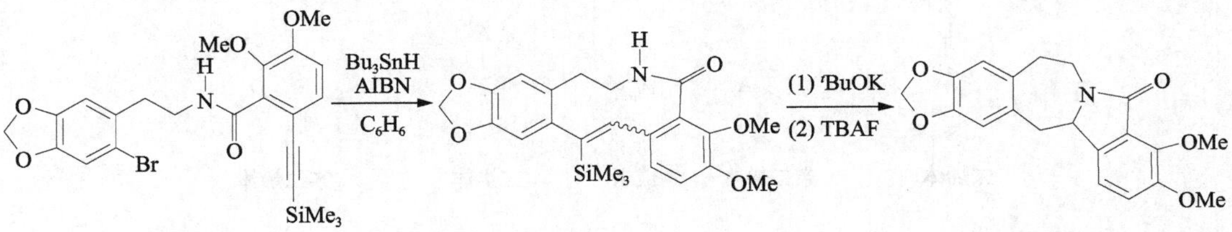

O　O　Br　H　N　O　MeO　OMe　$SiMe_3$　Bu_3SnH　AIBN　C_6H_6　O　O　H　N　O　$SiMe_3$　OMe　OMe　(1) ^tBuOK　(2) TBAF　O　O　N　O　OMe　OMe

(5-3-8)

$$\xrightarrow[C_6H_6]{Bu_3SnH,\ AIBN} \quad (5\text{-}3\text{-}9)$$

5.4 环加成反应成环

在光或热的作用下,两个或两个以上的 π 体系相互作用,两个 π 体系末端连接成环状分子的反应称为环加成反应。重要的环加成反应有 Diels-Alder 环加成反应、1,3-偶极环加成反应、碳烯或氮烯与烯键的加成反应、[2+2] 环加成反应。

5.4.1 Diels-Alder 反应——六元碳环的合成

Diels-Alder 反应(简称 D-A 反应),是共轭二烯与烯、炔进行环化加成生成环己烯衍生物的反应。该反应是德国化学家 O. Diels 和 K. Alder 在 1928 年发现的,他们因此获得 1950 年诺贝尔化学奖。该反应已成为有机合成中最有用的反应之一,尤其是在六元环系合成中起着不可替代的作用。

根据 Woodward-Hofmann 规则和前线轨道理论,Diels-Alder 反应中二烯体的 HOMO 轨道和亲二烯体的 LUMO 轨道之间或者二烯体的 LUMO 轨道和亲二烯体的 HOMO 轨道之间的能量差越小,反应越容易进行。因此二烯体上带有给电子基(D)和亲二烯体上带有吸电子基(A),或者二烯体上带有吸电子基(A)和亲二烯体上带有给电子基(D),两种情况都有利于 Diels-Alder 反应的进行。前者是正常电子需求的 Diels-Alder 反应,应用很广。后者称为反电子需求的 Diels-Alder 反应,研究较少。

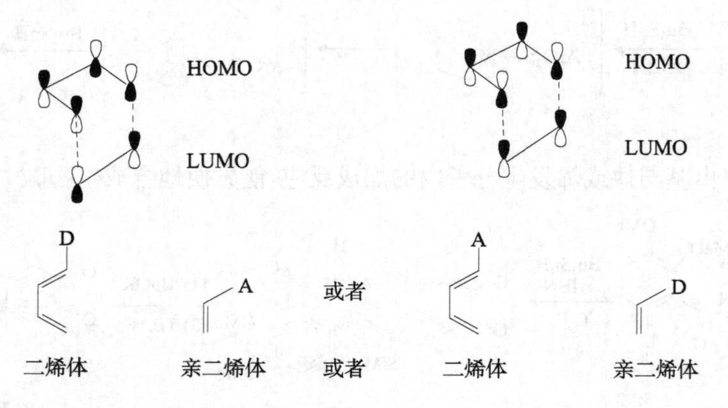

正常电子需求的 Diels-Alder 反应

(5-4-1)

反电子需求的 Diels-Alder 反应

(5-4-2)

Diels-Alder 反应是一协同反应，表现出可预见的高立体选择性和区域选择性。

(1) 选择顺式加成。根据前线轨道理论，D-A 反应是在热的作用下，由对称性允许的 $HOMO_{亲二烯}$ 与 $LUMO_{二烯}$ 或 $HOMO_{二烯}$ 与 $LUMO_{亲二烯}$ 以同面-同面的方式重叠成键，一步生成产物的。该反应是立体定向的顺式加成反应，即二烯和亲二烯体的构型保持到加成产物中。

(5-4-3)

(2) 遵循内型规则，优先形成内型产物。其根源在于当采取内型方式时，亲双烯体上的取代基与双烯 π 轨道存在有利的次级相互作用。

内型(*endo*)加成　　外型(*exo*)加成

(5-4-4)

74% 内型产物　　26% 外型产物

(3) 优先形成"邻、对位"取代产物(对正常电子需求的 Diels-Alder 反应而言)。

邻位 主要产物　　间位

对位 主要产物　　间位

D为推电子基，A为吸电子基

$N(CH_2CH_3)_2$ + COOEt $\xrightarrow{20℃}$ $N(CH_2CH_3)_2$ COOEt 94% (5-4-5)

CH_3CH_2O + COOMe $\xrightarrow{160℃}$ CH_3CH_2O COOMe 50% (5-4-6)[11]

Diels-Alder 反应在有机合成中应用十分广泛。例如，天然产物 spinosyn A 的合成中，三环骨架的形成就是通过分子内的 Diels-Alder 和 vinylogous Morita-Baylis-Hillman 反应实现的，由一个开链多烯一锅合成三环化合物[12]。

RhamO TBSO Br MeO_2C COMe $\xrightarrow[-78℃ \longrightarrow 0℃]{MeAlCl_2/CH_2Cl_2}$ RhamO TBSO Br H H H COMe CO_2Me

$\xrightarrow[23℃,\ 5h]{PMe_3/tert\text{-}amyl\text{-}OH}$ RhamO TBSO Br H H H COMe CO_2Me (5-4-7)

5.4.2 碳烯对烯烃的加成——三元碳环的合成

碳烯也称卡宾(carbenes)是不带电荷的缺电子物种，其中心碳原子为中性二价碳原子，包含六个价电子，四个价电子参与形成两个 σ 键，其余两个价电子是游离的。最简单的碳烯为：CH_2，也称为亚甲基，碳烯实际是亚甲基及其衍生物的总称。产生碳烯的方法一般有重氮烷烃的热解或光分解，累积多卤代烃的 α-消去及对甲苯磺酰腙衍生物的分解等。

$$RCHN_2 \xrightarrow{h\nu\ 或\ \Delta} [RCH:] + N_2$$

$$CHX_3 \xrightarrow{B^-} [:CX_2] + BH + X^-$$

$$RCH{=}N\text{-}NHSO_2C_6H_4CH_3 \xrightarrow{\Delta} [RCH:] + N_2$$

碳烯与烯烃的加成是形成环丙烷衍生物的重要方法。

(5-4-8)

Cl Cl Cl O + $\xrightarrow{NaOCH_3}$ Cl Cl (5-4-9)

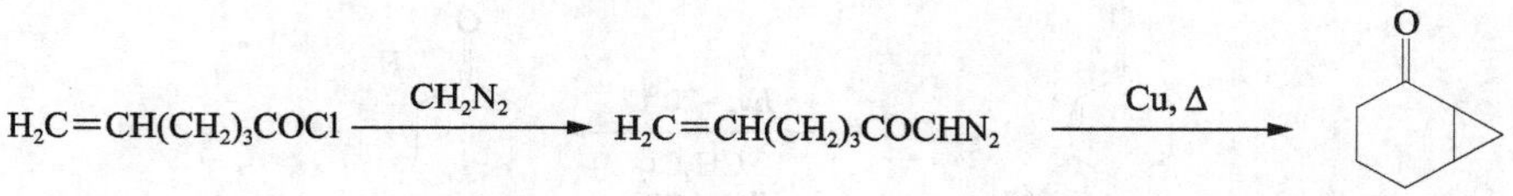

$$H_2C=CH(CH_2)_3COCl \xrightarrow{CH_2N_2} H_2C=CH(CH_2)_3COCHN_2 \xrightarrow{Cu,\ \Delta}$$ (5-4-10)

重氮化合物在二价铑盐或二价铜盐如 $Rh_2(OAc)_4$ 或 $CuCl_2$ 作用下形成过渡金属卡宾类化合物，后者同样可以分子间或分子内的方式向 π 键加成(环丙烷化)。在环丙烷化反应中，如果使用手性催化剂，可以进行不对称环丙烷化。该法被用于高效低毒除虫菊酯的不对称合成。

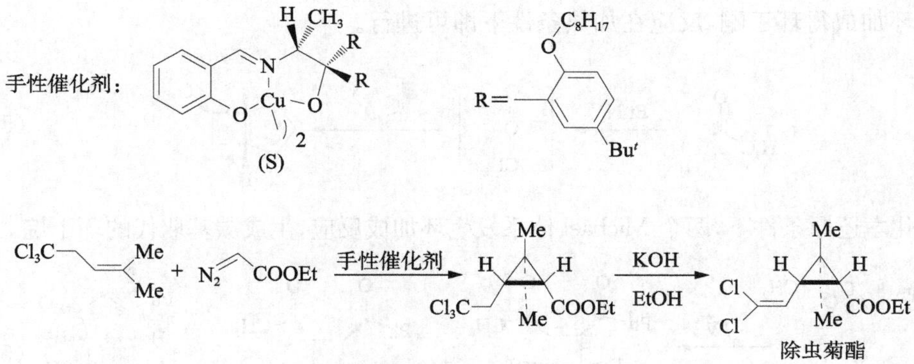

手性催化剂：(S)　R＝ (OC_8H_{17}, Bu^t)

(5-4-11)

Cl_3C … Me, Me ＋ N_2=CHCOOEt $\xrightarrow{手性催化剂}$ … $\xrightarrow[EtOH]{KOH}$ … 除虫菊酯

用铜盐(如硫酸铜溶液)处理过的锌粉与累积二卤代烷作用生成的有机锌化合物，它同碳烯一样可以与碳碳不饱和键发生加成反应生成环丙烷类化合物。这一反应称为 Simmons-Smith 环丙烷化反应[13]。且该反应是立体专一性反应，碳碳双键的构型保留在产物中。

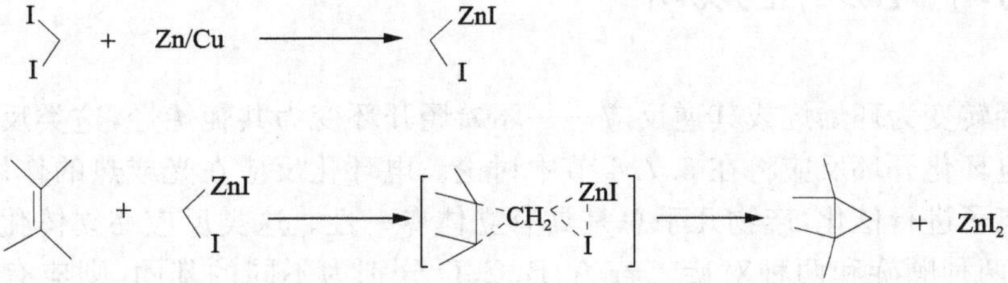

$$CH_2I_2 + Zn/Cu \longrightarrow ICH_2ZnI$$

(5-4-12)

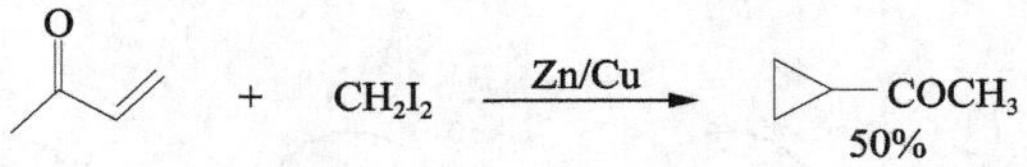

$$+ ICH_2ZnI \longrightarrow [\ \cdots CH_2 \cdots ZnI,\ I\ ] \longrightarrow + ZnI_2$$

$$+ CH_2I_2 \xrightarrow{Zn/Cu} \text{▷}-COCH_3\ \ 50\%$$ (5-4-13)

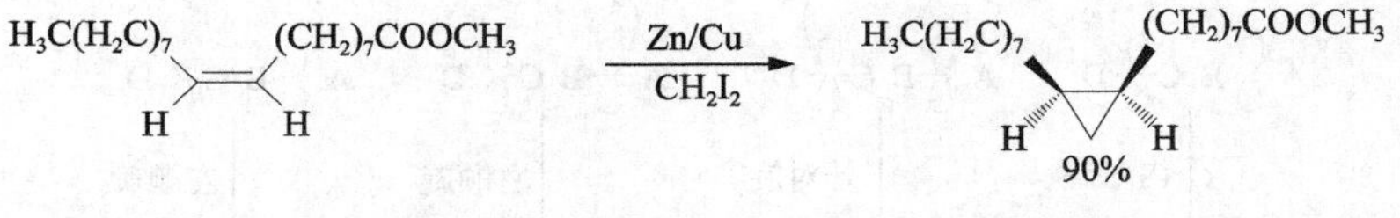

$$H_3C(H_2C)_7CH=CH(CH_2)_7COOCH_3 \xrightarrow[CH_2I_2]{Zn/Cu} \ 90\%$$ (5-4-14)

Simmons-Smith 环丙烷化反应一般产率较高，分子中存在卤素、氨基、羰基、羧基、酯基等对反应没有影响。

5.4.3 [2+2]环加成——四元碳环的合成

[2+2]环加成是光化学反应。在光照下，两分子烯烃起环加成反应生成四元环衍生物。反应具有立体专一性，烯键的构型保留在产物中。

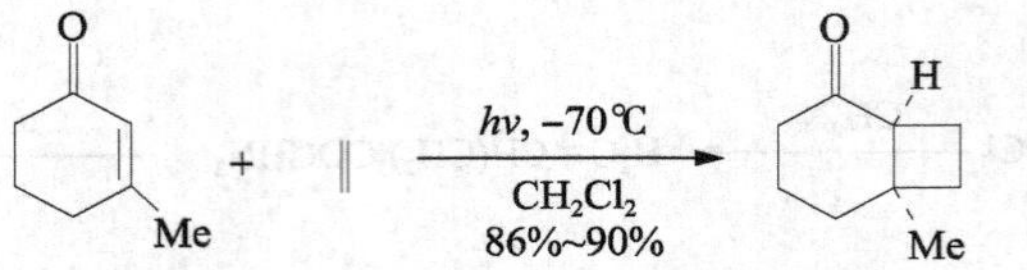

(5-4-15)

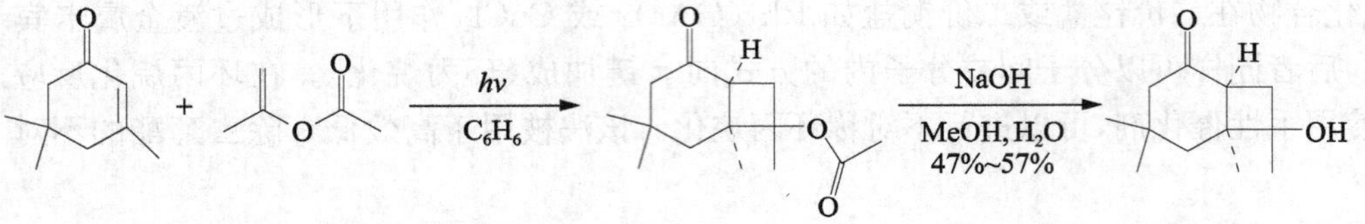

(5-4-16)

烯酮环加成得环丁酮，反应在加热条件下即可进行。

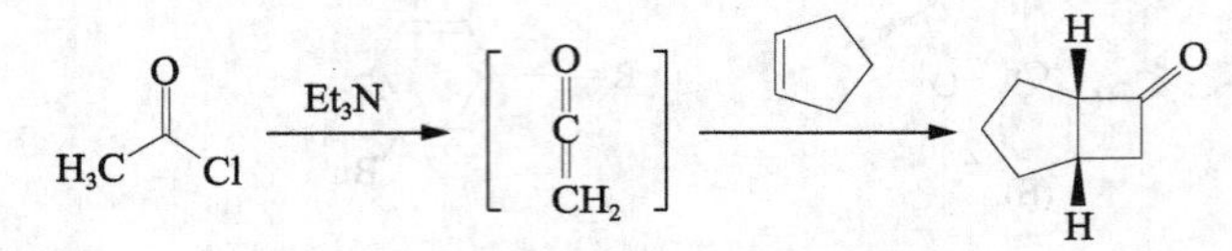

(5-4-17)

在电化学还原条件下，两个 Michael 体系发生环加成反应，生成羰基取代的环丁烷[14, 15]。

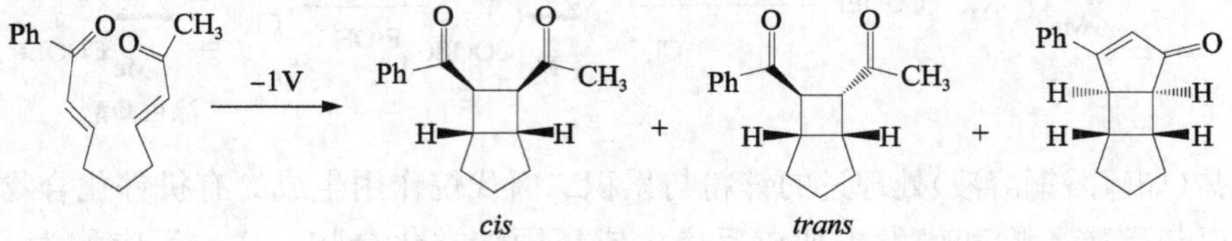

(5-4-18)

5.5 电环化反应成环

共轭烯烃转变为环烯烃或其逆反应——环烯烃开环变为共轭烯烃，这类反应统称为电环化反应。电环化开环反应将在 5.7.4 节中讨论。电环化反应在光或热的作用下发生，有时需要金属离子进行催化，产物几乎总是具有立体专一性。这类反应在立体化学上可按四种途径发生，两种顺旋和两种对旋。若 A、B、C、D 分别为不同的基团，则应有四种可能的产物。

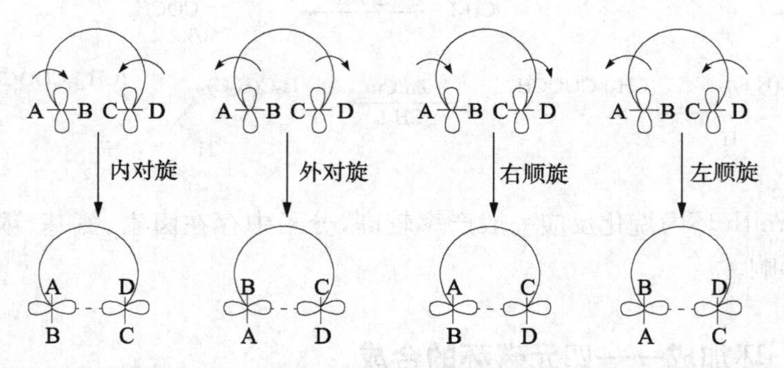

电环化反应的空间过程取决于反应中开链异构物的 HOMO 的对称性(见表 5-1)，若一共轭多烯烃含有 $4n$ 个 π 电子体系，则其热化学反应按顺旋方式进行，光化学反应则按对旋进行；若共轭多烯烃含有$(4n+2)$个 π 电子体系，则与上述情况相反。

表 5-1　电环化反应的选择规则

π 电子数	旋 转 方 式	热 作 用	光 作 用
$4n$	顺旋	允许	禁阻
	对旋	禁阻	允许
$4n+2$	对旋	允许	禁阻
	顺旋	禁阻	允许

5.5.1　4*n* 体系

5.5.2　4*n*+2 体系

利用电环化规则可合成一些具有较大张力的分子。例如，由不饱和内酯的环化产物的光化学脱羧可生成环丁二烯三羰基铁，如下所示。这一方法已成为合成这种金属有机化合物的重要手段之一。

(5-5-1)

己三烯型的光关环反应常用于合成多核芳香环化合物，例如

$$\xrightarrow[-H_2]{h\nu} \tag{5-5-2}$$

5.6 中环和大环的形成

一般的亲核、亲电及自由基环化反应或链状分子间的成键反应都可以用于合成中环和大环,但在中环或大环闭环时,分子内环化受到分子间反应的竞争,要形成的环越大,则无环前体物的两个反应位点充分接近而发生环合的可能性越小,在这种情况下,两个前体物分子发生分子间反应的可能性则会变得比分子内的环化作用的可能性要大。因此,若要形成中环(八元环到十一元环)和大环(十二元及十二元以上的环),则必须采用特殊的方法,如高度稀释、模板合成、烯烃复分解反应等特殊技术。

5.6.1 高度稀释法

合成脂肪族中环或大环时,为了抑制分子间反应,常采用高度稀释法,一般步骤是将反应物以很慢的速度滴加到较多的溶剂中,确保反应液中反应物始终维持在很低的浓度(一般小于 10^{-3} mol/L)。在这样高度稀释的条件下,Dieckmann 缩合反应、有关酰基化反应将会导致得到中环和大环化合物,其最终产率还是可以令人接受的。

$$(CH_2)_7(COOMe)_2 \xrightarrow[\text{二甲苯}]{NaH} (CH_2)_6(C{=}O)(CHCOOMe)\ \ 48\% \tag{5-6-1}$$

$$(CH_2)_{14}(COOEt)_2 \xrightarrow[\text{二甲苯}]{(CH_3)_3COK} (CH_2)_{13}(C{=}O)(CHCOOEt) \xrightarrow{H^+, H_2O} (CH_2)_{13}C{=}O\ \ 48\% \tag{5-6-2}$$

$$(CH_2)_{20}(CN)_2 \xrightarrow[\text{乙醚}]{PhN(CH_3)Na} (CH_2)_{19}(C{=}NH)(CHCN) \rightleftharpoons (CH_2)_{19}(C{-}NH_2){=}(C{-}CN)$$

$$\xrightarrow{H^+, H_2O} (CH_2)_{19}(C{=}O)(CHCN) \longrightarrow (CH_2)_{19}C{=}O\ \ 70\% \tag{5-6-3}$$

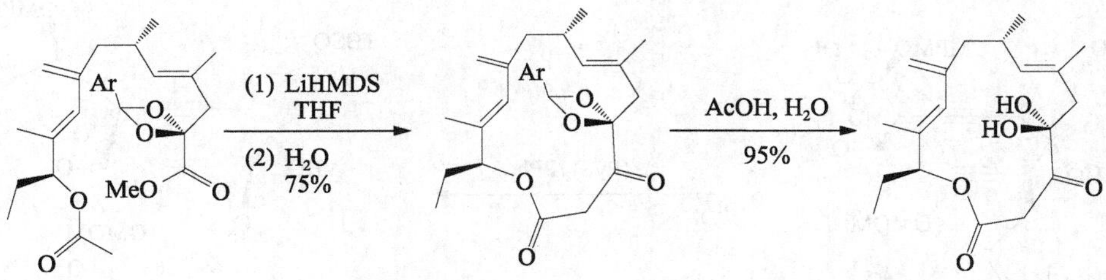

(1) LiHMDS THF (2) H_2O 75%　　AcOH, H_2O 95%　　(5-6-4)

5.6.2　模板合成法

用金属离子或有机分子为“模板”,通过与底物分子之间的配位、静电引力、氢键等非共价作用力预组织使反应中心互相趋近而成环。

1. 金属离子“模板”

合成含杂原子的大环化合物时,使用金属离子为“模板”,能获得相当高的产率。例如,合成冠醚和大环多胺时,一般用直径与产物环大小相近的金属离子为“模板”。

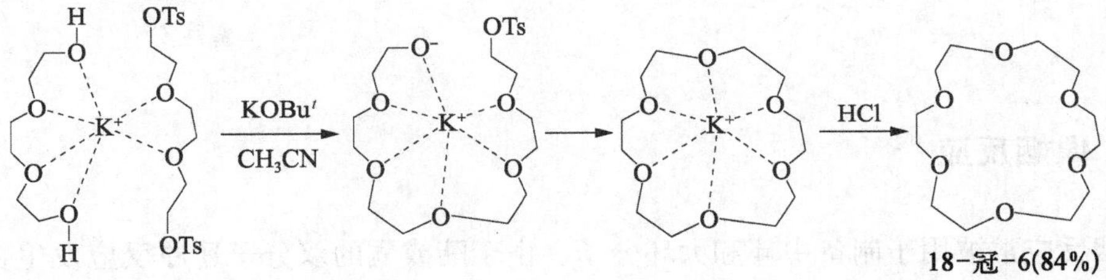

$KOBu^t$, CH_3CN　　HCl　　(5-6-5)

18-冠-6(84%)

2. 氢键“模板”

分子内氢键可驱动分子内环化,典型的例子是 Corey-Nicolaou 大环内酯化反应。在该反应中,2,2′-二吡啶二硫化物(Corey-Nicolaou 试剂)在三苯基膦存在下与 ω-羟基羧酸反应生成活性酯——2-吡啶硫代羧酸酯。质子化的 2-吡啶硫代羧酸酯中的 N-H 通过与羰基和烷基的氧原子的分子内氢键使反应基团趋近,可获得较高产率的大环内酯[16]。

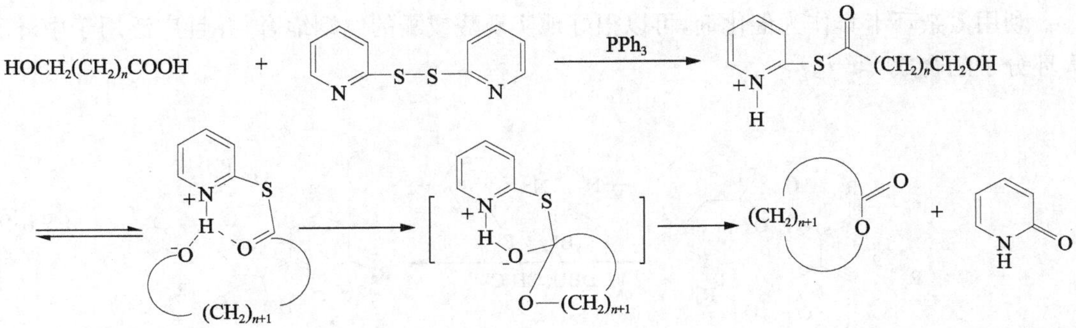

$HOCH_2(CH_2)_nCOOH$ + (2,2′-二吡啶二硫化物) $\xrightarrow{PPh_3}$ (2-吡啶硫代羧酸酯) $S-C(=O)-(CH_2)_nCH_2OH$

$(CH_2)_{n+1}$　　$O-(CH_2)_{n+1}$　　$(CH_2)_{n+1}$ (大环内酯) + 2-吡啶酮

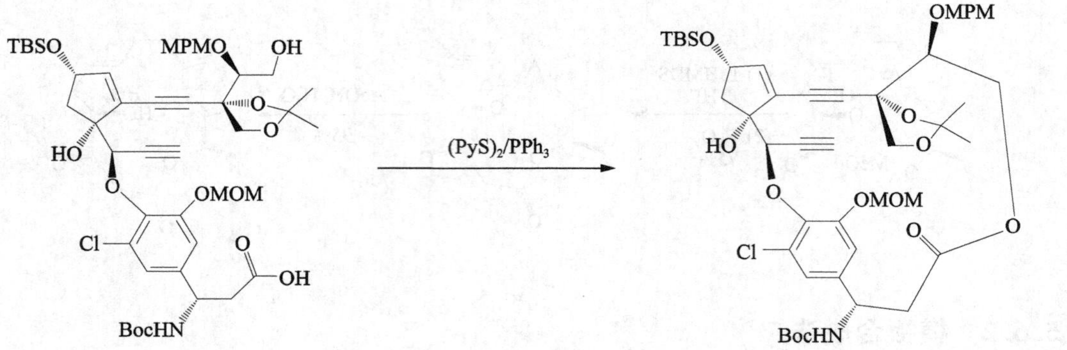

(PySy₂/PPh₃

(5-6-6[17])

如在 Corey-Nicolaou 大环内酯化反应中加入银离子,由于银离子的配位作用进一步活化 2-吡啶硫代酯,内酯化能在室温下进行。

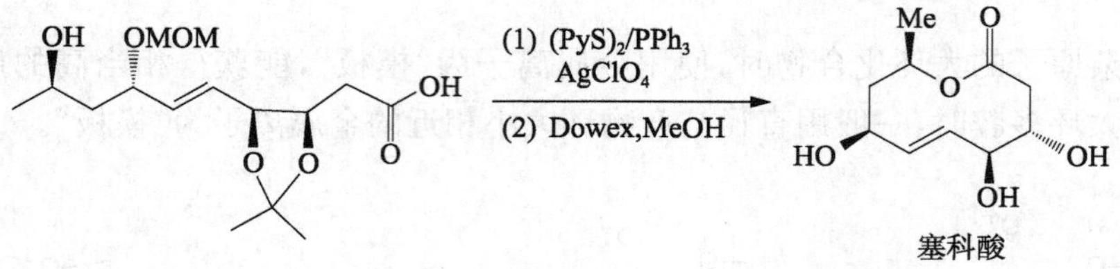

(1) $(PyS)_2/PPh_3$ $AgClO_4$ (2) Dowex,MeOH

塞科酸

(5-6-7[18])

5.6.3 偶姻反应[19]

偶姻反应常被用于制备中环和大环分子。由于酯或酮的双分子还原反应发生在活泼金属的表面,是两相界面上的反应,因此不需要高度稀释的反应条件。

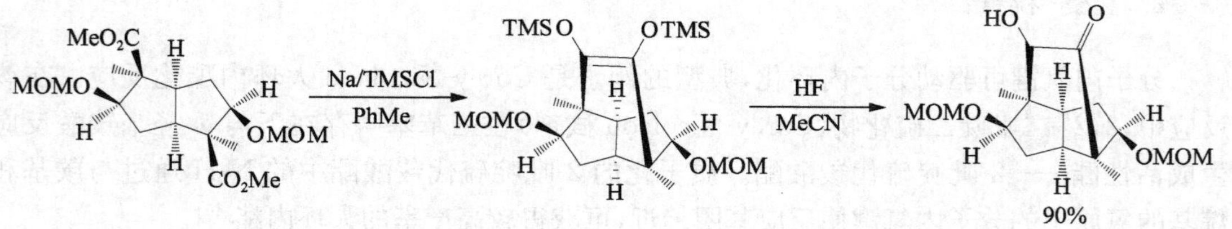

Na/TMSCl PhMe

HF MeCN

90%

(5-6-8)

利用氮杂环卡宾作为催化剂,可以很好地实现醛或酮的偶姻缩合,并且广泛用于中环和大环分子的合成[20, 21]。

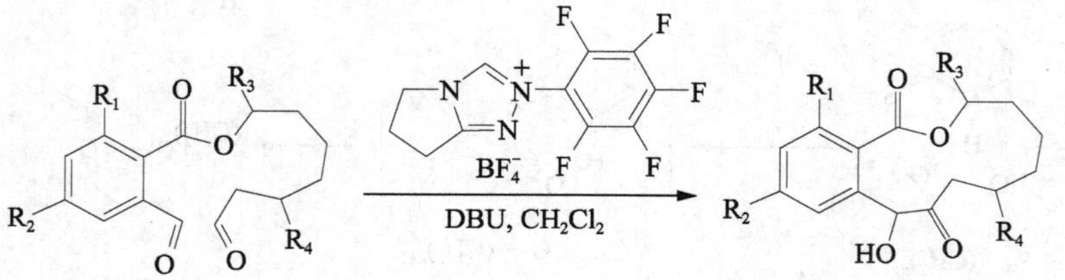

DBU, CH_2Cl_2

(5-6-9)

5.6.4 关环复分解反应[22]

关环复分解反应是分子内的烯烃复分解反应，即分子内的两个碳碳双键之间，在金属卡宾催化剂的催化下，发生关环反应，生成环烯化合物。

X M═R + ═

该反应不仅具有较高的效率，且具有很好的底物普适性，因此目前常被用来合成中环和大环化合物。

Ph Grubbs 催化剂 Ph (5-6-10)

O Ru═ R Ph C_6H_6, r.t. O 99% (5-6-11)

HO S N O OTBS O Grubbs 催化剂 HO S N O OTBS O + ═ (5-6-12)

5.6.5 炔的偶联反应

末端炔在氧气存在下与Cu(Ⅱ)盐或Cu(Ⅰ)盐反应，可形成双乙炔化物。该反应常用于刚性共轭大环或轮烯的合成。

2 $Cu(OAc)_2$ 吡啶 (5-6-13)

$Cu(OAc)_2$ $Cu_2(Ac)_2$ 吡啶 KOBu^t/^{t}BuOH Pd-Pb-$CaCO_3$ H_2/C_6H_6 (5-6-14)

5.7 开环反应

作为一种合成方法,开环反应在合成方面的主要用途有以下两种:① 在开环反应的产物中,被断裂的化学键的每一端原子上都带有官能团,这样,开环反应可以提供一种合成含有双官能团分子的途径,其分子的官能团被几个其他的原子隔开;② 在一个双环或多环分子中,断裂被两个环所共用的化学键,可以导致一个中等的或大环的分子的产生,而这些中环和大环分子则很难用其他方法来制备。

开环的方法一般有亲核和亲电反应开环、氧化还原开环和通过周环反应开环等。

5.7.1 水解、溶剂解和其他亲电试剂与亲核试剂的相互作用

1. 内酯、内酰胺等可以通过一般的水解反应开环

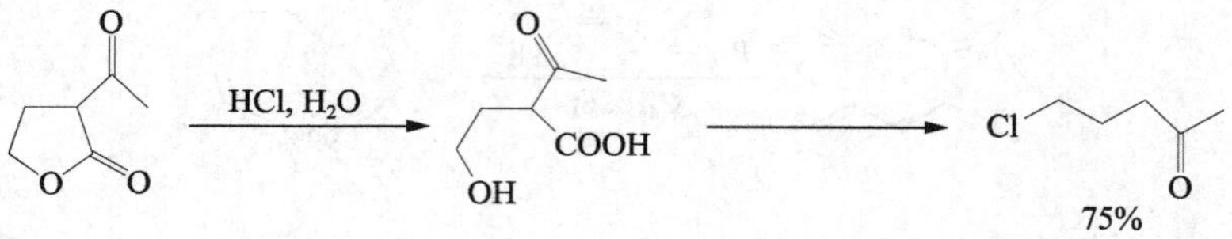

HCl, H_2O
COOH
OH
Cl
75%

(5-7-1)

2. 环状的二酮、酮酸酯等可以通过 Claisen 缩合的逆反应开环

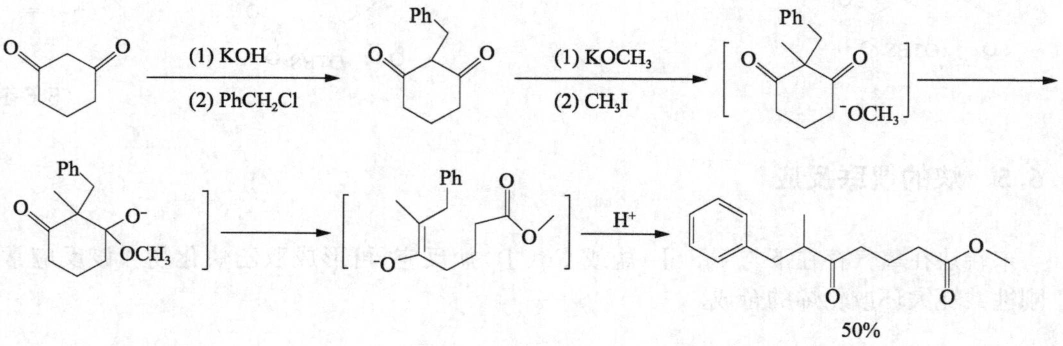

(1) KOH
(2) $PhCH_2Cl$
Ph
(1) $KOCH_3$
(2) CH_3I
$^-OCH_3$
O^-
OCH_3
^-O
H^+
50%

(5-7-2)

3. 环状胺经彻底甲基化后发生 Hofmann 消去反应开环

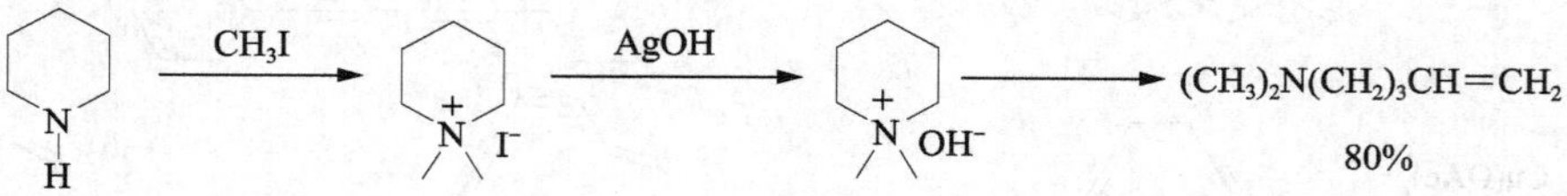

CH_3I
AgOH
I^-
OH^-
$(CH_3)_2N(CH_2)_3CH=CH_2$
80%

(5-7-3)

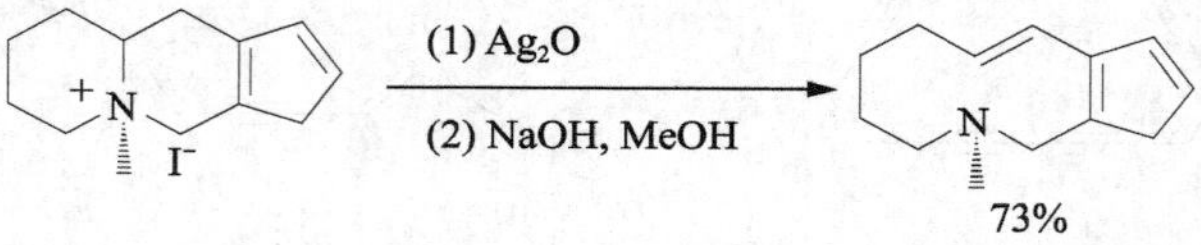

(1) Ag_2O
(2) NaOH, MeOH
I^-
73%

(5-7-4)

4. 环状1,3-二醇单磺酸酯开环

环状1,3-二醇单磺酸酯在强碱存在时容易开环

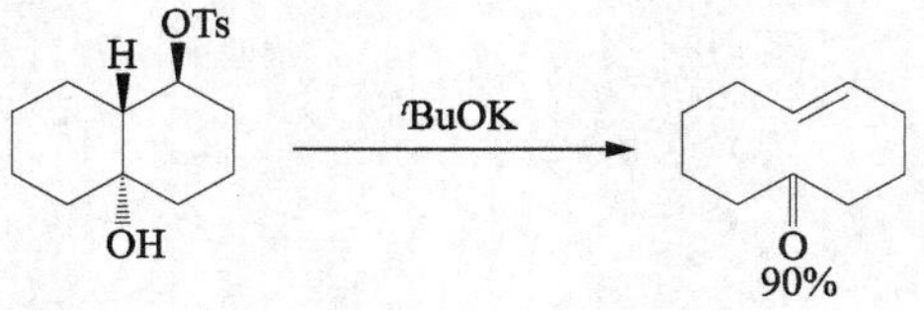

(5-7-5)

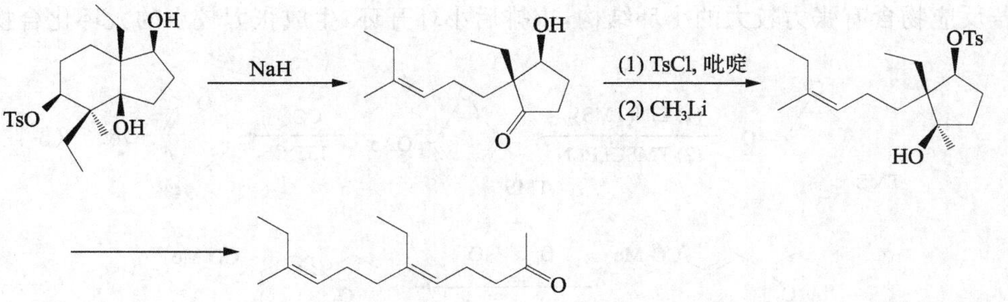

(5-7-6)

5.7.2 氧化开环

1. 环烯烃、环状邻二醇氧化开环

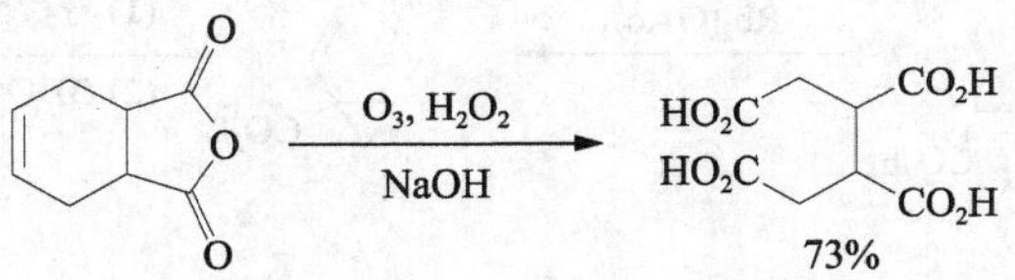

(5-7-7)

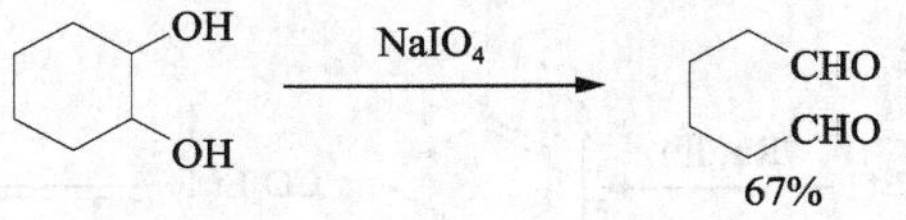

(5-7-8)

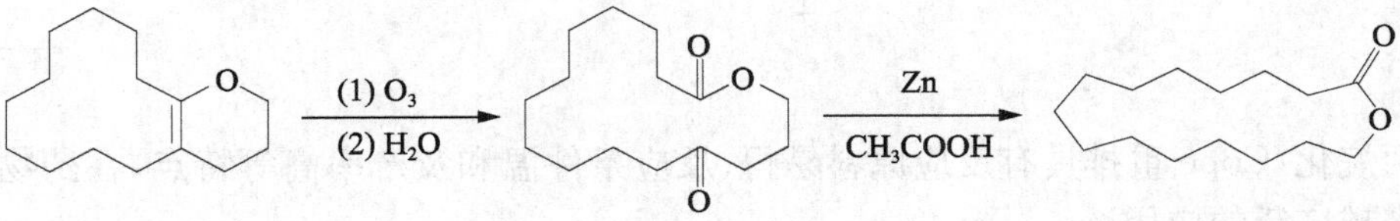

(5-7-9)

2. 环酮通过Baeyer-Villiger重排后经水解开环

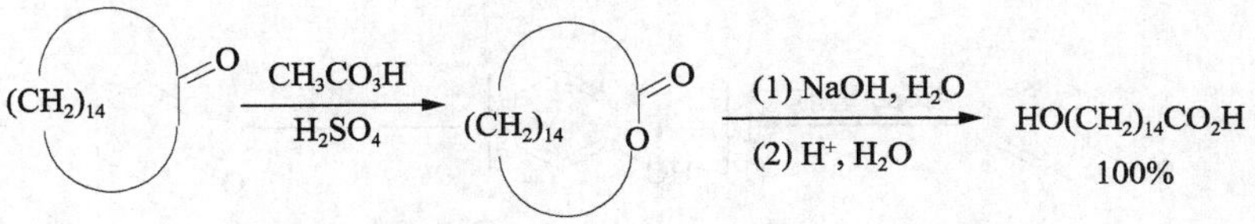

(5-7-10)

Chrobok[23]利用氧气,在苯甲醛和少量ACHN[1,10-偶氮(环己甲腈)]存在下,以离子液体作溶剂,较方便地实现了Baeyer-Villiger氧化。

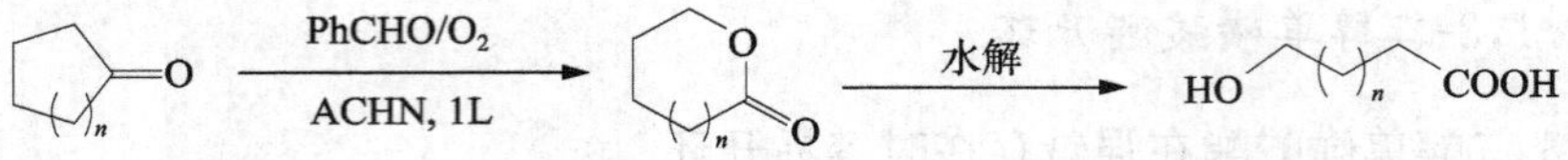

(5-7-11)

5.7.3 Cope 重排反应

1. 小环开环

若反应物含有张力较大的小环结构，重排后小环开环，生成张力较小的大环化合物。

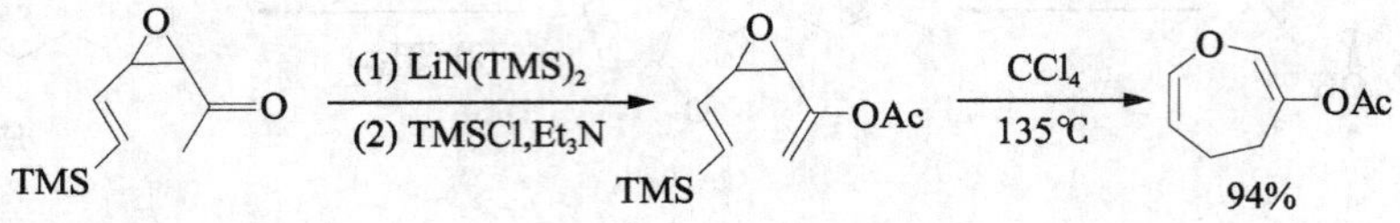

(5-7-12[24])

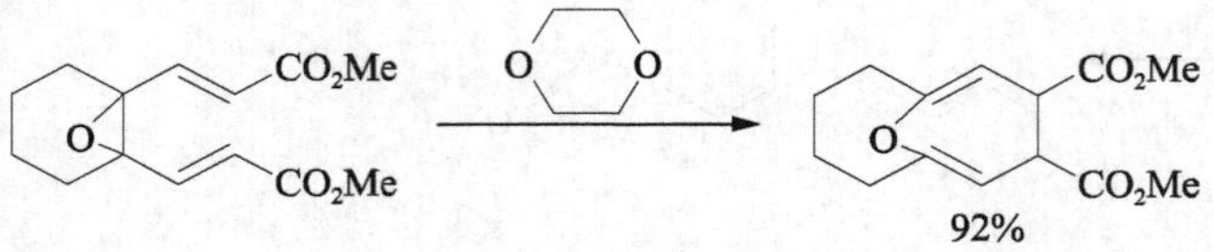

(5-7-13[25])

许多具有生物活性的天然产物含有七元环结构，为此，可用共轭二烯及芳烃类与重氮化合物在 Rh(Ⅱ)盐催化下，生成环丙烷类，再经 Cope 重排，得七元环结构化合物。

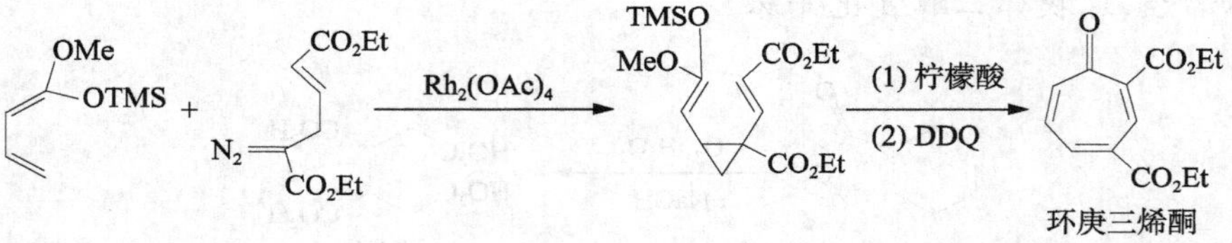

(5-7-14[26])

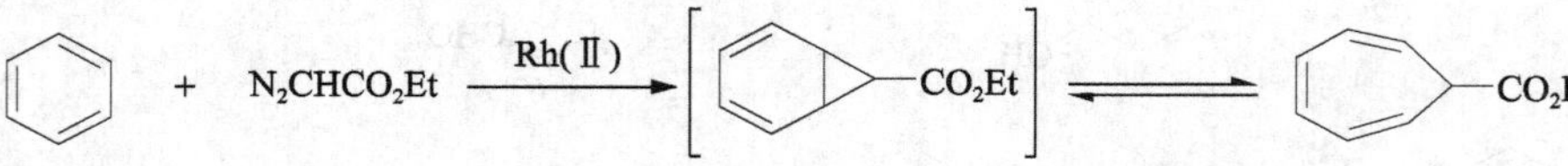

(5-7-15)[27]

环丙烷化/Cope 重排具有反应原料易得、反应条件温和及产率高等特点，在药物合成中得到越来越广泛的应用。

2. 氧-Cope 重排

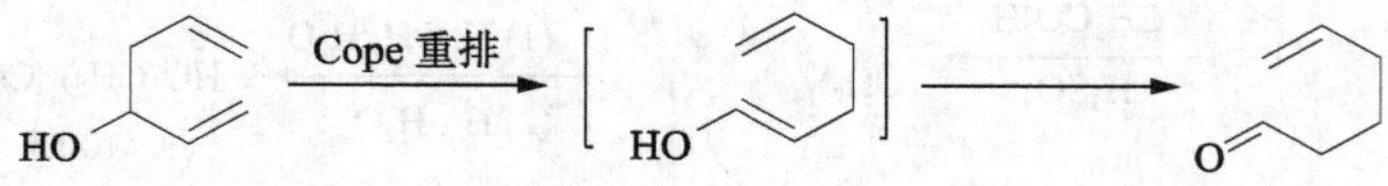

1,5-二烯的 3 位(或 4 位)有羟基的化合物所进行的 Cope 重排称为氧-Cope 重排，因重排产物为醛或酮，故为不可逆反应。

若 1,5-二烯为以下结构,则发生先开环后形成大环结构。

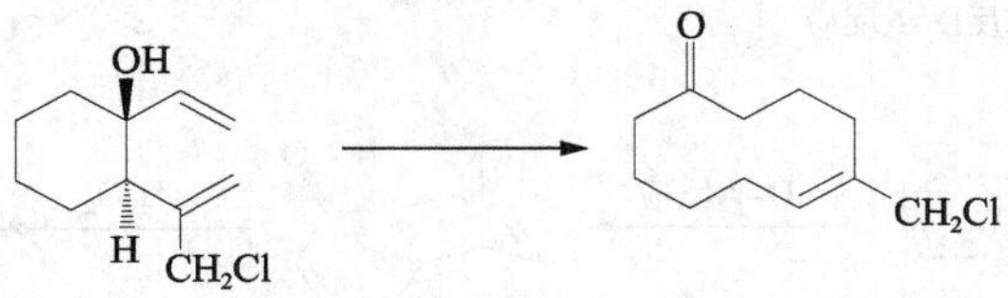

(5-7-16)

氧-Cope 重排用碱催化时,不仅能降低反应温度,而且能使反应速度提高 10^{10}～10^{17} 倍。

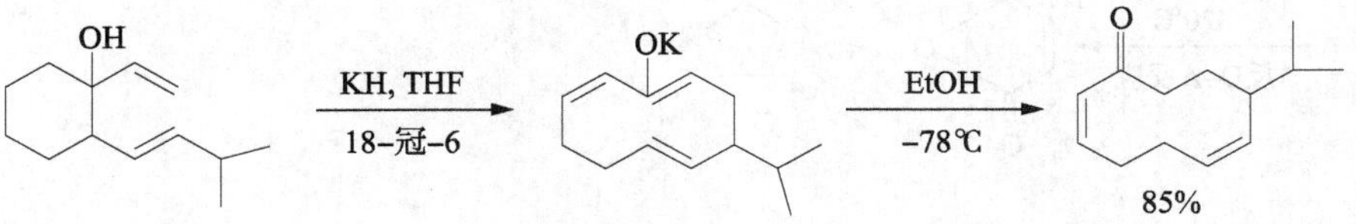

(5-7-17[28])

一些甾类化合物中间体即是通过该重排而制得的。

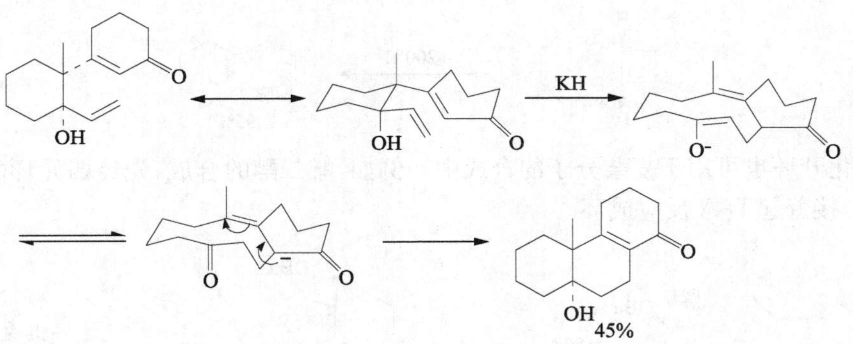

(5-7-18[29])

5.7.4 周环反应开环

1. 反 Diels-Alder 反应

Diels-Alder 反应是可逆反应,但有些 D-A 反应加成物在发生可逆反应时会产生两种情况:在一定条件下可逆为原来的二烯体和亲二烯体;在另一些条件下生成新的二烯体和亲二烯体。前者称为逆 D-A 反应,后者称为反 D-A 反应。反 D-A 反应在有机合成中有着广泛的应用,特别是合成一些常规方法难以获得的化合物,如环丙烯甲酸甲酯、环氧苯醌等。

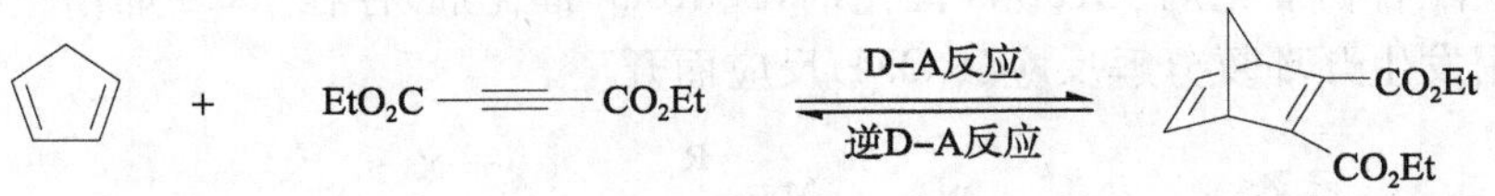

(5-7-19)

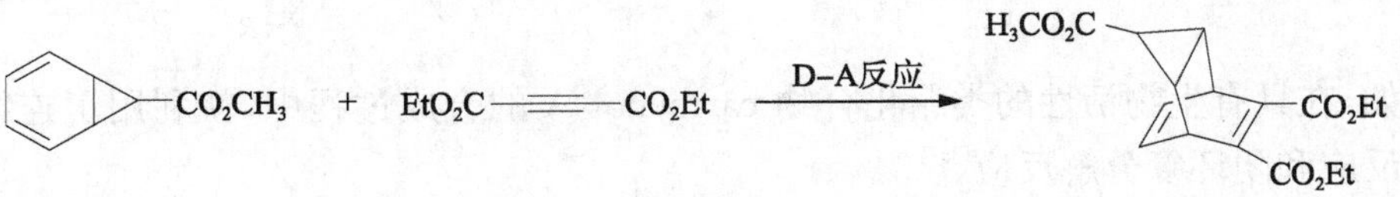

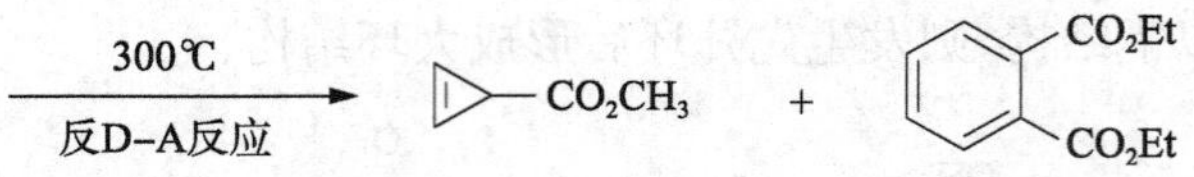

300℃ 反D-A反应 CO_2CH_3 + CO_2Et CO_2Et (5-7-20)

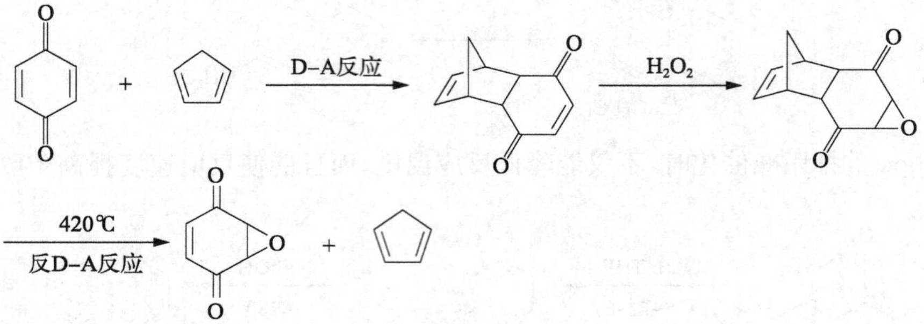

O O + D-A反应 O O H_2O_2 O O O (5-7-21)

420℃ 反D-A反应 O O O +

2. 电环化开环反应

电环化反应是可逆反应,可以通过电环化开环反应得到开环产物。

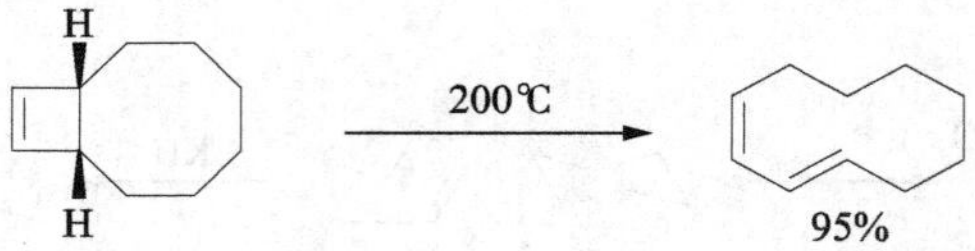

H H 200℃ 95% (5-7-22)

电环化开环也可用于复杂分子的合成中。例如,雌二醇的合成,先经四元环的逆电环化反应开环,接着起 D-A 反应成环。

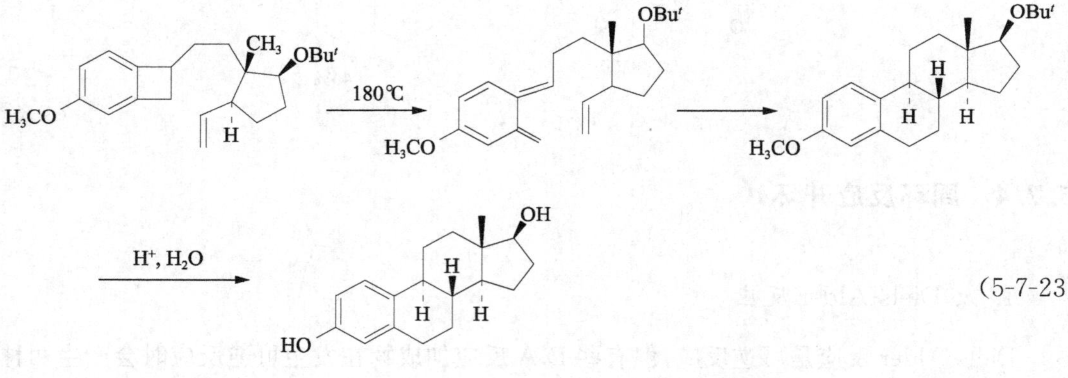

H_3CO CH_3 OBu^t H 180℃ H_3CO OBu^t H_3CO OBu^t H H H

H^+, H_2O HO OH H H H (5-7-23)

5.7.5 ROM反应开环

在金属卡宾配合物催化剂(Grubbs 催化剂,Schrock 催化剂)存在下,环烯衍生物和一定压力的烯烃作用发生开环复分解反应(ROM)反应而开环。

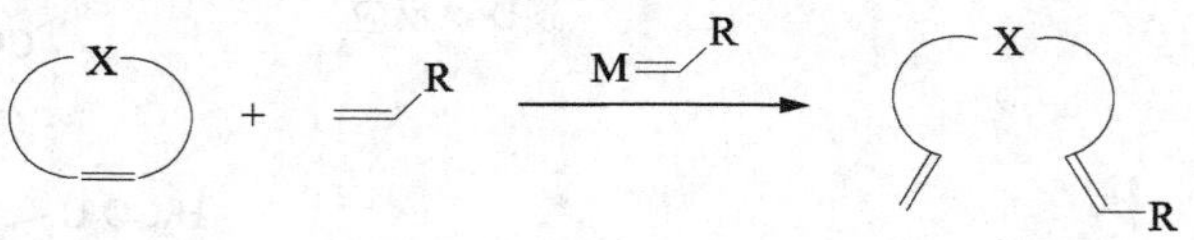

X + R M=R X R

例如,在具有生物活性的类萜化合物 caribenol A 的合成过程中,就利用了连续的开环复分解反应和闭环复分解反应[30]。

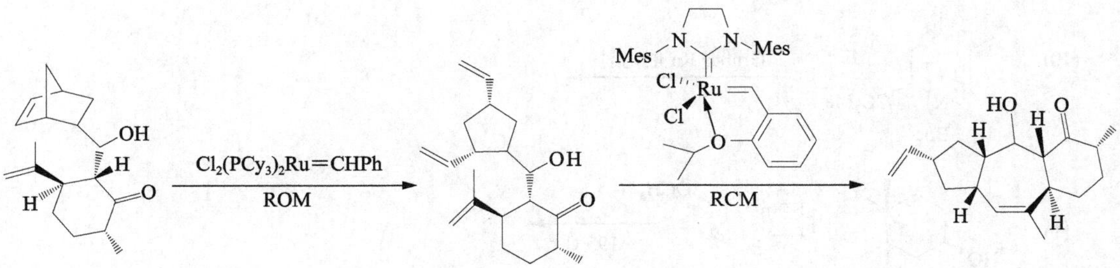
OH
H
H
O
$Cl_2(PCy_3)_2Ru{=}CHPh$
ROM
OH
O
Mes
N
N
Mes
Cl
Ru
Cl
O
RCM
HO
H
O
H
H
H

(5-7-24)

思　考　题

1. 完成下列反应。

(1) 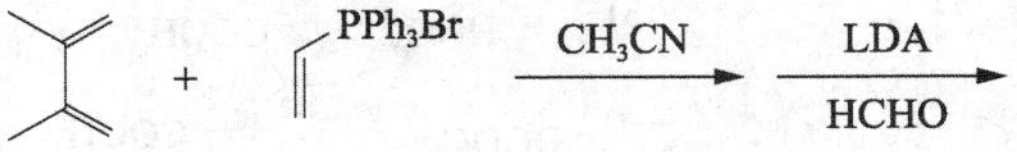
PPh_3Br
+
CH_3CN
LDA
HCHO

(2) 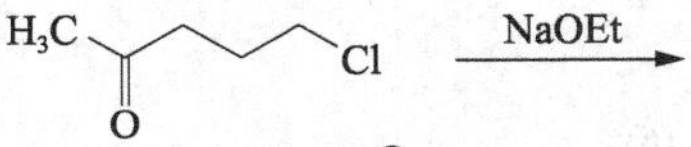
H_3C
O
Cl
NaOEt

(3) 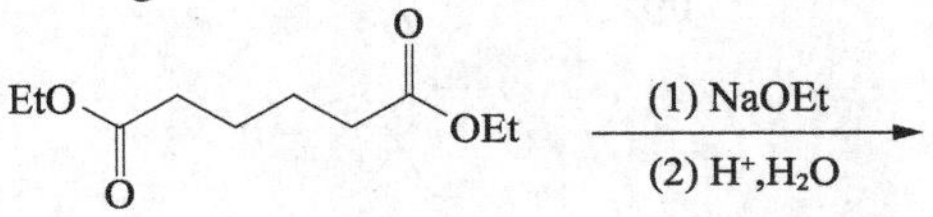
EtO
O
O
OEt
(1) NaOEt
(2) H^+,H_2O

(4) 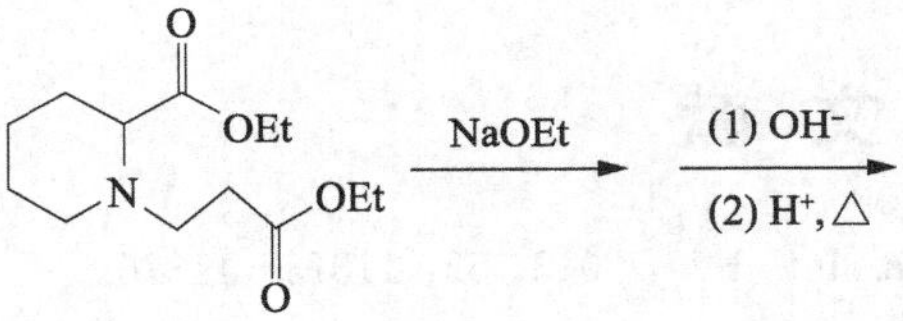
O
OEt
N
OEt
O
NaOEt
(1) OH^-
(2) H^+, △

(5) 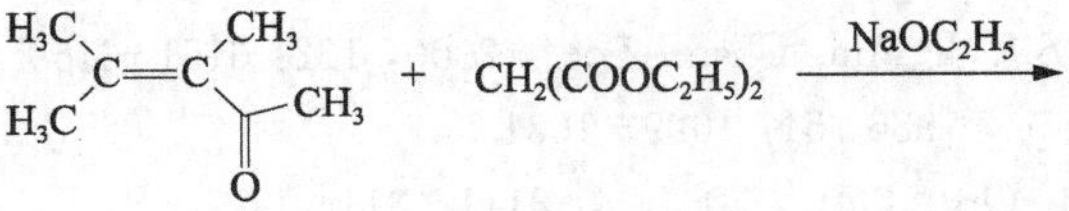
H_3C
CH_3
H_3C
C
C
CH_3
O
+
$CH_2(COOC_2H_5)_2$
$NaOC_2H_5$

(6) 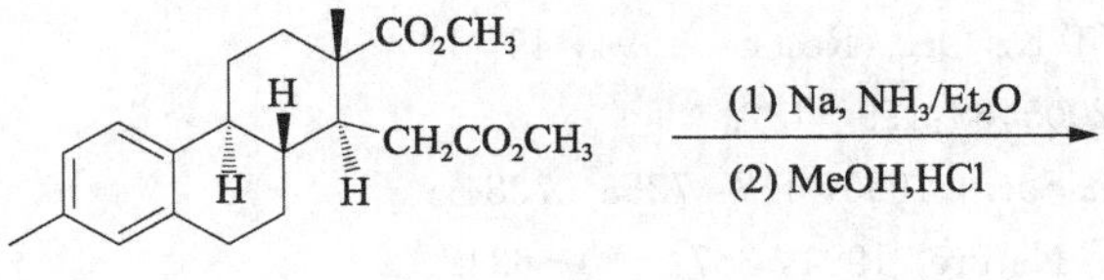
CO_2CH_3
H
$CH_2CO_2CH_3$
H
H
(1) Na, NH_3/Et_2O
(2) MeOH,HCl

(7) 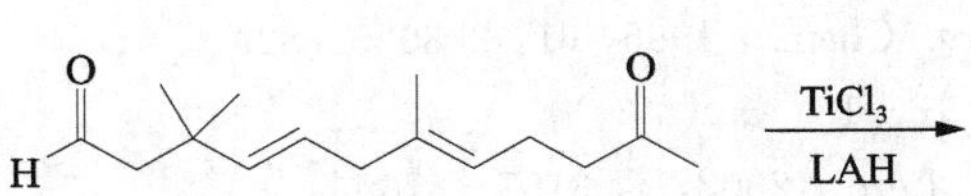
O
H
O
$TiCl_3$
LAH

(8) 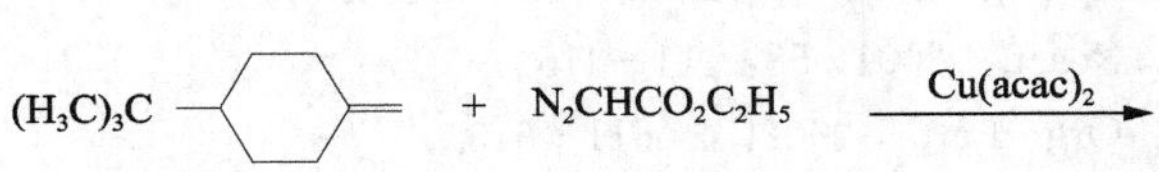
$(H_3C)_3C$
+
$N_2CHCO_2C_2H_5$
$Cu(acac)_2$

(9) 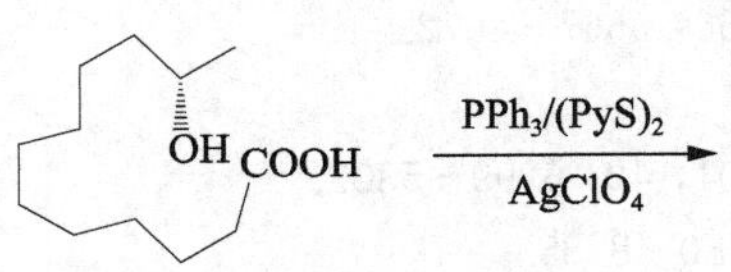
OH
COOH
$PPh_3/(PyS)_2$
$AgClO_4$

(10) [structure: N-allyl, N-Boc, α-allyl amino ester (CO_2Me)] $\xrightarrow{\text{Grubbs Ru 催化剂}}$

(11) [structure: HO, H, OCH_3 benzocyclobutene] $\xrightarrow{195℃}$

(12) [structure: tricyclic cyclobutene ether, O] + $CH_2=CH_2$ $\xrightarrow[\text{74\%}]{\text{Grubbs 催化剂}}$

2. 用简单原料合成下列化合物。

(1) [structure: O, Ph]　(2) [structure: O]　(3) HOOC, COOH, HOOC, COOH

(4) OH, Ph, Ph　(5)　(6) O

参考文献

[1] Hou S H, Tu Y Q, Liu L, et al. Angew. Chem. Int. Ed., 2013, 52: 11373-11376.
[2] Jung M E. Tetrahedron, 1976, 32: 3-31.
[3] Frontier A J, Raghavan S, Danishefsky S J. J. Am. Chem. Soc., 2000, 122: 6151-6159.
[4] Hackett S, Livinghouse T. J. Org. Chem., 1986, 51: 1629-1631.
[5] Yagi K, Turitani T, Shinokubo H, et al. Org. Lett., 2002, 4: 3111-3114.
[6] Habermas K L, Denmark S E, Jones T K. Org. React., 1994, 45: 11-58.
[7] 宋彦楠,王明安,王道全. 化学通报,2005,68:129-132.
[8] Hays D S, Gregory C F. J. Am. Chem. Soc., 1995, 117: 7283-7284.
[9] Nicolaou K C, Yang Z, Liu J J, et al. Nature, 1994, 367: 630-634.
[10] Rodríguez G, Cid M M, Saá C, et al. J. Org. Chem., 1996, 61: 2780-2782.
[11] Sauer J. Angew. Chem. Int. Ed., 1967, 6: 16-18.
[12] Mergott D J, Frank S A, Roush W R. Org. Lett., 2002, 4: 3157-3160.
[13] Charette A B, Beauchemin A. Org. React., 2001, 58: 411-415.
[14] Roh Y, Jang H Y, Lynch V, et al. Org. Lett., 2002, 4: 611-613.
[15] Takasu K, Ueno M, Ihara M. J. Org. Chem., 2001, 66: 4667-4672.
[16] Roxburgh C J. Tetrahedron, 1995, 51: 9767-9822.
[17] Sasaki T, Inoue M, Hirama M. Tetrahedron Lett., 2001, 42: 5299-5303.
[18] Andrus M B, Shih T-L. J. Org. Chem., 1996, 61: 8780-8785.

[19] Bloomfield J J，Owsley D C，Nelke J M. Org. React.，1976，23：259－403.
[20] Enders D，Niemeier O，Balensiefer T. Angew. Chem. Int. Ed. 2006，45：1463－1467.
[21] Mennen S M，Miller S J. J. Org. Chem.，2007，72：5260－5269.
[22] Grubbs R H，Miller S J，Fu G C. Acc. Chem. Res.，1995，28：446－452.
[23] Chrobok A. Tetrahedron，2010，66：2940－2943.
[24] Chou W N，White J B. Tetrahedron Lett.，1991，32：157－159.
[25] Von Zezschwitz P，Voigt K，Lansky A，et al. J. Org. Chem.，1999，64：3806－3812.
[26] Davies H M L，Clark T J，Kimmer G F. J. Org. Chem.，1991，56：6440－6447.
[27] Ye T，McKervey M A. Chem. Rev.，1994，94：1091－1160.
[28] Macdonald T L，Natalie K J Jr，Prasad G，et al. J. Org. Chem.，1986，51：1124－1126.
[29] Sathyamoorthi G，Thangaraj K，Srinivasan P C，et al. Tetrahedron Lett.，1989，30：4427－4430.
[30] Mondal S，Yadav R N，Ghosh S. Tetrahedron Lett.，2009，50：5277－5279.

复杂有机化合物的分子中常常含有多种官能团，在对其进行合成操作的过程中，往往希望反应只发生在一个官能团上。为此，通常将不希望参与反应的官能团（如羰基、羟基、氨基、羧基等）加以保护，待反应完毕后，再使其恢复为原来的基团。这种方法就是有机合成中的基团保护去保护策略[1,2]。

基团保护一般采用保护试剂与被保护的基团发生反应，使其在某一定条件下失去反应活性，从而使不希望发生的副反应不能进行或活性降低。从基团保护的角度考虑，理想的保护基必须具备：① 在温和的条件下，保护基可以选择性地与被保护基团反应；② 保护基引入被保护的基团上后，其性质在保护阶段的各种反应条件下应该是稳定的，在整个反应过程中不发生变化；③ 保护基在完成保护任务之后，在不破坏分子其他部位的条件下，保护基易于在温和条件下除去；④ 保护基的引入和去除应操作简单，产率高；⑤ 若需要对两个或两个以上的基团进行保护时，在选择保护基时必须注意保护基团的引入和去除互不干扰。

这种保护-去保护（protection-deprotection）方法在有机合成上应用极广，本章将介绍常见官能团（如羟基、羰基、羧基和氨基）的保护与去保护。

6.1 醇羟基的保护

羟基是有机化学中最常见的官能团之一，无论是醇羟基还是酚羟基均容易被多种氧化剂所氧化。因此，在多官能团化合物的合成过程中，羟基或者部分羟基需要先被保护，阻止它参与反应，在适当的步骤中再被转化。羟基的保护和去保护方法是所有基团中研究最多的，而其保护基团种类也是最多的。我们主要介绍醚保护法和羧酸酯保护法这两种最常见的方法。

6.1.1 醚保护法

醇能与烃基化试剂、酰化剂反应；伯、仲醇可以发生氧化，叔醇在酸催化下能脱水；醇羟基能分解 Grignard 试剂和其他有机金属化合物。若要使一个分子中其他部位官能团单独起化学反应，而阻止以上各类反应发生时，必须对羟基进行保护，待其他反应完成后再将其转换为羟基。

1. 四氢吡喃醚（tetrahydropyranyl ether）保护

用二氢吡喃与羟基作用形成四氢吡喃醚（tetrahydropyranyl ether）是最早用来保护羟基

的方法之一[3]。它的保护和去保护都比较容易操作，形成的醚在不同酸碱条件下均非常稳定。

酸催化伯、仲、叔醇与3,4-二氢吡喃在二氯甲烷中反应，室温下可生成相应的醚。反应通式如式(6-1-1)。

$$\text{DHP} + HOR \xrightarrow{H^{\oplus}} \text{THP-OR} \quad (6\text{-}1\text{-}1)$$

该反应过程如式(6-1-2)所示：质子酸使烯醇醚(3,4-二氢吡喃)的碳原子质子化，形成氧鎓离子，氧鎓离子有非常强的亲电性，容易被醇分子中的氧原子进攻，随后脱质子而得到醚。

$$\text{DHP} \xrightarrow{H^{\oplus}} \text{氧鎓离子} \xrightarrow{H-O-R} \text{THP-}\overset{\oplus}{O}(H)R \xrightarrow{-H^{\oplus}} \text{THP-OR} \quad (6\text{-}1\text{-}2)$$

实际反应中可依据醇分子对酸敏感的强弱来选择不同的酸。例如，对甲苯磺酸、樟脑磺酸、甲基苯磺酸吡啶盐、三甲基碘化硅、硫酸三甲基硅和三氯氧磷等。

醚在酸的作用下先分解得到一分子醇和半缩醛，随后半缩醛开环得到5-羟基戊醛[见式(6-1-3)]。

$$\text{THP-OR} \xrightarrow{H^{\oplus}/H_2O} \text{THP-OH} + ROH \rightleftharpoons OHC(CH_2)_3CH_2OH \quad (6\text{-}1\text{-}3)$$

例如，由3-羟基丙炔合成4-羟基-2-炔-丁酸是碳链增加的反应，若要得到端基为酸的化合物，格氏反应是比较好的选择[4]。但在格氏反应中，原料分子中的羟基会影响反应的进行，这时的羟基需要进行保护，如式(6-1-4)。

$$HOCH_2C{\equiv}CH \xrightarrow[H^{\oplus}]{\text{DHP}} \text{THP-}OCH_2C{\equiv}CH \xrightarrow{EtMgBr} \text{THP-}OCH_2C{\equiv}CMgBr \quad (6\text{-}1\text{-}4)$$
$$\xrightarrow{CO_2} \text{THP-}OCH_2C{\equiv}CCO_2MgBr \xrightarrow[H_2O]{H^{\oplus}} HOCH_2C{\equiv}CCO_2H$$

又如，由7-溴-1-庚醇合成碳链增加的不饱和化合物，当选择端基炔作为原料，醇羟基的保护是必要的，当完成反应后，在酸性水溶液中脱除保护基，如式(6-1-5)。

$$BrCH_2(CH_2)_5CH_2OH + \text{DHP} \longrightarrow \text{THP-}OCH_2(CH_2)_5CH_2Br \xrightarrow{NaC{\equiv}CCH_2CH_2CH_3}$$
$$\text{THP-}OCH_2(CH_2)_5CH_2{-}C{\equiv}CCH_2CH_2CH_3 \xrightarrow[H_2]{Lindlar} \quad (6\text{-}1\text{-}5)$$
$$\text{THP-}OCH_2(CH_2)_5CH_2{-}\overset{H}{C}{=}\overset{H}{C}CH_2CH_2CH_3 \xrightarrow[(2)\ CH_3COCl]{(1)\ H_3\overset{\oplus}{O}}$$
$$CH_3COOCH_2(CH_2)_5CH_2{-}\underset{H}{C}{=}CHCH_2CH_2CH_3$$

四氢吡喃(THP)醚也可以用来保护二羟基化合物中的一个羟基,如下列二羟基化合物在少量碘的存在下,经微波辐射可以实现一个羟基的选择性保护[5],参见式(6-1-6)。

$$\underset{CH_2OH}{\overset{CH_2OH}{(CH_2)_n}} \xrightarrow[\text{THF, MW}]{\text{1.3equiv. THP, 0.2equiv. } I_2} \underset{CH_2OH}{\overset{CH_2OTHP}{(CH_2)_n}} \quad n=0,\ 78\%;\ n=1,\ 77\%;\ n=2,\ 75\% \tag{6-1-6}$$

从以上的反应示例中可以看出,四氢吡喃醚保护基具有容易引入、对多种条件稳定、易脱除的特点。需要注意的是,该保护基不能在酸性介质中使用。此外,由于伯、仲、叔醇都可以与四氢吡喃基结合,因此无法实现多元醇的选择性保护。另外,二氢吡喃与醇作用后,在环的2位产生了一个手性中心。因此,非手性醇的反应产物为外消旋体混合物。如果醇本身已有一个手性中心,与二氢吡喃反应后就会得到相应非对映异构体的混合物,给提纯和鉴定带来困难。通常,采用类似结构的开链烯醇醚(如2-甲氧基丙烯)来代替二氢吡喃,就不会产生新的手性中心。保护时用三氯氧磷,去保护在20%的醋酸水溶液中进行[6],参见式(6-1-7)。

$$ROH + CH_2{=}C(CH_3)OCH_3 \underset{20\%\ AcOH}{\overset{H^{\oplus}}{\rightleftharpoons}} ROC(CH_3)_2OCH_3 \tag{6-1-7}$$

在寡糖的合成中,羟基的保护尤为重要。叶新山研究组在此领域做了大量的有意义的工作。发展了寡糖组合合成的正交选择性保护-去保护和计算程序化的寡糖一锅组装策略[7-9]。近期报道[10],以D-核糖为原料,经20步合成得到一种有效的唾液酸转移酶抑制剂,如式(6-1-8)。从目标物可以看到,无论是环状戊烷分子还是核糖分子中的羟基均需通过保护-去保护过程方能实现。

$$\text{D-核糖} \xrightarrow{20步} \text{唾液酸转移酶抑制剂 (AcHN, OBn, } 3Na^+\text{, 胞苷)}$$

$$\text{D-核糖} \xrightarrow[\text{rt, 8 h}]{H_2SO_4, HCl(g)/丙酮} \text{甲基 2,3-O-异亚丙基核糖苷} \tag{6-1-8}$$

2. 甲氧基甲基和β-甲氧基乙氧甲基保护

甲氧甲基(MOM)和β-甲氧乙氧甲基(MEM)常用于保护醇和酚的羟基,其反应是醇的碱金属盐与甲氧甲基氯或β-甲氧乙氧甲基氯反应以缩醛形式保护羟基[11-13],如式(6-1-9)。

$$RO^{\ominus}M^{\oplus} \xrightarrow{CH_3OCH_2Cl} ROCH_2OCH_3$$
$$RO^{\ominus}M^{\oplus} \xrightarrow{CH_3OCH_2CH_2OCH_2Cl} ROCH_2OCH_2CH_2OCH_3 \tag{6-1-9}$$

保护基MEM的一个显著特点就是容易脱去，常见的Lewis酸，如溴化锌、四氯化钛、二甲基溴化硼及三甲基碘化硅都能使其离去。而在以上条件下，MEM的分解优于MOM或THP。相反，MEM基团对于酸性水解比THP基团稳定。利用这样的一些差别，可以选择性地对同一分子中的不同羟基进行保护和去保护[14]，如式(6-1-10)。

$$\text{(THPO, OMEM, CH=CH}_2\text{ substrate)} \xrightarrow[\text{35℃, 40 h}]{CH_3COOH,\ H_2O,\ THF} \text{(HO, OMEM, CH=CH}_2\text{ product)} \tag{6-1-10}$$

3. 三芳甲基保护

三苯基氯甲烷与醇在吡啶(Py.)的作用下可以得到相应的醚，这一反应常用于保护醇羟基，如式(6-1-11)。

$$Ph_3CCl + ROH \xrightarrow{\text{吡啶}} Ph_3COR \tag{6-1-11}$$

三芳甲基是一个大空间位阻基团，利用醋酸-水体系就可以将其脱去。由于三苯甲基的空间位阻效应，位阻大的醇比一级醇的反应要慢得多，因此可以实现选择性保护。这种保护方法在核苷分子中应用较为广泛。

例如，要实现下列核糖分子中2位和3位羟基的反应，而5位羟基不受影响，必须利用分子中羟基的不同反应活性及合适的保护基团方可进行。例如，用三苯基氯甲烷在吡啶溶液中可选择性保护5-羟基，随后在碱性条件下与苄氯反应，可得到较高产率的产物[15]，如式(6-1-12)。

$$\text{HOH}_2\text{C-(uridine, HO, OH)} \xrightarrow[\text{吡啶}]{Ph_3CCl} \text{Ph}_3\text{COH}_2\text{C-(uridine, HO, OH)}\ 81\% \xrightarrow[KOH]{PhCH_2Cl}$$
$$\text{Ph}_3\text{COH}_2\text{C-(uridine, PhCH}_2\text{O, OCH}_2\text{Ph)} \xrightarrow[\text{100℃, 10 min}]{CH_3COOH,\ H_2O} \text{HOH}_2\text{C-(uridine, PhCH}_2\text{O, OCH}_2\text{Ph)}\ 70\% \tag{6-1-12}$$

又如，下列核糖3位或5位上磷酸化成核苷酸**6-1**或**6-2**，首先是用三苯甲基保护5位伯羟基得到化合物**6-3**，当3位羟基与氯化苄氧磷酸作用得到3位的苄氧磷酸酯后，再分别用醋酸脱去三苯甲基，而催化氢化法脱去苄氧基而得到核苷酸**6-1**。当化合物**6-3**在吡啶溶液中与醋酐作用得到3位羟基被酯化的中间体后，再与氯化磷酸酯作用而得到5位的苄氧磷酸酯，再经催化氢化脱去苄氧基及经氢氧化钡处理脱去乙酰基，得到核苷酸**6-2**，如式(6-1-13)。

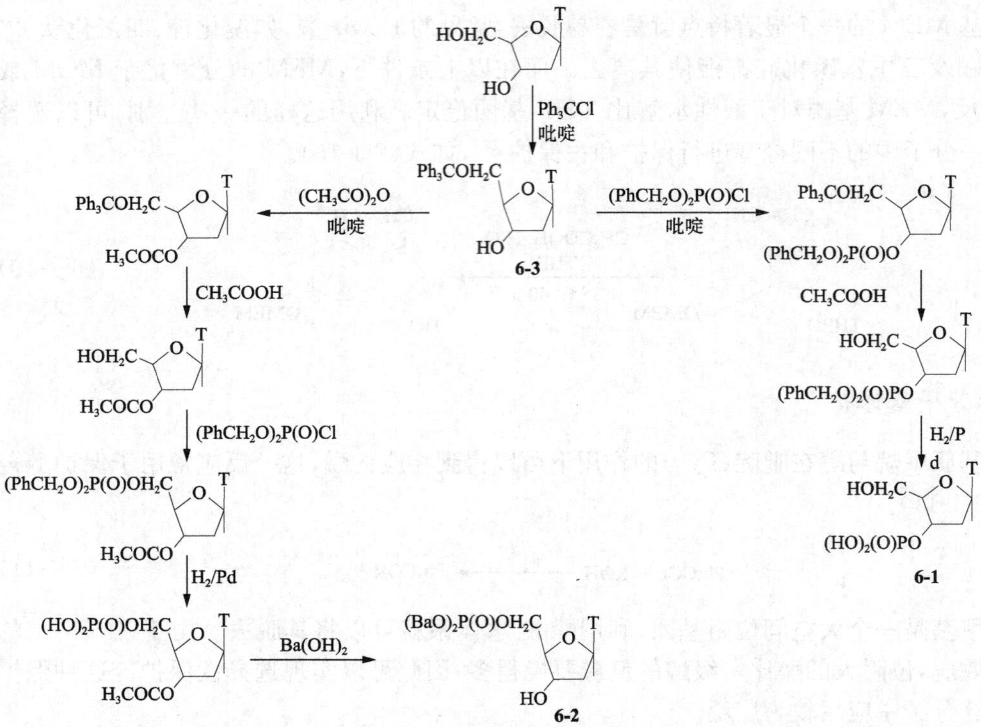

(6-1-13)

Hwu 等报道[16]，硅胶负载的硝酸铵铈[$Ce(NH_4)_2(NO_3)_6$，简称 CAN-SiO_2]可高产率并选择性地脱去核苷或脱氧核苷分子中羟基的保护基，如三芳基、单甲氧三芳基和双甲氧三芳基，如式(6-1-14)。

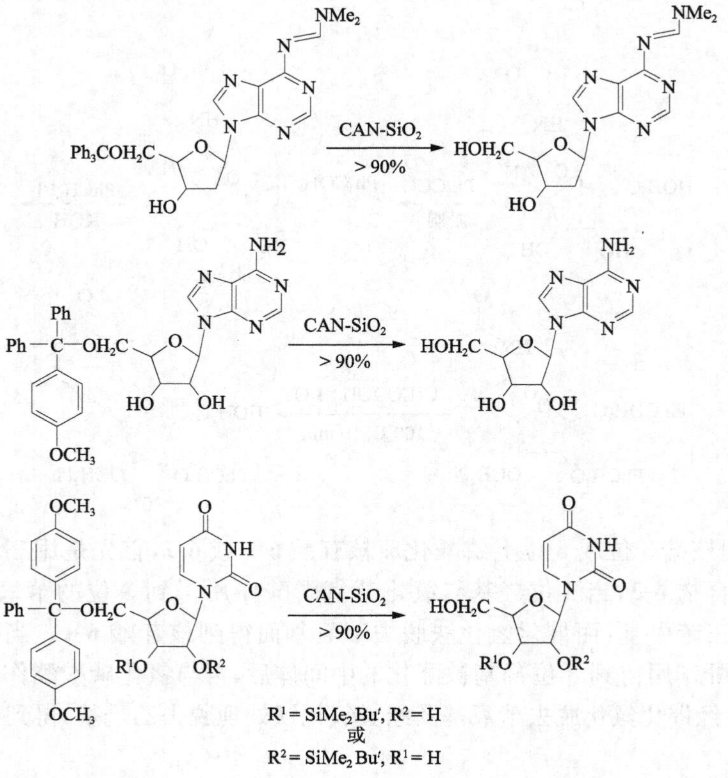

(6-1-14)

4. 苄基醚保护

苄基醚如同以上其他醚，对多数酸碱、氧化剂[如 PCC、PDC、$NaIO_4$ 和 $Pb(OAc)_4$ 等]及还原剂(如金属氢化物)稳定。同时，保护和去保护的反应条件比较温和、易操作，所以常被用于羟基的保护。在上述核苷分子中仲碳的羟基保护[见式(6-1-13)]实际上就是采用的苄基醚保护。

在 N,N-二甲基甲酰胺(DMF)或四氢呋喃(THF)中，苄溴或苄氯与醇钠作用形成苄基醚，如式(6-1-15)。在由羟基吡喃酮合成相应的吡啶酮时，分子中的羟基的保护也是由苄氯保护，随后由催化氢化去保护实现[17]，如式(6-1-16)。

HO … OCH3 —[$C_6H_5CH_2Br$, NaH / 四氢呋喃, r.t.]→ $C_6H_5CH_2O$ … OCH3, $OH_2CC_6H_5$ (6-1-15)

OH, R_2 —[苄氯]→ OBn, R_2 —[R_1NH_2]→ Bz, N, R_1, R_2 —[H_2 / Pd/C]→ OH, N, R_1, R_2　$R_1=CH_3$　$R_2=CH_2CH_2CH_3$ (6-1-16)

在下列甾体化合物中，由于利用了羟基的保护和去保护，双键的氧化开环反应可以很顺利地进行而得到较高产率的产物[见式(6-1-17)]。

C_8H_{17}, $PhCH_2O$ —[(1) $PhCO_3H$ / (2) $H^{\oplus}$, Cr(Ⅵ)]→ C_8H_{17}, $PhCH_2O$, OH, O —[(1) $PhCO_3H$ / (2) H_2/Pt]→ C_8H_{17}, HO, O, CH_2COOH (6-1-17)

5. 烷基(三甲基或三乙基)硅基保护

自1972年Corey首次报道了羟基的硅烷化和脱硅烷化方法后[18]，这种保护策略得到了迅速发展。由于硅氧醚键容易形成，而且硅氧醚键对于有机锂、格氏试剂和一些氧化剂、还原剂等都比较稳定，因而保护基策略被广泛采用。常用的烷基硅基有：三甲基硅基、三乙基硅基、三苯基硅基、叔丁基二甲基硅基、三异丙基硅基等。烷基硅基可以在特定条件下发生水解反应而断裂。限于篇幅，此处仅就三甲基硅基和三乙基硅基的保护进行简要介绍。

能产生三甲硅基的试剂有三甲基硅三氟甲磺酸酯($Me_3SiSO_3CF_3$)、六甲基二硅胺烷[$(Me_3Si)_2NH$]和三甲基氯硅烷等。其中，三甲基硅氟甲磺酸酯的反应活性最高，但价格昂贵,一般使用价格便宜的三甲基氯硅烷。反应常以碱(如吡啶、三乙胺等)作催化剂,以四氢呋喃、二氯甲烷、乙腈、二甲基甲酰胺等为溶剂。例如,下列糖苷分子中,利用三甲基氯硅烷实现对糖结构单元中羟基的保护,而碱基中的氨基不受影响,如式(6-1-18)。

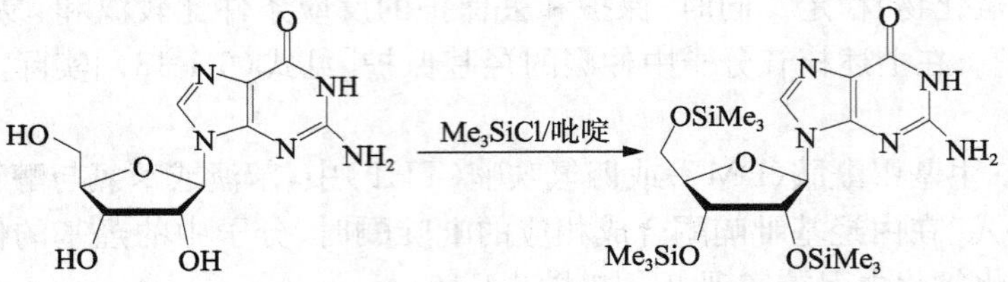

Me_3SiCl/吡啶 (6-1-18)

又如,以咪唑为催化剂,在DMF中,不饱和醇与三乙基氯硅烷反应得到高产率的硅醚化合物[见式(6-1-19)],实现了对羟基的保护。

Et_3SiCl/咪唑, DMF (6-1-19)

一般来说,Si—O键是比较稳定的,与硅原子相连的基团越大,其稳定性越高。若在酸性条件下水解,烷基硅醚的稳定性有如下规律

$$Me_3Si < Et_3Si < {}^tBuMe_2Si < {}^iPr_3Si < {}^tBuPh_2Si$$

在碱性条件下的烷基硅醚的稳定顺序为

$$Me_3Si < Et_3Si < {}^tBuMe_2Si = {}^tBuPh_2Si < {}^iPr_3Si$$

所以,去保护常常在碱性水溶液($NaHCO_3$、K_2CO_3 等)中进行,也可在酸性水溶液(HOAc、酸性树脂或Lewis酸等)中实现,通常可依据其保护基的稳定性大小选择合适的水解条件。例如,在碳酸钾的甲醇溶液中可实现糖分子中伯羟基的游离,如式(6-1-20)。

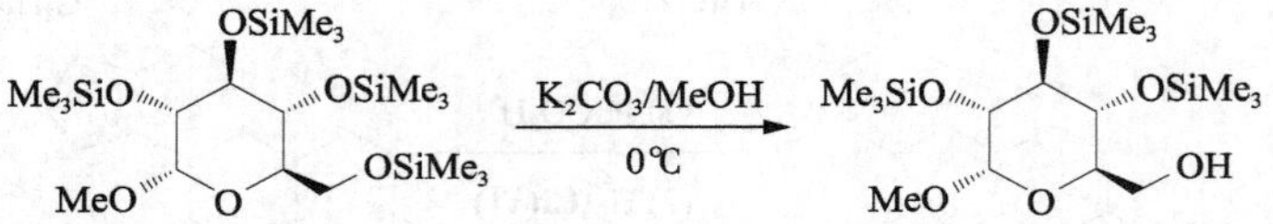

K_2CO_3/MeOH, 0℃ (6-1-20)

对于三乙基硅基醚,还可以利用10%Pd/C-MeOH的溶液中完成仲碳羟基的游离,如式(6-1-21)。从中可以看出,二甲基叔丁基硅基的水解稳定性要大于三乙基硅基,利用这种差异可以实现选择性去保护。

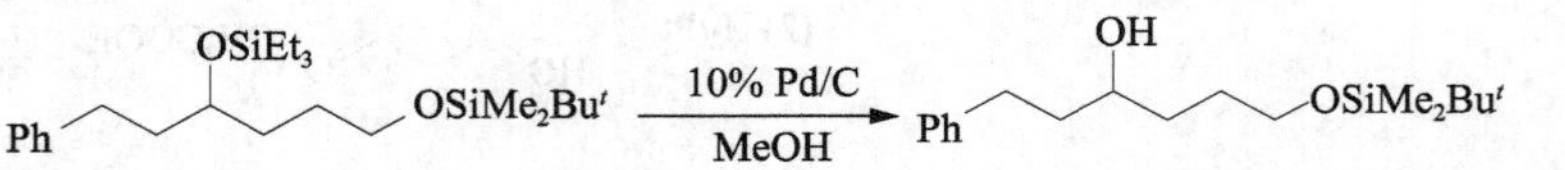

10% Pd/C, MeOH (6-1-21)

另外,以 $Mg(ClO_4)_2$ 作催化剂,羟基(醇羟基或酚羟基)可以与碳酸酐叔丁酯(Boc_2O)作用得到叔丁基醚,实现对醇羟基(或酚羟基)的保护[19],如式(6-1-22)。而在 $CeCl_3$ 的碘化钠溶液中可以脱去保护基,如式(6-1-23),该法纯化操作简单。

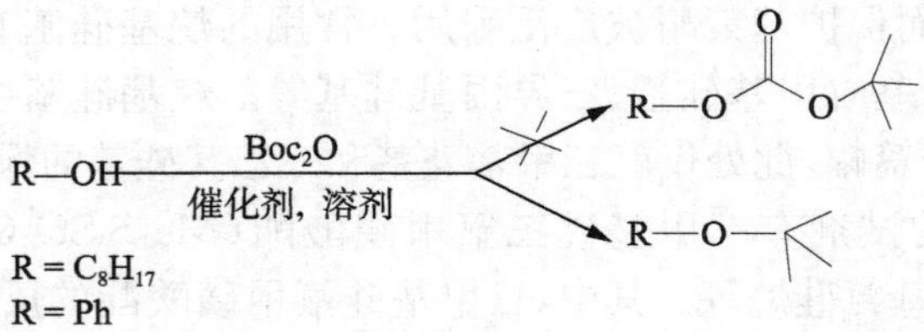

R—OH —(Boc_2O, 催化剂, 溶剂)→ (6-1-22)

R = C_8H_{17}
R = Ph

$$R-OH \xrightarrow[Mg(ClO_4)_2,\ 40℃]{2.3equiv.\ Boc_2O} R-O-C(CH_3)_3$$

$$R-O-C(CH_3)_3 \xrightarrow{CeCl_3\cdot 7H_2O/NaI} R-OH \qquad (6\text{-}1\text{-}23)$$

其催化过程是，醇与碳酸酐叔丁酯作用脱去一分子叔丁醇，随后在高氯酸镁的作用下脱去二氧化碳得到叔丁基醚，如式(6-1-24)。

$$R-OH + Boc_2 \longrightarrow R-O-C(=O)-O-C(=O)-OBu^t \xrightarrow{Mg(ClO_4)_2}$$

$$[\text{Mg}(ClO_4)_2\text{ 配位的环状过渡态}] \xrightarrow{-CO_2} R-OBu^t \qquad (6\text{-}1\text{-}24)$$

6.1.2　羧酸酯保护法

众所周知，醇与酸反应生成酯的过程是可逆的，利用这种可逆性可以实现羟基的保护和去保护。常见的酯有乙酸酯、二氯乙酸酯、苯甲酸酯、叔丁基甲酸酯、叔丁氧甲酸酯等。有关具体的保护和去保护将在“羧基的保护”部分详细介绍。

6.2　1,2-二醇的保护

在多羟基化合物中，同时保护两个羟基往往很方便。保护基可以是缩醛、缩酮（如同在醛、酮羰基的保护中与常用的1,2-二醇保护酮羰基类似）、硅氧醚、碳酸酯等。

6.2.1　缩醛、缩酮保护法

在生成缩醛、缩酮的反应中，一般使用的羰基化合物是丙酮和苯甲醛，丙酮在酸催化下与顺式1,2-二醇反应，苯甲醛则在氯化锌存在下与1,3-二醇反应。环缩醛、缩酮类在许多中性和碱性介质中稳定，在烃化和酰化所需条件下不受影响，对 CrO_3/吡啶、过氧酸、$Pb(OAc)_4$、Ag_2O、碱性 $KMnO_4$、Oppenauer（烷基醇铝，如叔丁基醇铝或异丙醇铝）等氧化条件及对 $NaBH_4$、$LiAlH_4$、Na-Hg 等还原条件都很稳定。对酸性水解很敏感，可以用此方法除去这类保护基。

丙酮常被用于1,2位二醇的保护，而苯甲醛用于互处1,3位二醇的保护，其反应常在酸性条件下进行，如式(6-2-1)。

$$RCH(OH)CH(OH)R' + CH_3C(=O)CH_3 \xrightarrow{H^{\oplus}} \text{RCH—CHR'（O—C(CH}_3)_2\text{—O 环）}$$

$$HOCH_2-CHR-CH_2OH \xrightarrow{PhCHO/ZnCl_2} \text{2-Ph-1,3-二噁烷（5-R）} \qquad (6\text{-}2\text{-}1)$$

二醇的游离一般可用稀酸处理，如式(6-2-2)，而苄叉基保护的情况下也可用氢解的方法再生[参见式(6-2-2)]。例如，丙三醇在苯甲醛的酸性溶液中是 1,3 位羟基与苯甲醛反应，而在丙酮的酸性溶液则为 1,2 位羟基反应。在去保护时，丙三醇缩苯甲醛利用催化氢化法去保护，而丙三醇缩丙酮一般水解可脱去，如式(6-2-3)。

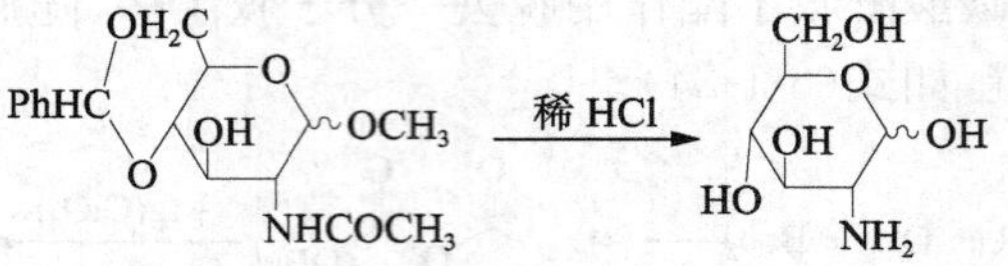

PhHC
OH_2C
O
OH
OCH_3
O
$NHCOCH_3$
稀 HCl
CH_2OH
O
OH
OH
HO
NH_2

(6-2-2)

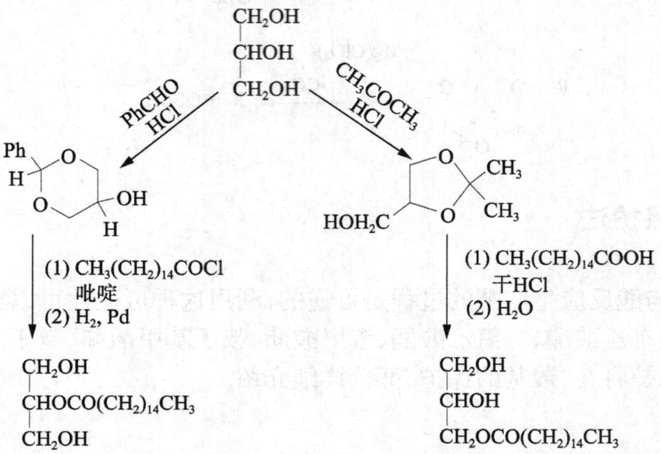

CH_2OH
CHOH
CH_2OH
PhCHO
HCl
CH_3COCH_3
HCl
Ph
H
O
O
OH
H
O
O
CH_3
CH_3
HOH_2C
(1) $CH_3(CH_2)_{14}COCl$
吡啶
(2) H_2, Pd
(1) $CH_3(CH_2)_{14}COOH$
干HCl
(2) H_2O
CH_2OH
$CHOCO(CH_2)_{14}CH_3$
CH_2OH
CH_2OH
CHOH
$CH_2OCO(CH_2)_{14}CH_3$

(6-2-3)

另外，控制碘溶液的浓度，如在乙腈溶液中 0.3% 的碘溶液，可选择性地去保护，如式(6-2-4)。

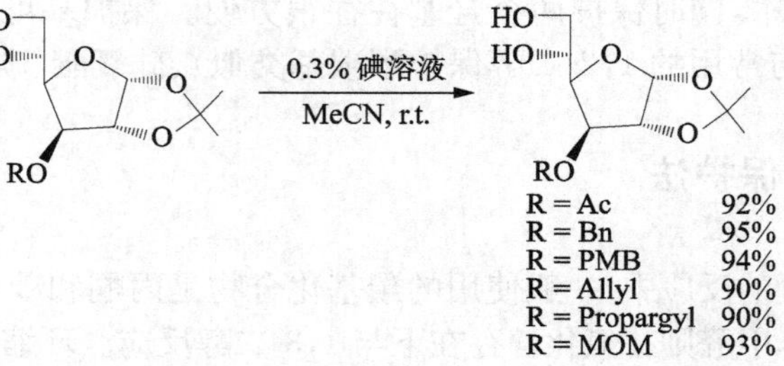

O
O
O
O
O
RO
0.3% 碘溶液
MeCN, r.t.
HO
HO
O
O
O
RO
R = Ac 92%
R = Bn 95%
R = PMB 94%
R = Allyl 90%
R = Propargyl 90%
R = MOM 93%

(6-2-4)

6.2.2 碳酸酯保护法

顺式 1,2-二醇与光气在吡啶溶液中反应生成碳酸环酯。该酯在中性和温和的酸性条件下稳定，在此条件下进行氧化还原时能保护二醇，如式(6-2-5)。

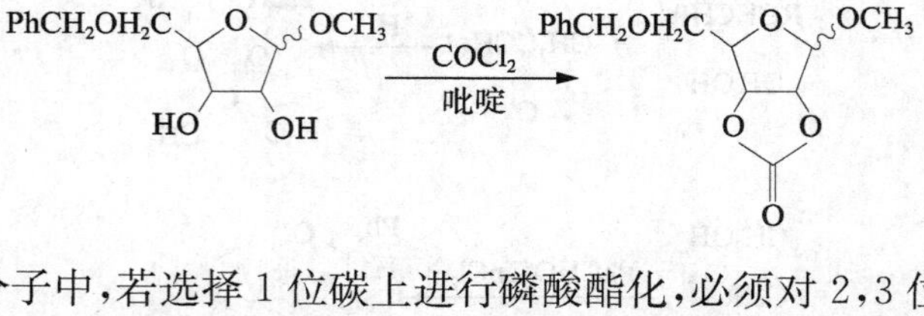

$PhCH_2OH_2C$
O
OCH_3
HO
OH
$COCl_2$
吡啶
$PhCH_2OH_2C$
O
OCH_3
O
O
O

(6-2-5)

在下列呋喃糖分子中，若选择 1 位碳上进行磷酸酯化，必须对 2,3 位羟基进行保护。按上述方法保护后，再溴化、磷酸酯化，最后，在碱性条件下水解去保护，如式(6-2-6)。

$$\text{PhCH}_2\text{OH}_2\text{C-(呋喃糖, HO, OH)-OCH}_3 \xrightarrow[\text{吡啶}]{\text{COCl}_2} \text{(碳酸酯)} \xrightarrow[(2)\ (\text{PhCH}_2\text{O})_2\text{PO}_2\text{N}(\text{C}_2\text{H}_5)_2]{(1)\ \text{HBr}} \text{PhCH}_2\text{OH}_2\text{C-...-OP(O)(OCH}_2\text{Ph)}_2 \xrightarrow[\text{Pd}]{\text{H}_2} \text{HOH}_2\text{C-...-OP(O)(OCH}_2\text{Ph)}_2 \xrightarrow[\text{H}_2\text{O}]{\text{LiOH}} \text{HOH}_2\text{C-(HO, OH)-OP(O)(OH)}_2 \quad (6\text{-}2\text{-}6)$$

6.3　酚羟基的保护

酚羟基容易被氧化，因而通常需要对其进行保护。与醇羟基的保护方法类似，常常使其成醚、成缩醛、成酯等，当完成其他反应后再进行去保护。

6.3.1　醚保护法

保护酚羟基最常见的方法是形成甲基酚醚。通常情况下，在碱性条件下碘甲烷或硫酸二甲酯与酚作用得到相应的甲基酚醚，如式(6-3-1)。

$$\text{H}_3\text{COC-C}_6\text{H}_3(\text{OCH}_3)_2 \xleftarrow[\text{CH}_3\text{CH}_2\text{OH, 回流}]{(\text{MeO})_2\text{SO}_2/\text{NaOH}} \text{HO-C}_6\text{H}_3(\text{COCH}_3)\text{-OH} \xrightarrow[\text{CH}_3\text{COCH}_3\text{, 回流}]{\text{CH}_3\text{I/K}_2\text{CO}_3} \text{CH}_3\text{O-C}_6\text{H}_3(\text{COCH}_3)\text{-OCH}_3 \quad (6\text{-}3\text{-}1)$$

对于甲基酚醚，质子酸或 Lewis 酸均可去其保护基。如下列去保护反应(6-3-2)是在三氯化铝的二氯甲烷中回流实现。

$$\text{3-OCH}_3\text{-2-Br-6-COOCH}_3\text{-吡啶} \xrightarrow[\text{回流}]{\text{AlCl}_3/\text{CH}_2\text{Cl}_2} \text{3-OH-2-Br-6-COOCH}_3\text{-吡啶} \quad (6\text{-}3\text{-}2)$$

同时，Lewis 酸还可以选择性地水解多羟基酚甲基醚，处于吸电子基团邻位的甲基醚比对位或间位的甲基醚容易被水解，如式(6-3-3)。

$$\text{萘(OCH}_3\text{, OAc, NHAc, H}_3\text{C, CH}_3\text{O, COC}_2\text{H}_5) \xrightarrow[(2)\ \text{Na}_2\text{CO}_3/\text{H}_2\text{O}]{(1)\ \text{BCl}_3/\text{CH}_2\text{Cl}_2/-20℃} \text{萘(OCH}_3\text{, OH, NHAc, H}_3\text{C, HO, COC}_2\text{H}_5) \quad (6\text{-}3\text{-}3)$$

在醇羟基保护策略中提到的形成苄基醚的方法也可以用于酚羟基的保护。一般情况下,酚与苄溴在碱(NaOH 或 K_2CO_3)催化室温下反应生成相应的苄酚醚,如式(6-3-4)。若在回流条件下,可实现多酚羟基的保护,如式(6-3-5)[20]。

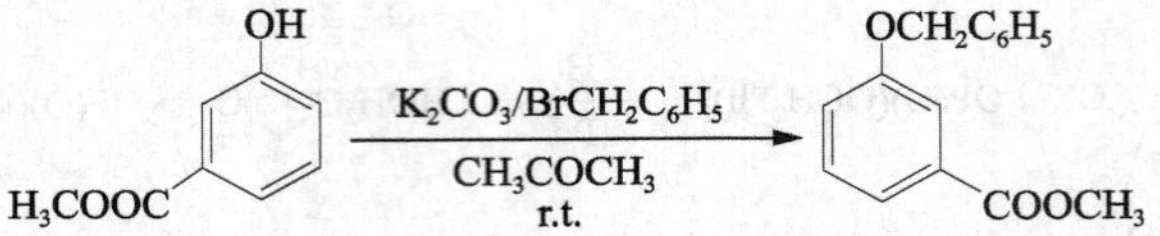

$K_2CO_3/BrCH_2C_6H_5$; CH_3COCH_3, r.t. (6-3-4)

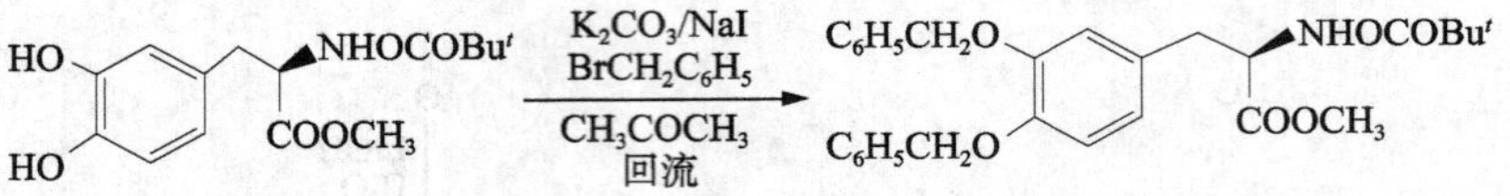

K_2CO_3/NaI, $BrCH_2C_6H_5$; CH_3COCH_3, 回流 (6-3-5)

从式(6-3-6)还可以看出,在碳酸氢钠的乙腈溶液中,氯化苄优先与无吸电子基团的对位羟基反应,而邻位无作用。

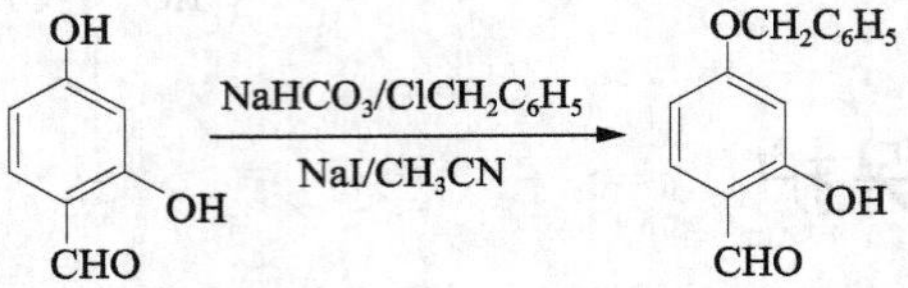

$NaHCO_3/ClCH_2C_6H_5$; NaI/CH_3CN (6-3-6)

采用催化氢化(Pd/C-H_2)法或者是^{t}BuOH/Na 体系进行处理,均可以有效地脱去苄基[21],如式(6-3-7)。

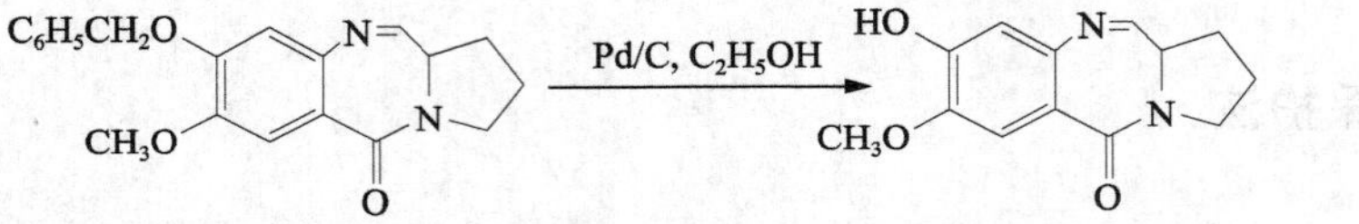

Pd/C, C_2H_5OH (6-3-7)

其次,四氯化钛($TiCl_4$)和四氯化硅($SiCl_4$)可用于苄基的脱除,如式(6-3-8)。从式(6-3-7)和式(6-3-8)的反应中可以看出,分子中的甲基醚是稳定的[22]。

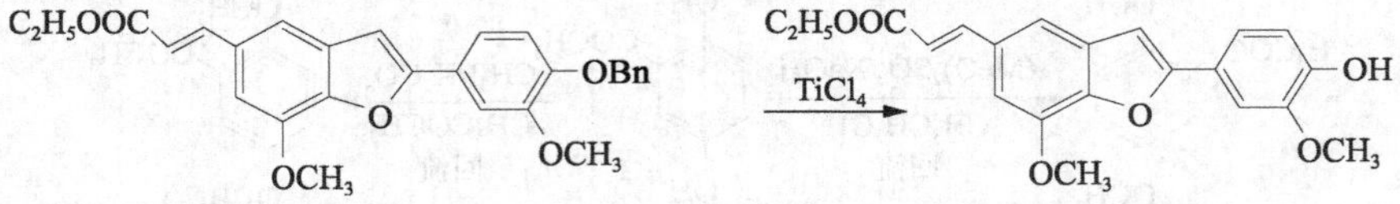

$TiCl_4$ (6-3-8)

另外,酚羟基可通过形成甲氧基甲基醚来进行保护,如在下列的 Wittig 反应中,环上的酚羟基先用氯甲基甲醚保护,反应完成后可以在乙酸水溶液中使酚羟基再现,如式(6-3-9)。

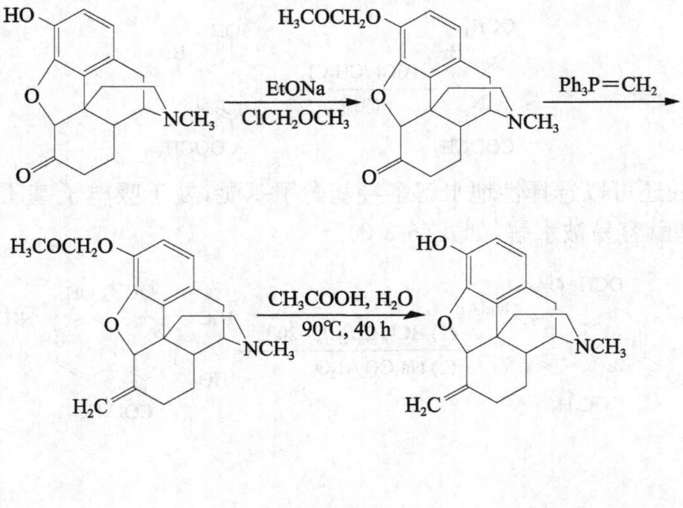

EtONa, $ClCH_2OCH_3$; $Ph_3P{=}CH_2$; CH_3COOH, H_2O, 90℃, 40 h (6-3-9)

6.3.2 酯保护法

制备苯酚的羧酸酯通常是用乙酰氯、苯甲酰氯、氯甲酸乙酯与其在碱的作用下反应得到,如式(6-3-10)。

$$\text{PhOH} + \begin{cases} CH_3COCl \\ C_6H_5-\overset{O}{\overset{\|}{C}}-Cl \\ CH_3CH_2O-\overset{O}{\overset{\|}{C}}-Cl \end{cases} \xrightarrow{OH^{\ominus}} \begin{cases} \text{PhOCOCH}_3 \\ \text{PhOCOC}_6H_5 \\ \text{PhOCOOCH}_2CH_3 \end{cases} \tag{6-3-10}$$

酚酯的去保护比脂肪族醇酯要容易些。例如,在乙酸苄酯和乙酸酚酯同时存在时,在 $TsOH\text{-}SiO_2$-甲苯溶液中,可选择性脱去酚的乙酰基,而乙酸苄酯不受影响[23],如式(6-3-11)。

$$CH_3COOCH_2-C_6H_4-OOCCH_3 \xrightarrow[80℃]{TsOH\text{-}SiO_2\text{-甲苯}} HO-C_6H_4-CH_2OOCCH_3 \tag{6-3-11}$$

另外,硼氢化钠的DMF溶液,同样使乙酰基脱去,而其苄酯被保留,如式(6-3-12)。

$$\text{(CH}_2\text{OOCCH}_3\text{)(OCOCH}_3\text{)(OCH}_3\text{)}C_6H_3 \xrightarrow[40℃]{NaBH_4/DMF} \text{(CH}_2\text{OOCCH}_3\text{)(OH)(OCH}_3\text{)}C_6H_3 \tag{6-3-12}$$

6.4 羰基的保护

羰基是最活泼的官能团之一,因此,在复杂有机化合物的合成中往往需要涉及羰基的保护。

不同羰基的反应活性顺序是:醛>脂肪酮(环己酮)>环戊酮>α,β-不饱和酮>芳香酮。可以依据这种活性差异实现不同羰基的选择性保护。常见的保护方法一般有缩醛及缩酮化法,硫代缩醛、缩酮法,转化为烯醇醚及烯胺衍生物法,转化为缩氨脲、肟和腙等方法。

在干燥的氯化氢、甲苯磺酸(或酸性离子交换)或Lewis酸(氯化锌等)催化下,醛、酮可以与甲醇(或乙醇、乙硫醇)反应,脱水生成缩醛或缩酮,如式(6-4-1)。

$$\begin{aligned} &RCHO + 2\,HOR' \xrightarrow{\text{干}\,HCl} RCH(OR')_2 + H_2O \\ &RCHO + 2\,HSR' \xrightarrow{H^{\oplus}/ZnCl_2} RCH(SR')_2 + H_2O \end{aligned} \tag{6-4-1}$$

实际上，甲基或乙基的缩醛或缩酮还可以在酸催化下与醛或酮作用生成新的缩醛或缩酮。例如，三甲氧基甲烷或2,2-二甲氧丙烷等进行交换反应实现对羰基的保护，如式(6-4-2)。

$$RR'C=O + HC(OCH_3)_3 \xrightarrow{H^{\oplus}} RR'C(OCH_3)_2 + HCO_2CH_3$$

$$RR'C=O + (CH_3)_2C(OCH_3)_2 \xrightarrow{H^{\oplus}} RR'C(OCH_3)_2 + HCO_2CH_3 \quad (6\text{-}4\text{-}2)$$

其中醇与醛的作用机理可以用式(6-4-3)进行描述

$$RHC=O \xrightarrow{H^{\oplus}} RHC=OH^{\oplus} \xrightarrow{R'OH} RHC(OH)-\overset{\oplus}{O}(H)R' \xrightarrow{-H^{\oplus}} RHC(OH)-OR'\ (\text{半缩醛})$$

$$\xrightarrow{H^{\oplus}} RHC(OH_2^{\oplus})-OR' \xrightarrow{-H_2O} RH\overset{\oplus}{C}-OR' \xrightarrow{R'OH} RHC(OR')-\overset{\oplus}{O}(H)R' \xrightarrow{-H^{\oplus}} RHC(OR')-OR'\ (\text{缩醛}) \quad (6\text{-}4\text{-}3)$$

缩醛、缩酮的去保护常常在酸性水溶液中进行。例如，在下面的反应中，需要先用甲醇对羰基进行保护，然后再在碱性条件下脱除氯化氢，最后在对甲苯磺酸的水溶液中脱去保护基，如式(6-4-4)。

$$\text{(CHO, CH}_3\text{, CH}_2\text{Cl 取代降冰片烷)} \xrightarrow[(2)\ ^tBuOK,DMSO]{(1)\ CH_3OH,H^{\oplus}} \text{(CH(OCH}_3)_2\text{, CH}_3\text{, =CH}_2\text{)} \xrightarrow{p\text{-TsOH}, H_2O} \text{(CHO, CH}_3\text{, =CH}_2\text{)} \quad (6\text{-}4\text{-}4)$$

对于二硫缩醛或缩酮的去保护，通常使用活化试剂使其中的硫活化成为容易离去的基团，如式(6-4-5)。常用的活化试剂有亚硝基正离子($X=NO^+$)、叔丁基次氯酸($X=Cl^+$)和铜盐($X=Cu^{2+}$)。

$$R_2C(SR')_2 + X^{\oplus} \longrightarrow R_2C(SR')(\overset{\oplus}{S}R'X) \longrightarrow R_2C=\overset{\oplus}{S}R' \xrightarrow{H_2O} R_2C(SR')(OH) \longrightarrow R_2C=O \quad (6\text{-}4\text{-}5)$$

简单的甲醇、乙醇与酮发生反应的产率很低。例如，丙酮与乙醇反应达到平衡时，缩酮仅有2%。一般情况下，酮与二醇在酸或Lewis酸[BF_3、$Mg(O_3SCF_3)_2$、$Zn(O_3SCF_3)_2$]催化下得到环状二氧衍生物，如式(6-4-6)。若要使反应向右进行，可不断地将生成的水分出。反应得到的缩醛和缩酮在中性或碱性溶液中是比较稳定的。

$$RR'C=O + HOCH_2CH_2OH \xrightarrow{H^{\oplus}} RR'C\langle O\text{—}O\rangle\ (\text{1,3-二氧环戊烷}) + H_2O$$

$$RR'C=O + HOCH_2CH_2CH_2OH \xrightarrow{H^{\oplus}} RR'C\langle O\text{—}O\rangle\ (\text{1,3-二氧六环}) + H_2O \quad (6\text{-}4\text{-}6)$$

虽然这种环状缩醛比甲基或乙基的缩醛(酮)稳定,但在酸性水溶液作用下仍可将羰基游离出来。如实现下列羰基的选择性还原中,先用1,2-二醇在对甲苯磺酸的苯溶液中保护其中的酮羰基,随后还原酰胺的羰基,完成反应后,在盐酸的水溶液中使酮羰基重现,如式(6-4-7)。

$$\xrightarrow{p\text{-TsOH, PhH},\ HOCH_2CH_2OH} \quad \xrightarrow[(3)\ 1\ mol/L\ HCl]{(1)\ LiAlH_4,THF;\ (2)\ NaOH/H_2O} \tag{6-4-7}$$

Huang 等报道[24],多氟烃基取代的二醇衍生物[如式(6-4-8)中的A]可作为多种醛、酮羰基的保护试剂,在C—C偶联反应中得到很好的应用。

$$\text{A} + R'COR'' \xrightarrow[4\,\text{Å MS}]{p\text{-TsOH},\ CF_3Ph} \tag{6-4-8}$$

A: $HOCH_2CH(OH)C(OMe)(CH_2CH_2Rf)_2$

Rf = 全氟烷基

在温和的条件下,以三甲基硅基三氟甲基磺酸酯为催化剂,羰基化合物与烷氧三甲基硅烷反应得到相应的缩醛或缩酮,如式(6-4-9)。

$$RR'C{=}O + 2\,R''OSi(CH_3)_3 \xrightarrow{Me_3SiO_3CF_3} RR'C(OR'')_2 + (CH_3)_3SiOSi(CH_3)_3 \tag{6-4-9}$$

用酸催化水解去保护基使羰基重现。同样,在四氟硼化锂的乙腈溶液中,也可实现保护基团的离去。如果羰基必须在无水条件下重现,则可选择β-卤代醇,如3-溴二羟基丙烷或2,2,2-三氯乙醇作为保护试剂,其去保护可在金属锌的作用下完成,如式(6-4-10)。

$$\text{BrH}_2\text{C-(1,3-dioxolane)-}RR' \xrightarrow{Zn} RR'C{=}O + HOCH_2CH{=}CH_2$$

$$RR'C(OCH_2CCl_3)_2 \xrightarrow{Zn} RR'C{=}O + CH_2{=}CCl_2 \tag{6-4-10}$$

另一类保护羰基的方法是生成1,3-氧硫烷或1,3-二硫烷衍生物。其保护过程是,羰基化合物与乙硫醇或1,3-二硫醇在Lewis酸的催化下进行,并不断地移出反应体系中的水,如式(6-4-11)。

$$R_2C{=}O + HSCH_2CH_2CH_2SH \xrightarrow[-H_2O]{ZnCl_2} R_2C(SCH_2CH_2CH_2S)$$

$$R_2C{=}O + HOCH_2CH_2SH \xrightarrow[-H_2O]{ZnCl_2} R_2C(OCH_2CH_2S) \tag{6-4-11}$$

从1,3-氧硫烷衍生物中游离相应的醛酮,需要在无水条件下进行,常常是在Raney Ni的乙醇溶液中,甚至在弱碱的条件下完成,还可以用温和的氯化剂,如氯胺-T。这个试剂氧化1,3-氧硫烷中的硫,得到氯锍盐使环活化,随后水解去保护,如式(6-4-12)。

$$\text{(1,3-oxathiolane, R, R')} + H_3C\text{-}C_6H_4\text{-}SO_2\text{-}N^{-}(Cl)Na^{\oplus} \longrightarrow \text{(sulfonium, S}^{\oplus}\text{-X)} \xrightarrow{H_2O} RR'C{=}O \quad (6\text{-}4\text{-}12)$$

X=Cl 或 NSO_2Ar

如在下列甾体化合物中实现环上羰基和酯基在氢化锂铝条件下还原为羟基，其支链上的酮羰基先用乙硫醇在氯化锌的条件下保护，完成反应后用催化氢化方法脱去保护基，如式(6-4-13)。

(6-4-13)

$HSCH_2CH_2OH$ / $ZnCl_2$；$LiAlH_4$；Raney Ni, H_2 / 丙酮

另外，羰基化合物与含氮化合物(如氨基脲、羟氨、芳基肼等)的反应均为可逆反应，利用这种性质可以实现对羰基的保护，如式(6-4-14)。

$$\begin{matrix} R_2CH{=}O + H_2NNHCONH_2 \underset{NaNO,\ HCl}{\rightleftharpoons} R_2C{=}NNHCONH_2 \\ R_2CH{=}O + H_2NOH \underset{NaHSO_3/H_2O}{\rightleftharpoons} R_2C{=}NOH \\ R_2CH{=}O + H_2NNH\text{-}C_6H_5 \underset{KHCO_3/H_2O}{\rightleftharpoons} R_2C{=}NNH\text{-}C_6H_5 \end{matrix} \quad (6\text{-}4\text{-}14)$$

例如，以 3-溴丙醛为原料经格氏反应合成 4-羟基-1-己醛，合成中需对醛羰基进行保护方可实现，如式(6-4-15)。

$$BrCH_2CH_2CHO \xrightarrow[\text{干 HCl}]{HO\quad OH} BrCH_2CH_2CH\text{(1,3-dioxolane)}$$

$$\xrightarrow{Mg,\ \text{无水}Et_2O} BrMgCH_2CH_2CH\text{(1,3-dioxolane)} \xrightarrow{CH_3COCH_3}$$

$$(H_3C)_2C(OH)\text{—}CH_2CH_2CH\text{(1,3-dioxolane)} \xrightarrow{H_3\overset{\oplus}{O}} (H_3C)_2C(OH)\text{—}CH_2CH_2CHO \quad (6\text{-}4\text{-}15)$$

$$\xrightarrow{NaBH_4} (CH_3)_2C(OH)(CH_2)_2CH_2OH$$

又如，在利用 Wittig 反应制备下面的烯烃化合物时，可以利用乙二醇选择性地将分子中的孤立羰基先保护起来，待 Wittig 反应完成后再在酸性条件下脱去保护基，如式(6-4-16)。

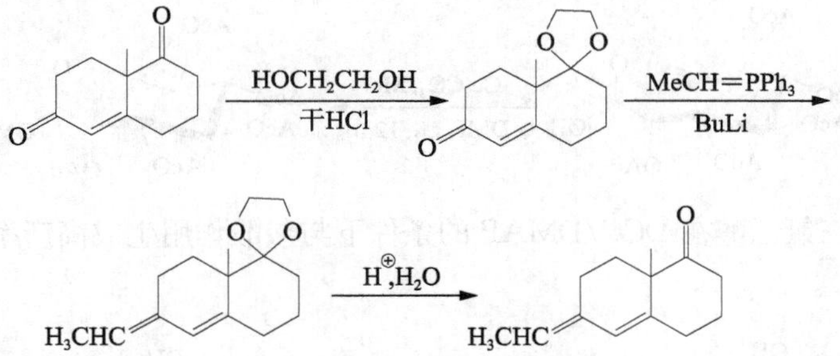

$$\xrightarrow[\text{干HCl}]{HOCH_2CH_2OH} \quad \xrightarrow[BuLi]{MeCH{=}PPh_3} \quad (6\text{-}4\text{-}16)$$

$$\xrightarrow{H^{\oplus},H_2O}$$

H₃CHC　H₃CHC

6.5　羧基的保护

由于羧基是由羟基与羰基组成的 p-π 共轭体系，使羰基的活性显著降低，羟基的活性却很高，同时，其羧基的质子具有一定的酸性。

羧基的保护实际上是羧基中羟基的保护。羧酸通常以酯的形式被保护，水解是去保护的重要方法。其水解速率的大小则取决于空间因素和电子因素，这两个因素给选择性去保护提供了可能。例如，叔丁酯可以用温和的酸处理，苄酯能经氢解脱去苄基，β,β,β-三氯乙酯可以用金属锌脱去三氯乙基等。

6.5.1　羧酸甲酯或乙酯保护法

酸与醇直接反应，常用的醇有甲醇、乙醇和异丙醇。在质子酸或弱酸（如对甲苯磺酸）的催化下得到羧酸酯，也可以在中性条件下[如偶氮二甲酸二乙酯(DEAD)与三苯基膦(PPh_3)组成的体系]反应得到[25]，如式(6-5-1)。

$$RCOOH + R'OH \xrightarrow[\text{或 } DEAD/PPh_3]{H^{\oplus}} RCOOR' \quad (6\text{-}5\text{-}1)$$

在甲醇溶液中，三甲基氯硅烷可以促使羧酸与甲醇反应生成羧酸甲酯。反应过程中，羧酸先被转化为羧酸硅烷酯，然后转化为甲酯。这一方法被用于下列多羟基氨基酸中羧基的保护[26]，如式(6-5-2)。

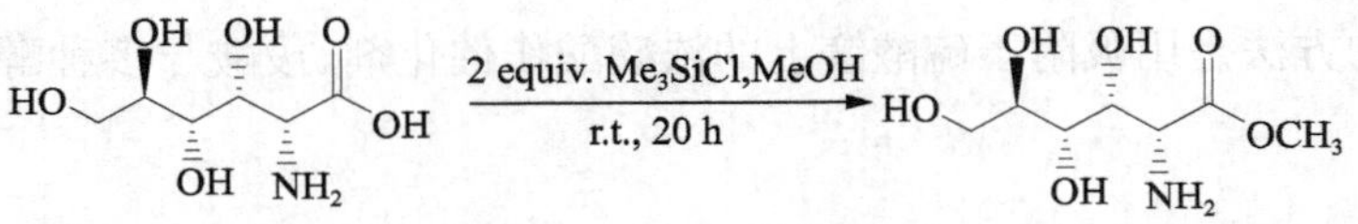

$$\xrightarrow[\text{r.t., 20 h}]{\text{2 equiv. } Me_3SiCl,MeOH} \quad (6\text{-}5\text{-}2)$$

室温下，三甲基氯硅烷的甲醇溶液和2,2-二甲氧基丙烷能够选择性酯化烷烃的羧基，而芳羧基不被酯化，如式(6-5-3)。若分子中存在的烯、炔、氨基、羟基、硝基和羰基等均不受影响[27]。

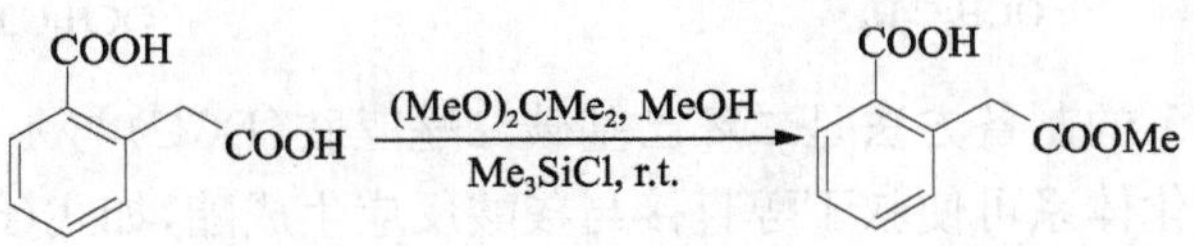

$$\xrightarrow[Me_3SiCl,\ r.t.]{(MeO)_2CMe_2,\ MeOH} \quad (6\text{-}5\text{-}3)$$

在碳酸铯(Cs_2CO_3)的作用下,碘甲烷与羧酸在 DMF 中反应同样制得羧酸甲酯,如式(6-5-4)。

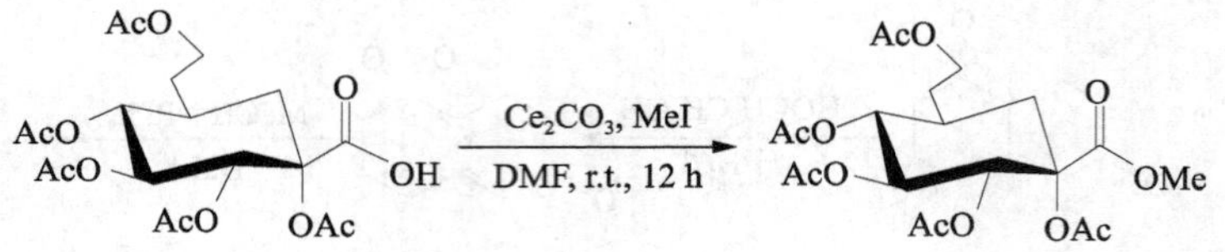

$$\xrightarrow[\text{DMF, r.t., 12 h}]{Ce_2CO_3,\ MeI} \tag{6-5-4}$$

另外,β,β,β-三氯乙醇在 DCC/DMAP 的条件下与羧酸作用生成高产率的三氯乙醇羧酸酯[28],如式(6-5-5)。

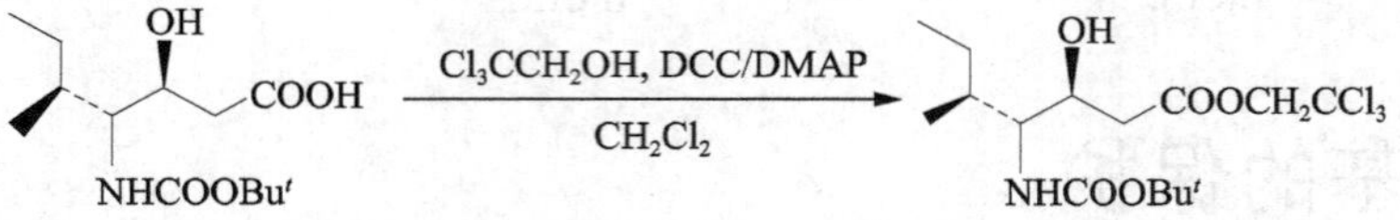

$$\xrightarrow[CH_2Cl_2]{Cl_3CCH_2OH,\ DCC/DMAP} \tag{6-5-5}$$

羧酸甲酯的水解比较困难,反应条件比较苛刻。但在甲醇或四氢呋喃的水溶液中,用金属氢氧化物或碳酸盐水溶液处理可实现甲基的离去,如式(6-5-6)[29]。

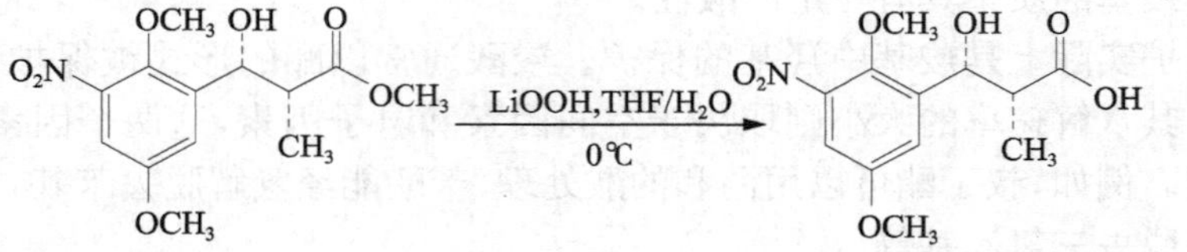

$$\xrightarrow[0℃]{LiOOH,THF/H_2O} \tag{6-5-6}$$

6.5.2 叔丁基酯保护法

与伯烷基酯相比,由于叔丁基酯产生的空间位阻作用,使得亲核试剂不容易进攻羰基,因此,在碱性溶液中,叔丁基酯的水解速率低于伯烷基酯。但在醋酸-异丙醇-水溶液体系中反应 15 h 后,几乎定量得到叔丁基脱去的产物,而羧酸甲酯不被水解,如式(6-5-7)[30]。

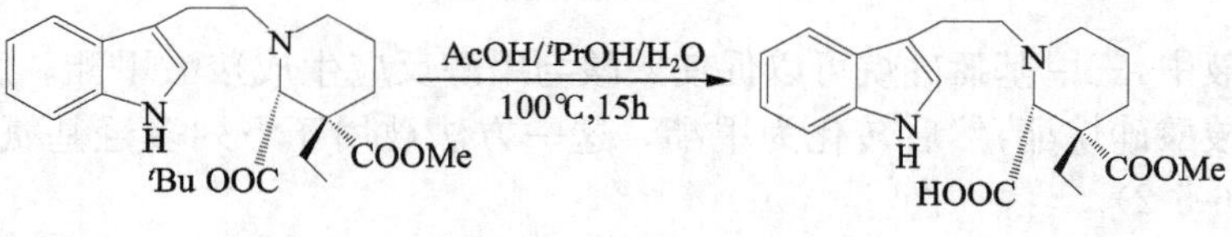

$$\xrightarrow[100℃,15h]{AcOH/^iPrOH/H_2O} \tag{6-5-7}$$

一种方便的方法是用吸附于硫酸镁上的浓硫酸作催化剂,羧酸与多种醇发生酯化反应,如式(6-5-8)。

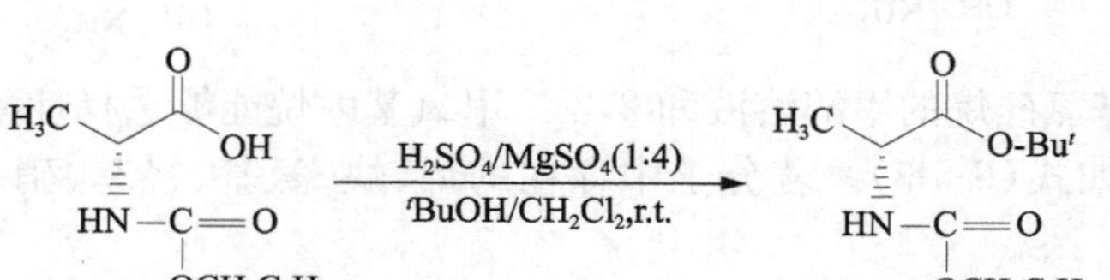

$$\xrightarrow[^tBuOH/CH_2Cl_2,r.t.]{H_2SO_4/MgSO_4(1:4)} \tag{6-5-8}$$

另一种温和条件下的制备方法是二环己基碳二酰亚胺(DCC)与 4-(*N*,*N*-二甲氨基)-吡啶(DMAP)组成的催化体系可使叔丁醇直接与羧酸反应生成酯,如式(6-5-9)。

$$C_6H_5H_2COOC\text{-}CH_2\text{-}CH(COOH)NHC(=O)OBu^t \xrightarrow[CH_2Cl_2,r.t.]{^tBuOH,DCC/DMAP} C_6H_5H_2COOC\text{-}CH_2\text{-}CH(COOBu^t)NHC(=O)OBu^t \quad (6\text{-}5\text{-}9)$$

在酸性溶液中(如三氟乙酸的二氯甲烷溶液、甲酸、催化量的对甲苯磺酸),叔丁基酯可以发生水解反应脱去保护基。例如,在10%的对甲苯磺酸的苯溶液中回流,下列反应可以顺利进行,叔丁基被脱去,见式(6-5-10)。

$$\text{(H}_3\text{C)(H}_3\text{CS)C(COOBu}^t\text{)-lactone(I, H, R)} \xrightarrow[C_6H_6,\ 回流]{10\%\ TsOH} \text{(H}_3\text{C)(H}_3\text{CS)C(COOH)-lactone(I, H, R)} \quad (6\text{-}5\text{-}10)$$

由于叔丁基碳正离子的稳定性相对较高,也是较强的亲电试剂,为防止与底物分子发生反应,常加入苯甲醚或苯甲硫醚类化合物作为碳正离子的捕获试剂,以避免副反应的发生[31]。

6.5.3　苄酯保护法

由于苄基保护和去保护的反应条件温和、容易操作,同时,苯环上的取代基可以调节反应活性,除对羟基和氨基有很好的保护作用外,羧基的保护也常用到此方法。

苄卤与羧酸在碱性条件下可形成相应的羧酸苄酯,如式(6-5-11)。

$$RCOOH + PhCH_2X \xrightarrow{OH^{\ominus}} RCOOCH_2Ph \quad (6\text{-}5\text{-}11)$$

苄基保护的羧基与苄基醚和苄胺类似,苄基可以用 Pd/C 催化氢解法脱去。常用溶剂为醇、乙酸乙酯或四氢呋喃,而在这种条件下,烯、炔不饱和键,硝基,偶氮和苄酯均被还原,但苄基醚[见式(6-5-12)]和氮原子上的苄氧羰基[见式(6-5-13)]不受影响。

$$C_6H_5H_2CO\text{-}C_6H_4\text{-}CH_2COOCH_2C_6H_5 \xrightarrow[CH_3OH,\ r.t.]{Pd/C\text{-}H_2,H_2NCH_2CH_2NH_2} C_6H_5H_2CO\text{-}C_6H_4\text{-}CH_2COOH \quad (6\text{-}5\text{-}12)$$

$$\text{N-(C(=O)OCH}_2\text{C}_6\text{H}_5\text{)-pyrrolidine-2-COOCH}_2\text{C}_6\text{H}_5 \xrightarrow[CH_3OH,r.t.]{Pd/C\text{-}H_2,H_2NCH_2CH_2NH_2} \text{N-(C(=O)OCH}_2\text{C}_6\text{H}_5\text{)-pyrrolidine-2-COOH} \quad (6\text{-}5\text{-}13)$$

苄酯保护法被广泛用于多肽的合成中,如甘氨酸-苯丙氨酸的二肽合成。首先分别用苄氧羰基(氯甲酸苄酯)保护甘氨酸的氨基[见式(6-5-14)],用叔丁基保护苯丙氨酸的羧基(苯丙氨酸叔丁酯)[见式(6-5-15)],随后在焦磷酸二乙酯的作用下,两种被保护的氨基酸进行缩合反应,最后用催化氢化法脱苄氧羰基,用温和酸处理脱叔丁基[见式(6-5-16)]。在去保护基团时,叔丁基对催化氢化是稳定的,同时,用温和酸处理时,苄基也是稳定的。

$$H_2NCH_2COOH + PhCH_2OCOCl \longrightarrow PhCH_2OCOHNCH_2COOH \quad (6\text{-}5\text{-}14)$$

$$PhCH_2CH(NH_2)COOH + C(CH_3)_3Cl \longrightarrow PhCH_2CH(NH_2)COOC(CH_3)_3 \qquad (6\text{-}5\text{-}15)$$

$$PhCH_2OCOHNCH_2COOH + PhCH_2CH(NH_2)COOC(CH_3)_3 \xrightarrow{[(C_2H_5O)_2P(O)]_2O}$$

$$PhCH_2OCOHNCH_2CONHCH(CH_2Ph)CO_2C(CH_3)_3 \xrightarrow[60\%]{H_2/Pd} H_2NCH_2CONHCH(CH_2Ph)CO_2C(CH_3)_3 \qquad (6\text{-}5\text{-}16)$$

$$\xrightarrow[80\%]{HCl/C_6H_6} H_2NCH_2CONHCH(CH_2Ph)CO_2H$$

如果羧基的保护比较困难时,可选择另一种保护方法,将羧基转变为唑啉衍生物。常见的方法是,羧酸与2-氨基-2-甲基丙醇或者是2,2-二甲基吖丙啶作用得到相应的唑啉衍生物,制备成格氏试剂后可以与一系列亲电试剂反应[见式(6-5-17)],也可以保护羧基后,其他格氏试剂与酮羰基反应[见式(6-5-18)],最后在酸性水溶液中水解去保护得到相应的目标产物。

(orho,meta,para) Br-C₆H₄-COOH: (1) $H_2NC(CH_3)_2CH_2OH, SOCl_2$ (2) $SOCl_2$ → Br-aryl 4,4-dimethyl oxazoline; $Mg/(C_2H_5)_2O$ 或THF → BrMg-aryl oxazoline; (1) E (2) $H^{\oplus}$ → E-C₆H₄-CO-A

Alternatively: with 2,2-dimethylaziridine → Br-C₆H₄-C(O)-N(aziridine, CH_3, CH_3) → Br-aryl oxazoline; (1) $Mg/(C_2H_5O)_2$ 或THF (2) E (3) H^+ → E-C₆H₄-CO-A

A = OH,OEt
E 为亲电试剂

(6-5-17)

4-oxo-tetrahydronaphthalene-2-COOH + $NH_2C(CH_3)_2CH_2OH$ → oxazoline derivative; (1) PhMgBr (2) $H^{\oplus}$ → 4-Ph-dihydronaphthalene-2-C(O)-A

(6-5-18)

6.6 氨基的保护

伯胺和仲胺具有亲核性及弱的酸性氢,其氨基易氧化生成氮氧化物。氨基氮原子带有负电荷,易作为亲核试剂进攻带有部分正电荷的碳原子,从而发生烃基化、酰化反应等。因而，氨基对氧化和取代反应敏感，通常需要对其进行保护。保护方法可以将氨基转变为 *N*-烷基胺、酰胺、酰亚胺或磺酰胺等。

6.6.1　*N*-烷基胺保护法

胺和氨基化合物与苄卤的烷基化是用来保护氨基的成熟有用的方法。伯胺可以两次烷基化，得到 *N*,*N*-二苄基衍生物，因空间位阻的缘故，难以形成季铵化，如式(6-6-1)。

$$RNH_2 + PhCH_2X \xrightarrow{OH^{\ominus}} RNHCH_2Ph \quad (X = Cl, Br) \tag{6-6-1}$$

在羧酸被保护的情况下，苄溴在碱的作用下可以与分子中的氨基反应得到 *N*,*N*-苄基胺，如式(6-6-2)[32]。

$$(H_3C)_3CO\text{—}C(=O)\text{—}CH_2\text{—}CH(NH_2)\text{—}CO_2Bn \xrightarrow[50℃,12\ h]{BnBr,K_2CO_3,DMF} (H_3C)_3CO\text{—}C(=O)\text{—}CH_2\text{—}CH(NBn_2)\text{—}CO_2Bn \tag{6-6-2}$$

在极性非质子性溶剂(DMF)中，下列环酰胺与对甲氧基苄溴在强碱(如氢化钠)的作用下，室温反应得到较高产率(79%)的 *N*-苄基衍生物，如式(6-6-3)。

$$\text{(噻唑烷-2-酮, 4-}CO_2C_2H_5\text{, NH)} + CH_2Br\text{—}C_6H_4\text{—}OCH_3 \xrightarrow[r.t.]{NaH/DMF} \text{(噻唑烷-2-酮, 4-}CO_2C_2H_5\text{, N—}\overset{H_2}{C}\text{—}C_6H_4\text{—}OCH_3) \tag{6-6-3}$$

除用苄卤直接反应形成苄胺外，还可以通过醛与胺作用生成亚胺(席夫碱)后再还原也可以达到保护氨基的效果，如式(6-6-4)。

$$PhCH(NH_2)CH_2CO_2CH_3 + OHC\text{—}C_6H_4\text{—}OCH_3 \xrightarrow[回流]{C_6H_5CH_3} PhCH(N{=}CH\text{—}C_6H_4\text{—}OCH_3\text{-}p)CH_2CO_2CH_3 \tag{6-6-4}$$

$$\xrightarrow[-20℃]{NaBH_4/CH_3OH} PhCH(NHCH\text{—}C_6H_4\text{—}OCH_3\text{-}p)CH_2CO_2CH_3$$

催化氢化法常用于苄基的脱去，如式(6-6-5)。

$$RR'NCH_2Ph \xrightarrow{H_2/Pd/C} RR'NH \tag{6-6-5}$$

其脱去的难易程度与氮原子周围的空间位阻和芳香环上的取代基有关。通常情况下，位阻小的易于脱去[33]。如下列去保护的反应(6-6-6)，当使用 5%的催化剂时，位阻小的苄基脱去，随着催化剂的用量增加(20%)，位阻大的甲基苄基也随之脱去。

$$\xrightarrow[\text{r.t.}]{5\%\ Pd(OH)_2/C,\ H_2(3\ atm),\ THF/CH_3OH} \tag{6-6-6}$$

$$\xrightarrow[\text{r.t.}]{20\%\ Pd(OH)_2/C,\ H_2(3\ atm),\ THF/CH_3OH}$$

当用硝酸铈铵(CAN)的乙腈水溶液或 2,3-二氯-5,6-二氰基-1,4-苯醌(DDQ)在二氯甲烷的水溶液中可选择性脱除苯环上含有甲氧基的苄基,如式(6-6-7)[34]。

$$\xrightarrow[\text{或}100\%DDQ/CH_2Cl_2\text{-}H_2O]{91\%\ CAN/CH_3CN\text{-}H_2O} \tag{6-6-7}$$

在碱性(如三乙胺)条件下和非质子性溶剂(三氯甲烷或三氯甲烷与 DMF 的混合溶剂)中,三苯甲基溴或氯化物可以与胺反应生成 *N*-三苯甲基取代的衍生物,该反应可以用于氨基的保护,且分子中的羟基不受干扰,如式(6-6-8)。

$$HOCH_2CH(NH_2\cdot HOTs)CO_2CH_2C_6H_5 + Ph_3CCl \xrightarrow[0℃]{(C_2H_5)_3N/CHCl_3} HOCH_2CH(NHCPh_3)CO_2CH_2C_6H_5 \tag{6-6-8}$$

与上述苄基相比,三苯甲基可以在温和的酸性条件下脱去。如下列去保护是在三氟乙酸溶液中于室温下脱去三苯甲基,如式(6-6-9)。

$$Cl\text{-}C_6H_4\text{-}OCH_2CH(OH)CH_2NHCPh_3 \xrightarrow[\text{r.t.}]{CF_3COOH,\ CH_2Cl_2/CH_3OH} Cl\text{-}C_6H_4\text{-}OCH_2CH(OH)CH_2NH_2 \tag{6-6-9}$$

如果使用双-(对甲氧基苯基)-苯甲基或单-(对甲氧基苯基)-二苯甲基作为保护基,在较弱的三氯乙酸中即可脱去。

6.6.2 酰胺类保护法

由于酰化试剂易得,价格便宜,将胺转变为酰胺也是常用的氨基保护方法,如式(6-6-10)。

$$R^1C(L){=}O + :NR^2R^3 \longrightarrow R^1\text{-}C(OH)(L)\text{-}NR^2R^3 \longrightarrow R^1\text{-}C(=O)\text{-}NR^2R^3 \tag{6-6-10}$$

L = OH,X,OR

胺类化合物的乙酰化或取代乙酰衍生物是用乙酰氯、乙酸酐(或卤代乙酸酐)以及乙酸苯酯(或乙酸取代苯基酯)直接反应得到的,这种保护方法在有机合成中常被用到。例如,以4-氨基-邻苯二甲酸二甲酯合成4-氨基-5-硝基-邻苯二甲酸二甲酯时,氨基就是以此法进行保护的,如式(6-6-11)。

$$(MeO_2C)_2C_6H_3NH_2 \xrightarrow[70\sim80℃]{(CH_3CO)_2O} (MeO_2C)_2C_6H_3NHCOMe \xrightarrow[0\sim5℃]{HNO_3} (MeO_2C)_2C_6H_2(NHCOMe)NO_2 \xrightarrow[0\sim5℃]{H_2SO_4} (MeO_2C)_2C_6H_2(NH_2)NO_2 \quad (6\text{-}6\text{-}11)$$

当分子内同时存在氨基和羟基时,使用羧酸对硝基苯酯可实现氨基的选择性保护,而羟基不受影响,如式(6-6-12)。

$$\text{NH}_2, \text{HO}, \text{OH}, \text{OH} \xrightarrow[\text{HOBt}]{RCOOC_6H_4NO_2\text{-}p/DMF} NHCOC_6H_4NO_2\text{-}p, \text{HO}, \text{OH}, \text{OH} \quad (6\text{-}6\text{-}12)$$

当分子内存在两种环境的氨基,如羧酸官能团的α-氨基和相距较远的氨基,由于α-氨基与邻近羧基形成分子内氢键或内盐降低了氨基的活性,使用乙酸对硝基苯酯在pH=11的条件下,距离羧基较远的氨基可以选择性地进行酰基化反应,如式(6-6-13)。

$$H_2NCH(COOH)CH_2CH_2CH_2CH_2NH_2 \xrightarrow{p\text{-}NO_2C_6H_4OOCCH_3} H_2NCH(COOH)CH_2CH_2CH_2CH_2NHCOCH_3 \quad (6\text{-}6\text{-}13)$$

使用酸或碱均能脱去乙酰基。在一种含苄基硫醚的氨基酸的合成中,如式(6-6-14)[35],其氨基先用乙酰基保护,完成反应后,先在碱的条件下使羧酸酯水解为羧酸钠,随后在盐酸水溶液中游离为氨基酸。

$$Me_2C(SCH_2Ph)\text{-}CH_2CH_2CHC(CO_2Et)_2(NHAc) \xrightarrow[(2)\ HCl,\triangle]{(1)\ NaOH} Me_2C(SCH_2Ph)\text{-}CH_2CH_2CH(NH_2)COOH \quad (6\text{-}6\text{-}14)$$

肼作为去保护试剂,其反应条件温和[36]。例如,85%的水合肼可以使下列化合物中的酰基脱去,如式(6-6-15)。

$$H_3CO\text{-}CH{=}CH\text{-}CH(COOH)NHCOCH_3 \xrightarrow{85\%\ NH_2NH_2/H_2O} H_3CO\text{-}CH{=}CH\text{-}CH(COOH)NH_2 \quad (6\text{-}6\text{-}15)$$

例如,当一个含有羰基的仲胺化合物,若要进行羰基的还原、氯化及氰化反应时,仲胺需要事先进行保护,如式(6-6-16)。反应完成后,用催化氢化法可以脱除保护基。

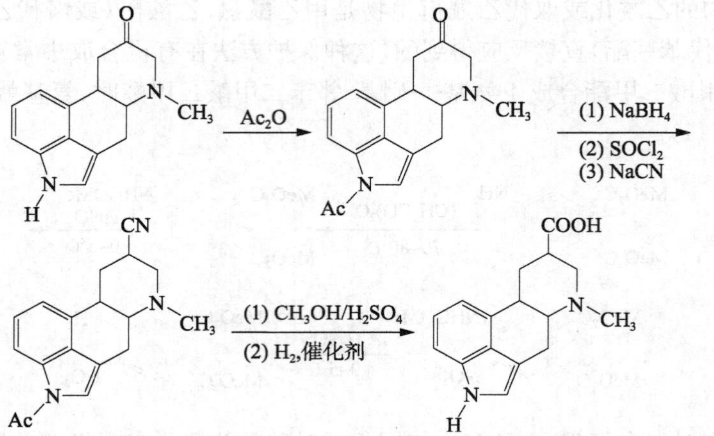

(6-6-16)

苯甲酰基作为氨基的保护也是常见的方法之一,但不如上述乙酰基法方便,其对水解较为稳定,并多用于核苷酸类分子中的氨基保护。如胞嘧啶核苷在温和条件下与活泼的酯以及催化量的1-羟基苯并三氮唑(HOBT)发生选择性的氨基保护作用[37]。

通常,苯甲酰氯与胺在碱性条件下反应得到相应的酰胺,如式(6-6-17)。

$$R^1R^2NH + PhCOCl \xrightarrow{\text{吡啶},0℃} R^1R^2NCOPh \qquad (6\text{-}6\text{-}17)$$

在青霉素中间体6-氨基青霉烷酸的合成中,氨基与苯甲酰氯在三乙胺的二氯甲烷中反应得到相应的酰胺,如式(6-6-18)。

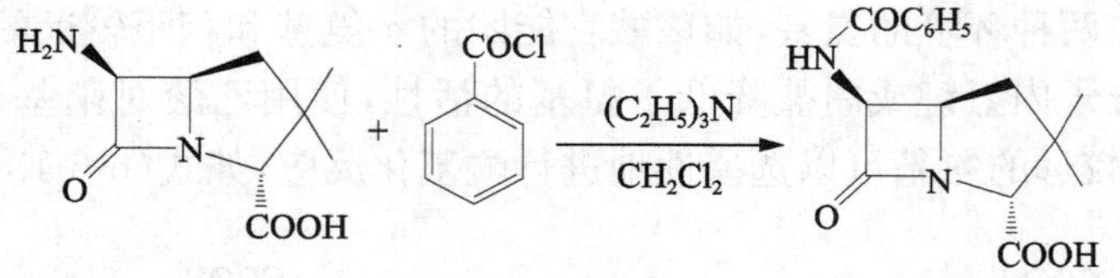

(6-6-18)

苯甲酰基的脱除常在酸或碱的条件下进行[38]。如在盐酸作用下,下列苯甲酰基被脱去,仲胺被游离,其中羧酸酯也被水解为羧酸,如式(6-6-19)。

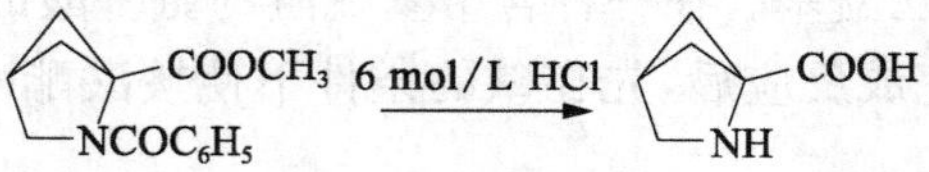

(6-6-19)

由于肼的碱性(或亲核性)比氨强,容易将氨置换出来。如下列反应式中的苯甲酰基吡咯的去保护在肼的作用下进行,如式(6-6-20)[39]。分子中的苄氧、缩醛等官能团没有影响。

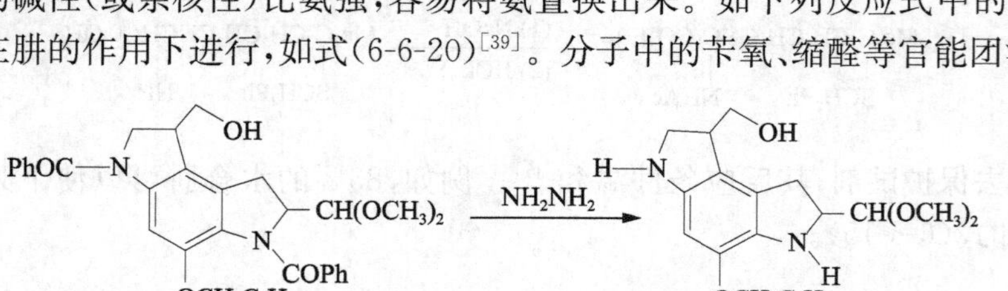

(6-6-20)

6.6.3 氨基甲酸酯保护法

具有光学活性的(S)-α,α-二苯基-2吡咯烷甲醇是重要的手性催化剂或催化剂前体被广泛地应用于有机合成中。若以脯氨酸甲酯盐酸盐为原料，采用 *N*-乙氧羰基保护氨基，再与格氏试剂反应，然后在酸性水溶液中脱除保护基团即可得到较高产率的目标产物，如式(6-6-21)。

O OCH₃ N H·HCl → $ClCO_2C_2H_5$ / K_2CO_3,CH_3OH → O OCH_3 N $CO_2C_2H_5$ → PhMgBr / THF →

Ph OH Ph N $CO_2C_2H_5$ → $H^{\oplus}$ / pH=2~3 → Ph OH Ph N H

(6-6-21)

叔丁氧甲酰基是保护氨基的另一种常用方法(在酚羟基保护中曾用到)，常见试剂为碳酸酐二叔丁酯[$(CH_3)_3COCOCOOC(CH_3)_3$，简称 Boc_2O]和 2-(叔丁氧甲酰氧亚氨基)-2-苯基乙腈(Boc-ON)。两种试剂分别与胺反应，得到叔丁氧甲酰胺，如式(6-6-22)和式(6-6-23)。在酸性条件(如三氟乙酸或对甲基苯磺酸)下脱除保护基。

COOH NH_2 + O O O O O → NaOH, $^tBuOH/H_2O$ / 20~24℃,12 h →

COOH NHBoc + ^tBuOH + CO_2

(6-6-22)

COOH H_2N + O O O N Ph CN → O O / $N(C_2H_5)_3$, H_2O / r.t.,3 h →

COOH NHBoc + HO N Ph CN

(6-6-23)

HCl 的乙酸乙酯溶液可选择性地脱除 *N*-Boc 基团，而分子中的其他对酸敏感的保护基(如叔丁基酯、脂肪族叔丁基醚、三苯基醚等)不受影响，如式(6-6-24)。

$OC(CH_3)_3$ $CO_2C(CH_3)_3$ NHBoc → $HCl,CH_3COOC_2H_5$ / r.t.,3~5 h → $OC(CH_3)_3$ $CO_2C(CH_3)_3$ $NH_2 \cdot HCl$

(6-6-24)

6.6.4 酰亚胺保护法

酰亚胺保护主要基于伯胺的保护，其常用试剂为邻苯二甲酸酐、丁二酸酐及其衍生物。

胺和丁二酸酐在 150～200℃共热，先生成非环状酰胺酸，随后在乙酰氯或亚硫酰氯的作用下生成环状酰胺，如式(6-6-25)。

NH_2 + O O O → $NHCOCH_2CH_2COOH$ → CH_3COCl / 回流 → O N O

(6-6-25)

若用邻苯二甲酸酐在氯仿中与伯胺作用,可得到较高产率的邻苯二甲酰亚胺,如式(6-6-26)。

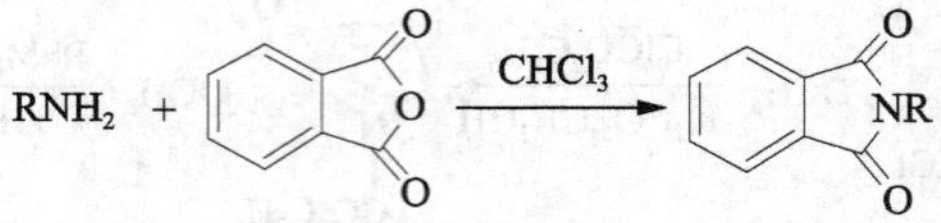

$$RNH_2 + \text{邻苯二甲酸酐} \xrightarrow{CHCl_3} \text{N-R邻苯二甲酰亚胺} \quad (6\text{-}6\text{-}26)$$

用邻苯二甲酰氯或2-氯甲酰基苯甲酸甲酯在碱溶液中与胺作用,同样得到邻苯二甲酰亚胺类化合物,如式(6-6-27)。

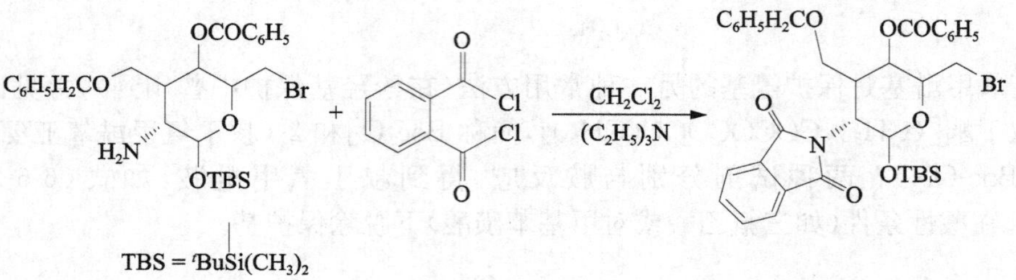

$$\xrightarrow[(C_2H_5)_3N]{CH_2Cl_2} \quad (6\text{-}6\text{-}27)$$

TBS = $^tBuSi(CH_3)_2$

$$\xrightarrow[(C_2H_5)_3N]{THF}$$

Cbz=$C_6H_5CH_2OCO$

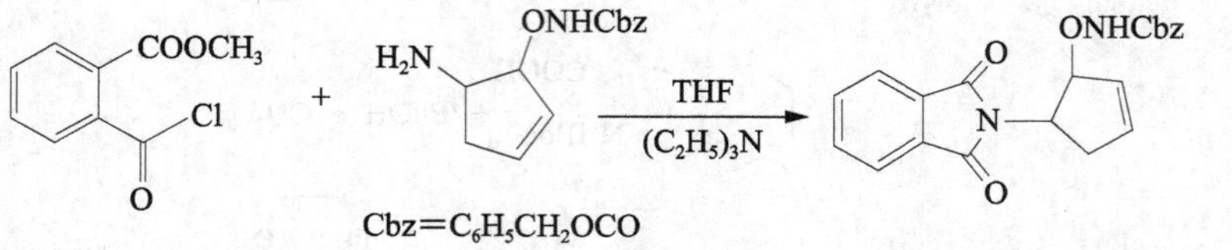

在碱(如联氨)的作用下,邻苯二甲酸酐与伯胺反应得到的N-取代邻苯二甲酰亚胺可水解去保护使伯胺游离,如式(6-6-28)。

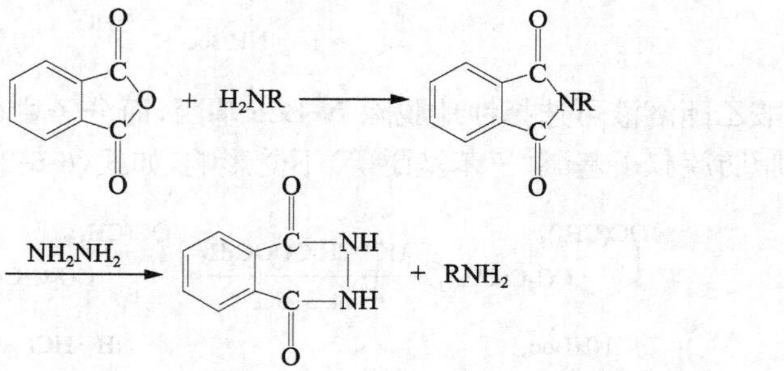

$$+ H_2NR \longrightarrow \xrightarrow{NH_2NH_2} + RNH_2 \quad (6\text{-}6\text{-}28)$$

这种被保护的酰亚胺还可以用硼氢化钠的乙醇溶液中还原得到,其反应过程如式(6-6-29)所示。

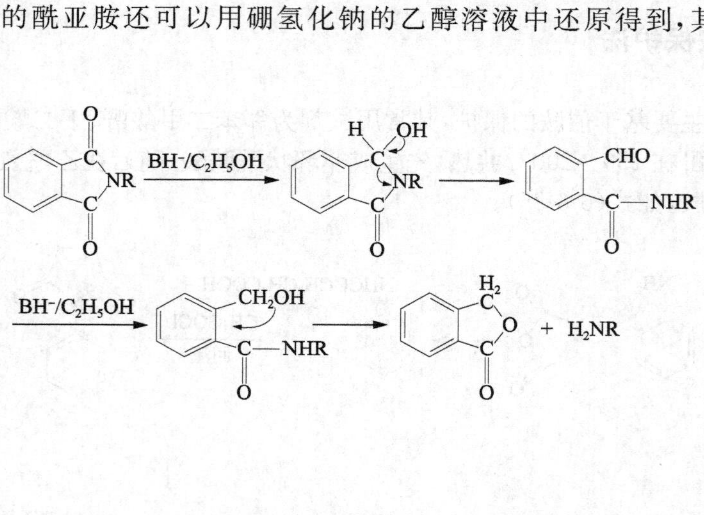

$$\xrightarrow{BH^-/C_2H_5OH} \longrightarrow \xrightarrow{BH^-/C_2H_5OH} \longrightarrow + H_2NR \quad (6\text{-}6\text{-}29)$$

思　考　题

1. 完成下列反应。

$$(1)\ CH_3CHO \xrightarrow[(2)\triangle]{(1)\ 稀NaOH} (\qquad) \xrightarrow{Cl_2/H_2O} (\qquad) \xrightarrow{C_2H_5OH/干HCl}$$

$$(\qquad) \xrightarrow{Ca(OH)_2} \underset{O}{\overset{H_3C}{\triangle}}\!-\!\overset{H}{C}(OC_2H_5)_2 \xrightarrow{H^{\oplus}/H_2O} (\qquad)$$

$$(2)\ CH_3COCH_2CH_2Br + HOCH_2CH_2OH \xrightarrow{干HCl} (\qquad) \xrightarrow[(2)\ CH_3CHO]{(1)\ Mg/Et_2O} (\qquad) \xrightarrow{H^{\oplus}/H_2O} (\qquad)$$

2. 以丙二醛为原料合成3-羟基-1-己酸。
3. 以甘氨酸为原料合成甘氨酰苯丙氨酸。
4. 以苯胺为原料合成3,4,5-三氯苯胺。
5. 如何实现下列转化？

$$(1)\ BrCH_2CH_2CHO \longrightarrow (CH_3)_2\underset{OH}{\underset{|}{C}}(CH_2)_2CH_2OH$$

$$(2)\ CH_3CH_2CH_2\underset{OH}{\underset{|}{C}}HCH_2CHO \longrightarrow CH_3CH_2CH_2\underset{OH}{\underset{|}{C}}HCH_2COOH$$

(3) 2,2-二甲基-6-氧代环己烷（$COOC_2H_5$，O） ⟶ （CH_2OH，O）

参　考　文　献

[1] Wuts Peter G M, Greene Theodora W. Greene's protective groups in organic synthesis. Fourth Edition. John Wiley & Sons, Inc., 2006.

[2] Greene T. 有机合成中的保护基. 华东理工大学有机化学教研组,译. 上海:华东理工大学出版社,2004.

[3] Parham W E, Arderson E L. J. Am. Chem. Soc., 1948, 70: 4187.

[4] Henbest H B, Jones E R H, et al. J. Chem. Soc., 1950, 3646.

[5] Deka N, Sarma J C. J. Org. Chem., 2001, 66: 1947.

[6] Kluge A F, Untch K G, Fried J H. J. Am. Chem. Soc., 1972, 94: 7827.

[7] Wang Y H, Huang X F, Zhang L H, et al. Org. Lett., 2004, 6, 24: 4415.

[8] Xu F F, Wang Y, Xiong D C, et al. Org. Chem., 2014, 79: 797.

[9] Zhang Z Y, Ollmann I R, Ye X S, et al. J. Am. Chem. Soc., 1999, 121: 734.

[10] Li W M, Niu Y H, Xiong D C, et al. J. Med. Chem., 2015, 58: 7972.

[11] Corey E J, Gras J-L, Ulrich P. Tetrahedron Lett., 1976, 17(11): 809.

[12] Quindon Y, Morton H E, Yoakim C. Tetrahedron Lett., 1983, 24(37): 3969.

[13] Rigby J H, Wilson J Z. Tetrahedron Lett., 1984, 25(14): 1429.
[14] Corey E J, Danheiser R L, Chandrasekaran S, et al. J. Am. Chem. Soc., 1978, 100: 8031.
[15] Michelson A M, Todd A. J. Chem. Soc., 1956, 3459.
[16] Hwu J R, Jain M J, Tsai F Y, et al. J. Org. Chem., 2000, 65: 5077.
[17] (a) Hojjat S, Lotfollah S, Nariman T, et al. J. of Reports in Pharmaceutical Sciences, 2013, 2: 5; (b) Sartori G, Maggi R. Chem. Rev., 2010, 113: PR1.
[18] Corey E J, Snider B B. J. Am. Chem. Soc., 1972, 94: 2549.
[19] Bartoli G, Bosco M, Locatelli M, et al. Org. Lett., 2005, 7: 427.
[20] Gaaucher A, Dutot L, Barbeau O. Tetrahedron: Asymmetry, 2005, 16: 857.
[21] Luo W M, Yu Q, Zhan S M, et al. J. Med. Chem., 2005, 48: 986.
[22] Lin S Y, Chen C L, Lee Y J. J. Org. Chem., 2003, 68: 2968.
[23] Mitsunobu O, Yamada M. Bull. Chem. Soc. Jpn., 1967, 40: 2380.
[24] Huang Y, Qing F L. Tetrahedron,2004, 60: 8341.
[25] Rodriguez A, Nomen M, Spur B W, et al. Tetrahedron Lett., 1998, 39: 8563.
[26] Gerspracher M, Rapoport H. J. Org. Chem., 1991, 56: 3700.
[27] Rodriguez A, Nomen M, Spur B W, et al. Tetrahedron Lett., 1998, 39: 8563.
[28] Hamada Y, Kondon Y, Shibata M, et al. J. Am. Chem. Soc., 1989, 111: 669.
[29] Evans D A, Michael D S J, Ornstein P L. J. Org. Chem., 1992, 57: 1067.
[30] Gmeiner P, Feldman P L, Chu-Moyer M Y, et al. J. Org. Chem., 1990, 55: 3068.
[31] Fujii N, Otaka A, Ikemura O, et al. J. Chem. Soc., Chem. Commun., 1987, 4: 274.
[32] Zue C B, He X, Boderick J, et al. J. Org. Chem., 2002, 67: 865.
[33] Davies S G, Ichihara O. Tetrahedron. Asymm., 1991, 2: 183.
[34] Davies S G, Ichihara O. Tetrahedron. Lett., 1998, 39: 6045.
[35] Dilbech G A, Field L, Gallo A A, et al. J. Org. Chem., 1978, 43: 4593.
[36] Keith D D, Tortora J A, Yang R. J. Org. Chem., 1978, 43: 3711.
[37] Dangeli F, Filira F, Scoffone E. Tetrahedron Lett., 1965, 6(10):605.
[38] Hughes P, Clardy J. J. Org. Chem., 1988, 53: 4793.
[39] (a) Boger D L, Machiya K. J. Am. Chem. Soc., 1992, 114: 10056; (b) Boger D L, McKie J A, Nishi T, et al. J. Am. Chem. Soc., 1997, 119: 311.

第7章 有机合成中的选择性

一个理想的有机合成路线的设计实质上包含了对目标分子的合理切割和一系列化学反应的有序组装两个部分。对于一个复杂的目标分子来讲，能否实现预期的设计目标，如何应用高选择性的有机反应成为一个非常关键的问题，即有机合成中的选择性控制。有机化学反应的选择性通常分为三个层次：化学选择性、区域选择性和立体选择性。

7.1 化学选择性

7.1.1 定义

化学选择性是指在一定反应条件下，含有多个官能团的底物分子中的某一特定的官能团能够优先与进攻试剂发生反应。官能团之间的选择性大致可以包括以下三种情形。

几种具有不同反应活性的官能团中，只有一种官能团发生反应。例如，6-酮基庚酸 **7-1** 发生还原反应时，可以是羧酸官能团被还原成醇 **7-2**，也可以是酮官能团被还原成醇 **7-3**。

7-2 ←(?)— **7-1** (COOH) —(?)→ **7-3** (OH, COOH) (7-1-1)

同种官能团在不同反应条件下发生不同的反应。例如，对称性的二酸分子 **7-4** 既可以转化成酰氯酯 **7-5**，也可以转化成内酯 **7-6**。

CH_3OOC–…–COCl (**7-5**) ←(?)— HOOC–…–COOH (**7-4**) —(?)→ **7-6** (7-1-2)

官能团发生反应后所形成的产物也可以与进攻试剂发生反应，如何避免这种反应的发生实质上也是一种化学选择性的控制。例如，利用羧酸衍生物 **7-7** 与金属试剂来制备酮 **7-8** 的时候，如何避免所形成的酮进一步与金属试剂反应生成醇 **7-9** 就是一种化学选择性的控制。

$R^1C(O)OEt$ (**7-7**) —(R^2-Metal, ?)→ $R^1C(O)R^2$ (**7-8**) （无 $R^1R^2R^2C$–OH **7-9**） (7-1-3)

7.1.2 选择性控制方法

综合而言,化学选择性及其控制主要通过下述方法来实现: ① 利用分布于官能团上电子云密度的不同引起的反应性差异;② 利用官能团周围位阻不同引起的反应性差异;③ 利用 Lewis 酸或过渡金属的选择性配位。此外,近年来还发现可以利用底物和试剂间的疏水作用等来实现选择性控制。本节将按照官能团的性质不同来介绍重要官能团在合成中的化学选择性控制。

1. 处于不同部位的同类官能团反应性差异的利用

在有机合成转换过程中,官能团处于不同化学环境下时,其反应性会显示出一定的差别。

(1) 烯、炔反应的选择性控制

在有机化学中,大多数官能团与不同体积的基团连接时,其参加反应时所承受的立体位阻不同,导致反应性出现差异。

简单的烯化合物在催化加氢反应中,位阻小的 C=C 键优先发生加成。例如,苧烯的加氢反应一般优先在二取代的末端烯键上进行[1]。

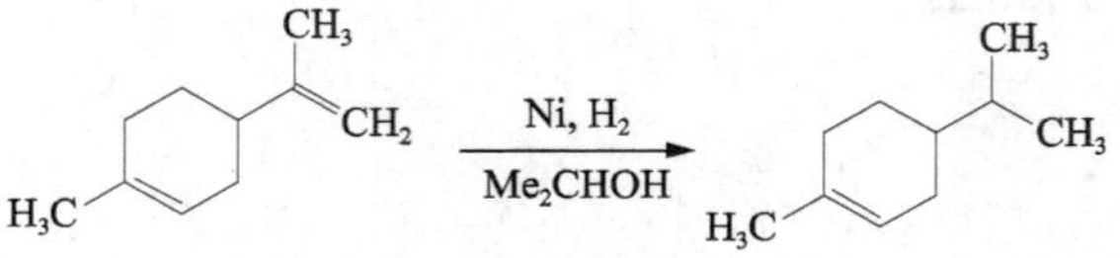

CH_3 CH_2 H_3C —— Ni, H_2 / Me_2CHOH → CH_3 CH_3 H_3C (7-1-4)

在简单炔化合物的催化加氢中也有类似的选择性。例如[2]

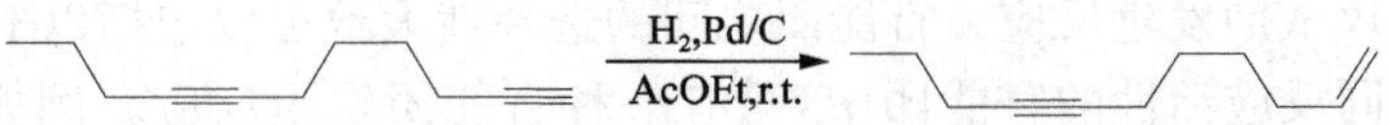

—— H_2,Pd/C / AcOEt,r.t. → (7-1-5)

另外,多烷基取代烯键上分布的电子云密度较高,在与亲电试剂或氧化剂反应时,优先发生反应。例如,在钼酸酐催化下,苧烯可以被叔丁基过氧化氢选择性地在三取代烯键上发生环氧化[3]。

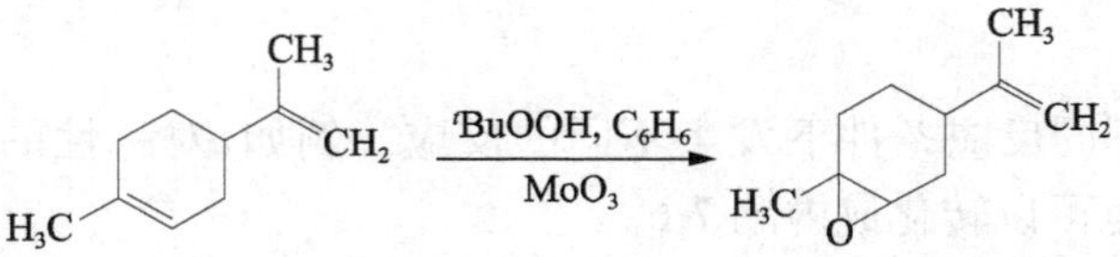

CH_3 CH_2 H_3C —— ^{t}BuOOH, C_6H_6 / MoO_3 → CH_3 CH_2 H_3C O (7-1-6)

在 Diels-Alder 反应中,亲双烯体的烯键上的电子云密度对反应的选择性也有很大的影响。在下述反应中,连接酯基的烯键优先参加反应[4]。

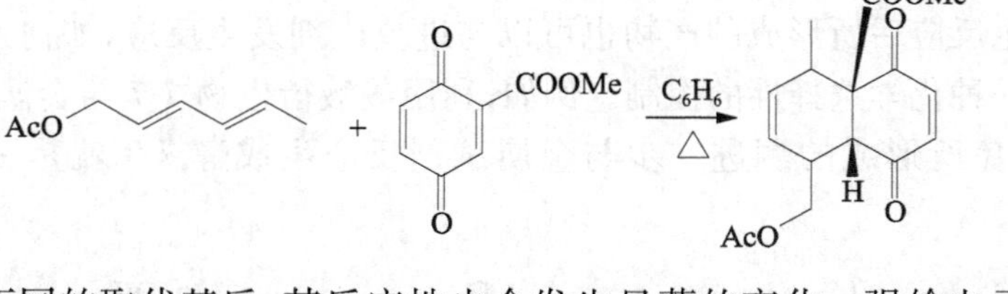

AcO + O COOMe O —— C_6H_6 / △ → COOMe O H O AcO (7-1-7)

苯环上连接不同的取代基后,其反应性也会发生显著的变化。强给电子取代的苯环可以优先与亲电试剂反应。例如,在多肽化合物中,酪氨酸残基上的苯环含有给电子的羟基,其反应活性通常比苯丙氨酸残基上的苯环高,因此,在与亚硝酸叔丁酯发生的硝化反应中可以优先发生硝化[5]。

(2) 羟基反应的选择性控制

单糖化合物通常以单环结构存在,其中的半缩醛羟基的性质与其他羟基的显著不同,可以被其他亲核试剂优先取代。例如,葡萄糖与羟胺衍生物在弱酸性有机溶剂-水混合体系中反应,形成高产率的β-氮苷化合物[6]。

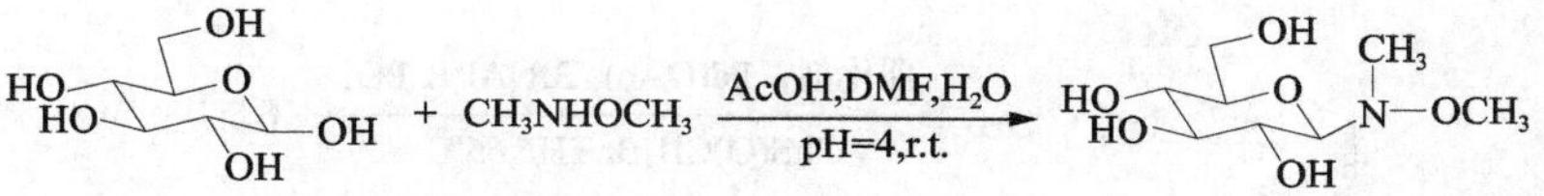

$$\text{葡萄糖} + CH_3NHOCH_3 \xrightarrow[pH=4, r.t.]{AcOH, DMF, H_2O} \text{β-}N\text{-甲基-}N\text{-甲氧基葡萄糖胺} \tag{7-1-8}$$

在多羟基化合物中,利用羟基的空间位置的不同,可以选择性地进行保护。例如,下述核苷类化合物优先在 3,5 位羟基上发生硅醚化反应[7]。多羟基化合物与丙酮在酸催化下形成缩酮时,一般处于顺位的羟基优先发生反应[8]。

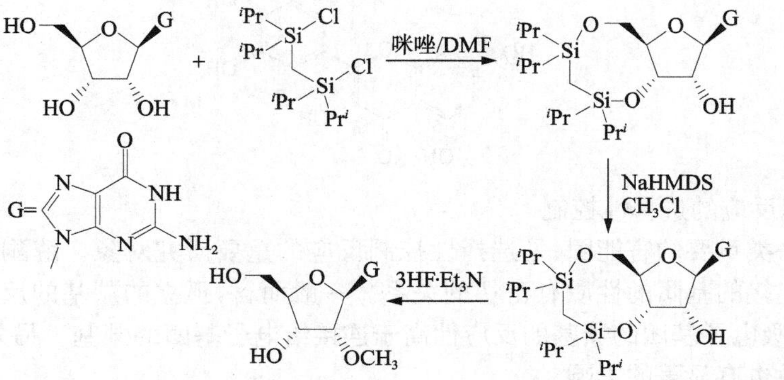

(7-1-9)

G= (鸟嘌呤基)

咪唑/DMF；NaHMDS, CH_3Cl；$3HF\cdot Et_3N$

羟基化合物可以选择性地被氧化。一些常见的金属氧化剂,如活性二氧化锰等可以高选择性地氧化苄醇和烯丙醇类化合物。近年来,一些非金属氧化剂也已经成功地用于醇的选择性氧化。

在 2,2,6,6-四甲基哌啶氧基(TEMPO)催化下,三氯异氰尿酸可以快速地将脂肪伯醇、苄醇、烯丙醇和β-氨基醇氧化成相应的醛,而仲醇氧化的速率很慢,该反应基本上不会产生醛的进一步氧化[9]。例如

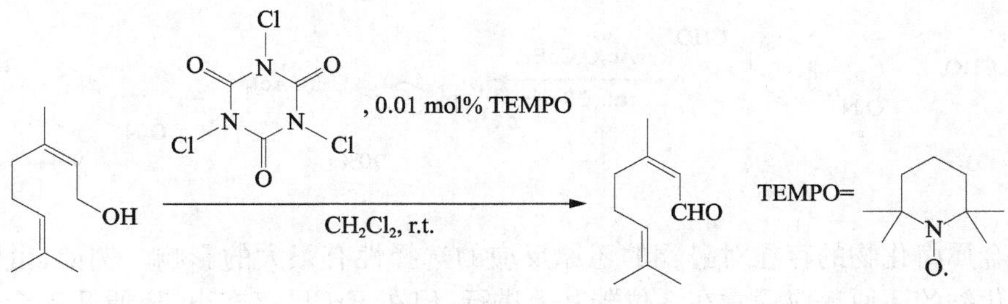

(7-1-10)

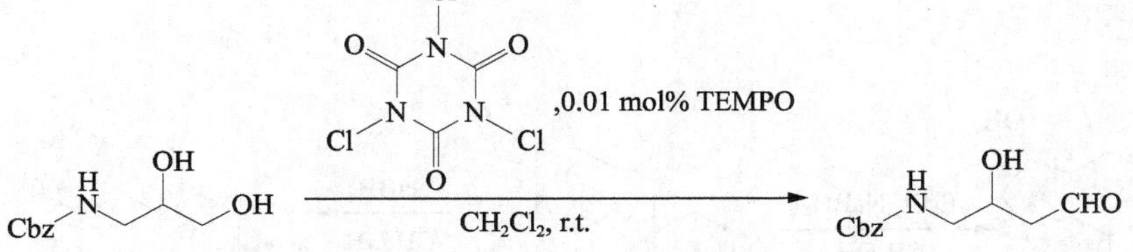

三氯异氰尿酸, 0.01 mol% TEMPO；CH_2Cl_2, r.t.

TEMPO=

(7-1-11)

三氯异氰尿酸, 0.01 mol% TEMPO；CH_2Cl_2, r.t.

Cbz—NH—CH₂CH(OH)CH₂OH → Cbz—NH—CH₂CH(OH)CHO

在醋酸钯-叔膦配体催化下,α-溴代苯甲亚砜可以高选择性地将苄醇类化合物氧化成相

应的醛或酮,反应过程中不发生醛的进一步氧化。例如,1-苯基-1,5-戊二醇的氧化只发生在苄位上。出乎意料的是,1,2-二醇或1,3-二醇在同样条件下不发生氧化反应[10]。

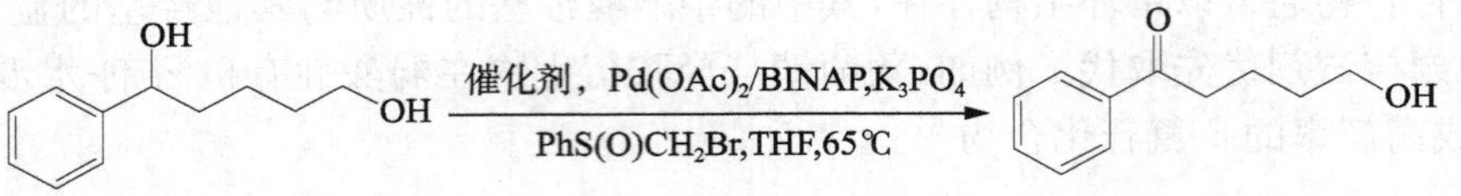

催化剂,$Pd(OAc)_2$/BINAP,K_3PO_4; $PhS(O)CH_2Br$,THF,65℃ (7-1-12)

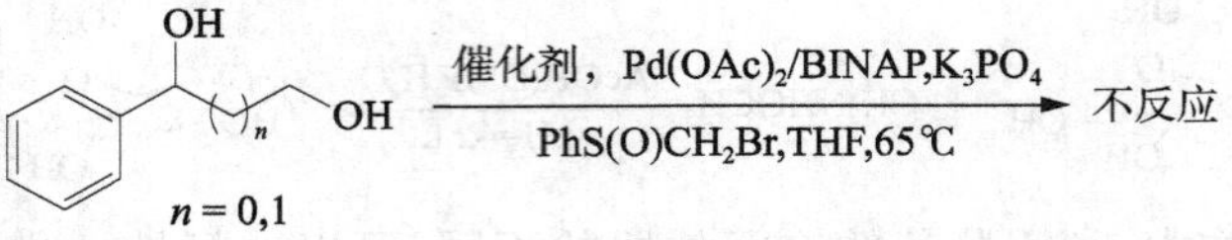

催化剂,$Pd(OAc)_2$/BINAP,K_3PO_4; $PhS(O)CH_2Br$,THF,65℃ → 不反应 (7-1-13)

$n=0,1$

酚羟基可以进行选择性甲基化反应。例如,槲皮素分子内五个羟基中5-OH因与羰基形成分子内氢键,反应性明显低于其他羟基。

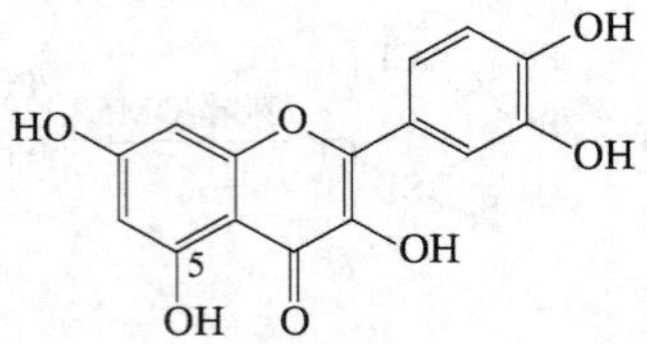

(3) 羰基反应的选择性控制

羰基是一类重要的官能团,是选择性控制反应的重要研究对象。醛酮化合物的羰基的反应性与相连接的基团的性质有密切的关系。一般而言,孤立的羰基的反应活性高于共轭的羰基,连接吸电子基团的羰基的反应性高于连接给电子基团的羰基。另外,羰基的反应机制对其选择性也有显著的影响。

在形成缩醛的反应过程中,缺电子程度高的对硝基苯甲醛优先与乙酸酐反应[11],如式(7-1-14)和式(7-1-15)

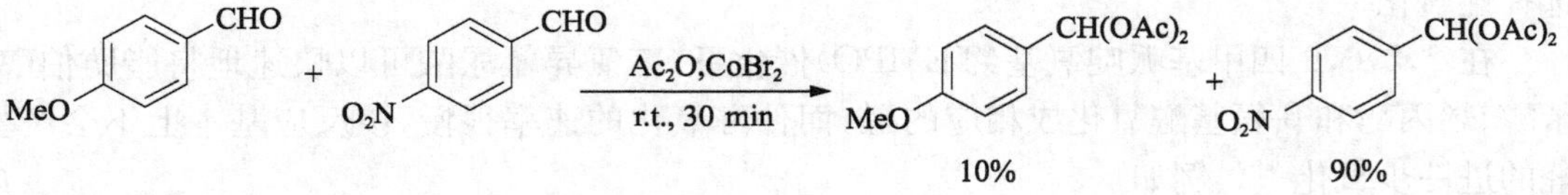

$Ac_2O,CoBr_2$; r.t., 30 min; $CH(OAc)_2$ 10% + $CH(OAc)_2$ 90% (7-1-14)

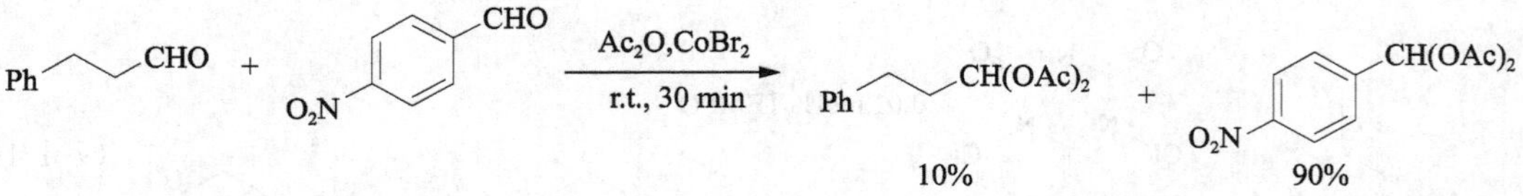

$Ac_2O,CoBr_2$; r.t., 30 min; $CH(OAc)_2$ 10% + $CH(OAc)_2$ 90% (7-1-15)

镧系金属卤化物的存在对醛酮的还原反应的选择性有很大的影响。例如,甾体酮化合物与硼氢化钠的还原反应通常在3位羰基上进行,但在$ErCl_3$存在下,还原几乎全部发生在17位羰基上[12]。

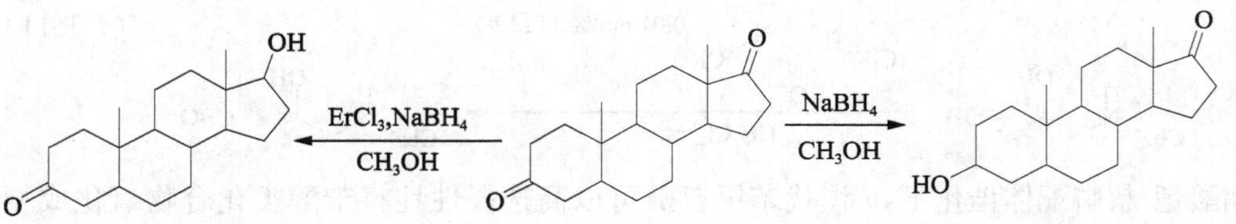

$ErCl_3,NaBH_4$; CH_3OH ← → $NaBH_4$; CH_3OH (7-1-16)

三氟甲基酮的反应性比相应的甲基酮高，在与二异丁基氢化铝、氢化铝锂和硼氢化钠反应时，还原反应的选择性相当低，但是在与二乙基锌反应时，则显示出高度选择性。具体情况如下所示

PhC(O)CF₃ + PhC(O)CH₃ ⟶ PhCH(OH)CF₃ (A) + PhCH(OH)CH₃ (B)　　(7-1-17)

还原剂	产率/%	A/B
DIBAL-H	38	39:61
$LiAlH_4$	60	63:37
$NaBH_4$	73	55:45
Et_2Zn	85	100:0

然而，等物质的量的三氟甲基酮、甲基酮在三氯化铈存在下与硼氢化钠在低温下反应时，几乎只有甲基酮被还原[13]。

(7-1-18)
$NaBH_4$,$CeCl_3$ / $EtOH/H_2O$ / −10℃,10 min；Et_2Zn / 己烷 / r.t.,5 h

在羟醛缩合反应中，选择合适的催化剂可以提高羰基的选择性控制效率。例如，烯醇硅醚与不同取代的苯甲醛在碘化镁-乙醚配合物催化下的反应，几乎只有电子云密度较高的醛参加反应[14]。这是因为电子云密度较高的醛优先与 Lewis 酸碘化镁结合而被活化。

(7-1-19)
5 mol% MgI_2-Et_2O / CH_2Cl_2,r.t.　>99%

(7-1-20)
5 mol% MgI_2-Et_2O / CH_2Cl_2,r.t.　>99%

此外，Breslow 等发现疏水作用控制的羰基化合物的还原反应。在与胺-硼烷的还原反应中，芳香酮和甲基酮的相对反应速率与胺的结构有一定程度的关系。在水中反应时，氨-硼烷的还原反应显示出较低的选择性，但 4-氨基吡啶-硼烷的还原反应的选择性明显提高。另外，甲醇中的反应的选择性与此有所不同[15]。

ArC(O)CH₂NMe₃⁺ + MeC(O)CH₂NMe₃⁺ —H_3B–NH_2R⟶ ArCH(OH)CH₂NMe₃⁺ (A) + MeCH(OH)CH₂NMe₃⁺ (B)　　(7-1-21)

Ar	R	A/B D_2O	A/B CD_3OD
Ph	H	53:47	39:61
2-Np	H	59:41	43:57
Ph	4-吡啶基	72:28	46:54
2-Np	4-吡啶基	89:11	55:45

在烃基硼氢化锂的还原反应中，也明显地显示出的这种疏水作用控制的选择性[16]。例如

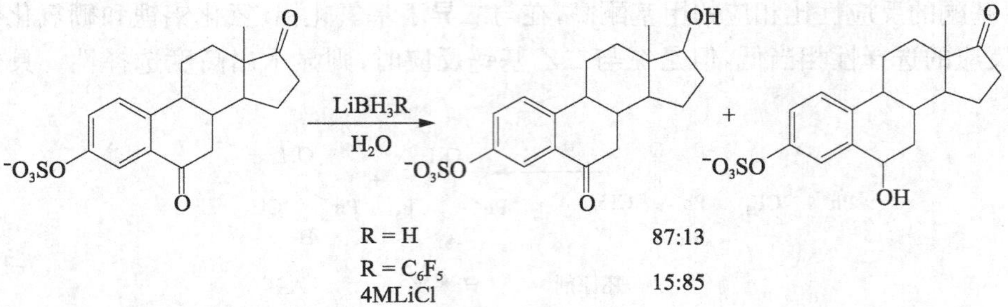

$$\xrightarrow[H_2O]{LiBH_3R}$$ (7-1-22)

R = H　87:13

R = C_6F_5　15:85

4MLiCl

(4) 氨基反应的选择性控制

氨基是一类反应活性较高的官能团,在有机合成中通常需要进行选择性保护。在多氨基化合物中,利用琥珀酰碳酸酯可以进行选择性的单酰化反应。例如,1,4-丁二胺在低温下的酰化反应,单酰化产物的产率可以达到93%[17]。

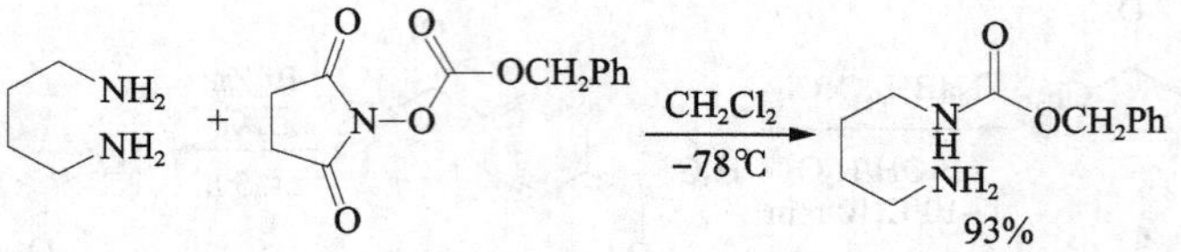

$$\xrightarrow[-78^\circ C]{CH_2Cl_2}$$ 93% (7-1-23)

通过控制合适的反应物物质的量之比,该酰化试剂也可以对三氨基化合物的酰化进行选择性控制。例如[18]

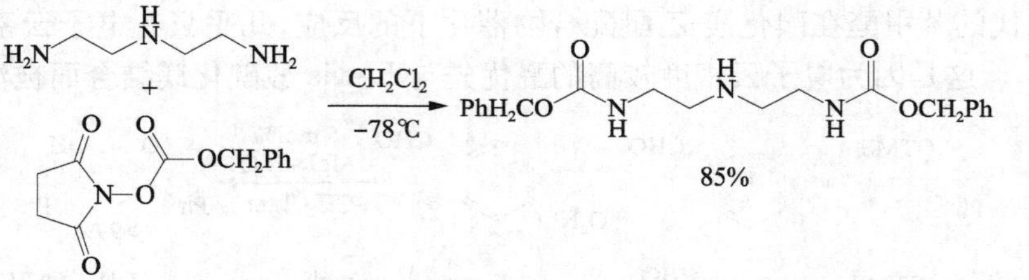

$$\xrightarrow[-78^\circ C]{CH_2Cl_2}$$ 85% (7-1-24)

亚酰胺类化合物是另一类可以用于选择性酰化反应控制的试剂。酰化反应一般优先在位阻较小的氨基上发生。例如,在二茂二氯化钛催化下1,3-丁二胺的酰化反应[19]。

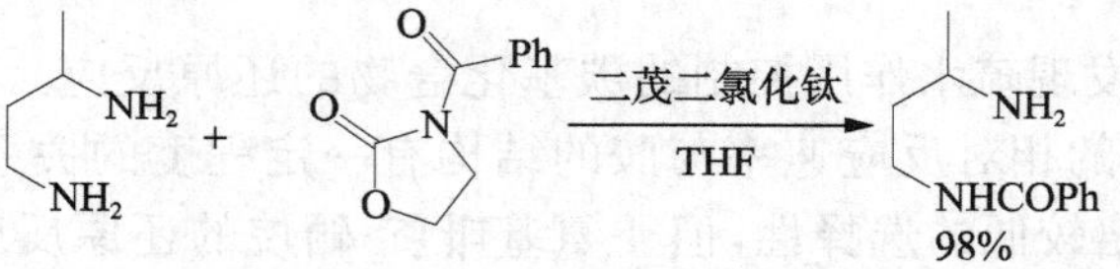

$$\xrightarrow[THF]{二茂二氯化钛}$$ 98% (7-1-25)

近年来,酰基咪唑化合物也成功地用于氨基的选择性酰化反应,具体情况如下所示[20]

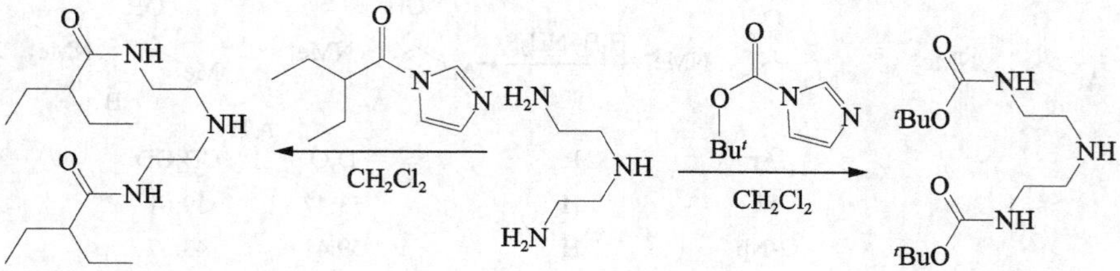

$$\xleftarrow{CH_2Cl_2}\qquad\xrightarrow{CH_2Cl_2}$$ (7-1-26)

(5) 硝基反应的选择性控制

硝基化合物自身的应用虽然不是很广泛,但是其还原产物氨基化合物则是一类十分重要的有机化合物。因此,硝基的选择性还原反应已经有较多的研究。例如,在吸附于氨基磷酸六方介孔材料中的活性镍催化下，2,4-二硝基甲苯的4位硝基可以优先被还原，形成高产率的间硝基对甲苯胺[21]。而在硫酸亚铁-氢气还原体系作用下，则优先发生2位硝基的还原，得到间硝基邻甲苯胺[22]。

KOH/Me_2CHOH，Ni-磷酸铝，83℃，3 h；H_2N，NO_2，Me，87%　(7-1-27)

$H_2/FeSO_{4-7}\cdot H_2O/Na_2EDTA/H_2O$，150℃，400 psi①，6 h；$O_2N$，$NH_2$，Me，85%　(7-1-28)

2. 不同类型的官能团反应性差异的利用

在合成过程中，利用不同官能团反应性的差异进行选择性控制是非常普遍使用的手法。与特定类型的试剂反应时，不同官能团之间的性质差异变化较大，有些基团之间反应性差异十分明显，而有些基团之间则差异较小。因此，下面将根据不同类型进行介绍。

(1) 不同质官能团间的选择性控制

硝基的还原反应是制备芳香和脂肪伯胺的有效方法。目前最常用的方法包括金属还原法和催化加氢法。在催化氢化反应中，不同官能团的反应活性有很大的差异。一般而言，各种官能团的相对反应性由大到小的次序为

$$RCOCl > RNO_2 > 炔 > RCHO > 烯 > RCOR' > PhCH_2OR > RCN >$$
$$稠环芳烃 > RCO_2R' > RCONHR' > PhH > RCOONa$$

然而，在金属还原反应中，上述基团的相对反应速率会出现明显的变化。例如，在铁粉还原反应中，烯、炔和苯环等非极性基团的反应性很低，羰基化合物以及腈类化合物的反应性也低于硝基化合物，这一点不难从下面的实例中看出[23]。

$Fe,NH_4Cl(aq.)$，EtOH，60℃　(7-1-29)

	产率
X=—CH_2CN	87%
X=—CN	99%
X=—COPh	98%
X=—Cl	99%
X=—OH_2C—C≡CH	91

$Fe,NH_4Cl(aq.)$，EtOH，60℃；H_2N，85%　(7-1-30)

制备亚砜化合物的一个重要途径是硫醚的氧化，目前常用的氧化剂是过氧化氢或烷基过氧化氢。在酸性较强的硫脲化合物催化下，硫醚可以高选择性地被叔丁基过氧化氢氧化成亚砜，而分子内的醇羟基不受影响[24]。

1 mol% 催化剂，^tBuOOH，CH_2Cl_2，r.t.；OH，98%；催化剂：CF_3，F_3C，S，N，H　(7-1-31)

① 1psi≈6894.76p_a。

酮羰基和氰基都是缺电子官能团,中心碳原子易受到亲核试剂的进攻,不过两者的反应性仍存在较大的差异。在下述反应中,苯肼分子中亲核性较大的氨基优先进攻羰基,而亚氨基随后加到氰基上,这说明羰基的反应活性要高于氰基[25]。

CH_3 O Br —KCN→ CH_3 O CN —PhNHNH₂→ CH_3 N N Ph NH_2 (7-1-32)

虽然某些化合物分子含有两种不同类型的基团,但是它们与特定试剂都易发生反应时,可以通过选择合适的反应条件来进行选择性控制。例如,苯胺可以与醛反应形成亚胺,也可以与4-氯嘧啶发生亲核取代。考虑到亚胺的形成在弱酸性水溶液中是一个可逆的过程,在该条件下,已成功实现了高选择性的亲核取代[26]。

Cl CHO N N NH_2 + OCH_2Ph Cl NH_2 —$^iPrNH_2/H_2O/HCl$→ N N H N OCH_2Ph H_2N CHO Cl 98.2% (7-1-33)

Cl CHO N N NH_2 + NH_2 —$CH_3CN/H_2O/HCl$→ N N H N H_2N CHO 93% (7-1-34)

(2) 类似官能团间的选择性控制

相对于不同质的官能团,实现类似官能团间的选择性控制一般需要使用合适的催化剂和反应条件。

醛羰基的反应性通常比酮羰基的反应性高。使用合适的催化剂,可以对醛与酮的反应进行选择性控制。例如,在 FeF_3 催化下,脂肪醛和芳香醛可以优先与氰基三甲基硅烷进行亲核加成,形成氰醇化合物[27]。

$CH_3COCH_2CH_3 + CH_3(CH_2)_4CHO$ —0.3 equiv. FeF_3 / H_2O,TMSCN→ OH CN H_3C CH_2CH_3 0 + OH n-C_5H_{11} CN 93% (7-1-35)

O + CHO Cl —0.3 equiv. FeF_3 / H_2O,TMSCN→ OH CN + OH CN Cl 80% (7-1-36)

COMe OHC OH —0.3 equiv. FeF_3 / H_2O,TMSCN→ HO NC COMe OH 80% (7-1-37)

与此类似,在 Lewis 酸 $RuCl_3$ 催化下,醛可以优先与甲醇反应形成缩醛[28]。

CHO O —$RuCl_3$催化剂 / MeOH, 回流, 2 h→ OMe OMe O 72% + CHO MeO OMe 3% (7-1-38)

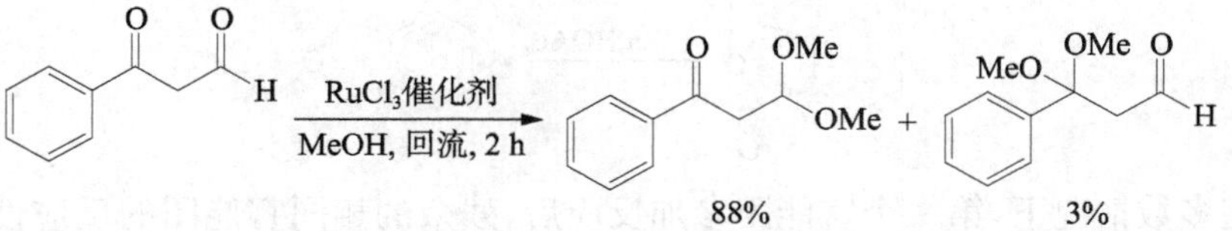

(7-1-39)

在 Lewis 酸全氟辛基磺酸镱 $Yb(OPf)_3$ 的催化下，硝基甲烷与丙酮醛、乙醛酸乙酯等可以高选择性地发生 Henry 反应，得到高产率的硝基醇[29]。

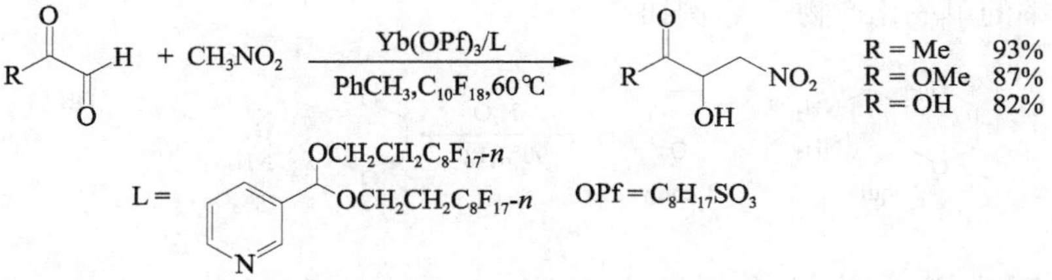

(7-1-40)

而在下述反应中，硅酮的羰基优先与炔发生加成反应，形成的中间体发生硅基迁移产生碳负离子，后者再与醛发生亲核加成反应[30]。

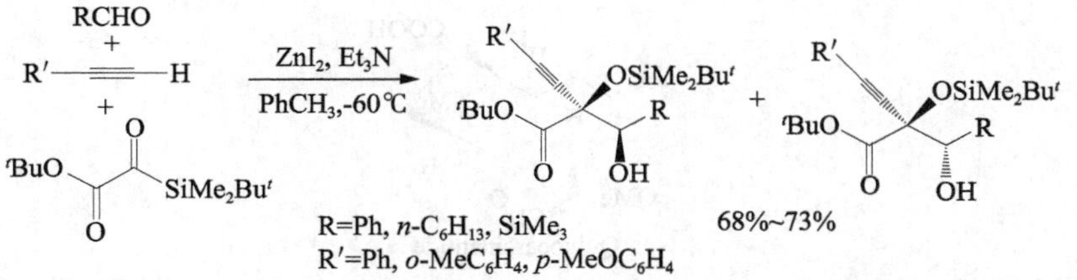

(7-1-41)

除了羰基以外，烯键与炔键的反应性也较接近。在与亲电试剂(如溴)反应时，通常烯烃的反应性要比炔的高。而在催化加氢反应中，炔比烯一般更易发生反应。在 Lindlar 催化剂作用下，可以高选择性地将炔转化成相应的烯，加氢过程以顺式加成方式进行。在下面的 Diels-Alder 反应中，烯键与炔键的反应性也显示出明显的差别，只有炔键作为亲双烯体参与了加成[31]。

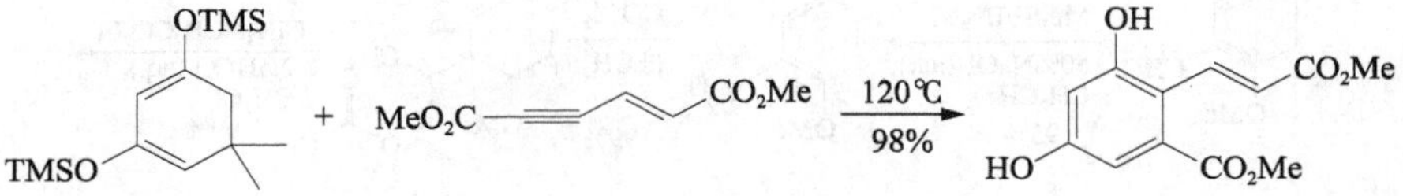

(7-1-42)

3. 相同官能团的选择性控制

在有机合成中，会经常遇到需要对分子内两个或两个以上的相同官能团中的一个进行选择性反应的问题。解决这个问题的方法主要包括：① 选择性试剂的利用；② 反应物与试剂用量的控制；③ 反应物浓度的稀释；④ 反应温度的控制等。

对某些反应物而言，一旦其中的一个官能团参加反应后，残余的相同官能团的反应性会随之降低，因此，实现单个基团反应的选择性控制并不十分困难。例如，间二硝基苯在水相中用硫化钠-氯化铵还原的反应，第一个硝基被还原后产生的间硝基苯胺因氨基的强给电子性质，使得第二个硝基的反应性明显降低，所以只要控制好还原剂的用量以及反应温度，就不难实现还原反应的选择性控制。邻苯二甲酸酐与锌粉的还原反应情况与此类似。

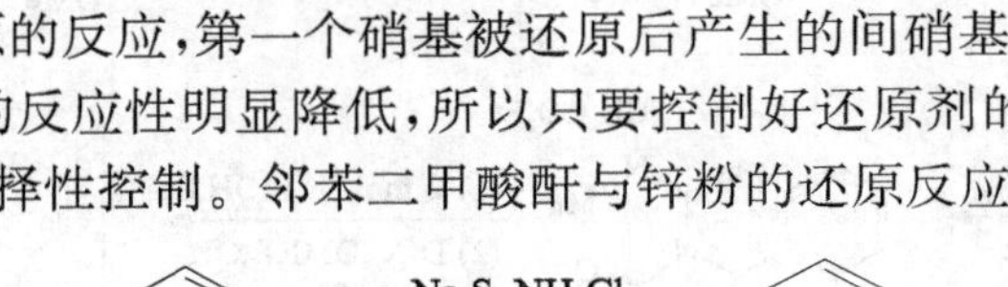

(7-1-43)

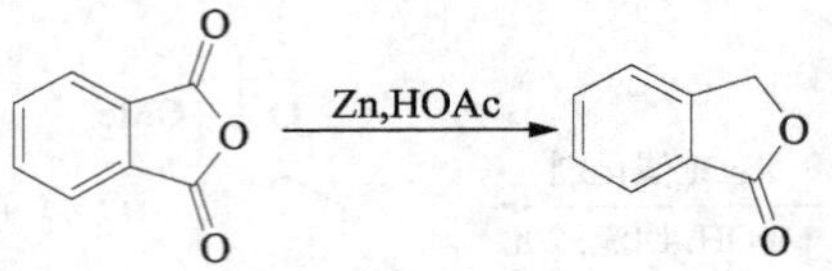

Zn,HOAc (7-1-44)

不过在多数情况下，第一个官能团参加反应后，残余的相同官能团的反应性并不会发生太大的变化。因此，控制较低的反应物浓度和适量的反应试剂对实现选择性控制是十分必要的。例如，乙二胺或 1,3-丙二醇的单酰化反应，使用不足量的酰化试剂，才可能选择性地得到较高产率的单酰化产物[32]。例如

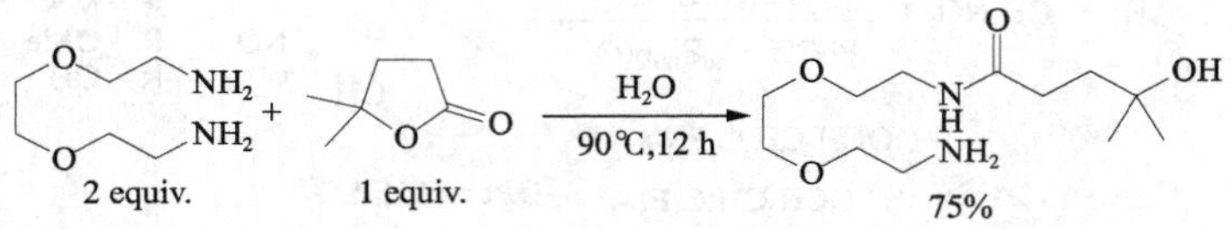

NH_2 NH_2 + O O → H_2O, 90℃,12 h → N H OH, NH_2 (7-1-45)

2 equiv. 1 equiv. 75%

7.1.3 实例分析

1. Quinocarcinamide 中间体的合成[33]

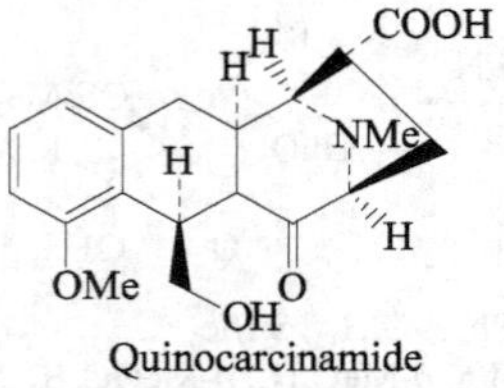

Quinocarcinamide

Quinocarcinamide 是一种具有广谱抗肿瘤活性的天然产物，它可以通过一种三环单酮基哌嗪中间体来进行合成。在下述合成路线中，邻甲氧基苯甲醛的醛基首先与硫叶立德反应，形成环氧乙烷，环氧基与氯光气选择性地开环，再选择性地进行取代反应。事实上，该路线的每一步都存在化学选择性的问题。

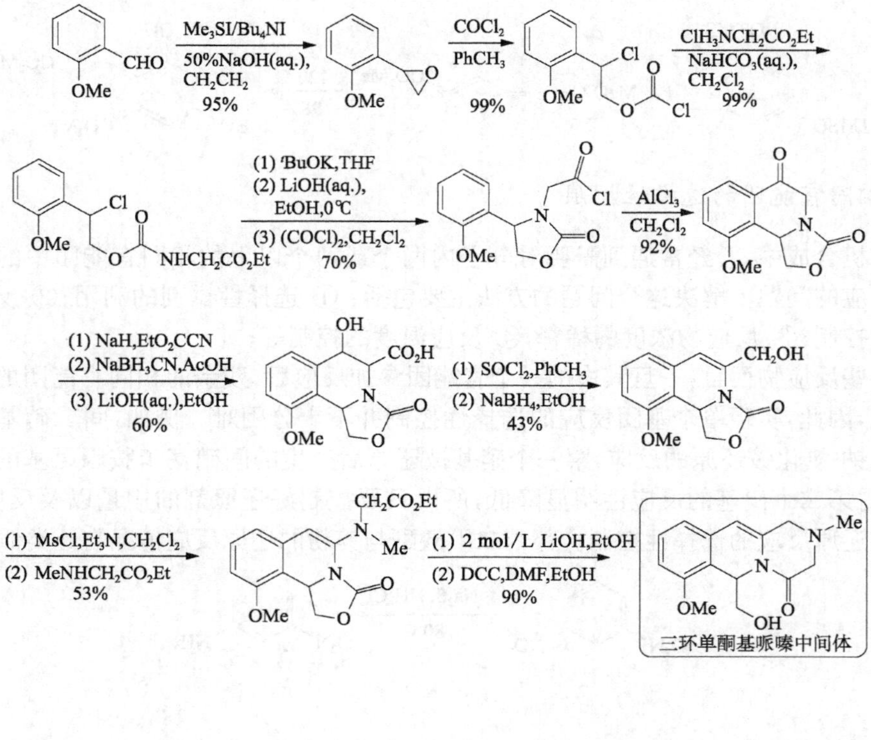

Me_3SI/Bu_4NI, 50%NaOH(aq.), CH_2CH_2, 95%; $COCl_2$, $PhCH_3$, 99%; $ClH_3NCH_2CO_2Et$, $NaHCO_3$(aq.), CH_2Cl_2, 99%

(1) ${}^tBuOK$,THF (2) LiOH(aq.), EtOH,0℃ (3) $(COCl)_2$,CH_2Cl_2 70%; $AlCl_3$, CH_2Cl_2, 92%

(1) NaH,EtO_2CCN (2) $NaBH_3CN$,AcOH (3) LiOH(aq.),EtOH 60%; (1) $SOCl_2$,$PhCH_3$ (2) $NaBH_4$,EtOH 43%

(1) MsCl,Et_3N,CH_2Cl_2 (2) $MeNHCH_2CO_2Et$ 53%; (1) 2 mol/L LiOH,EtOH (2) DCC,DMF,EtOH 90%

三环单酮基哌嗪中间体

2. HIV-1 整合酶天然抑制剂的合成[34]

Cyclodidemniserinol Trisulfate 片断 A 的合成反应过程也涉及化学选择性问题。下述合成路线包括溴代、Swern 氧化、缩醛的形成、Wittig 反应、脱硅醚化、催化加氢、碘代、铜催化偶联及环氧化等反应。

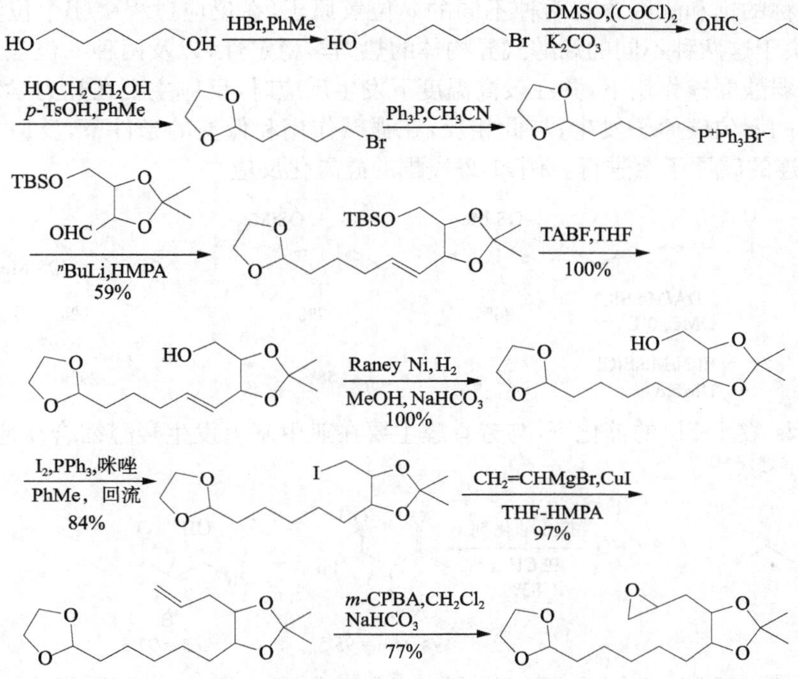

HBr,PhMe
DMSO,$(COCl)_2$
K_2CO_3
$HOCH_2CH_2OH$
p-TsOH,PhMe
Ph_3P,CH_3CN
$P^+Ph_3Br^-$
TBSO
OHC
^nBuLi,HMPA
59%
TABF,THF
100%
Raney Ni,H_2
MeOH,$NaHCO_3$
100%
I_2,PPh_3,咪唑
PhMe，回流
84%
CH_2=CHMgBr,CuI
THF-HMPA
97%
m-CPBA,CH_2Cl_2
$NaHCO_3$
77%

Cyclodidemniserinol Trisulfate 片断 A

7.2 区域选择性

7.2.1 定义

区域选择性是指当存在两种或两种以上可能的反应途径时，反应物优先选择其中一种途径进行反应。例如，烯烃分子与氢溴酸的加成反应，当反应在水中发生时所得到的产物与反应在过氧化物存在时所得到的加成产物是不一样的。此外，不饱和羰基化合物发生 1,2-加成和 1,4-加成反应也属于区域选择性的控制问题。此外，不对称酮的 α 位卤代反应和苯酚的亲电取代反应都存在区域选择性。

7.2.2 选择性控制方法

区域选择性及其控制目前主要通过下述方法：① 利用两个反应位点形成时的热力学稳定性差异，实现热力学控制的选择性；② 利用两个反应位点的反应性差异，实现动力学控制的选择性;③ 利用两个反应位点的位阻不同。此外,近年来还发现可以利用超分子或胶束等来实现选择性控制。本节将按照不同官能团的类型来介绍其区域选择性的控制。

1. 饱和酮的α位取代反应

含有α位氢原子的饱和酮存在酮式-烯醇式互变异构,这种互变作用在酸碱催化下快速达成平衡。不对称的饱和酮因含有两种不同的α位氢原子,在反应过程中哪个位置优先发生反应,主要取决于这两种不同的烯醇式异构体的热力学稳定性,以及两种α位氢原子的相对酸性强弱。在弱酸弱碱作用下,并在较高温度下发生反应时,反应主要在热力学稳定性高的烯醇式异构体的α位碳原子发生;与此相反,在强碱作用和低温的条件下,反应主要在与酸性较强α-氢相连的碳原子上进行。例如,2-庚酮的硅醚化反应

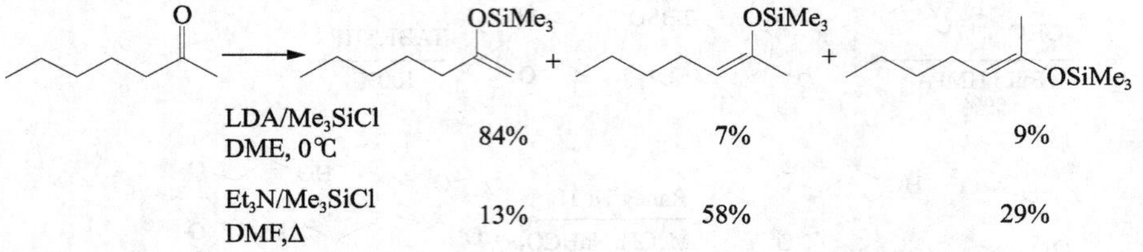

OSiMe3 OSiMe3 OSiMe3

LDA/Me_3SiCl DME, 0℃ 84% 7% 9% (7-2-1)

Et_3N/Me_3SiCl DMF,Δ 13% 58% 29%

丁酮在 Lewis 酸 $TiCl_4$ 的催化下,与芳香醛主要在亚甲基上发生羟醛缩合反应,形成顺式异构体为主的产物[35]。

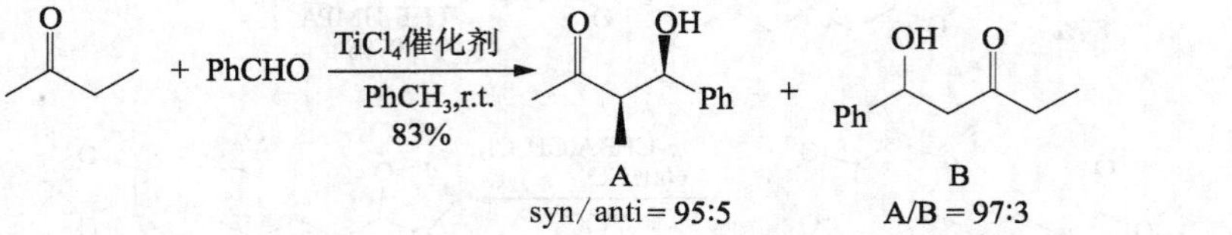

+ PhCHO $TiCl_4$催化剂 $PhCH_3$,r.t. 83% (7-2-2)

A syn/anti = 95:5 B A/B = 97:3

与此不同的是,在碘化镁(MgI_2)和二异丙基乙胺作用下,丁酮与芳香醛主要在酸性较强的甲基上发生羟醛缩合反应,得到高产率的缩合产物。甲基异丙酮在同样条件下的反应,只给出甲基上发生羟醛缩合的产物[36]。

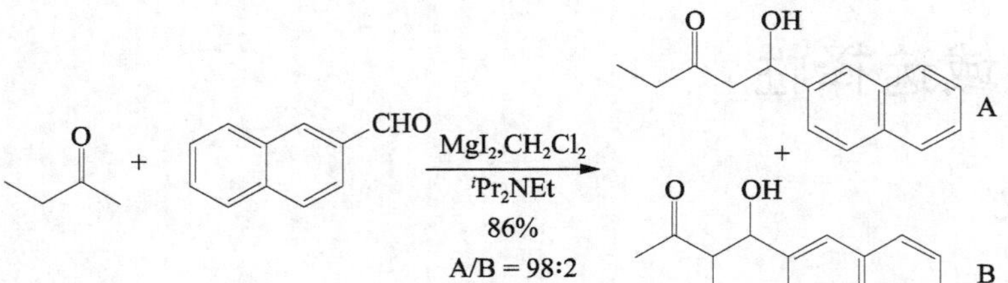

CHO MgI_2,CH_2Cl_2 $^iPr_2NEt$ 86% A/B = 98:2 (7-2-3)

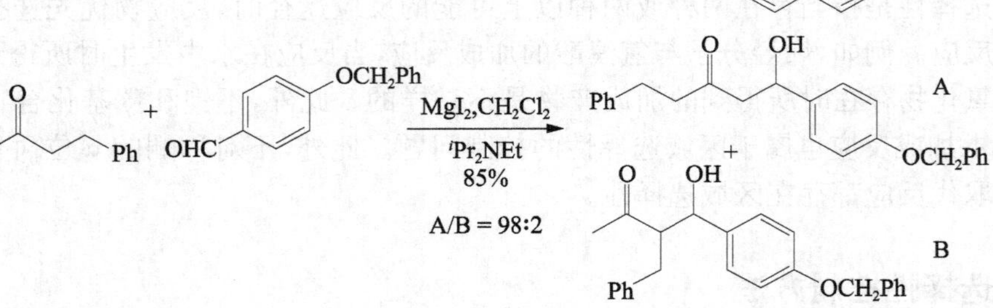

OCH_2Ph OHC Ph MgI_2,CH_2Cl_2 $^iPr_2NEt$ 85% A/B = 98:2 (7-2-4)

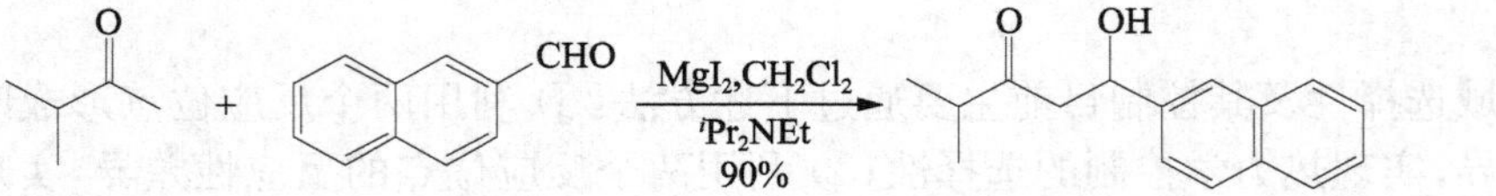

CHO MgI_2,CH_2Cl_2 $^iPr_2NEt$ 90% (7-2-5)

乙酰乙酸乙酯的亚甲基上的氢原子的酸性明显高于甲基上的氢，在碱作用下易失去质子形成较稳定的碳负离子。因此，乙酰乙酸乙酯在碱作用下与卤代烃或酰卤等的反应主要在亚甲基上发生。但是，若在低温下使用过量的强碱二异丙氨基锂（LDA），则可以同时攫取乙酰乙酸乙酯分子内亚甲基和甲基上的一个质子，形成负二价的碳负离子。由于甲基上形成的碳负离子反应性高，此时该位置优先与亲电试剂发生反应。例如，与亚胺的加成反应[37]

2 equiv. LDA, THF, -50℃, 1h; $ArCH=NSO_2Ar'$, THF, -50℃, 2~2.5h　　(7-2-6)

Ar = Ph, Ar′ = 4-CH_3-Ph　77%
Ar = 4-Cl-Ph, Ar′ = 4-CH_3-Ph　83%
Ar = 4-MeO-Ph, Ar′ = 4-CH_3-Ph　90%

2. 不饱和羰基化合物的1,2-与1,4-加成反应

因共轭效应的影响，不饱和羰基化合物的羰基碳原子以及β位碳原子都属于缺电子中心，可以与各种亲核试剂发生加成反应。一般而言，亲核性强的试剂，如烷基锂，倾向于1,2-加成，而亲核性较弱的试剂，如二烷基铜锂，则倾向于1,4-加成。与羰基相连的基团体积小，有利于1,2-加成，体积大则有利于1,4-加成。

不饱和醛酮与肼的缩合反应是制备吡唑的有效方法。在下述反应中，苯肼与乙醇钠先发生质子交换反应，形成的氮负离子优先进攻β位碳原子，而肼分子中的氨基则与羰基发生缩合反应，形成高区域选择性的吡唑化合物[38]。

+ RCHO, 哌啶, EtOH; PhNHNH₂, NaOEt, EtOH

R = Ph, 71%
R = ^{i}Pr, 64%

R = Ph, 80%
R = ^{i}Pr, 60%

(7-2-7)

与此不同的是，肉桂醛与N-甲基苯胺优先在羰基上发生缩合反应，形成亚胺化合物，后者在$InCl_3$催化下可以高选择性地与三乙基硅烷发生1,2-负氢加成反应，形成高产率的还原产物[39]。

CHO + $PhNH_2CH_3Cl$ —— $InCl_3$(0.1 equiv.)/Et_3SiH(1 equiv.), CH_3OH, r.t., 24 h → $N(CH_3)Ph$　　(7-2-8)

100%

由上可见，不饱和亚胺化合物也存在1,2-与1,4-加成的选择性问题。下述例子清楚地表明，芳香胺与醛反应形成的亚胺与烃基锂的反应主要以1,2-加成为主，而脂肪胺与醛反应形成的亚胺与烃基锂基本上都以1,4-加成方式发生反应。这是因为前者经1,2-加成形成的氮负离子中间体可以有效地发生电荷的离域[40]。

$$\text{1-Naphthyl-CH=NR} + \text{NuLi} \xrightarrow[\text{(2) } H_3O^+\text{, r.t., 12 h; (3) } NaBH_4\text{, MeOH, 0°C}]{\text{(1) THF, -78°C}} \tag{7-2-9}$$

		1,2-加成产物	共轭加成产物
R = c-Hex	Nu = Bu	<1	83% (74:9)
R = Bu	Nu = Ph	0	76% (39:37)
R = Ph	Nu = Bu	83%	6%
R = Ph	Nu = Ph	99%	1%

氢键的存在与否对共轭加成的选择性也有明显的影响。在下面给出的例子中,硫酚在碱作用下形成硫酚负离子后,优先按照方式(a)进行加成;而在二氯甲烷中反应时,酰胺的羰基氧可以与硫酚形成分子内氢键,使得加成主要按照方式(b)进行[41]。

$$EtO_2C\text{-CH=CH-C(O)Y} \xrightarrow[\text{(a)或(b)}]{PhSH} \underset{A}{EtO_2C\text{-CH(SPh)-CH}_2\text{-C(O)Y}} + \underset{B}{EtO_2C\text{-CH}_2\text{-CH(SPh)-C(O)Y}} \tag{7-2-10}$$

(a) 0.1 equiv. Et_3N, EtCN, r.t., 6 h

(b) CH_2Cl_2, r.t., 48 h

Y	反应条件	产率/%	A/B
Y= 吡咯烷-1-基	(a)	85	10/90
	(b)	86	>99/1
Y= 哌啶-1-基	(a)	87	7/93
	(b)	80	>98/2

加成方式(a) Et_3NH^+ PhS^-

加成方式(b) PhS---H

除了亲核加成反应外,不饱和羰基化合物还可以与还原性金属进行高选择性还原反应,形成相应的饱和羰基化合物。例如,在二茂二氯化钛催化下,不饱和醛、酮和酯可以有效地在室温下被锌粉-盐酸三乙胺还原成相应的饱和醛、酮和酯[42]。

$$R\text{-CH=CH-C(O)R}' \xrightarrow[\text{20 equiv. Zn, 5 equiv. } Et_3NHCl\text{; } CH_2Cl_2\text{, r.t., 6 h}]{5\text{ mol\% } Cp_2TiCl_2} R\text{-CH}_2\text{CH}_2\text{-C(O)R}' \tag{7-2-11}$$

R = Ph, R′ = H	78%
R = 4-CF_3Ph, R′ = H	41%
R = R′ = Ph	96%
R = 4-CF_3Ph, R′ = CH_3	91%
R = 4-Cl-Ph, R′ = OEt	68%

3. 烯和炔的选择性加成反应

不对称的烯烃或炔烃与亲电试剂的加成反应通常存在区域选择性问题。按照马氏规律,亲电试剂一般加到取代少的双键或三键的碳原子上。实际上,控制加成取向的主要因素包括:① 不饱和键两个碳原子上电子云密度的相对大小;② 亲电试剂加到不饱和键上后形成的碳正离子的相对稳定性。这两种因素差异越大，反应过程呈现出的区域选择性越高。

烯烃的硼氢化反应是一类高区域选择性的加成反应，硼原子作为缺电子中心，一般优先进攻取代少的双键碳原子。例如，1-甲基环己烯在二茂镧配合物催化下的加成反应，几乎只得到单一的反式加成产物，后者在碱性过氧化氢溶液中转化成相应的醇[43]。

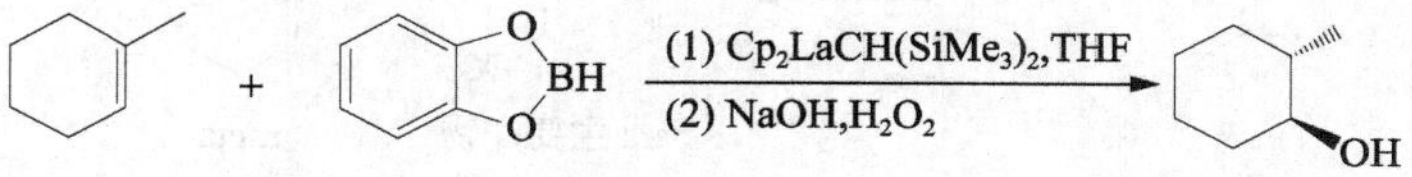
BH
O
O
(1) Cp2LaCH(SiMe3)2,THF
(2) NaOH,H2O2
OH

(7-2-12)

与此类似，绝大多数取代苯乙烯与碘硼烷-二甲硫醚的反应主要生成硼原子加在取代少的双键碳原子上的产物，即使苯环上连接有像三氟甲基那样的强吸电子取代基。这种规律仅在缺电子很强烈的五氟苯乙烯的反应中出现明显的偏差[44]。

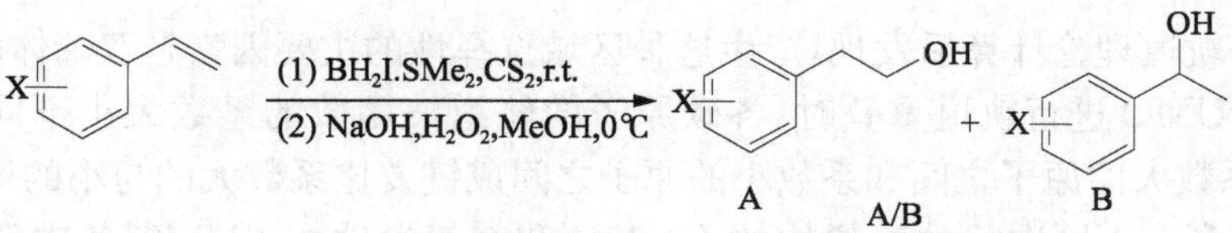
X
(1) BH2I.SMe2,CS2,r.t.
(2) NaOH,H2O2,MeOH,0℃
OH
X
OH
X
A
B

(7-2-13)

	A/B
X = 2-F	97:3
X = 3-F	94:6
X = 4-F	97:3
X = 4-CF_3	95:5
X = 2,3,4,5,6-F_5	33:67

除了上述因素之外，在烯烃参与的成环反应中，加成反应的速度在很大程度上取决于成环的大小。在下述反应中，取代丙二酸二甲酯先被三价的醋酸锰氧化产生碳中心自由基，理论上该自由基对 C=C 键的加成有两种方式，但实际上加成反应优先形成五元环中间体。这类反应被认为是动力学控制的高区域选择性加成反应[45]。

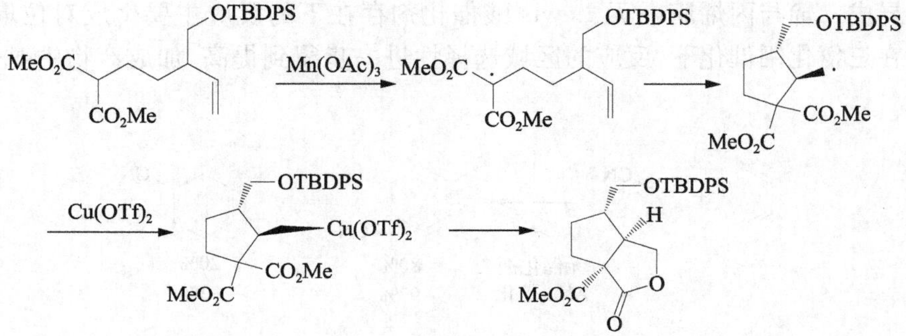
OTBDPS
MeO2C
CO2Me
Mn(OAc)3
OTBDPS
MeO2C
CO2Me
OTBDPS
CO2Me
MeO2C
Cu(OTf)2
OTBDPS
Cu(OTf)2
CO2Me
MeO2C
OTBDPS
H
MeO2C
O
O

(7-2-14)

炔烃的加成方式与烯烃相似。在下述反应中，末端炔烃在乙酰丙酮镍配合物催化下，与硫酚反应形成高区域选择性的加成产物。其中二价镍作为缺电子中心优先与炔键进行配位，硫酚作为亲核基团加在取代较多的碳原子上[46]。

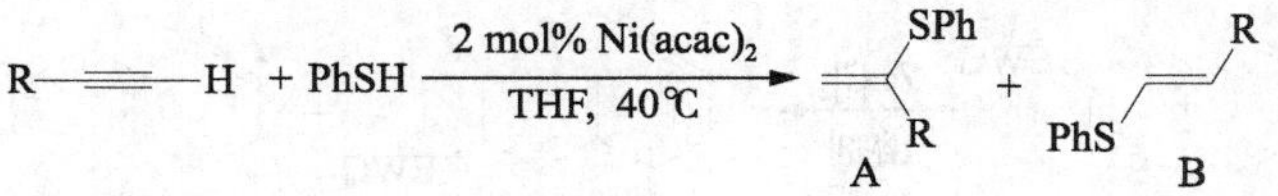
R
H
+ PhSH
2 mol% Ni(acac)2
THF, 40℃
SPh
R
A
+
R
PhS
B

(7-2-15)

	产率/%	A/B
R = n-C_4H_9	79	94:5
R = CH_2CH_2OH	93	>98:2
R = $C(CH_3)_2OH$	80	>98:2

对共轭烯烃参与的 Diels-Alder 反应，也存在区域选择性的问题。2-取代-1，3-丁二烯与亲双烯体的反应一般有利于形成对位取代的产物，如反应式(a)所示。而 1-取代-1，3-丁二烯与亲双烯体的反应一般有利于形成邻位取代的产物，如反应式(b)所示。

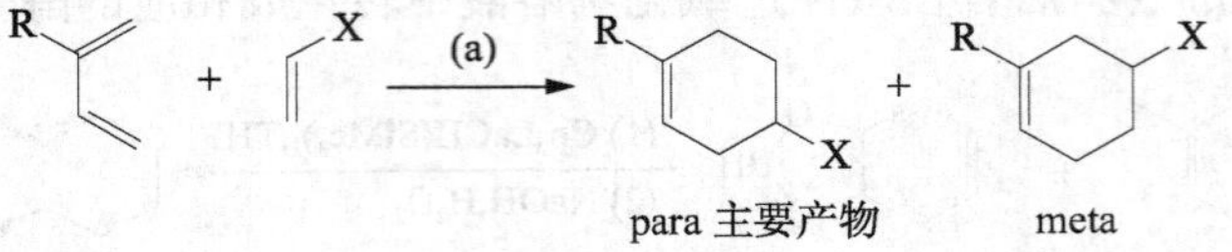

(a)

para 主要产物　　meta

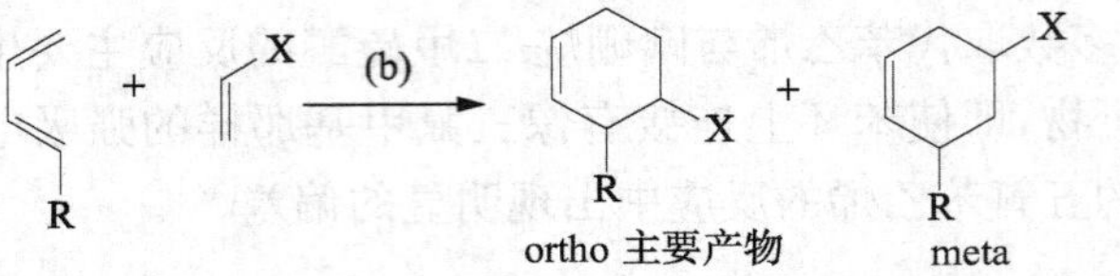

(b)

ortho 主要产物　　meta

经过分子轨道理论计算后发现，产生这种区域选择性的主要因素是双烯体的 HOMO 和亲双烯体的 LUMO 进行轨道重叠时，各碳原子的轨道波函数的系数大小不同所致。按照 Houk 规则，系数大的原子之间和系数小的原子之间成键要比系数大的与小的原子之间成键在能量上更有利。不同取代的双烯体的 HOMO 和亲双烯体的 LUMO 各碳原子的轨道波函数的系数大小如下所示。从图中不难看出，对位取代产物和邻位取代产物的形成在能量上要比间位取代产物的形成更有利。

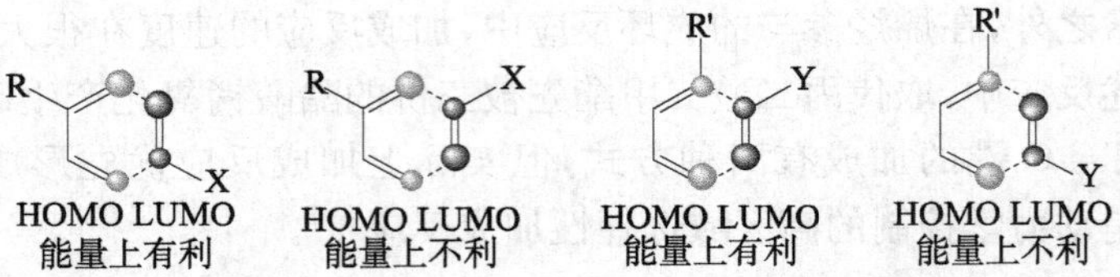

HOMO LUMO 能量上有利　　HOMO LUMO 能量上不利　　HOMO LUMO 能量上有利　　HOMO LUMO 能量上不利

例如，异戊二烯与丙烯腈在无 Lewis 酸催化剂存在下的反应主要生成对位取代产物。后来发现，在三氯化铝催化下，反应的区域选择性进一步得到提高，加成产物中对位取代产物占 97％。

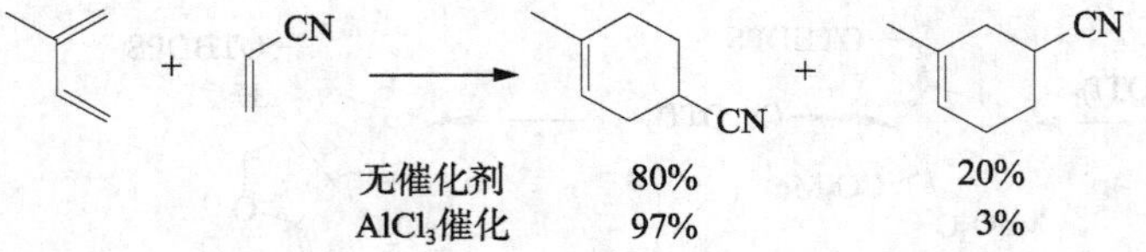

(7-2-16)

	对位产物	间位产物
无催化剂	80%	20%
$AlCl_3$催化	97%	3%

此外，反应介质的性质对选择性控制也有明显的影响。例如，香叶烯与丙烯醛或丙烯酸酯在氯化锌催化下的 D-A 反应，在二氯甲烷中的选择性较低，而在氯化 1-丁基甲基咪唑(BmimCl)离子液体中，选择性显著升高[47]。

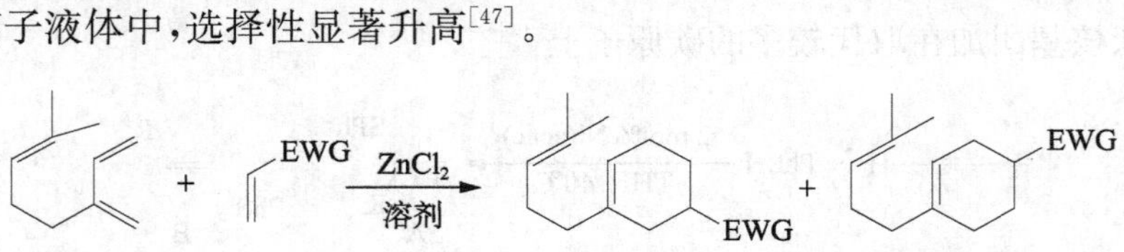

$ZnCl_2$，溶剂　　(7-2-17)

		meta	para	产率/%
EWG = CHO	CH_2Cl_2	28	77	65
	BmimCl	5	95	97
EWG = COOMe	BmimCl	7	93	86

4. 芳环的选择性取代反应

芳香化合物的亲电取代反应存在明显的区域选择性，产生这种选择性的主要因素被认为是亲电试剂进攻芳环形成的中间体 σ-配合物的稳定性大小。实际上，对这种选择性产生影响的因素还包括芳香化合物环上各原子上分布的电子云密度的大小、立体位阻以及定位基与反应试剂或催化剂间的配位作用等。

三氟乙醛缩乙醇是一种温和的亲电试剂，可以与 *N*,*N*-二甲苯胺等富电子芳烃直接发生亲电取代反应，得到高产率的对位取代产物。苯酚的反应性较苯胺低，需要在催化量的无水碳酸钾存在下发生反应，得到以对位取代为主的产物。然而，在弱 Lewis 酸碘化锌催化下，该反应生成的主要产物为邻位取代产物，产率高达 85%。引起这种选择性变化的主要原因是酚羟基的氧原子以及三氟乙醛缩乙醇的氧原子与碘化锌之间的配位作用[48]。

$$\text{HO-C}_6\text{H}_5 + \text{CF}_3\text{CH(OEt)OH} \xrightarrow{\text{K}_2\text{CO}_3\text{催化剂}} \text{HO-C}_6\text{H}_4\text{-CH(OH)CF}_3 \tag{7-2-18}$$

$$\text{HO-C}_6\text{H}_5 + \text{CF}_3\text{CH(OEt)OH} \xrightarrow{\text{ZnI}_2} o\text{-HO-C}_6\text{H}_4\text{-CH(OH)CF}_3 \tag{7-2-19}$$

三氟乙醛与仲胺反应得到的亚胺稳定性较高，在 Lewis 酸催化下，它可以与许多富电子芳烃发生亲电取代反应，形成高选择性的取代产物[49]。

$$\text{HO-C}_6\text{H}_5 + \text{CF}_3\text{CH{=}NR} \xrightarrow{\text{BF}_3\text{.OEt}_2} \text{HO-C}_6\text{H}_4\text{-CH(NHR)CF}_3 \tag{7-2-20}$$

事实上，一些缺电子的亚胺参与的反应已经成功地用于有机胺的制备。例如，吡咯与 *N*-对甲苯磺酰基亚胺在三氟甲磺酸铜催化下的反应，几乎只生成 2 位取代产物[50]。在磷酸联萘酚二酯的催化下，间二甲氧基苯与 *N*-烷氧基羰基亚胺间的反应，也几乎只生成单一的取代产物[51]。

$$\text{pyrrole} + \text{ArCH{=}NTs} \xrightarrow[\text{THF,0℃}]{\text{10 mol\% Cu(OTf)}_2} \text{2-(ArCH(NHTs))pyrrole} \tag{7-2-21}$$

Ar = Ph　47%
Ar = 4-CH_3O-Ph　64%
Ar = 4-NO_2-Ph　85%
Ar = 4-CF_3-Ph　82%

$$\text{1,3-(MeO)}_2\text{C}_6\text{H}_4 + \text{PhCH{=}NCO}_2\text{R} \xrightarrow[\text{CH}_2\text{Cl}_2\text{,r.t.,6 h}]{\text{2.5 mol\% BPA 催化剂}} \text{2,4-(MeO)}_2\text{C}_6\text{H}_3\text{-CH(Ph)NHCO}_2\text{R} \tag{7-2-22}$$

催化剂为（联萘酚磷酸酯，P(=O)OH）

R = Me　75%
R = Bu^t　81%

除了亲电取代反应外，芳环上的亲核取代反应也存在区域选择性的问题。在下述两个反应中，7 位取代基性质的不同导致了 2 位或 3 位氯原子被选择性地取代[52]。

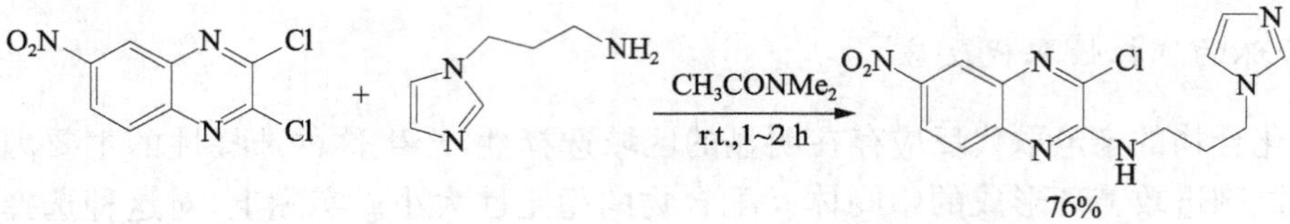

(7-2-23)

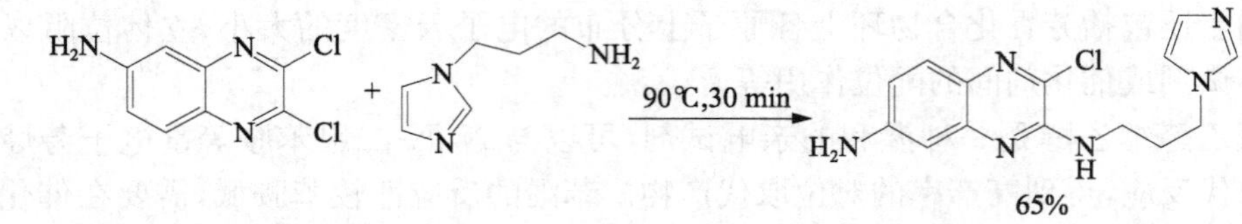

(7-2-24)

2,4-二氯吡啶与苯酚化合物在碱作用下的亲核取代反应也存在一定的区域选择性。在无铜盐存在下,有利于4-氯的取代反应。然而,在卤化亚铜存在下,取代反应的选择性发生了根本性的变化,反应只生成了2-氯被取代的产物。这种选择性的改变主要源于铜离子与吡啶氮原子以及酚氧离子的配位作用[53]。

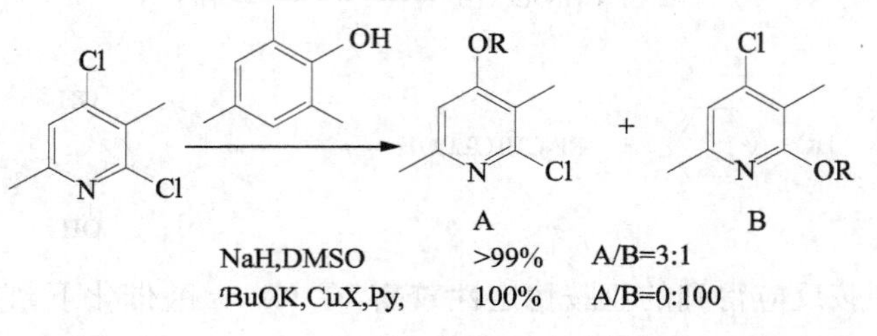

(7-2-25)

	A	B
NaH,DMSO	>99%	A/B=3:1
^{t}BuOK,CuX,Py,	100%	A/B=0:100

5. 环氧化合物的选择性开环

环氧化合物是一类重要的有机中间体。不对称的环氧化合物与亲核试剂反应时,存在哪个C—O键优先发生断裂的问题。一般而言,在碱性条件下,开环反应的选择性主要由环上两个碳原子周围的立体位阻大小来控制。例如,在下述环氧化合物与伯胺或仲胺的反应,亲核中心的氮原子都优先进攻位阻小的环上碳原子[54]。

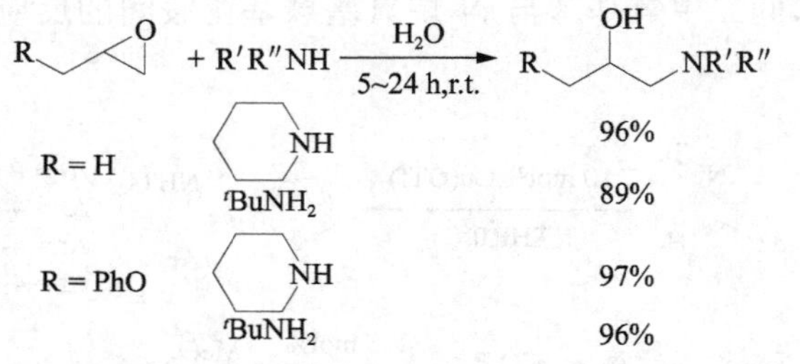

(7-2-26)

R = H: 哌啶 96%; ^{t}BuNH$_2$ 89%

R = PhO: 哌啶 97%; ^{t}BuNH$_2$ 96%

但在酸催化下,反应的选择性情况较为复杂。在弱酸催化下,亲核试剂与部分质子化的环氧化合物发生S_N2型反应时,仍会优先进攻位阻较小的环上碳原子。但在强酸催化下,环氧化合物经质子化后会自身先发生C—O键的断裂,形成碳正离子,因此碳正离子的稳定性大小将成为决定开环反应选择性的主要控制因素。在下面给出的Lewis酸催化的反应中,烷基取代的环氧乙烷与伯胺反应,其开环过程的选择性主要由立体位阻控制。

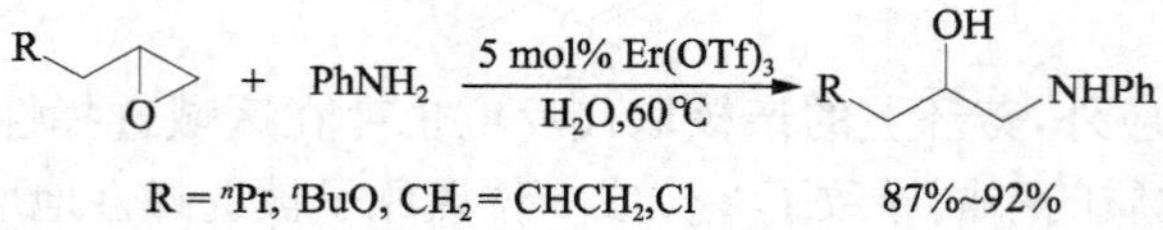

(7-2-27)

R = ^{n}Pr, ^{t}BuO, $CH_2=CHCH_2$,Cl   87%~92%

与此有所不同，苯基取代的环氧乙烷与胺反应的选择性直接与胺的亲核能力大小有关。对亲核性较强的脂肪胺，开环反应仍主要由立体位阻控制。而对亲核性较弱的芳香胺，开环反应的选择性则主要由环氧开环后形成的碳正离子的稳定性来控制[55]。

+ RNHR′ —— 5 mol% $Er(OTf)_3$，H_2O，60℃，90%~100% ——> Ph-CH(OH)-CH₂-NRR′ + Ph-CH(NRR′)-CH₂OH　(7-2-28)

胺	Ph-CH(OH)CH₂NRR′	Ph-CH(NRR′)CH₂OH
哌啶 (NH)	100%	0
吡咯烷 (NH)	90%	10%
$^nBuNH_2$	90%	10%
$PhCH_2NH_2$	75%	25%

+ X-$PhNH_2$ —— 5 mol% $Er(OTf)_3$，H_2O，60℃，90%~95% ——> Ph-CH(OH)-CH₂-NHPh-X + Ph-CH(NHPh-X)-CH₂OH　(7-2-29)

X	Ph-CH(OH)CH₂NHPh-X	Ph-CH(NHPh-X)CH₂OH
X = H	15%	85%
X = p-CH_3	10%	90%
X = p-Cl	5%	95%
X = p-NO_2	7%	93%

7.2.3　实例分析

1. 色素 1,4,5-三羟基-2-甲基蒽醌(islandicin)的合成[56]

以 2,3-二甲基苯甲醚为起始原料，通过控制 N-溴代琥珀酰亚胺(NBS)的用量，可以对甲基进行选择性地溴代。溴代化合物在碘离子作用发生消除形成双烯体，后者与 2-甲基-6-溴对苯醌区域选择性地发生 D-A 反应，最后经还原、氧化、去甲基化反应得到目标化合物。

2,3-二甲基苯甲醚（CH_3，CH_3，OCH_3）—— 2 equiv.NBS，CCl_4，$h\nu$，回流，82% ——> CH_2Br，CH_2Br，OCH_3 —— 1 equiv.NBS，CCl_4，$h\nu$，回流，81% ——> $CHBr_2$，CH_2Br，OCH_3

—— 2-甲基-6-溴对苯醌（Br，CH_3，O，O），NaI，CH_3COCH_3，回流，21 h，46% ——> 蒽醌中间体（O，CH_3，O，OCH_3）—— Zn，NaOAc，Ac_2O，95% ——> （OAc，CH_3，OAc，OCH_3）

—— (1) CrO_3，H_2SO_4；(2) Na_2CO_3(aq.)，56% ——> （O，OH，CH_3，O，OH，OCH_3）—— HOAc/HBr，回流，48% ——> （O，OH，CH_3，O，OH，OH）

2. 种子发芽刺激物质3-甲基-2H-呋喃并[2,3]吡喃-2-酮的合成[57]

在下述合成路线中,呋喃环上的双键先区域选择性地发生环氧化,产生的中间产物在乙酰氯作用开环形成吡喃酮衍生物,经过异丙氧基化、催化加氢得到的吡喃酮在四氯化钛作用下,选择性地发生羟醛缩合,最后得到目标化合物。

m-$ClC_6H_4CO_3H$, CH_2Cl_2, 0~5℃; AcCl/Et_3N/DMAP 催化剂, CH_2Cl_2, 0~5℃; ^iPrOH, $SnCl_4$, $ClCH_2CH_2Cl$, 20~25℃; H_2/Pd, AcOEt, 20~25℃; $CH_3COCO_2CH_3$, $TiCl_4$, Bu_3N; $(CF_3CO)_2O$/Et_3N/DMAP 催化剂, CH_3CN, 0~5℃; DBU/CH_3CN; PTS, $PhCH_3$, 回流

PTS: 对甲苯磺酸

7.3 立体选择性

7.3.1 定义

立体异构体是分子中的原子在空间上的排列方式不同而产生的异构体。它包括几何异构体、对映异构体以及构象异构体。通常情况下,也可以将立体异构体分为对映异构体和非对映异构体。

简单来说,立体选择性是对立体化学的控制,这是最难控制的一种选择性。例如,当反应过程中形成了新的碳碳双键,那么究竟是优先形成 Z 式还是形成 E 式呢?当反应过程中产生了新的手性中心,究竟是优先形成 S-构型的异构体还是优先产生 R-构型的异构体?如果这些问题可以被控制的话,那么这个反应就是一种立体选择性反应。

需要指出的是,立体专一性反应与立体选择性反应的概念是不一样的。所谓立体专一性是指由于反应机理决定了反应过程中的立体化学转化是专一性的。例如,无论参与反应的分子是什么,S_N2 反应都是一个立体构型翻转的过程。换句话来说,S_N2 反应是立体专一性反应。相反,由于酮还原生成醇的时候,新产生的羟基的立体化学是可以选择的,因此,这个反应不是立体专一性反应,但却是立体选择性反应。

若立体异构体属于对映异构体,此时立体选择性又称为对映选择性,一般用对映体过剩(*e.e.*)值来表示选择性的高低。例如,不对称酮与手性还原试剂(L 为手性配体)的反应,生成不同量的两种对映体。

$$PhCOCH_3 + NaBH_2L_2 \longrightarrow (S)\text{-}PhCH(OH)CH_3 + (R)\text{-}PhCH(OH)CH_3 \quad (7\text{-}3\text{-}1)$$

若立体异构体属于非对映异构体，此时立体选择性又称为非对映选择性，一般用非对映体过剩（*d.e.*）值来表示选择性的高低。例如，α-手性醛的格氏反应可以给出不同量的两种非对映体。

$$R\text{-}CH(CH_3)\text{-}CHO \xrightarrow{R'MgX} R\text{-}CH(CH_3)\text{-}CH(OH)R' \text{（主要产物）} + R\text{-}CH(CH_3)\text{-}CH(OH)R' \quad (7\text{-}3\text{-}2)$$

7.3.2　烯键几何异构体的选择性控制

目前获得烯键顺反几何异构体的选择性途径主要包括：① 炔烃化合物的立体控制还原；② 醛与亲核试剂的加成与消除反应。

1. 炔烃化合物的选择性还原

炔烃属于高度不饱和化合物，在过渡金属催化下易发生加氢反应，选择合适催化活性的催化剂可以使加氢反应停留在烯烃阶段，得到顺式烯烃。目前使用的加氢催化剂主要有 Lindlar 催化剂（Pd-$BaSO_4$-喹啉）和 P-2 Ni 催化剂（Ni_2B，用 $NaBH_4$ 还原醋酸镍得到），有关这方面的介绍相当普遍，这里不再详述。

炔烃与硼烷反应，得到的产物经乙酸处理，也可以选择性地得到顺式烯烃。

炔烃直接用还原性金属体系 Na/NH_3、Li/NH_3 等或氢化铝锂还原，一般得到反式烯烃。用 Red-Al 还原丙炔醇类化合物，可以得到高产率的反式烯丙醇化合物，减少丙二烯型副产物的形成[58]。

$$\xrightarrow[\text{回流，91\%}]{\text{Red-Al/THF}} \quad (7\text{-}3\text{-}3)$$

2. 醛的 Wittig 型反应

醛与叶立德反应形成烯化合物的立体选择性与叶立德的反应性及反应介质有关。一般而言，亲核性较低的叶立德有利于反式烯烃的形成，反应性高的则有利于顺式烯烃的形成。介质对反应的立体选择性有时影响也很大。例如，丙酮缩甘油醛的反应[59]

$$\text{(丙酮缩甘油醛)-CHO} + Ph_3P{=}CHCOOEt \longrightarrow \text{(丙酮缩甘油醛)-}CH{=}CHCOOEt \quad (7\text{-}3\text{-}4)$$

CH_2Cl_2,HOAc 催化剂　E/Z=94:6

MeOH, 0℃　E/Z=10:90

叶立德的配对阴离子的碱性对反应的速率和立体化学也有明显的影响,加入乙酸钠有利于反应的顺利进行[60]。例如

$$Ph_3P^+CH_2XBr^- + PhCH_2CH_2CHO \xrightarrow[\text{MeCN,回流,2 h}]{\text{1.2 equiv. NaOAc}} PhCH_2CH_2CH{=}CHX \quad (7\text{-}3\text{-}5)$$

X = COOMe　91%(E/Z = 88:12)
X = COMe　85%(E/Z = 95:5)

$$Ph_3As^+CH_2COOMeBr^- + PhCH_2CH_2CHO \xrightarrow[\text{MeCN,回流,4 h}]{\text{1.2 equiv. NaOAc}} PhCH_2CH_2CH{=}CHCOOMe \quad (7\text{-}3\text{-}6)$$

87%(E/Z= 97:3)

顺式烯烃可以通过下述途径经反式消除得到[61]。

$Ph_2P(O)CH_2R$ —(1) BuLi (2) PhCHO (3) H_2O→ 62%(anti/syn=88:12) —PDC, DMF 94%→ —$NaBH_4$ 89%→ (7-3-7)

—$CeCl_3/LiAlH_4$ 74%→ —PCl_3,NEt_3 CH_2Cl_2,r.t.,2 h→ 92%(E/Z = 10:90)　R = $PhCH_2$

7.3.3 非对映选择性控制

非对映选择性普遍存在于产生两个或两个以上手性中心的反应中,反应过程不一定涉及手性原料或催化剂。烯烃的加成和氧化反应、丁烯二酸二酯的 D-A 反应及醛的亲核加成反应等过程中都存在非对映选择性问题。

(7-3-8)　Br_2

(7-3-9)　COOMe COOMe

(7-3-10)　$PhCHO + CH_3CH_2NO_2 \longrightarrow$ Ph–CH(OH)–CH(CH_3)NO_2

当形成两种非对映体的反应的过渡态活化能差值大于 8 kJ·mol^{-1}时,反应的选择性就比较理想。影响这种过渡态活化能的差值大小的最主要因素是进攻试剂进入潜手性面的两侧时所遇到的不同的立体阻碍。因此,如何有效地将邻位手性中心引起的这种位阻差别反映到反应中心,是非对映选择性合成成败的关键。

1. 分子内手性的传递方式

开链的手性化合物分子的柔软性较好,各种构象之间的相互转换速度很快,这使得邻位手性中心对反应中心的不对称诱导的效果一般并不理想。与此不同,手性环状分子骨架具

有较强的刚性，其邻位手性中心对反应中心的不对称诱导效果通常较好。

环内手性传递是指一个环状体系内的手性中心对环上的反应中心进行立体控制的方式，具体分为环内双键和环外双键两种情况，环外双键的不对称诱导主要来源于手性中心的空间位阻效应，而环内双键的不对称诱导还包括立体电子效应。目前研究较多的环内手性传递体系有六元环体系、五元环体系和降冰片环体系。例如

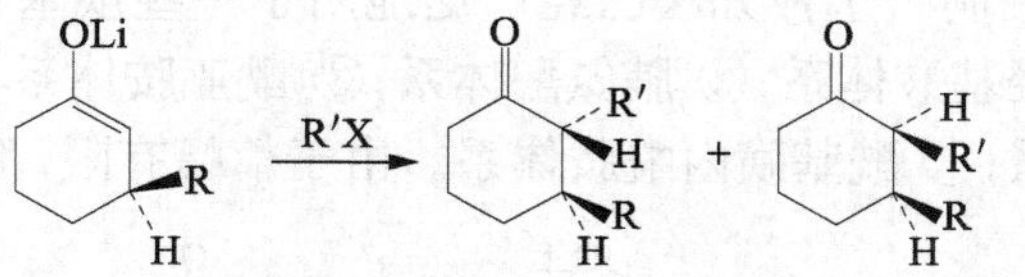

(7-3-11)

环外手性传递是指一个环状体系内的手性中心对环外的反应中心，或者一个环状体系外的手性中心对环上的反应中心进行立体控制的方式。例如

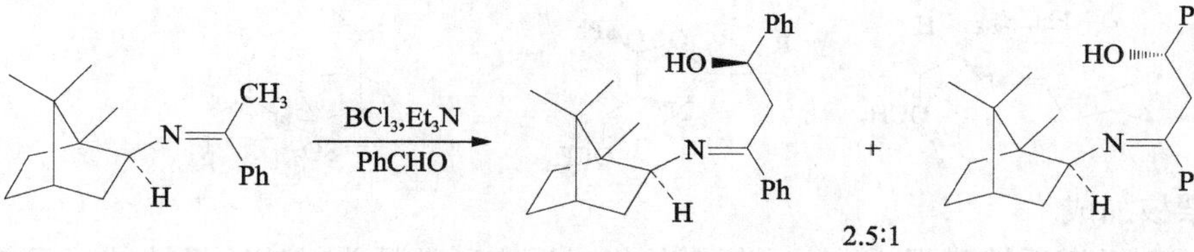

(7-3-12)

配位型的环内手性传递是指，一个开链的分子与金属离子配位后形成的金属杂环体系内的手性传递。最常见的例子是烯醇负离子与金属配位形成的环状体系。

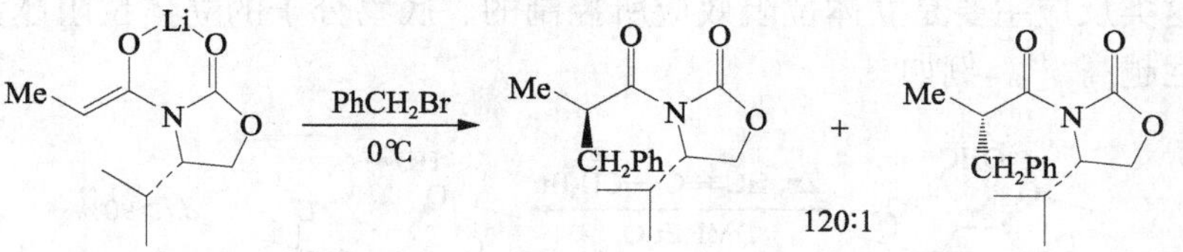

(7-3-13)

2. 常见的非对映选择性反应

(1) 亲核取代

在不对称合成反应中，最常见的亲核取代反应是烯醇负离子与烷基化试剂间的反应。对开链反应体系，由于烯醇负离子的中心碳原子处于近似 sp^2 杂化状态，反应的立体选择性一般较低。在这种情况下，可以通过适当的手法将开链体系先转化成较刚性的环状体系，以提高反应的立体选择性。例如，将苏氨酸转化成 1,3-噁唑啉酯后进行烷基化反应，可以得到满意的立体选择性产物[62]。

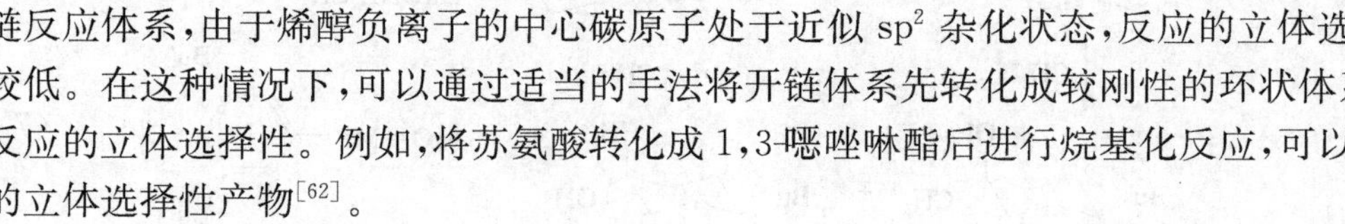

(7-3-14)

一些环状手性化合物在形成并环体系时，可以实现很理想的立体控制，从而在分子内自我产生新的手性中心，这有利于后续烷基化反应的立体控制。

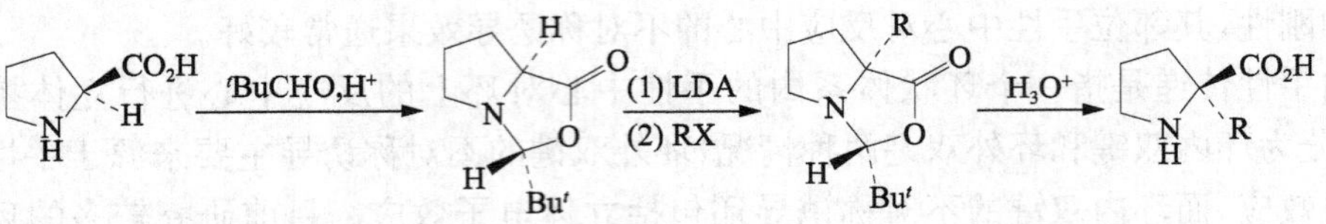

$^tBuCHO, H^+$; (1) LDA (2) RX ; H_3O^+ (7-3-15)

另外,金属配位可以固定底物的手性中心与反应中心之间的关系,使反应体系刚性化,从而有利于反应的立体控制。这种方法已经广泛地用于一些羰基化合物的烷基化反应,常见的反应体系包括:① 羟基酸体系;② 脯氨醇体系;③ 酰亚胺体系;④ 手性烯胺体系;⑤ 手性腙体系;⑥ 噁唑啉体系;⑦ 酰基磺内酰胺体系。由于篇幅有限,不在这里详述。

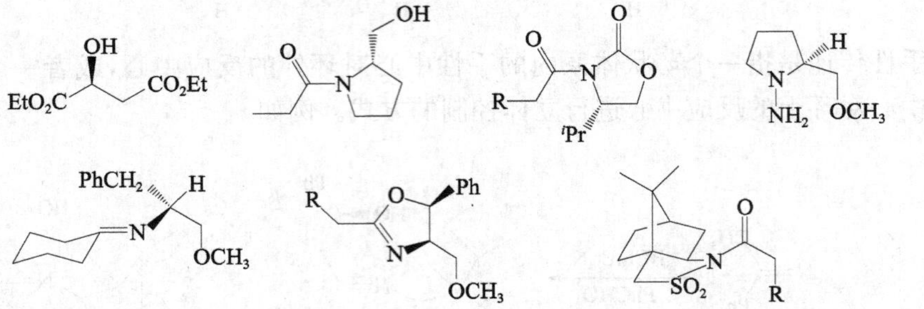

(2) 亲核加成

亲核试剂对潜手性醛酮或缺电子烯键的加成反应通常是非对映选择性的。目前研究最多的是碳中心亲核试剂与手性醛、酮的加成以及手性烯醇负离子与醛之间的缩合反应。

含手性 α-碳原子的醛酮与有机金属试剂的加成反应属于底物控制的反应,一般符合 Cram 规则,这类反应主要是立体位阻效应所控制的。底物分子的立体位阻越大,加成反应的立体选择性越高[63]。例如

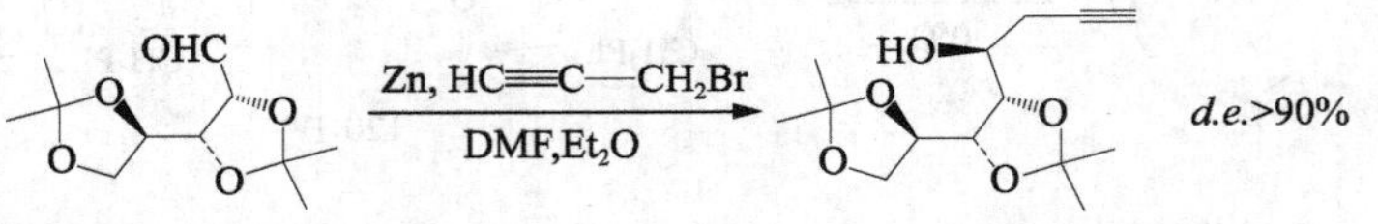

Zn, HC≡C—CH_2Br ; DMF, Et_2O ; *d.e.*>90% (7-3-16)

又如,小体积的亲核试剂通常易从环己酮化合物的 e 键方向进攻,但环己酮与大体积 Lewis 酸配位后,e 键方向位阻变得很大,所以只能从 a 键方向进攻。

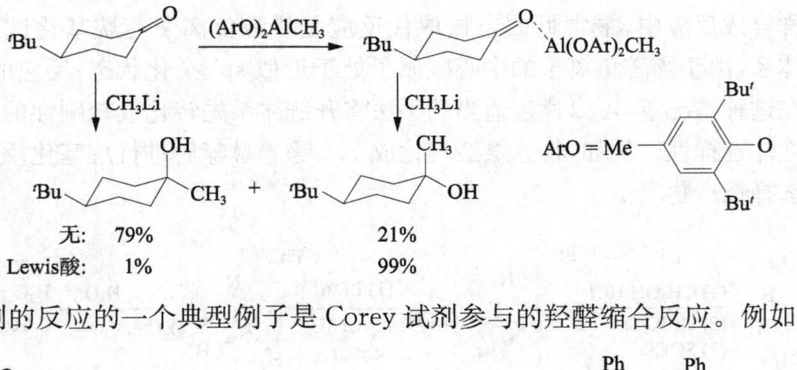

$(ArO)_2AlCH_3$; CH_3Li (7-3-17)

无:	79%	21%
Lewis酸:	1%	99%

试剂控制的反应的一个典型例子是 Corey 试剂参与的羟醛缩合反应。例如

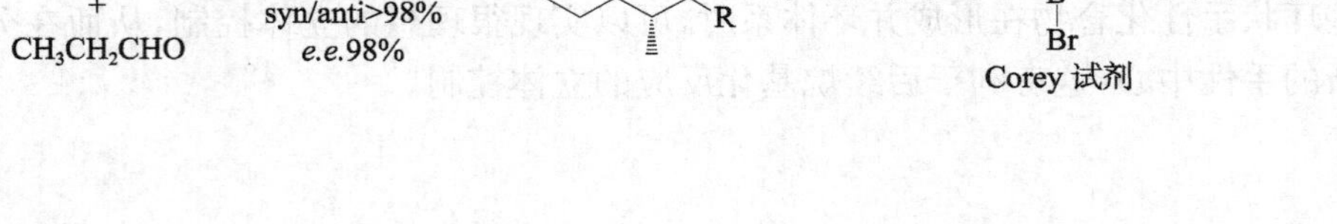

Corey试剂, $^iPr_2NEt$; syn/anti>98% ; *e.e.*98% (7-3-18)

Corey 试剂

氟化三丁基锡、三氟甲磺酸亚锡或三苯甲基三氟甲磺酸酯是促进醇醛缩合反应的有效催化剂。该反应体系中加入催化量的手性二胺化合物，可以得到高立体选择性的加成产物。代表性的手性二胺化合物主要有

在(*S*)-1-甲基-*N*-萘基脯胺的诱导下，下述反应可以得到 100%的顺式加成产物，*e. e.* 值大于 98%[64]。

PhCHO + (OSiMe₃, SEt 烯醇硅醚) $\xrightarrow[\text{Bu}_3\text{SnF}]{\text{Sn(OTf)}_2}$ syn 100%，*e.e.*>98%　(7-3-19)

(3) Diels-Alder 反应

在有机化合物的成环反应中，Diels-Alder 反应是最常用的合成方法之一。这个反应最引人注目的特征是可以立体选择性地同时形成两个键，从而可产生多达四个手性中心。由于该反应过程中理论上可能形成 16 个立体异构体，对此反应进行适当地立体控制是很有必要的。目前采用的控制方法主要有三种：① 在双烯体上引入手性辅基；② 在亲双烯体上引入手性辅基；③ 使用手性催化剂。一些催化性能优异的手性 Lewis 酸已被广泛应用。

目前已报道的有关手性双烯体诱导的反应较少，主要原因是这类试剂不易得到。例如

PhH, 回流　syn 100%，*d.e.*100%　(7-3-20)

与手性双烯体诱导的反应相比，由手性亲双烯体诱导的 Diels-Alder 反应较多。常见的手性亲双烯体主要有丙烯酸酯、α,β-不饱和酮和丙烯酰胺三类。例如

$TiCl_4$,−20℃　endo/exo = 8:1　endo/ds = 19:1　(7-3-21)

$ZnCl_2$,−20℃　endo/exo = 15:1　endo/ds = 100:1　(7-3-22)

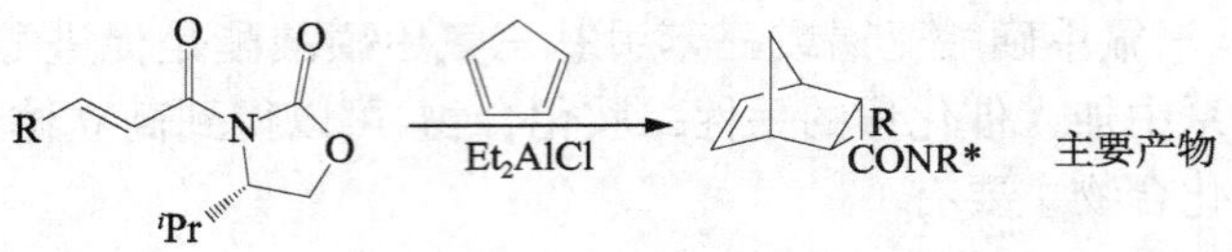

(7-3-23)

主要产物

鉴于一些金属化合物，如硼、铝和钛等，能有效地催化 Diels-Alder 反应。近年来已发现，一些手性配体与这些金属配位而成的金属配合物能立体选择性地催化 Diels-Alder 反应。这些配合物大多是强 Lewis 酸催化剂，中心金属硬度较高。此外，金属铜、镁和镧系金属配合物也可以用于不对称催化 Diels-Alder 反应。

最常用的手性配体是具有 C2 对称性的手性二羟基化合物。这种 C2 对称性结构避免了与金属配位时形成的配合物的立体结构的复杂性，特别是对配位数大于 4 的中心金属。下面介绍几类典型的手性催化剂诱导的 Diels-Alder 反应。

下述从酒石酸酯衍生的手性二醇与二氯二异丙氧钛组合而成的配合物是一类有用的手性催化剂，可以不对称催化 Diels-Alder 反应和[2+2]环加成反应[65]。例如

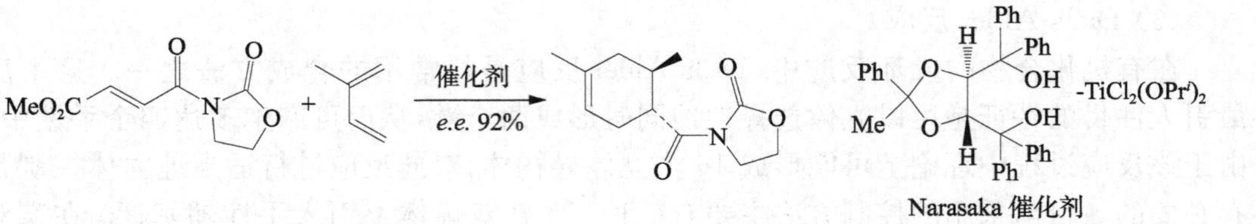

Narasaka 催化剂

(7-3-24)

由(*R*)-(+)-联萘酚、三氟甲磺酸镱和叔胺制备得到的手性催化剂能有效地催化 Schiff 碱与烯醚的环加成反应，生成以顺式产物为主的产物[66]。例如

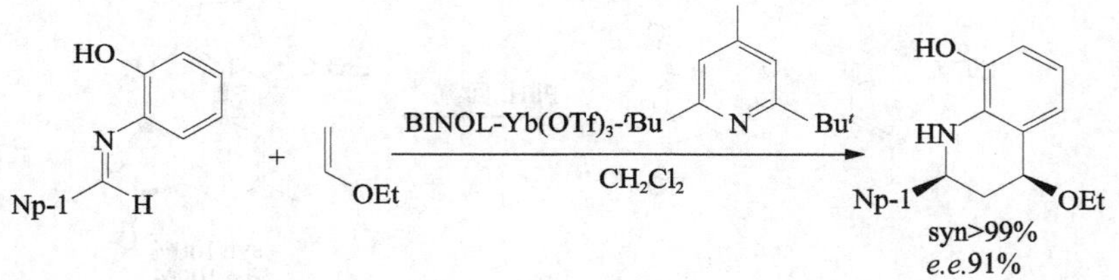

(7-3-25)

在手性催化剂诱导下，双烯体能与醛、酮、亚胺等含杂原子重键的化合物发生立体选择性的环加成反应。常用的催化剂包括联萘酚与钛、硼或铝的配合物、手性配体 salen 与 $CoCl_2$ 或 $CrCl_3$ 形成的配合物及手性双噁唑啉配体与 $Cu(OTf)_2$ 形成的配合物等。例如

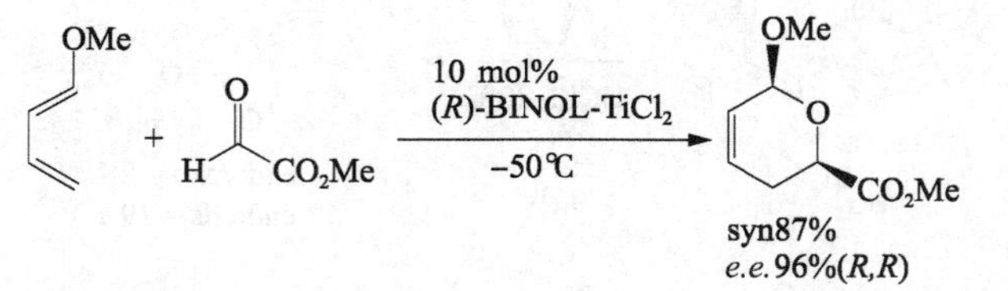

(7-3-26)

不对称环丙基化反应是另一类重要的成环反应。主要方法包括重氮化合物与烯烃的金属催化反应和 Simmons-Smith 反应。在前一反应中，最常用的催化剂是各种 *O*,*N*-或 *N*,*N*-双中心手性配体，如水杨醛亚胺和双噁唑啉，与金属铜的配合物。而在 Simmons-Smith 反应中，手性双磺酰化 1，2-环己二胺具有较理想的不对称诱导作用。

7.3.4　对映选择性控制

一般而言,对映选择性合成反应主要是靠试剂的手性来控制的。这类试剂可以是化学计量的,也可以是催化量的。由于手性试剂通常比较贵,手性催化剂催化的对映选择性合成已经成为一类极为重要的不对称合成反应,它可以非常有效地实现所谓的“手性放大”。在这类反应中,催化反应与非催化反应间的竞争常常影响到反应的立体选择性。

1. 对映选择性还原反应

(1) 手性负氢试剂的反应

常用的负氢试剂有手性硼烷和手性铝氢试剂[67]。手性硼烷一般由乙硼烷与手性烯烃,如莰烯,加成得到。手性铝氢试剂通常由氢化铝锂与手性羟基化合物,如β-联萘酚,反应得到。下面为几种常见的手性负氢试剂

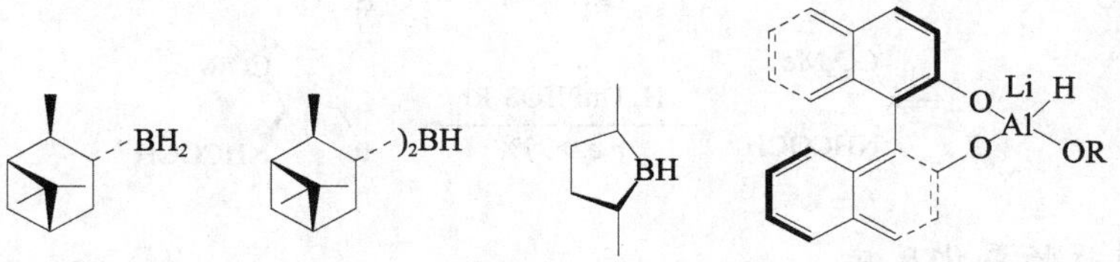

BH_2　Brown　　$)_2BH$　Brown　　BH　Masamune　　O Li H Al OR O　(R)-BINAL-H

烷基苯基酮与等物质的量的(*R*)-BINAL-H 反应通常立体选择性地形成(*R*)-仲醇;而与(*S*)-BINAL-H 反应,则得到(*S*)-仲醇。该还原反应的立体选择性与烷基的大小有直接的关系,具体结果如下所示

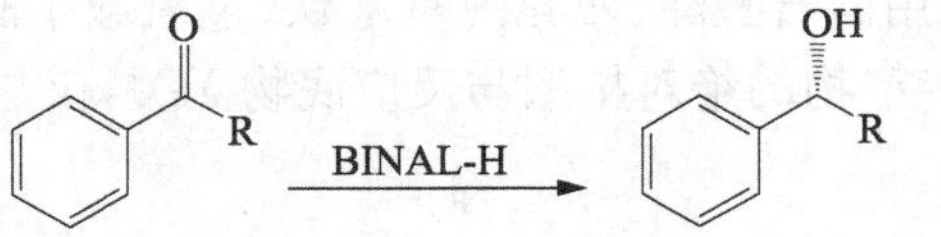

$$\text{PhC(O)R} \xrightarrow{\text{BINAL-H}} \text{PhCH(OH)R} \tag{7-3-27}$$

R	Me	Et	Pr-*n*	Bu-*n*	$CHMe_2$	CMe_3
BINAL-H	(*R*)	(*S*)	(*S*)	(*S*)	(*R*)	(*R*)
e.e.%	95	98	100	100	71	44

在手性配体和过渡金属存在下,硼氢化钠可以用于α,β-不饱和羧酸酯的双键的立体选择性还原[68]。例如

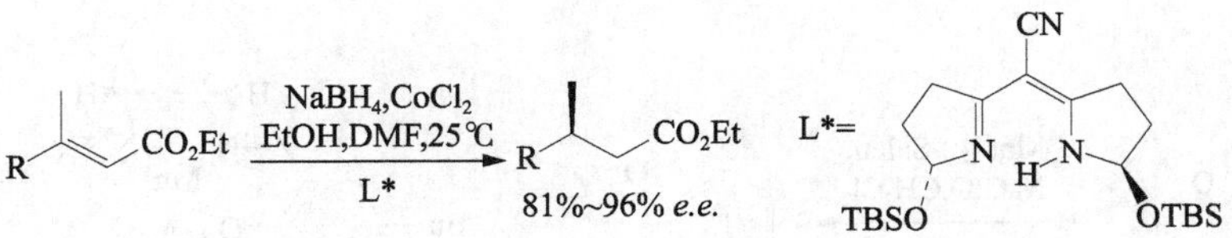

$$\text{R(Me)C=CHCO}_2\text{Et} \xrightarrow[\text{L*}]{\text{NaBH}_4,\text{CoCl}_2,\ \text{EtOH,DMF,25℃}} \text{RCH(Me)CH}_2\text{CO}_2\text{Et}\ \ (81\%\sim96\%\ e.e.) \tag{7-3-28}$$

L*= (CN, N, H, N, TBSO, OTBS)

(2) 催化氢化反应

不对称催化氢化反应是指在手性催化剂的作用下,氢分子和不饱和双键,如C=C、C=O、C=N 等的立体选择性加成反应。在影响反应立体选择性的各种因素中,催化剂的结构是最关键的。手性催化剂一般由手性配体和中心过渡金属两部分组成,目前得到成功应用的手性配体主要为手性膦配体。下面列出的是一些典型的手性膦配体和成功的不对称催化氢化反应

H, O, O, H, PPh_2, PPh_2

DIOP

Ph_2P, PPh_2

CHIRAPHOS

Ph, MeO, P, P, Ph, MeO

DIPAMP

PPh_2, PPh_2

PPCP

R, R, P, P, R, R

BPE

R, R, P, P, R, R

DuPHOS

PPh_2, PPh_2

BINAP

PPh_2, NMe_2, Fe, Me, PPh_2

BPPFA

$$H_3CO\text{-(naphthyl)-}C(=CH_2)CO_2H \xrightarrow[e.e.\ 97\%]{H_2,(R)\text{-BINAP-Ru}} H_3CO\text{-(naphthyl)-}CH(CH_3)CO_2H \qquad \text{(7-3-29)}$$

$$R\text{-}CH=C(CO_2Me)NHCOCH_3 \xrightarrow[e.e.\ >99\%]{H_2,\text{DuPHOS-Rh}} R\text{-}CH_2\text{-}CH(CO_2Me)NHCOCH_3 \qquad \text{(7-3-30)}$$

2. 对映选择性氧化反应

自20世纪60年代开始，人们已经开始了烯烃的对应选择性环氧化反应的研究，但*e.e.*值都不太高。目前有效的对映选择性环氧化方法主要有：Sharpless环氧化法及手性Salen为配体的过渡金属配合物催化氧化反应。

Sharpless等发现[69]用酒石酸酯、四异丙氧基钛、过氧叔丁醇体系能高选择性地氧化各种结构的烯丙醇化合物。产物的绝对构型与反应底物无关，仅与配体的绝对构型相关。

$$R_1, R_2, R_3, O, OH \xleftarrow[\text{L-(+)-DET}]{Ti(OPr^i)_4,{}^tBuOOH} R_1, R_2, R_3, OH \xrightarrow[\text{D-(-)-DET}]{Ti(OPr^i)_4,{}^tBuOOH} R_1, R_2, R_3, O, OH \qquad \text{(7-3-31)}$$

直到20世纪90年代，孤立烯烃的立体选择性环氧化反应才取得突破性进展。Jocobsen等利用Mn(Ⅱ)-Salen配合物作催化剂，次氯酸钠等作为氧化剂对Chromenes类化合物进行的环氧化反应，得到了很高的对映选择性氧化产物[70]。例如

$$\xrightarrow[72\%,\ 98\%\ e.e.]{\text{Mn(II)-Salen},\ NaClO,CH_2Cl_2}$$

H, H, N, N, Mn, O, Cl, O, ${}^tBu$, Bu^t, Bu^t, ${}^tBu$

Mn-Salen

(7-3-32)

烯烃在手性生物碱Cinchona催化下，可以被四氧化锇或毒性较小的$K_2OsO_2(OH)_4$立体选择性地氧化成光学活性的1,2-二醇，该反应被称为Sharpless双羟基化反应[71]。常用

的生物碱催化剂主要有奎宁、辛可尼定、奎尼定、辛可宁、二氢奎宁和二氢奎尼定，后来发现后两者与 2,3-二氮杂萘的衍生物是更有效的催化配体。

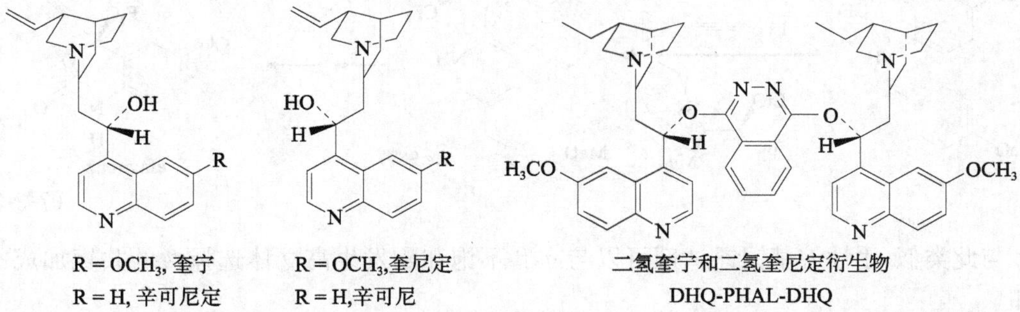

R = OCH_3, 奎宁　　R = OCH_3,奎尼定　　二氢奎宁和二氢奎尼定衍生物
R = H, 辛可尼定　　R = H,辛可尼　　DHQ-PHAL-DHQ

(E)-烯烃的 Sharpless 双羟基化反应的立体选择性通常很好，而相应的(Z)-烯烃反应的选择性较差。反应产物的绝对构型取决于催化反应的配体的构型。例如

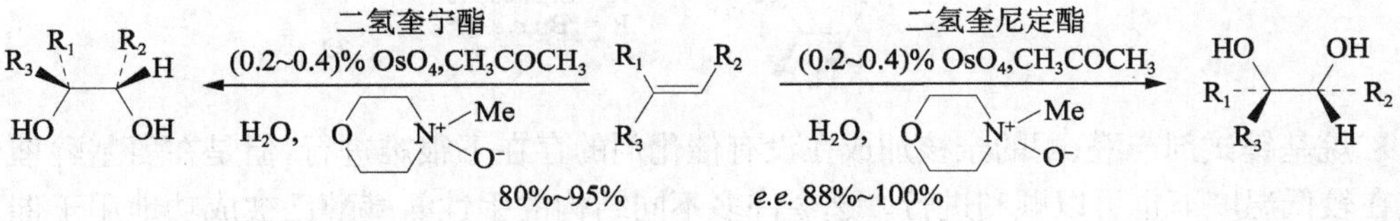

二氢奎宁酯 (0.2~0.4)% OsO_4,CH_3COCH_3, H_2O ← 二氢奎尼定酯 (0.2~0.4)% OsO_4,CH_3COCH_3, H_2O →

80%~95%　　$e.e.$ 88%~100%

(7-3-33)

该反应不再局限于烯丙醇类化合物，催化效率也很高。

羟氨化反应是近年来发展成功的另一个重要的烯键的对映选择性氧化反应。该反应在催化量的 DHQ-PHAL-DHQ 和 $K_2OsO_2(OH)_4$ 存在下，用氯胺-T(chloramines-T)可以将烯烃、不饱和羧酸酯立体选择性地氧化成 1,2-氨基醇[72]。例如

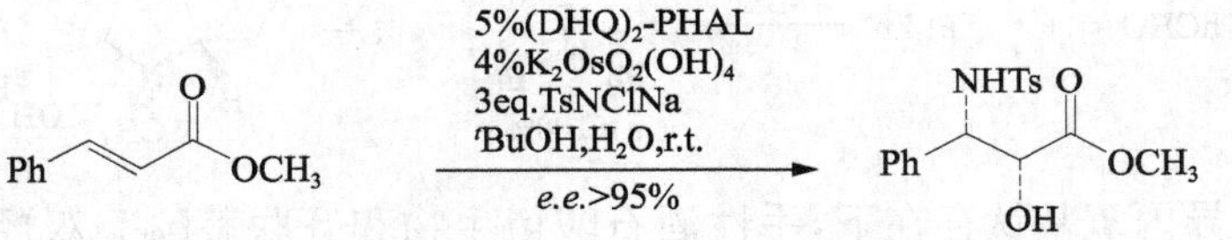

5%$(DHQ)_2$-PHAL, 4%$K_2OsO_2(OH)_4$, 3eq.TsNClNa, ^tBuOH,H_2O,r.t., $e.e.$>95%

(7-3-34)

3. 对映选择性亲核加成反应

在手性配体的不对称诱导下，一些亲核试剂与醛酮的加成反应显示出很高的对映选择性。例如，炔基锂在等摩尔的手性氨基醇的存在下，可以对醛进行有效的对映选择性亲核加成。

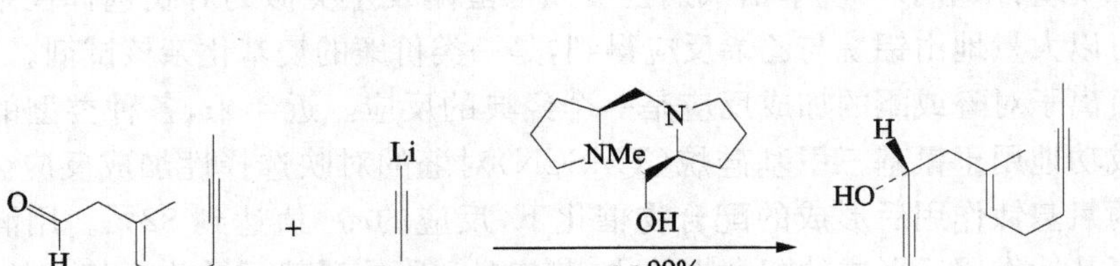

$e.e.$99%

(7-3-35)

利用此方法可以成功地合成具有抗 HIV 病毒活性的化合物 efavirenz，它是一种非核苷类逆转录酶抑制剂[73]。

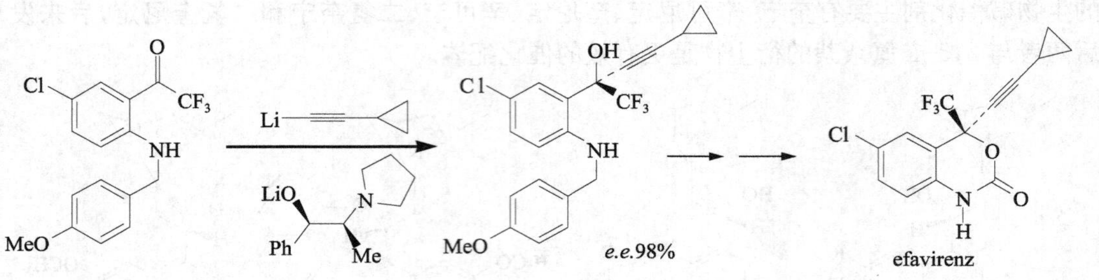

Cl, O, CF_3, NH, MeO
$\xrightarrow{Li—≡—\triangleright}$ LiO, N, Ph, Me
Cl, OH, CF_3, NH, MeO, e.e.98%
$\longrightarrow \longrightarrow$
F_3C, Cl, O, O, N, H
efavirenz

(7-3-36)

与此类似,手性烷基铜锂试剂可以与α,β-不饱和酮发生高立体选择性的共轭加成[74]。例如

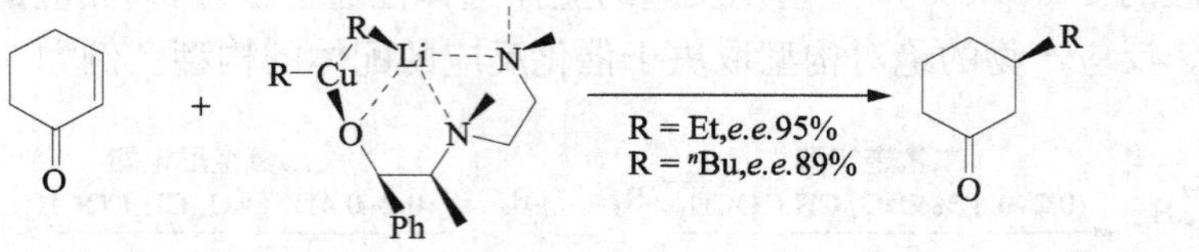

O + R—Cu, R, Li, N, O, N, Ph $\xrightarrow[R = {}^nBu, e.e.89\%]{R = Et, e.e.95\%}$ R, O (7-3-37)

二烷基锌试剂与醛、酮的亲核加成在没有催化剂的存在下很难进行,但是在氨基醇催化下即使在较低温度下也可以顺利进行。迄今许多不同结构的手性氨基醇已被成功地用于催化二烷基锌试剂与醛、酮的对映选择性亲核加成反应。下面列出的是一些有代表性的手性配体

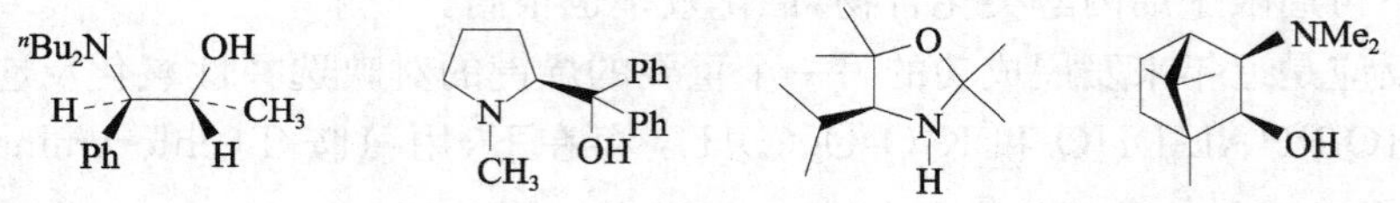

${}^nBu_2N$, OH, H, CH_3, Ph, H　　N, CH_3, Ph, Ph, OH　　O, N, H　　NMe_2, OH

(7-3-38)

$PhCHO + Et_2Zn \xrightarrow{L^*}$ OH, Ph, Et, e.e.100%　　L*= H, N, H, CH_3, Ph, Ph, OH

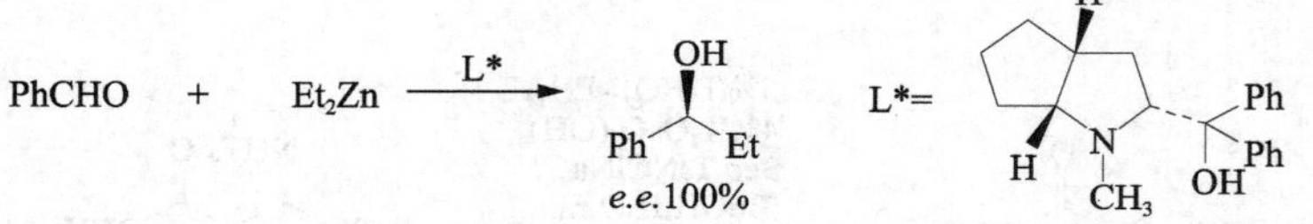

在过量的四异丙氧基钛存在下,手性酒石酸衍生物和β-联萘酚等双羟基配体通过形成下述钛化合物后,也可以高效地催化有机锌试剂与醛酮的加成反应[75]。

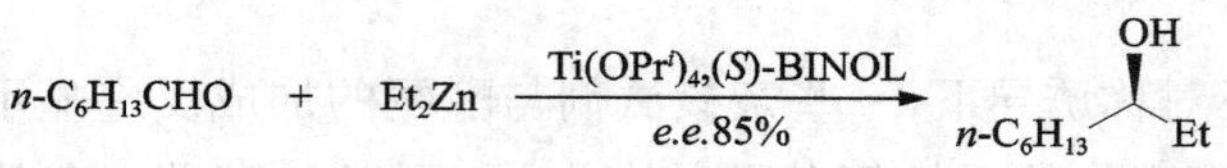

$n\text{-}C_6H_{13}CHO + Et_2Zn \xrightarrow[e.e.85\%]{Ti(OPr^i)_4,(S)\text{-}BINOL}$ OH, $n\text{-}C_6H_{13}$, Et (7-3-39)

除了二烷基锌试剂外,烷基铝试剂也可以与醛酮发生类似的对映选择性亲核加成。三乙基铝已可以大量地由铝烷与乙烯反应得到,是一类价廉的烷基化亲核试剂。

氰根负离子对醛或酮的加成反应是一个经典的反应。近年来,各种类型的手性金属配合物已较成功地用于氰基三甲基硅烷(TMSCN)对醛的对映选择性加成反应。在(S)-联萘酚与四异丙氧基钛作用后形成的配合物催化下,反应的*e.e.*值达到82%。用酒石酸衍生物与四异丙氧基钛作用后形成的配合物催化,芳族醛和脂族醛部可转化为相应的氰醇,产率大于85%,*e.e.*值超过90%。该方法在制备光学活性氰醇时是有效的,但它要求化学计量的四异丙氧基钛和酒石酸衍生物。此外,一些其他的手性配体也已较成功地用于不对称诱导氰醇化反应[76]。例如

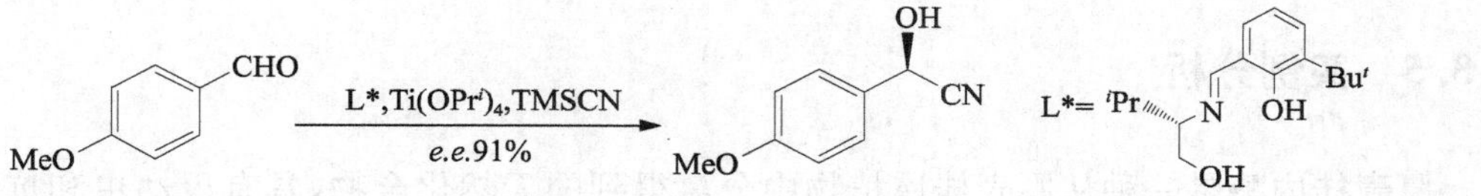

(7-3-40)

不过，通过使用易获得的醇脂酶的生物催化可以得到更好的结果，用这个方法从许多底物制备了氰醇，转化几乎是定量的，且*e.e.*值大于 98%。

除了醛酮外，亚胺类化合物也可以与 HCN 或 TMSCN 发生类似的亲核加成反应。该反应已成为合成手性氨基酸的一个重要途径。Salen-Al 配合物的催化反应如下所示

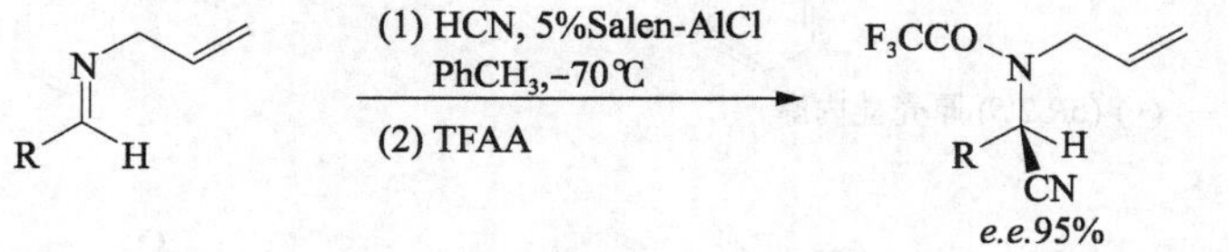

(7-3-41)

醛可以与亚磷酸酯在手性金属配合物催化下发生对映选择性的亲核加成反应，生成 α-羟基膦酸酯。例如，$LaLi_3$-$(BINOL)_3$(LLB)催化的反应[77]

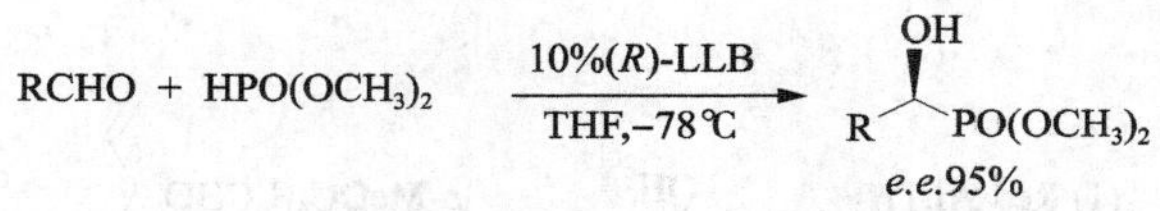

$$RCHO + HPO(OCH_3)_2 \xrightarrow[THF,-78℃]{10\%(R)\text{-}LLB} RCH(OH)PO(OCH_3)_2 \quad (e.e.95\%)$$

(7-3-42)

醛与手性配体配位的烯丙基硼作用，可以得到高对映选择性的加成产物[78]。例如

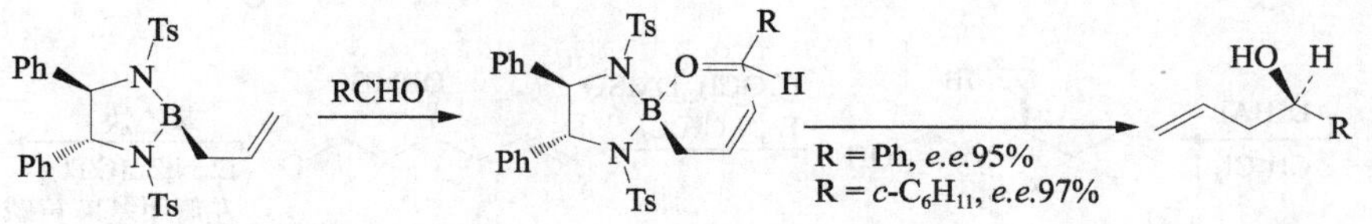

(7-3-43)

上述反应也被称为 Corey 反应。

近年来，我国化学家在手性配体的设计与合成方面取得了卓有成效的成绩。例如，周其林等研制的具有单一手性的手性螺环配体，包括手性螺环单磷配体、双膦配体、膦氮配体、双氮配体及其催化剂不仅在不对称催化氢化、不对称碳碳键形成、不对称碳-杂原子键形成等多种类型的不对称催化反应中均表现出优异的催化活性和对映选择性，且使得许多原先难以控制对映选择性的不对称催化反应变得可能[79]。

丁奎岭等发展的 Ph-SKP 即带有螺环结构的手性膦配体，在糖的炔基化反应中取得了非常优秀的结果，不仅具有较高的收率，而且取得了 *dr* 值大于 20∶1 的非对映选择性[80]。

冯小明等发展的另一大天然手性源氨基酸作为原料，设计合成一系列具有 C2 对称性的氮氧双功能优势手性催化剂，在很多有机化学反应中显示出很好的对映选择性[81]。

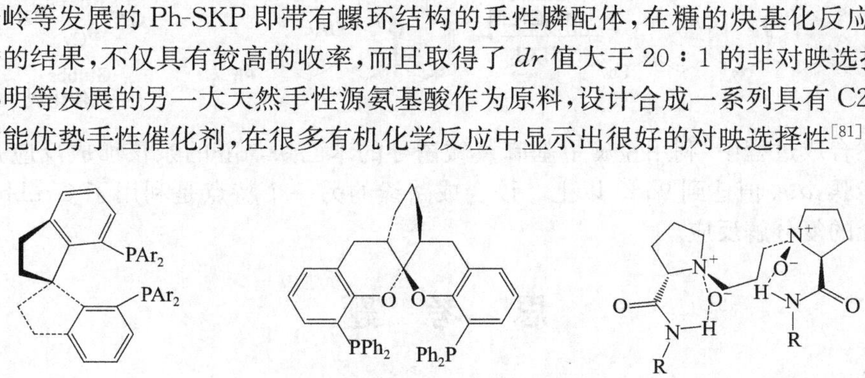

Zhou　　Ding　　Feng

7.3.5 实例分析

厚壳桂内酯是一种从厚壳桂属植物中分离得到的天然化合物，具有灭幼虫和抗生育活性。P. R. Krishna 等对该化合物进行了逆合成分析，并合成了光学活性的目标分子[79]。逆合成分析路线如下所示

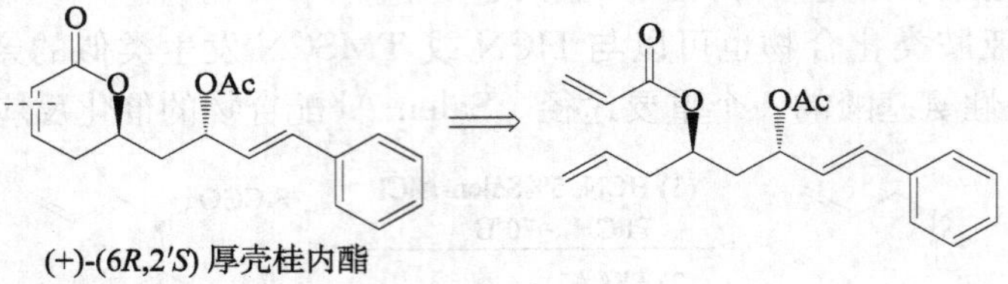

(+)-(6R,2'S) 厚壳桂内酯

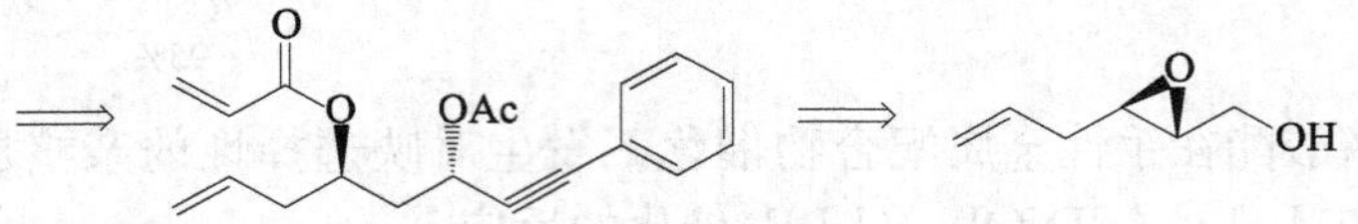

具体合成步骤为

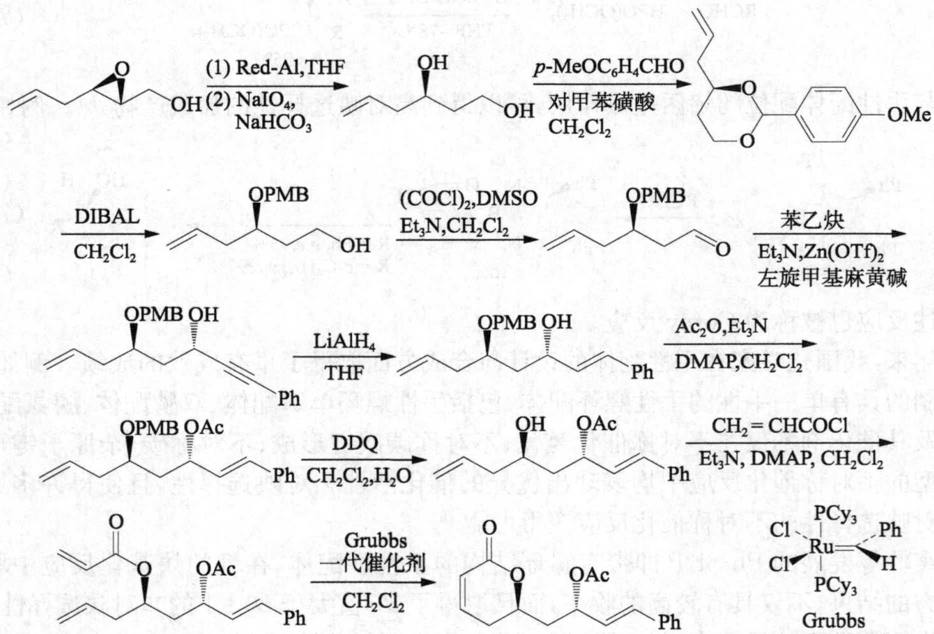

(1) Red-Al,THF (2) $NaIO_4$, $NaHCO_3$

p-$MeOC_6H_4CHO$ 对甲苯磺酸 CH_2Cl_2

DIBAL CH_2Cl_2

$(COCl)_2$,DMSO Et_3N,CH_2Cl_2

苯乙炔 Et_3N,$Zn(OTf)_2$ 左旋甲基麻黄碱

$LiAlH_4$ THF

Ac_2O,Et_3N DMAP,CH_2Cl_2

DDQ CH_2Cl_2,H_2O

$CH_2=CHCOCl$ Et_3N, DMAP, CH_2Cl_2

Grubbs 一代催化剂 CH_2Cl_2

Grubbs 一代催化剂

在上述合成过程中，利用左旋甲基麻黄碱诱导的苯乙炔与醛的亲核加成反应是一个立体选择性步骤，*d.e.* 值达到 95% 以上。该合成路线的另一个特点是利用了 Grubbs 催化剂催化的烯烃的复分解反应。

思 考 题

1. 请判断下列化合物在给定条件下，哪些基团会优先发生反应？

(1) Pd/C,H_2

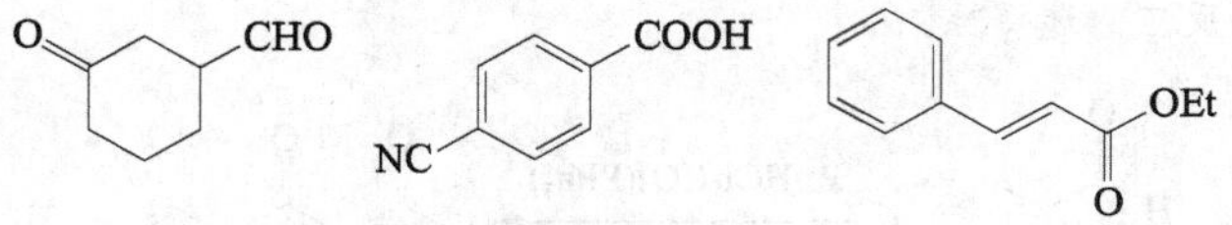

(2) B_2H_6,THF

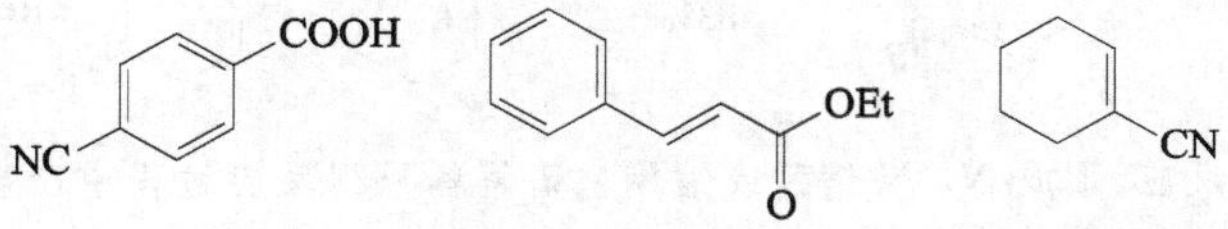

2. 在下列反应中，α-酮酸与羟胺化合物反应得到了高产率的酰胺，请分析反应过程，推测可能的反应历程[82]。

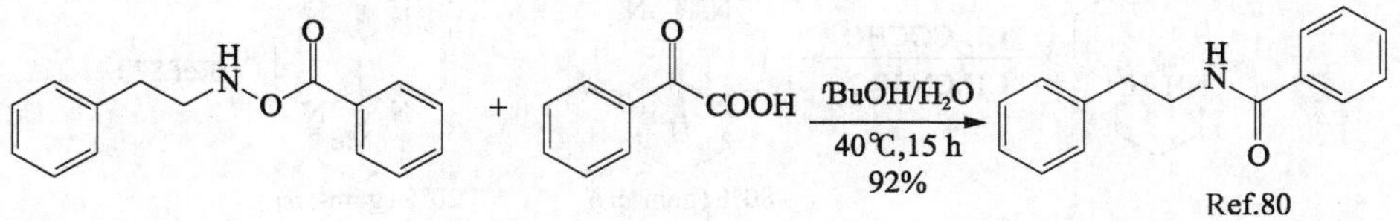

^{t}BuOH/H_2O 40℃,15 h 92%　Ref.80

3. 写出下列反应的主要产物，并简单说明原因。

(1) $FeSO_4$/Zn/NH_4Cl Ref.81

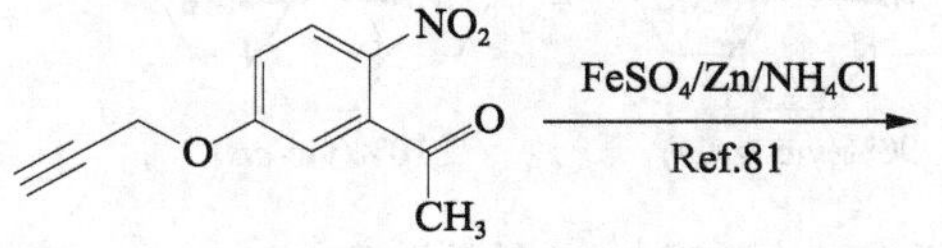

(2) $FeSO_4$/Zn/NH_4Cl Ref.81

(3) (1) $Li_2[Cu(CN)Me_2]$ Ref.82 → ? (2) H^+ → ?

(4) + $CH_3CH_2NO_2$ K_2CO_3,DMF → ? PhCH = CHCOPh, Bu_4NF,THF → ? p-TsOH,回流 → ? K_2CO_3,DMF → Ref.83

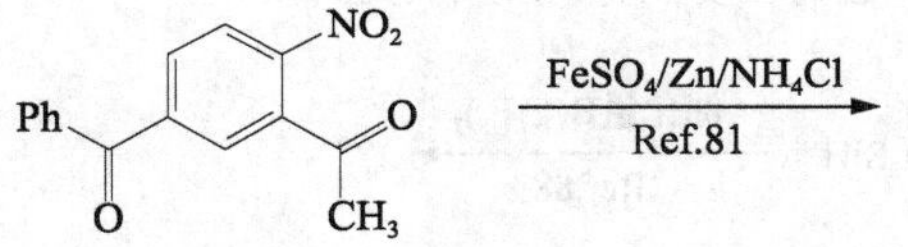

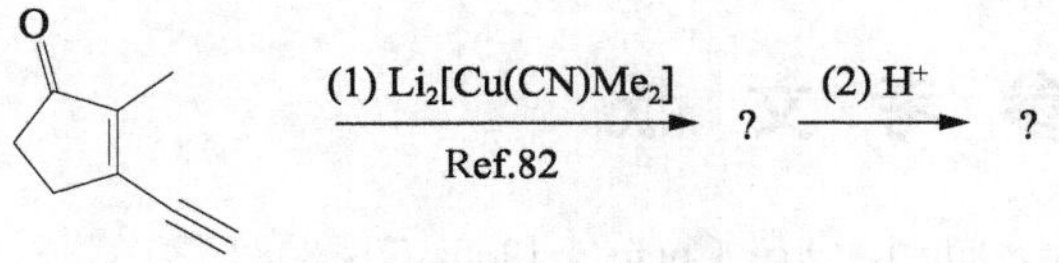

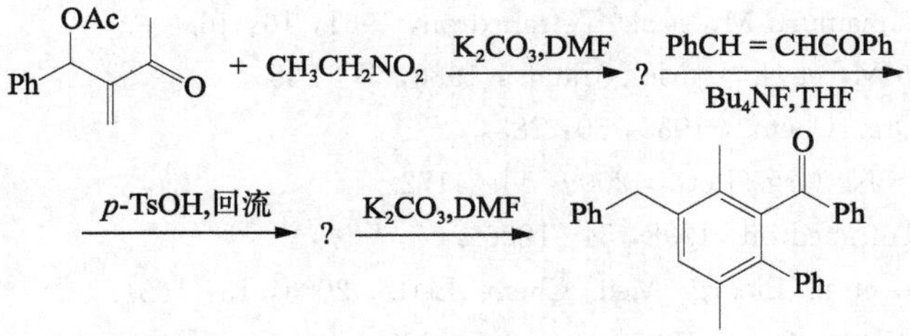

4. 根据给出的反应条件和产物推测下述反应的可能历程，并说明反应过程中的选择性。

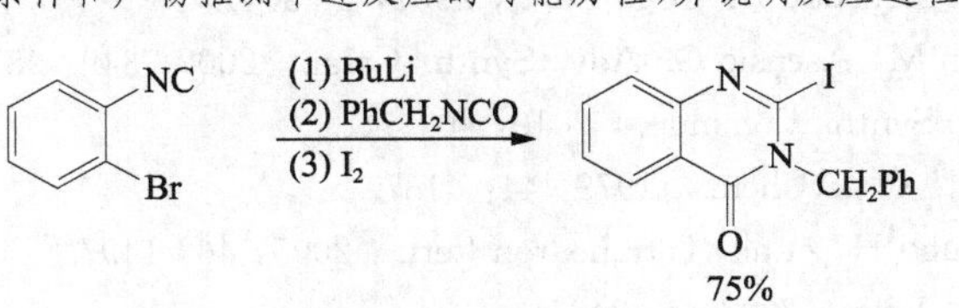

(1) BuLi (2) $PhCH_2NCO$ (3) I_2　75%　Ref.84

5. 在下面的羟醛缩合反应中，反应过程显示出高区域选择性和立体选择性，请解释原因。

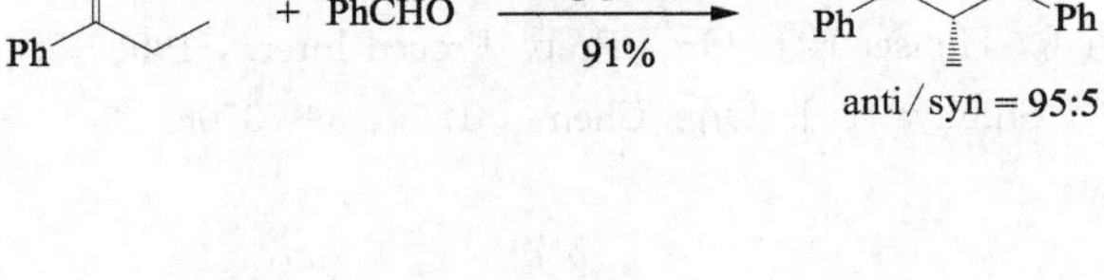

+ PhCHO MgI_2,哌啶 91%　anti/syn = 95:5　Ref.85

6. 根据所学知识,解释下列反应的选择性。

$RuHCl(CO)(PPh_3)_3$ 83% Ref.86

7. 醛和酮可以与胺发生加成反应,形成 *N*, *N*-缩醛或缩酮。请解释下列反应过程中产生的区域选择性和立体选择性。

CH_3COCHO / CH_3CN, H_2O Ref.87

80% (gem-*cis*) 20% (gem-*cis*)

CH_3COCHO / CH_3CN, H_2O

90%(vic-*trans*) 10%(vic-*cis*)

8. 烯烃与硅烷可以发生硅氢化反应。请预测下述反应的主要产物,并解释原因。

$+ Et_3SiH \xrightarrow[\text{Ref.88}]{\text{催化量}B(C_6F_5)_3}$?

参考文献

[1] Boldrini G P, Savoia D, Tagliavini E, et al. J. Org. Chem., 1985, 50: 3082.
[2] Dobson N A, Eglinton G, Krishnamurti M, et al. Tetrahedron, 1961, 16: 16.
[3] Kurusu Y, Masuyama Y, Saito M, et al. J. Mol. Catal., 1986, 37: 235.
[4] Kraus G A, Yue S, Sy J. J. Org. Chem., 1985, 50: 283.
[5] Koley D, Colon O C, Savinov S N. Org. Lett., 2009, 11: 4172.
[6] Peri F, Dumy P, Mutter M. Tetrahedron, 1998, 54: 12269.
[7] Chow S, Wen K, Sanghvi Y S, et al. Bioorg. Med. Chem. Lett., 2003, 13: 1631.
[8] King M S, Bert F R. J. Am. Chem. Soc., 1982, 104: 367 - 369.
[9] Luca L D, Giacomelli G, Porcheddu A. Org. Lett., 2001, 3: 3041.
[10] Rodriguez N, Medio-Simon M, Asensio G. Adv. Synth. Catal., 2007, 349: 987.
[11] Meshram G A, Patil V D. Synth. Commun., 2010, 40: 442.
[12] Gemal A L, Luche J. L. J. Org. Chem., 1979, 44: 4187.
[13] Sasaki S, Yamauchi T, Kubo H, et al. Tetrahedron Lett., 2005, 46: 1497.
[14] Li W D, Zhang X X. Org. Lett., 2002, 4: 3485.
[15] Uyeda C, Biscoe M, LePlae P, et al. Tetrahedron Lett., 2006, 47: 127.
[16] Biscoe M R, Uyeda C, Breslow R. Org. Lett., 2004, 6: 4331.
[17] Jacobson A R, Makris A N, Sayre L M. J. Org. Chem., 1987, 52: 2592.
[18] Adamczyk M, Fishpaugh J R, Heuser K J. Org. Prep. Proced Inter., 1998, 30: 339.
[19] Yokomatsu T, Arakawa A, Shibuya S. J. Org. Chem., 1994, 59: 3506.

[20] Rannard S P, Davis N J. Org. Lett., 2000, 2: 2117.
[21] Selvam P, Mohapatra S K, Sonavane S U, et al. Tetrahedron Lett., 2004, 45: 2003.
[22] Deshpande R M, Mahajan A N, Diwakar M M, et al. J. Org. Chem., 2004, 69: 4835.
[23] Liu Y, Lu Y, Prashad M, et al. J. Adv. Synth. Catal., 2005, 347: 217.
[24] Russoa A, Lattanzia A. Adv. Synth. Catal., 2009, 351: 521.
[25] Abdel-Aziz H A, Mekawey A A I, Dawood K M. Europ. J. Med. Chem., 2009, 44: 3637.
[26] Choudhury A, Chen H, Nilsen C N, et al. Tetrahedron Lett., 2008, 49: 102.
[27] Bandgar B P, Kamble V T. Green Chem., 2001, 3: 265.
[28] De S K, Gibbs R A. Tetrahedron Lett., 2004, 45: 8141.
[29] Yi W B, Wang X, Cai C. Catal. Commun., 2007, 8: 1995.
[30] Nicewicz D A, Johnson J S. J. Am. Chem. Soc., 2005, 127: 6170.
[31] Dai M, Sarlah D, Yu M, et al. J. Am. Chem. Soc., 2007, 129: 645.
[32] Tang W, Fang S. Tetrahedron Lett., 2008, 49: 6003.
[33] Flanagan M E, Williams R M. J. Org. Chem., 1995, 60: 6791.
[34] Liu J H, Jin Y, Long Y Q. Tetrahedron, 2010, 66: 1267.
[35] Mahrwald R, Gundogan B. J. Am. Chem. Soc., 1998, 120: 413.
[36] Wei H X, Jasoni R L, Shao H, et al. Tetrahedron, 2004, 60: 11829.
[37] Ghorai M K, Kumar A, Halder S. Tetrahedron, 2007, 63: 4779.
[38] Katritzky A R, Wang M, Zhang S, et al. J. Org. Chem., 2001, 66: 6787.
[39] Lee O Y, Law K L, Ho C Y, et al. J. Org. Chem., 2008, 73: 8829.
[40] Tomioka K, Shioya Y, Nagaoka Y, et al. J. Org. Chem., 2001, 66: 7051.
[41] Kamimura A, Murakami N, Yokota K, et al. Tetrahedron Lett., 2002, 43: 7521.
[42] Kosal A D, Ashfeld B L. Org. Lett., 2010, 12: 44.
[43] Harrison K N, Marks T J. J. Am. Chem. Soc., 1992, 114: 9220.
[44] Ramachandran P V, Madhi S, O'Donnell M J. J. Fluorine Chem., 2006, 127: 1252.
[45] Curry L, Hallside M S, Powell L H, et al. Tetrahedron, 2009, 65: 10882.
[46] Ananikov V P, Orlov N V, Beletskaya I P. Organometallics, 2006, 25: 1970.
[47] Yin D, Li C, Li B, et al. Adv. Synth. Catal., 2005, 347: 137.
[48] Gong Y, Kato K, Kimoto H. Synlett, 1999, 1403; Gong Y, Kato K, Kimoto H. Bull. Chem. Soc. Jpn. 2001, 74: 377.
[49] Gong Y, Kato K, Kimoto H. Synlett, 2000, 7: 1058.
[50] Temelli B, Unaleroglu C. Tetrahedron Lett., 2005, 46: 7941.
[51] Deutsch J, Checinski M, Köckritz A, et al. Catal. Commun., 2009, 10: 373.
[52] Ford E, Brewster A, Jones G, et al. Tetrahedron Lett., 2000, 41: 3197.
[53] Ruggeri S G, Vanderplas B C, Anderson B. G. Org. Proc. Res. & Develop., 2008, 12: 411.
[54] Azizi N, Saidi M R. Org. Lett., 2005, 7: 3649.
[55] Procopio A, Gaspari M, Nardi M, et al. Tetrahedron Lett., 2008, 49: 2289.
[56] Wiseman J R, Pendery J J, Otto C A, et al. J. Org. Chem., 1980, 45: 516.
[57] Nagase R, Katayama M, Mura H, et al. Tetrahedron Lett., 2008, 49: 4509.
[58] Johnson W S, Lyle T A, Daub G W. J. Org. Chem., 1982, 47: 161.
[59] Leonard J, Mohialdin S, Swain P A. Synth. Commun., 1989, 19: 3529.
[60] Hon Y, Lee C. Tetrahedron, 2000, 56: 7893.
[61] Lawrence N J, Muhammad F. Tetrahedron, 1998, 54: 15345.
[62] Seebach D, Aebi J D. Tetrahedron Lett., 1983, 24: 3311.

[63] Wu W L, Yao Z J, Li Y L, et al. J. Org. Chem., 1995, 60: 3257.
[64] Mukaiyama T, Uchiro H, Kobayashi S. Chem. Lett., 1989, 18(6): 1001.
[65] Narasaka K, Hayashi Y, Shimadzu H, et al. J. Am. Chem. Soc., 1992, 114: 8869.
[66] Kobayashi S, Ishitani H. J. Am. Chem. Soc., 1994, 116: 4083.
[67] Midland M M. Chem. Rev., 1989, 89: 1553.
[68] Leutenegger U, Madin A, Pfaltz A. Angew. Chem. Int. Ed., 1989, 28: 60.
[69] Katsuki T, Sharpless K B. J. Am. Chem. Soc., 1980, 102: 5974.
[70] Jacobsen E N, Zhang W, Muci A R, et al. J. Am. Chem. Soc., 1991, 113: 7063.
[71] Hentges S G, Sharpless K B. J. Am. Chem. Soc., 1980, 102: 4263.
[72] Li G, Chang H T, Sharpless K B. Angew. Chem. Int. Ed., 1996, 35: 451.
[73] Pierce M E, Parsons R L J, Radesca L A, et al. J. Org. Chem., 1998, 63: 8536.
[74] Corey E J, Naef R, Hannon F J. J. Am. Chem. Soc., 1986, 108: 7114.
[75] Zhang F Y, Yip C W, Cao R, et al. Tetrahedron: Asymm., 1997, 8: 585.
[76] Hayashi M, Matsuda Y, Oguni N. J. Chem. Soc. Chem. Commun., 1991, 24: 1752.
[77] Sasai H, Bougauchi M, Arai T, et al. Tetrahedron Lett., 1997, 38: 2717.
[78] Corey E J, Imwinkelried R, Pikul S, et al. J. Am. Chem. Soc., 1989, 111: 5493.
[79] Xie J H, Zhou Q L. Acta Chim. Sinica, 2014, 72: 778.
[80] Wang X M, Han Z B, Wang Z, et al. Angew. Chem. Int. Ed., 2012, 51: 936; Wei X F, Shimizu Y, Kanai M. ACS Cent. Sci., 2016, 2: 21.
[81] Liu X H, Lin L L, Feng X M. Acc. Chem. Res. 2011, 44: 574.
[82] Krishna P R, Lopintil K, Reddy K L N. Beilstein J. Org. Chem., 2009, 5: 14.
[83] Bode J W, Fox R M, Baucom K D. Angew. Chem. Int. Ed., 2006, 45: 1248 - 1252; Arora J S, Kaur N, Phanstiel IV O. J. Org. Chem., 2008, 73: 6182 - 6186.
[84] Liu Y, Lu Y, Prashad M, et al. Adv. Synth. Catal., 2005, 347: 217.
[85] Hulce M. Tetrahedron Lett., 1988, 29: 5851; Lee S, Shih M, Hulce M. Tetrahedron Lett., 1992, 33: 185.
[86] Park D Y, Gowrisankar S, Kim J N. Tetrahedron Lett., 2006, 47: 6641.
[87] Lygin A V, de Meijere A. Org. Lett., 2009, 11: 389.
[88] Wei H X, Jasoni R L, Shao H, et al. Tetrahedron, 2004, 60: 11829.
[89] Fukuyama T, Doi Minamino T S, Omura S, et al. Angew. Chem. Int. Ed., 2007, 46: 5559.
[90] Boschetti F, Denat F, Espinosa E, et al. J. Org. Chem., 2005, 70: 7042.
[91] Rubin M, Schwier T, Gevorgyan V. J. Org. Chem., 2002, 67: 1936.

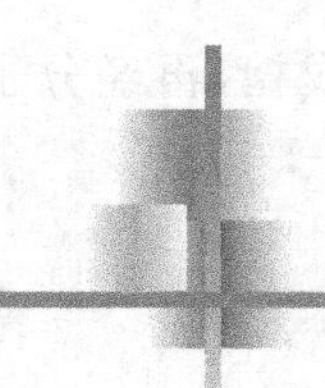

第 8 章 杂环化合物的合成

杂环化合物是数量最多的一类有机化合物，据估计，有关它们的研究文献约占全部化学文献的三分之一[1,2]。杂环化合物往往表现出重要的生理活性，以下所示的一些天然物质及化学合成药物均属于杂环化合物。

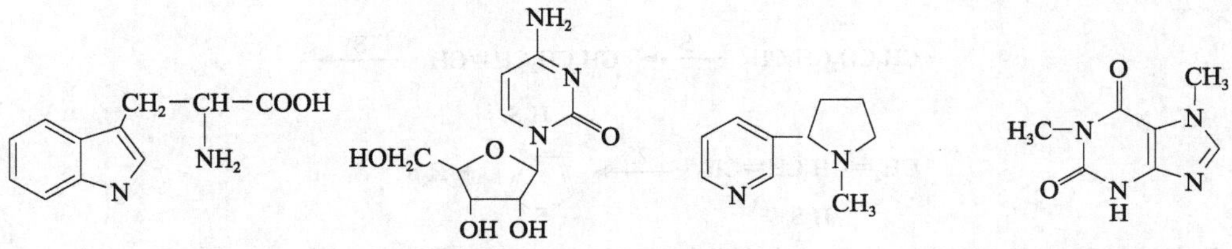

色氨酸　　胞嘧啶核苷　　尼古丁　　咖啡因

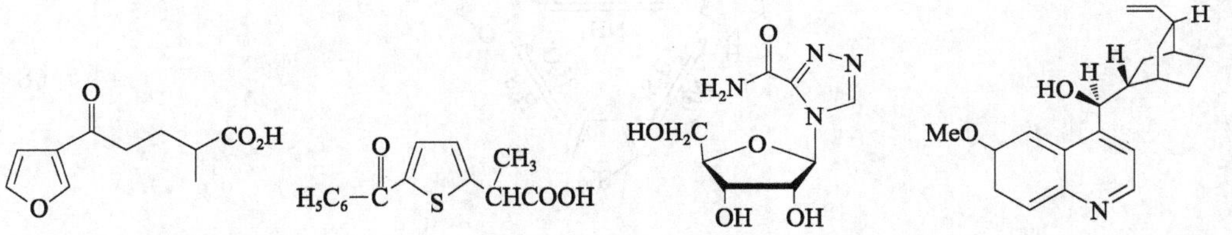

巴他酸　　噻洛芬酸　　病毒唑　　奎宁

考虑到杂环化合物是基础有机化学教学中的难点，而本书的主要对象为高年级本科生，因此本章所涉及的杂环化合物主要包括含 O、S 和 N 的五元和六元芳香杂环化合物，重点讨论母核及其衍生物的合成。

8.1　五元单杂环化合物的合成

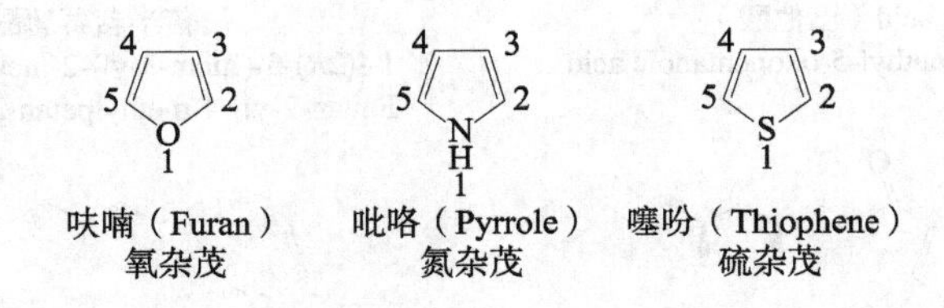

呋喃（Furan）氧杂茂　　吡咯（Pyrrole）氮杂茂　　噻吩（Thiophene）硫杂茂

最具代表性的五元单杂环化合物是呋喃、吡咯和噻吩，它们广泛存在于各种生物体中，所以可以从天然产物中获取这些杂环化合物。呋喃可以通过化学处理米糠、玉米芯、花生壳、高粱秆等来制备。例如,在稀盐酸中加热水解以上物质可以得到戊糖,再经分子内脱水便得到呋喃甲醛,随后在催化剂的存在下高温脱CO形成呋喃,如式(8-1-1)。

$$(C_5H_8O_4)_n + nH_2O \xrightarrow{HCl或H_2SO_4} \text{HO—C(H)—C(H)—OH; H—CH, C—H; OHHO, CHO} \xrightarrow{-3H_2O} \text{2-呋喃甲醛(CHO)} \xrightarrow[高温]{催化剂} \text{呋喃} \quad (8\text{-}1\text{-}1)$$

吡咯可由骨油(bone oil)或骨焦油(bone tar)分馏得到,也可以在氧化铝催化下,从呋喃和氨的反应中得到。噻吩的工业制法可由丁烷和硫高温反应得到,如式(8-1-2)。

$$CH_3CH_2CH_2CH_3 + 4S \xrightarrow{650℃} \text{噻吩} \quad (8\text{-}1\text{-}2)$$

其反应可能经历如下过程

$$CH_3CH_2CH_2CH_3 \xrightarrow{S} CH_3CH_2CH{=}CH_2 + H_2S \xrightarrow{S}$$

$$CH_2{=}CH_2CH{=}CH_2 + H_2S \xrightarrow{2S} \text{噻吩} + H_2S$$

另外,三种五元杂环在一定的条件下可以相互转化得到,如式(8-1-3)。

$$\text{吡咯} \underset{NH_3}{\overset{H_2O}{\rightleftharpoons}} \text{呋喃};\quad \text{吡咯} \underset{NH_3}{\overset{H_2S}{\rightleftharpoons}} \text{噻吩};\quad \text{呋喃} \underset{H_2S}{\overset{H_2O}{\rightleftharpoons}} \text{噻吩} \quad (8\text{-}1\text{-}3)$$

8.1.1 呋喃及其衍生物的合成

自然界中存在的呋喃衍生物比吡咯衍生物相对少些。最简单的是β-呋喃甲酸,它是从受感染了的薯类植物的块根中分离出来的苦味成分之一。另外,分离得到的下列几种呋喃衍生物是生物体自身防御性的抗毒素[2]。

batatic acid(巴他酸)
5-(furan-3-yl)-2-methyl-5-oxopentanoic acid

倍半萜蕃薯酮
1-[(2*R*)-5-(furan-3-yl)-2-methyl-tetrahydro-Funan-2-yl]-4-methylpetan-2-one

二氢咪喔波隆
(4*S*,6*R*)-1-(furan-3-yl)-4,6,8-trimethylnonan-1-one

Dendrolasin
(*E*)-3-(4,8-demethylnona-3,7-dienyl)furan

呋喃的逆合成分析如下图所示，可把呋喃看成是一个双烯醇生成的醚，因而有两种逆合成分析路线Ⅰ和Ⅱ，即按 a 和 d 加水生成 **8-1** 和 **8-2** 后再推导。

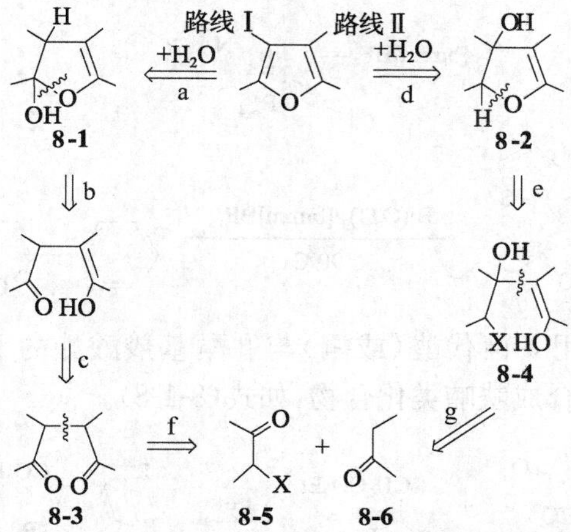

路线Ⅰ　路线Ⅱ
$+H_2O$ a　$+H_2O$ d
8-1　**8-2**
b　e
c　**8-4**
f　g
8-3　**8-5**　**8-6**

若由 **8-1** 再推导，经历 b 和 c 过程得到设想的 1,4-二羰基化合物 **8-3**，即由 **8-3** 脱水环合可生成呋喃环；若再进一步对 **8-3** 进行逆合成分析，通过 *f* 可得到 α-卤代羰基化合物 **8-5** 和 **8-6**，即由 **8-5** 和 **8-6** 发生烷基化生成 1,4-二羰基化物 **8-3**。

若由 **8-2** 再推导，经历过程 e 得到 γ-卤代-β-羟基羰基化合物 **8-4**。随后通过 g，同样得到 **8-5** 和 **8-6**。

下面分别介绍几种呋喃及其衍生物的合成方法。

Paal-Knorr 环加成-消除反应合成法。该方法反应条件温和，适合实验室制备，如式(8-1-4)。

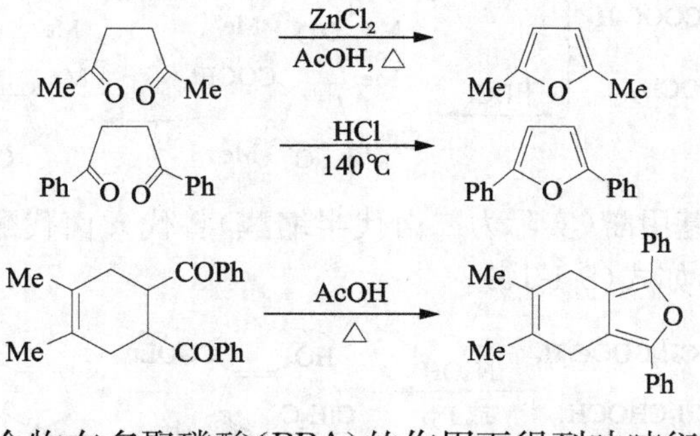

$ZnCl_2$, AcOH, △
HCl, 140℃
AcOH, △

(8-1-4)

下列 1,4-二羰基化合物在多聚磷酸(PPA)的作用下得到呋喃衍生物，如式(8-1-5)。

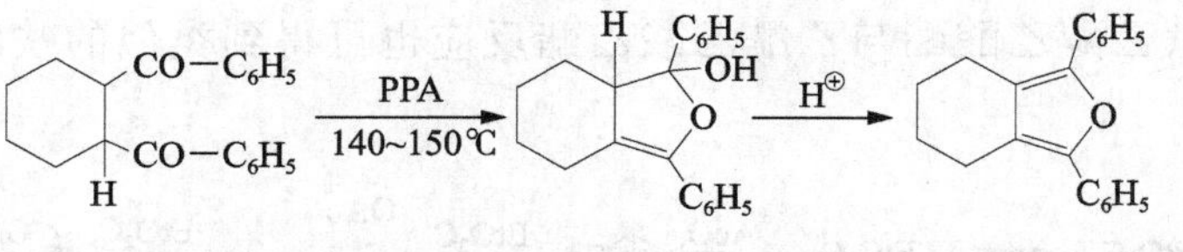

PPA, 140~150℃　$H^{\oplus}$

(8-1-5)

不饱和 1,4-二酮在类似反应条件下也可脱水环化，在还原剂存在下得到的是 2,5-二苯基呋喃，若没有还原剂时，则得到的是 3-乙酰氧基-2,5-二苯基呋喃，如式(8-1-6)。

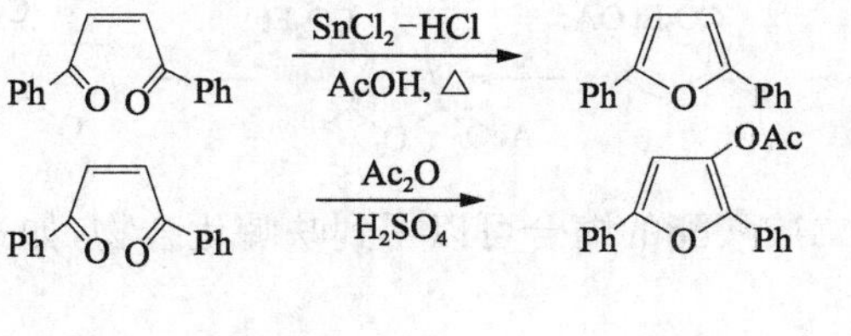

$SnCl_2$-HCl, AcOH, △
Ac_2O, H_2SO_4

(8-1-6)

从以上反应可以看出，该方法常以酸为催化剂，对于那些对酸敏感的化合物，则可以改用离子液体为催化剂[3,4]，如1-丁基-3-甲基咪唑四氟硼酸盐([bmim]BF_4)，如式(8-1-7)。

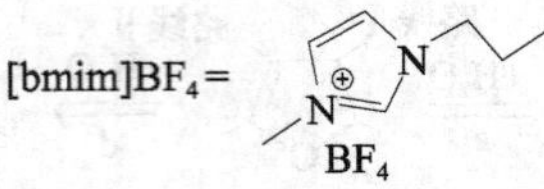

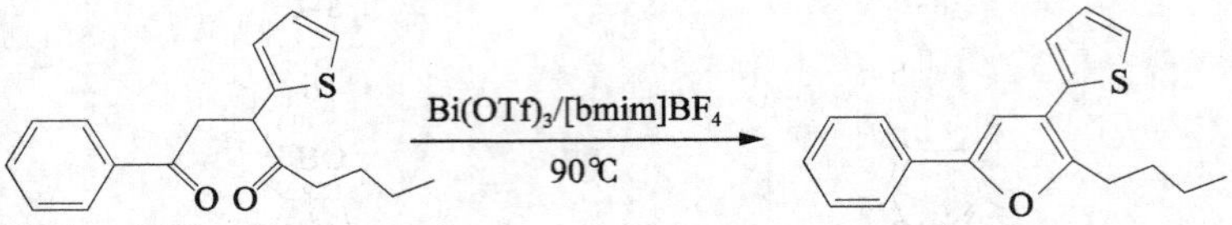

[bmim]BF_4=

$$\xrightarrow[90℃]{Bi(OTf)_3/[bmim]BF_4} \tag{8-1-7}$$

缩合反应合成法。应用α-卤代醛(或酮)与β-酮基羧酸酯的 Hanfzsch 缩合反应(又称Feist-Benary反应)也可以合成呋喃类化合物，如式(8-1-8)。

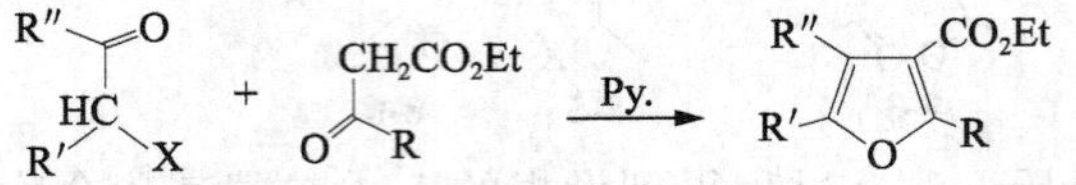

$$\xrightarrow{Py.} \tag{8-1-8}$$

式中R′, R″, R = H, 烷基或芳基，X = Cl 或Br

若α-氯代丙酮与乙酰乙酸乙酯在乙醇钠的作用下，先发生活泼亚甲基的烷基化反应，然后成环，得到2,5-二甲基-3-呋喃甲酸乙酯。若在干燥的氯化氢中反应，则先发生羟醛缩合反应，然后成环得到2,4-二甲基-3-呋喃甲酸乙酯。由于反应条件的差异，两种产物环上的两个甲基所处位置是不同的，如式(8-1-9)。

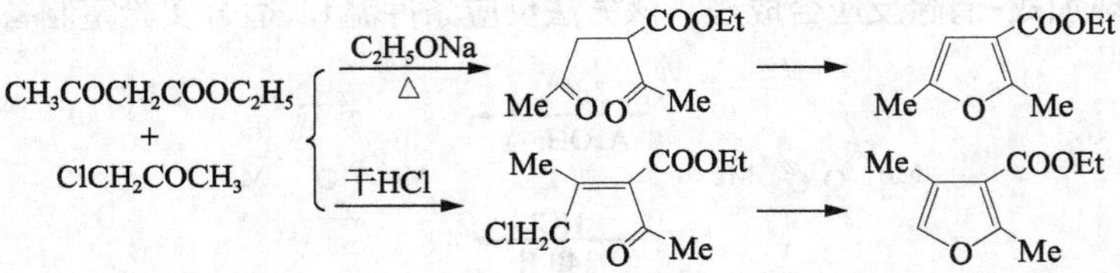

$$CH_3COCH_2COOC_2H_5 + ClCH_2COCH_3 \xrightarrow[\triangle]{C_2H_5ONa} \longrightarrow ; \xrightarrow{干HCl} \longrightarrow \tag{8-1-9}$$

若用α,β-二氯代乙基甲醚(实际为二卤代半缩醛)替代α-卤代酮在碱的作用下缩合，同样可以得到呋喃衍生物，如式(8-1-10)。

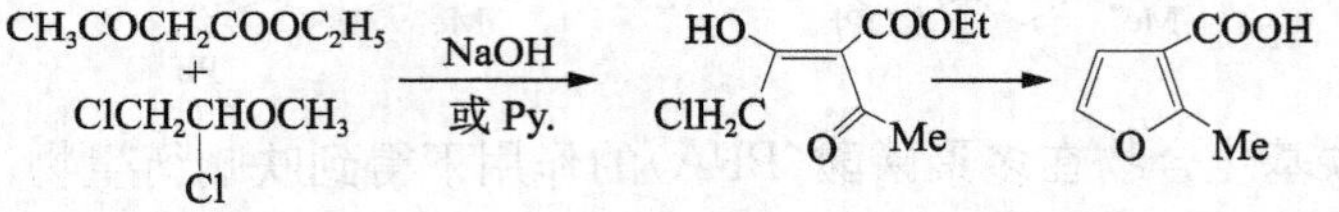

$$CH_3COCH_2COOC_2H_5 + ClCH_2CH(Cl)OCH_3 \xrightarrow[或Py.]{NaOH} \longrightarrow \tag{8-1-10}$$

用α,β-二溴代乙醇乙酸酯与乙酰乙酸乙酯反应也可得到类似的呋喃衍生物[5]，如式(8-1-11)。

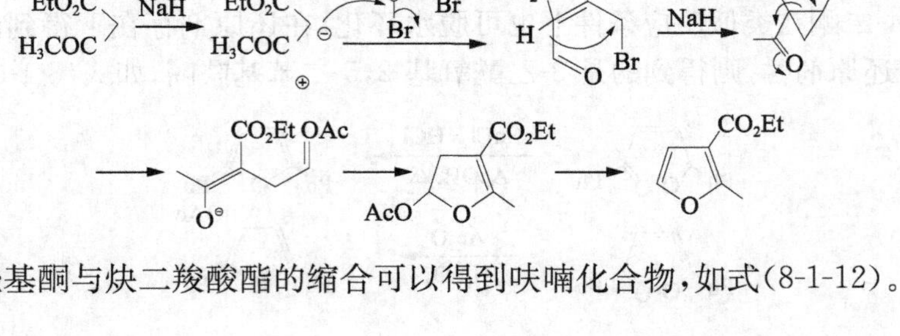

$$\xrightarrow{NaH} \longrightarrow \xrightarrow{NaH} \longrightarrow \longrightarrow \longrightarrow \tag{8-1-11}$$

另外，α-羟基酮与炔二羧酸酯的缩合可以得到呋喃化合物，如式(8-1-12)。

Ph(C=O)–CH(OH)Ph + EtO_2C–C≡C–CO_2Et $\xrightarrow[\text{丙酮}]{K_2CO_3}$ Ph, OH, CO_2Et, Ph, H, O, CO_2Et $\xrightarrow[HCl]{MeOH}$ Ph, CO_2Et, Ph, O, CO_2Et　(8-1-12)

丁酮二羧酸二乙酯与溴代丙酮酸酯反应合成法[6]。由于丁酮二羧酸二乙酯分子中的反应位点多，以此为原料可以合成大量的不同化合物，在杂环化合物的合成中也广泛应用。以丁酮二羧酸二乙酯为原料可以合成五元杂环（如呋喃、吡咯衍生物）和六元杂环（如吡啶和嘧啶衍生物）。式(8-1-13)中的2,3,4-呋喃三羧酸酯即为丁酮二羧酸二乙酯的钠盐与溴代丙酮酸酯在低温下缩合反应得到。

[$COOC_2H_5$–$CH^{\ominus}$–CO–$COOC_2H_5$] $Na^{\oplus}$ + $H_2C(Br)$–CO–CO–OC_2H_5 $\xrightarrow{0\sim8℃}$ $C_2H_5O_2C$, $CO_2C_2H_5$, $C_2H_5O_2C$, O　(8-1-13)

依照起始原料的不同，呋喃及其衍生物的合成方法还有很多种。例如，环状的1,3-二酮也可以与α-卤代羰基化合物发生Feist-Benary反应生成呋喃衍生物，见式(8-1-14)，1,3-环己二酮与α-氯代乙醛在碱性水溶液中反应得到6,7-二氢苯并呋喃-4(5H)-酮。

O, O + H–CO–CH_2Cl $\xrightarrow{NaOH/H_2O}$ [O, OH, OH, Cl] $\xrightarrow[-HCl]{-H_2O}$ O, O　(8-1-14)

8.1.2　苯并[b]呋喃的合成

苯并[b]呋喃及其衍生物也是一类具有重要生理活性的杂环化合物，如2-(4-硝基苯基)-苯并[b]呋喃和3-苯甲酰基-2-丁基苯并[b]呋喃均为有用的药物。

O　　O, NO_2　　O, C, I, $OCH_2CH_2N(C_2H_5)_2$, I, C_4H_9, O

苯并[b]呋喃　　2-(4-硝基-苯基)-苯并[b]呋喃　　3-苯甲酰基-2-丁基苯并[b]呋喃

苯并[b]呋喃又称氧杂茚。按照逆合成分析，其键的切断有如下几种方式

C, C, O　　C, C, O　　C, C, O

Ⅰ　　Ⅱ　　Ⅲ

基于第Ⅰ种切断方式的合成方法。香豆素与溴进行加成得到2,3-二溴-3,4-二氢香豆素，然后在KOH的作用下生成苯并[b]呋喃，该反应称Perkin重排反应，如式(8-1-15)。此外，在PdI_2/硫脲/CBr_4共催化体系的作用下，邻羟基芳基乙炔可环化生成过渡金属中间体，该中间体再进行羰基化可生成苯并[b]呋喃-3-羧酸酯，如式(8-1-16)[7]。

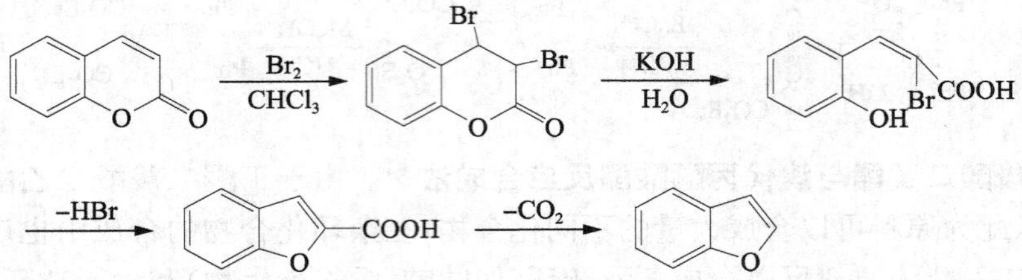

(8-1-15)

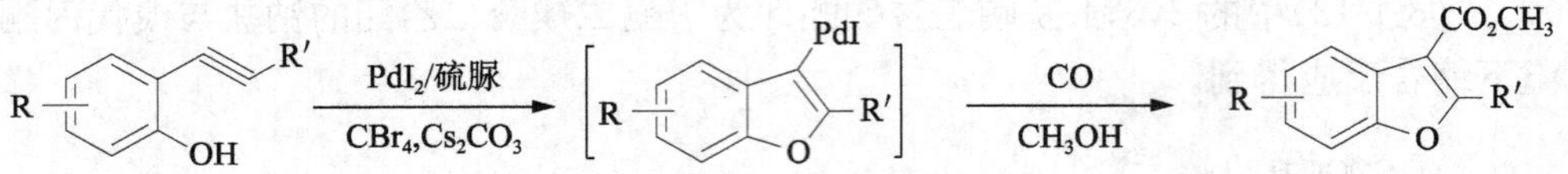

(8-1-16)

基于第Ⅱ种切断方式的合成方法。利用取代的苯酚钠盐与卤代乙酸酯反应，得到的产物再进行分子内 Claisen 缩合便可制得苯并[b]呋喃衍生物，如式(8-1-17)。

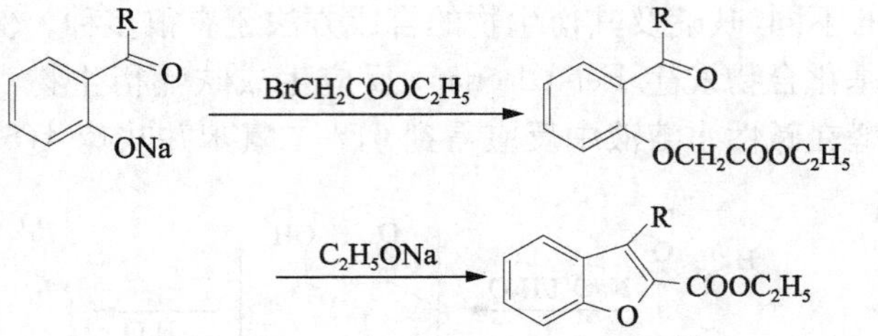

(8-1-17)

基于第Ⅲ种切断方式的合成方法。用2-氯-2-乙酰基乙酸乙酯与酚钠作用得到α-苯氧基羰基化合物，再经氧化锌或硫酸的作用进行缩合关环可得到苯并[b]呋喃衍生物，如式(8-1-18)。同样，β-氯乙醇与酚钠反应得到的羟乙基苯醚在氯化锌的作用下也可以得到苯并[b]呋喃，如式(8-1-19)。

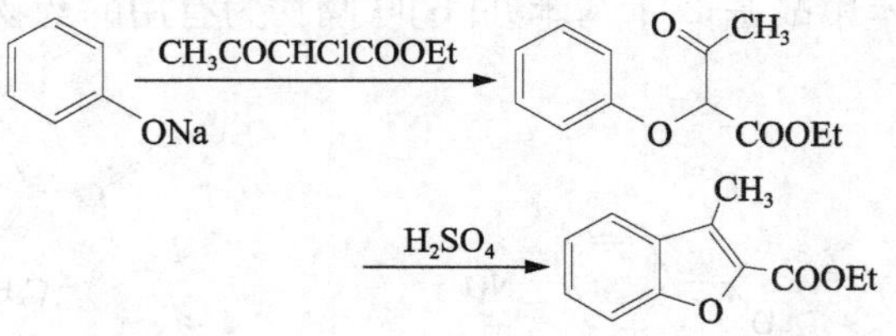

(8-1-18)

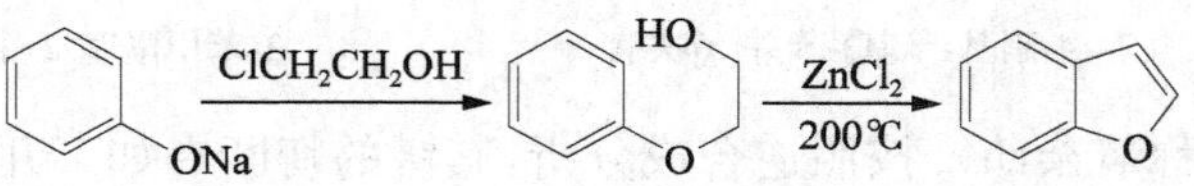

(8-1-19)

8.1.3 吡咯及其衍生物的合成

吡咯衍生物广泛地存在于自然界中，很多具有生理活性的吡咯衍生物具有多吡咯杂环结构[8](卟啉环和可啉环)，如血红素和叶绿素等。这种多吡咯杂环结构可以与金属离子形成配合物，如血红素分子就是一种铁卟啉配合物，而叶绿素 a(或 b)是一种镁的配合物，维生素 B_{12} 则是一种钴的配合物(见第1章)。

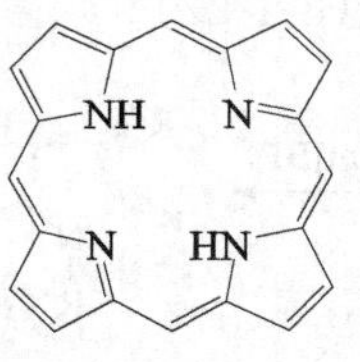

卟啉环 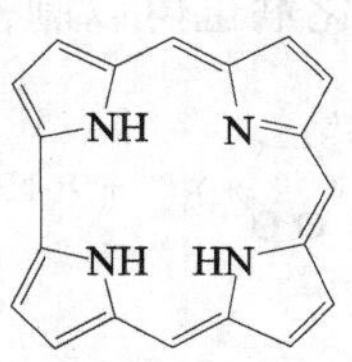　　可啉环

构筑吡咯环的逆合成分析可以表示如下

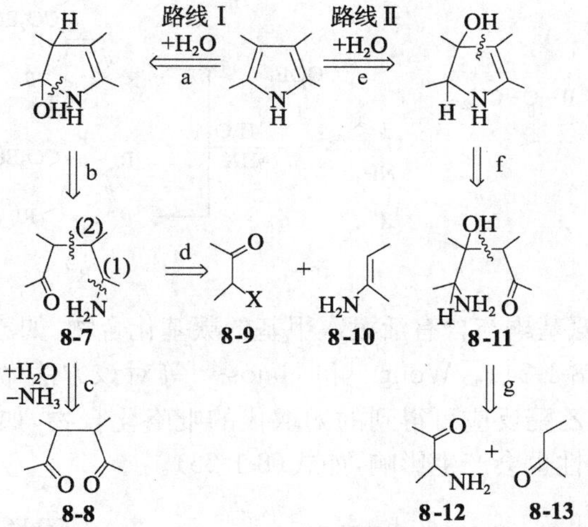

路线Ⅰ $+H_2O$ a　路线Ⅱ $+H_2O$ e

b　f

(2) (1) d +

8-7　8-9　8-10　8-11

$+H_2O$ $-NH_3$ c　g

8-8　8-12　8-13

按照逆合成分析路线Ⅰ,经步骤 a-c,可以得到原料 1,4-二羰基化合物 **8-8**;若经 a-b-d 的过程,可得到两种原料 α-卤代酮 **8-9** 和烯胺 **8-10**。

按照逆合成分析路线Ⅱ,历经 e-f 过程,得到 γ-氨基的羟醛中间体 **8-11**,继续经步骤 g,可以得到另外两种原料 α-氨基羰基化合物 **8-12** 和烷基酮 **8-13**。

鉴于以上的逆合成分析,分别讨论吡咯及其衍生物的几种主要合成方法。

Pall-Knorr 反应合成法。该法在呋喃环的合成中已经介绍过,当 1,4-二羰基化合物与氨、碳酸铵、烷基伯胺、芳香胺、杂环取代伯胺、肼、取代肼和氨基酸等许多含氮化合物作用,都能发生关环反应得到相应的吡咯或取代吡咯,如丁二醛与氨的反应、黏酸(mucic acid)铵盐的热解,见式(8-1-20)。

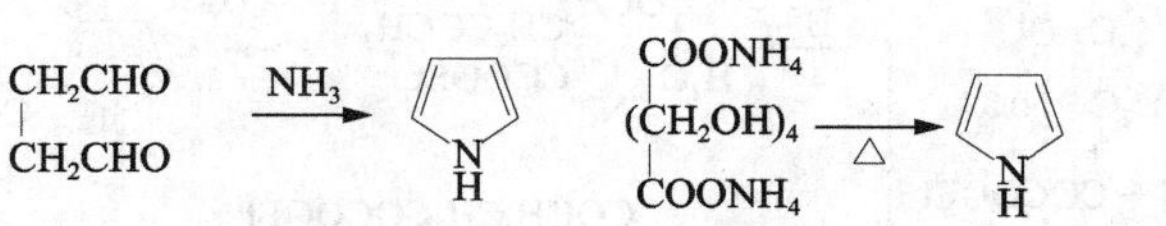

CH_2CHO | CH_2CHO $\xrightarrow{NH_3}$ 吡咯　　$COONH_4$ | $(CH_2OH)_4$ | $COONH_4$ $\xrightarrow{\triangle}$ 吡咯　　(8-1-20)

改进的 Paal-Knorr 反应合成法[9]。在碘的催化及蒙脱土(Montmorillonite)KSF 作为载体的条件下,2,5-二羰基化合物与苯胺在 THF 溶液中进行室温反应可得到取代的吡咯衍生物,如式(8-1-21)。

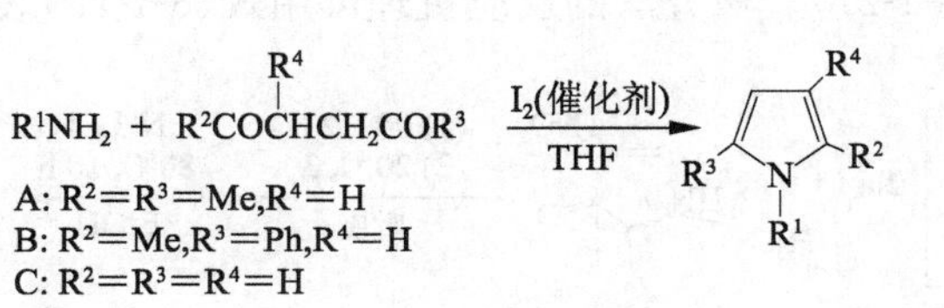

$R^1NH_2 + R^2COCH(R^4)CH_2COR^3 \xrightarrow[THF]{I_2(催化剂)}$ 1-R^1-2-R^3-4-R^4-5-R^2 吡咯　　(8-1-21)

A: $R^2=R^3=Me, R^4=H$
B: $R^2=Me, R^3=Ph, R^4=H$
C: $R^2=R^3=R^4=H$

以离子液体作为催化剂也可以制备吡咯[4]，如式(8-1-22)。

$$R'COCH(R'')CH_2COR''' + R\text{-}NH_2 \xrightarrow[90℃]{Bi(OTf)_3/[bmim]BF_4} \text{pyrrole} \tag{8-1-22}$$

Hantzsch 合成法。α-卤代羰基化合物与β-酮酸酯或β-二酮及氨水或伯胺反应，分别生成3-烷基-或3-酰基吡咯衍生物，如式(8-1-23)。

$$R-CO-CH_2X + R'COCH_2COOEt + R''NH_2 \xrightarrow[-HX]{-H_2O} \text{pyrroles} \tag{8-1-23}$$

Knorr 合成法。α-氨基酮与含有活泼次甲基的羰基化合物(如乙酰乙酸乙酯)反应，可以制备吡咯衍生物，如式(8-1-24)。Wong[5]和 Hajos[10]等对该方法做了一些改进。3-氨基-乙酰乙酸乙酯与乙酰乙酸乙酯反应可得到的四取代的吡咯化合物，如式(8-1-25)。此外，反应条件对反应的区域选择性也会产生影响，如式(8-1-26)。

$$RCOCH(R')NH_2 + R''COCH_2COOEt \xrightarrow{-H_2O} \text{pyrrole} \tag{8-1-24}$$

$$H_3C-CO-CH(NH_2)-COOC_2H_5 + H_2C(COOEt)COCH_3 \longrightarrow \text{pyrrole} \tag{8-1-25}$$

$$H_3C-CO-CH_2-NH_2 + H_2C(COCH_3)-COCOOEt \xrightarrow{B^{\ominus}\ /\ pH=6} \text{pyrroles} \tag{8-1-26}$$

丁酮二羧酸二乙酯制备法。该方法除了可以用于合成呋喃衍生物之外，也可以用于合成吡咯衍生物，如式(8-1-27)。该方法的反应机理可用式(8-1-28)表示。

$$[C_2H_5OOC-CH^{\ominus}-CO-COOC_2H_5]Na^{\oplus} + \text{isoxazolone} \xrightarrow[\text{吡啶}]{(1)\ 0℃,\ 2\ h;\ (2)\ 20℃,\ 3\ h} \xrightarrow[EtOH]{NH_4Cl,\ 80℃,\ 10\ h} \text{pyrrole} \tag{8-1-27}$$

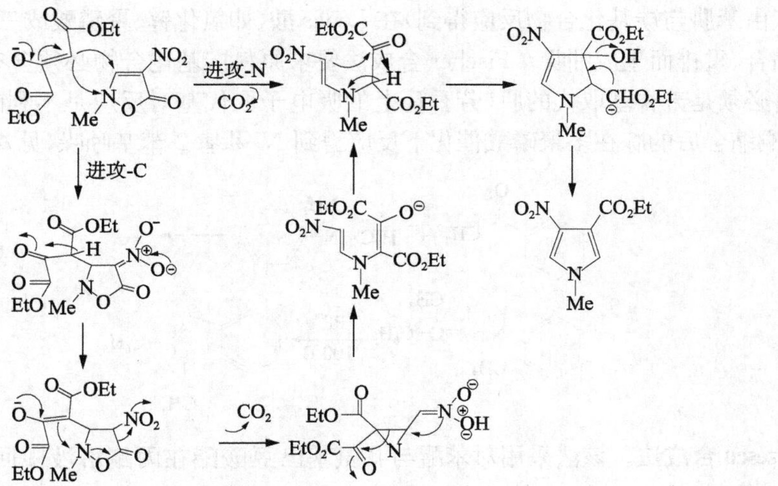

进攻-N　CO_2　进攻-C　CO_2

(8-1-28)

8.1.4　吲哚及其衍生物的合成

很多天然产物的分子结构中都含有吲哚环系，如 3-吲哚乙酸是一种植物生长调节剂，色氨酸是人体必需的一种氨基酸，色胺和 5-羟基色胺存在于哺乳动物的脑组织中，与中枢神经系统功能密切相关。

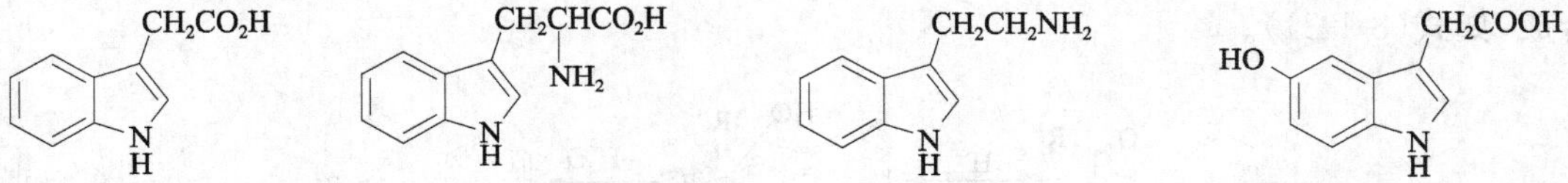

3-吲哚乙酸　色氨酸　色胺　5-羟基色胺

构筑吲哚环的逆合成分析可以如下所示

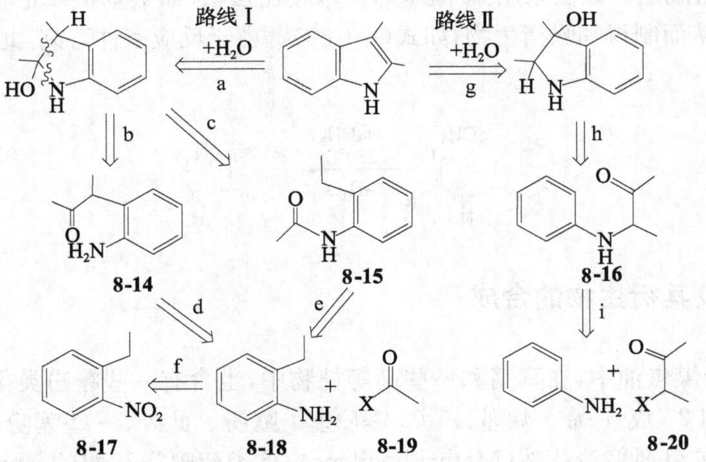

路线Ⅰ $+H_2O$ a　路线Ⅱ $+H_2O$ g　b　c　h　**8-14**　**8-15**　**8-16**　d　e　i　f　**8-17**　**8-18**　**8-19**　**8-20**

按照路线Ⅰ，基于步骤 a-c，可以用邻氨基苄基酮 **8-14** 或邻-烷基-*N*-酰基苯胺 **8-15** 作原料。进一步经步骤 d 和 e 可推导出 2-烷基苯胺 **8-18** 和羧酸衍生物 **8-19**。按照路线Ⅱ，基于步骤g-i，可以得到 α-苯氨基酮 **8-16**，而 **8-16** 可以由苯胺和 α-卤代酮 **8-20** 来合成。

Fischer 合成法。这是最常用的合成吲哚环的方法。一个醛(酮、酮酸、酮酸酯或二酮)的芳基取代腙(由苯肼与羰基化合物反应得到)在 Lewis 酸(如氯化锌、聚磷酸或三氟化硼等)存在下加热,经缩合、重排而生成吲哚。Fischer 合成法要求原料羰基化合物必须含有至少一个α-氢原子,而且肼必须是芳香基取代的肼(芳香环上的吸电子取代基对反应是不利的),如 *N*-甲基-苯肼与苯乙酮缩合后的腙在多聚磷酸催化下反应得到 *N*-甲基-2-苯基吲哚,见式(8-1-29)。

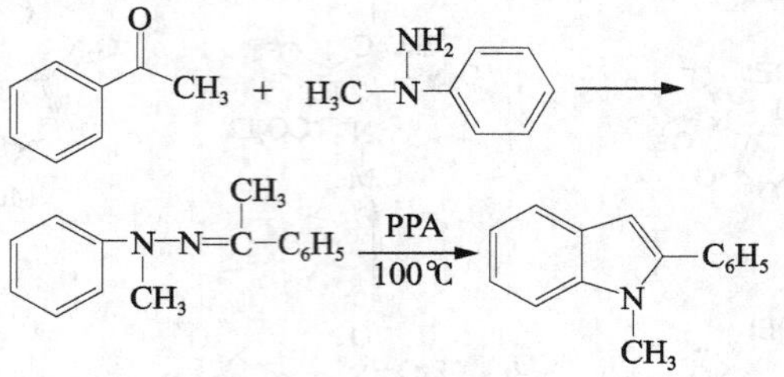

(8-1-29)

Nenitzescu 合成法。该法采用对苯醌与β-氨基巴豆酸酯在丙酮溶液中回流反应生成相应的吲哚衍生物,如式(8-1-30)。其反应机理可能是经历了 Michael 加成以及环化脱水等过程。

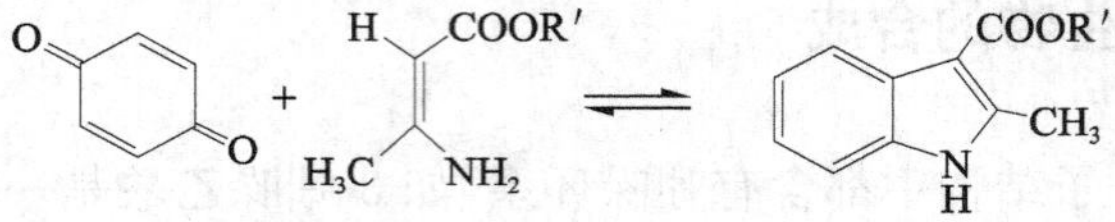

(8-1-30)

Bischler 合成法。该法是采用α-芳氨基酮在酸性条件下发生分子内芳环亲电取代反应(S_EAr 反应),然后再脱水生成吲哚。该法仅限于 C-2 和 C-3 为取代基相同的吲哚衍生物的合成,如式(8-1-31)。

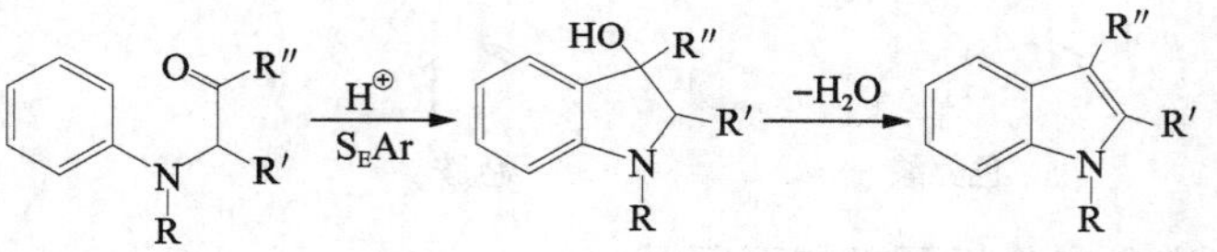

(8-1-31)

Madelung 合成法。该法采用 *N*-酰基邻甲苯胺在强碱(如氨基钠或正丁基锂)的作用下发生脱水环化,从而制得吲哚衍生物,如式(8-1-32)。由于反应条件苛刻,此法只能用于合成 2-烷基吲哚。

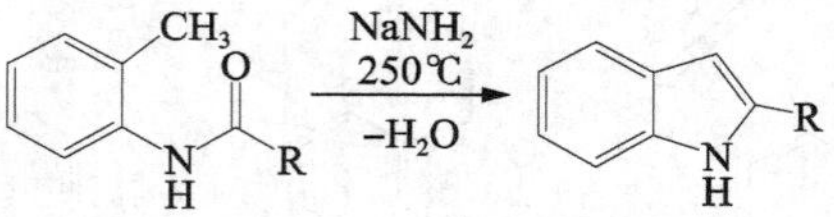

(8-1-32)

8.1.5 噻吩及其衍生物的合成

噻吩存在于煤焦油中,在真菌和一些高等植物中,也含有一些噻吩类衍生物,如 5-丙炔基-2-噻吩甲醛和 2-(戊-4-烯-1-炔基)-5-(2-噻吩基)-噻吩。此外,一些噻吩衍生物还可以作为药物使用,如抗组剂美沙芬林(Methaphenilene),抗炎药噻洛芬酸(Tiaprofenic acid)。一些噻吩衍生物的聚合物还可用作导电材料[11]。

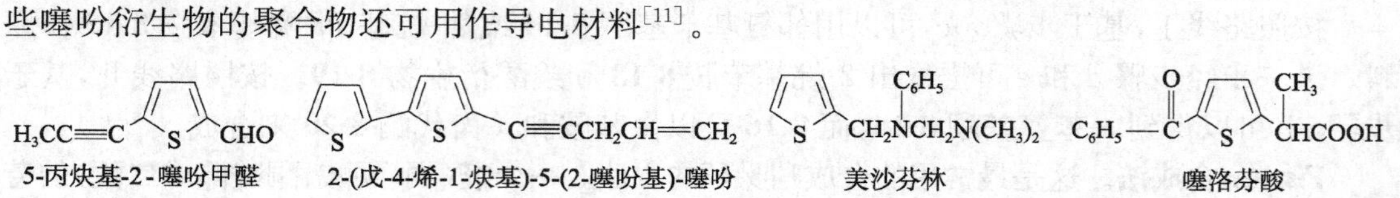

5-丙炔基-2-噻吩甲醛　2-(戊-4-烯-1-炔基)-5-(2-噻吩基)-噻吩　美沙芬林　噻洛芬酸

在工业上，以丁二烯、丁烯、丁烷等为原料，与硫粉在高温下反应可以得到高纯度的噻吩，或采用乙炔及1，3-二炔化合物与硫化氢(H_2S)在弱碱催化下反应，可得到取代的噻吩和噻吩的衍生物，如式(8-1-33)和式(8-1-34)。

$$2\ HC{\equiv}CH + H_2S \xrightarrow{400℃} \text{噻吩} \tag{8-1-33}$$

$$R{-}C{\equiv}C{-}C{\equiv}C{-}R' + H_2S \xrightarrow[\triangle]{碱} \text{2-R-5-R'-噻吩} \tag{8-1-34}$$

实验室中常采用1，4-二羰基化合物与P_2S_5反应来制备噻吩及其衍生物，如式(8-1-35)。

$$CH_3COCH_2CH_2COCH_3 + P_2S_5 \longrightarrow \text{2,5-二甲基噻吩} \tag{8-1-35}$$

在离子液体催化下，Lawesson's 试剂(一种S源)可以代替P_2S_5与1，4-二羰基化合物反应，也可以得到噻吩衍生物[3]，如式(8-1-36)。

Lawesson's 试剂

$$R'COCH(R'')CH_2COR''' + \text{Lawesson's 试剂} \xrightarrow[90℃]{Bi(OTf)_3/[bmim]BF_4} \text{噻吩衍生物} \tag{8-1-36}$$

此外，应用 Fiesselmann 反应也可制备噻吩衍生物。在吡啶中，β-氯丙烯醛和巯基乙酸酯或其他活泼亚甲基的硫醇反应可生成噻吩-2-羧酸酯。反应的第一步可以看作是一个 Michael 加成-消除过程，随后经过分子内羟醛缩合环化脱水生成噻吩衍生物，如式(8-1-37)。

$$RCOCH_2R' \xrightarrow{DMF/POCl_3} RC(Cl){=}C(R')CHO \xrightarrow[-HCl]{+\ HSCH_2COOEt} RC(SCH_2COOEt){=}C(R')CHO \xrightarrow{-H_2O} \text{4-R'-5-R-噻吩-2-COOEt} \tag{8-1-37}$$

8.2 单氮杂六元杂环化合物的合成

吡啶是由五个碳原子和一个氮原子组成的六元芳香杂环化合物。吡啶衍生物在自然界中也是广泛存在的一类生物活性物质，如维生素B_6及尼古丁(烟碱)均属于吡啶类衍生物。此外，煤焦油中也含有较丰富的吡啶及其衍生物(如甲基吡啶、二甲基吡啶、2，4，6-三甲基吡啶、乙基吡啶等)。

吡啶　维生素B_6　尼古丁

构筑吡啶环的逆合成分析可以表示如下

路线 a 是首先切断 C=N 双键，回推得到 5-氨基戊二烯醛 **8-21**，进一步经步骤 c 可以回推到中间体戊-2-烯二醛 **8-22** 或相应的二酮。

路线 b 是基于二氢吡啶 **8-23** 可以脱氢生成吡啶这一事实，因此切断二氢吡啶 **8-23** 分子中的 C—N 键，经过程 d 可回推得到 5-氨基-4-烯胺醛 **8-24**，**8-24** 可以由烯胺和 α,β-不饱和醛或酮反应得到。

基于以上的逆合成分析，分别介绍几种合成吡啶及其衍生物的常见方法。

由乙炔与氨反应制备。以乙炔为原料合成吡啶或其衍生物是工业合成吡啶化合物的重要方法之一，如式(8-2-1)。

$$HC{\equiv}CH + NH_3 \longrightarrow [H_2C{=}CH{-}NH_2] \xrightarrow{\triangle} \text{5-乙基-2-甲基吡啶} \qquad (8\text{-}2\text{-}1)$$

1,5-二羰基化合物和氨的反应。1,5-二羰基化合物与氨反应形成 δ-氨基羰基化合物，然后再发生加成-消除反应得到吡啶，如式(8-2-2)。1,5-二羰基化合物与羟氨在醋酸的作用下也可以发生缩合反应得到取代的吡啶，如式(8-2-3)。若用 α,β-不饱和醛(如 2-丁烯醛)与甲醛缩合，然后在 SiO_2-Al_2O_3 催化剂下与氨反应，也可以得到吡啶或取代吡啶，如式(8-2-4)。

$$OHC{-}CH_2{-}CH{=}CH{-}CHO + NH_3 \longrightarrow [HC{=}CH{-}CH_2{-}CH(OH)(NH_2)\ldots CHO] \longrightarrow \text{吡啶} \qquad (8\text{-}2\text{-}2)$$

$$\text{2-丁基-5-氧代己醛} + NH_2OH \xrightarrow[\triangle]{HOAc} \text{5-丁基-2-甲基吡啶} + 3H_2O \qquad (8\text{-}2\text{-}3)$$

$$OHC{-}CH{=}CH{-}CHO + CH_2O \longrightarrow [H_2C(CH_2OH){-}CH{=}CH{-}CHO] \xrightarrow[SiO_2\text{-}Al_2O_3,\ 400^\circ C]{NH_3} \text{吡啶} \qquad (8\text{-}2\text{-}4)$$

Hantzsch 反应。该法是利用β-酮基羧酸酯(如乙酰乙酸乙酯)缩合反应来合成吡啶类衍生物,这是合成各种取代吡啶的最简便方法。例如,两分子的 β-酮基羧酸酯与一分子的醛和一分子的氨进行缩合,先得到二氢吡啶环系,再经氧化脱氢生成对称取代的吡啶,如式(8-2-5)。

$$2CH_3COCH_2COOC_2H_5 + RCHO + NH_3 \longrightarrow \text{(二氢吡啶: 4-R, 3,5-}CO_2Et\text{, 2,6-}CH_3) \xrightarrow[H_2SO_4]{HNO_3} \text{(吡啶: 4-R, 3,5-}CO_2Et\text{, 2,6-}CH_3) \xrightarrow[(2)\ CaO]{(1)\ KOH} \text{(4-R-2,6-二甲基吡啶)} \quad (8\text{-}2\text{-}5)$$

工业化生产心痛定(一种治疗心脏病的药物)就是利用这一方法进行的,如式(8-2-6)。

$$2CH_3COCH_2COOC_2H_5 + \text{邻硝基苯甲醛} + NH_3 \longrightarrow \text{(1,4-二氢吡啶: 4-(2-}NO_2C_6H_4)\text{, 3,5-}COOC_2H_5\text{, 2,6-}CH_3) \xrightarrow{[O]} \text{(吡啶: 4-(2-}NO_2C_6H_4)\text{, 3,5-}COOC_2H_5\text{, 2,6-}CH_3) \quad (8\text{-}2\text{-}6)$$

Jiang 研究组报道[12]以肟乙酸酯(如苯肟乙酸酯),活性亚甲基化合物(如醛)和乙酰乙酸乙酯在铜(如溴化铜)催化下同样可以得到取代吡啶类化合物,如式(8-2-7)。

$$PhC(=NOAc)CH_3 + (CH_2O)_n + CH_3COCH_2COOEt \xrightarrow[\text{溶剂},120℃,N_2]{[Cu],碱} \text{2-甲基-6-苯基吡啶-3-甲酸乙酯} \quad (8\text{-}2\text{-}7)$$

以乙烯基醚为原料制备。2,3-吡啶二羧酸及其衍生物是一类重要的生物活性物质,该类化合物的合成就是基于乙烯基醚、N,N-二甲基-N-氯代亚甲基氯化铵(Vilsmeier 试剂)、氧代丁二酸二乙酯及氨之间的反应,如式(8-2-8)。

$$EtO-CH=CH_2 \xrightarrow{[Me_2\overset{\oplus}{N}CHCl]Cl^{\ominus}} \left[Me_2\overset{\oplus}{N}=CH-CH=CH-OEt\right]Cl^{\ominus} \xrightarrow{EtO_2CCH_2COCO_2Er} \left[Me_2\overset{\oplus}{N}=CH-CH=CH-CH=C(OH)CO_2Et\right]Cl^{\ominus} \xrightarrow{NH_3} \text{吡啶-2,3-二甲酸二乙酯 (COOEt, COOEt)} \quad (8\text{-}2\text{-}8)$$

8.3　双氮杂六元杂环化合物的合成

8.3.1　嘧啶的合成

两个氮原子互处 1,3 位的六元环化合物称为嘧啶。嘧啶衍生物在自然界中极为常见,如作为核苷酸碱基的胸腺嘧啶、脲嘧啶及胞嘧啶。维生素 B_1 及常用药磺胺均为嘧啶衍生物。

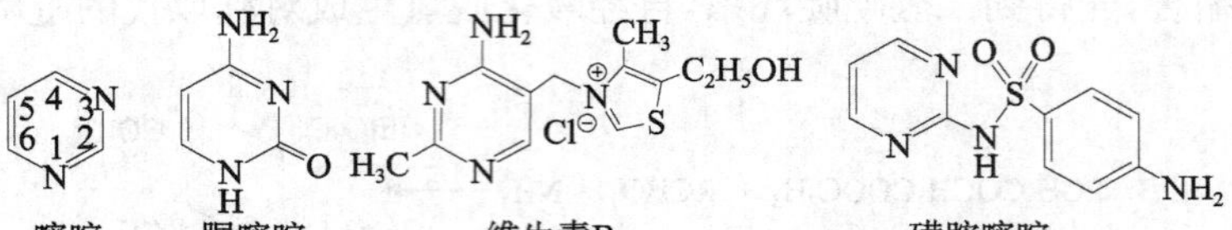

嘧啶　脲嘧啶　维生素B_1　磺胺嘧啶

嘧啶的逆合成分析如下所示

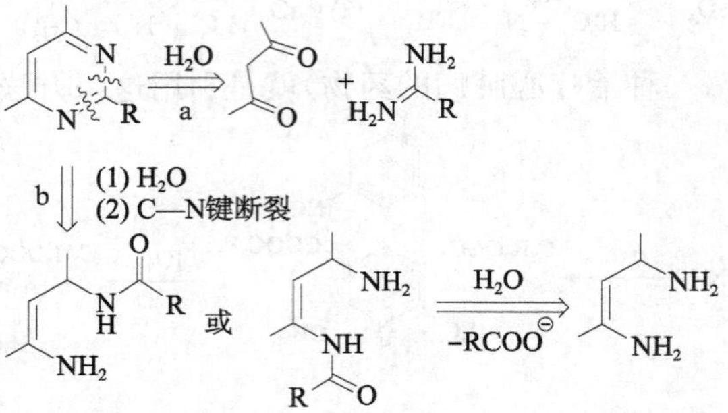

8-25　或　8-26　8-27

由上图所示,按照路线 a 进行回推,首先断裂的是 C(4)—N 和 C(6)—N 键,得到的原料为 1,3-二羰基化合物和取代脒;按照路线 b 进行回推,首先断裂的则是 N(1)—C(2)或 N(3)—C(2)键,得到中间体 **8-25** 或 **8-26**,而中间体 **8-26** 可由 1,3-二氨基化合物 **8-27** 为原料来制备。

基于以上的逆合成推导,介绍几种常见的合成方法。

Pinner 合成法。该法是以 1,3-二酮为原料,分别与脒、酰胺、硫酰胺及胍类化合物发生缩合反应,生成相应的 2,4,6-三取代嘧啶 **8-28**、2-嘧啶酮 **8-29**、2-硫代嘧啶酮 **8-30** 及 2-氨基嘧啶 **8-31** 等嘧啶衍生物[13],如式(8-3-1)。

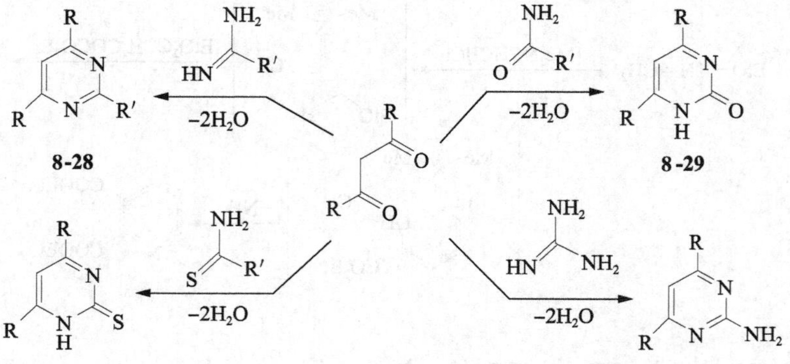

8-28　8-29　8-30　8-31

(8-3-1)

同样,用 α,β-不饱和三氟甲基酮与脒类化合物在乙腈溶液中回流,生成中间体 4-羟基-4-(三氟甲基)-3,5,6-三氢嘧啶,随后用三氯氧磷/吡啶/硅胶及二氧化锰氧化脱氢,可以较高产率得到 2,6-二取代-4-(三氟甲基)-嘧啶化合物,如式(8-3-2),其中,R 和 R^1 可以相同,也可不同;可以是苯环或含不同取代的芳香环[14]。

R–CH=CH–CO–CF_3 + HN=C(R^1)–NH_2 $\xrightarrow{CH_3CN, 回流}$ [N, NH, R, OH, CF_3, R^1] $\xrightarrow[CH_3CN, 回流]{(1) POCl_3-吡啶-硅胶; (2) MnO_2}$ (R^1, N, N, R, CF_3)　(8-3-2)

氰基乙酸与 *N*-烷基化的氨基甲酸酯缩合环化制备。该法可用式(8-3-3)表示，氰基乙酸与 N-烷基化的氨基甲酸酯缩合后与原甲酸酯进一步缩合生成烯醇醚，然后再进行氨解、环合得到脲嘧啶衍生物。

NC, O, OH + HN, R′, O, OR $\xrightarrow{-H_2O}$ NC, O, N, R′, HO, O $\xrightarrow{HC(OR)_3}$

NC, O, N, R′, OEt, RO, O $\xrightarrow{R''NH_2}$ NC, O, N, R′, R″NH, RO, O $\xrightarrow{-ROH}$ NC, O, N, R′, N, O, R″　(8-3-3)

此外，利用丁酮二羧酸二乙酯在原甲酸酯的存在下与尿素缩合，也可以制备嘧啶衍生物，如 2-羟基-4，5-嘧啶二羧酸二乙酯，见式(8-3-4)。

[$COOC_2H_5$, CH, CO, $COOC_2H_5$]$^{\ominus}$ $Na^{\oplus}$ + $CH(OEt)_3$ + H_2N–CO–NH_2 $\xrightarrow{100℃}$ EtO_2C, O, CO_2Et, H, NH, H_2N, O $\xrightarrow{C_6H_4Me_2}$ CO_2Et, EtO_2C, N, N, OH　(8-3-4)

8.3.2　吡嗪的合成

两个氮原子互处 1，4 位的六元芳香杂环化合物称为吡嗪。热食品(如咖啡和肉类)的香味组分中通常含有烷基吡嗪类化合物。

N, 4, 5, 3, 6, 1, 2, N

吡嗪

吡嗪的逆合成分析如下所示

路线Ⅰ：⟹ O, O (8-32) + H_2N, H_2N (8-33)

路线Ⅱ：⟹ N, N (8-34) ⟹ O, O + H_2N, H_2N

路线Ⅲ：⟹ N, N (8-35) ⟹ NH_2, O + O, H_2N (8-36)

从以上的逆合成分析可以看出,若按路线Ⅰ进行回推,可以得到起始原料1,2-二羰基化合物**8-32**和1,2-二氨基乙烯**8-33**;若按路线Ⅱ和Ⅲ两种形式回推,则可以得到二氢吡嗪**8-34**和**8-35**。其中,二氢吡嗪**8-34**可以由起始原料1,2-二羰基化合物**8-32**和1,2-二氨基乙烯**8-33**进行制备,而二氢吡嗪**8-35**可以由两分子的α-氨基酮**8-36**自身缩合来制备。

1,2-二羰基化合物与1,2-二氨基乙烷缩合环化制备。在氢氧化钠的乙醇溶液中,1,2-二羰基化合物与1,2-二氨基乙烷缩合得到的2,3-二氢吡嗪化合物在氧化铜或二氧化锰的作用下进行氧化脱氢,可以得到吡嗪化合物,如式(8-3-5)。

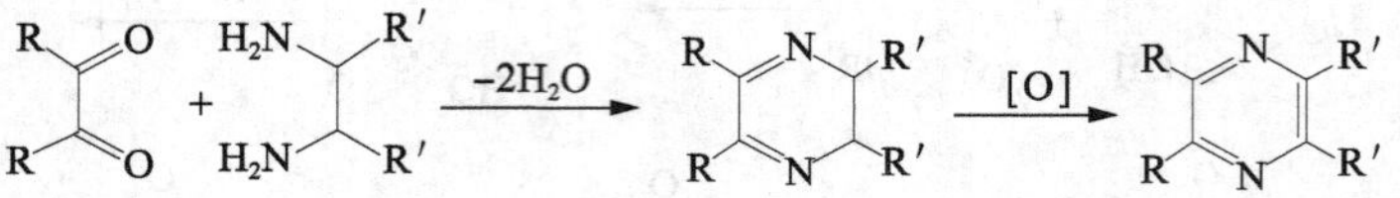

$-2H_2O$ [O] (8-3-5)

若选择对称的二氨基顺丁烯二腈与1,2-二酮进行缩合,则可以得到2,3-二氰基吡嗪化合物,如式(8-3-6)。

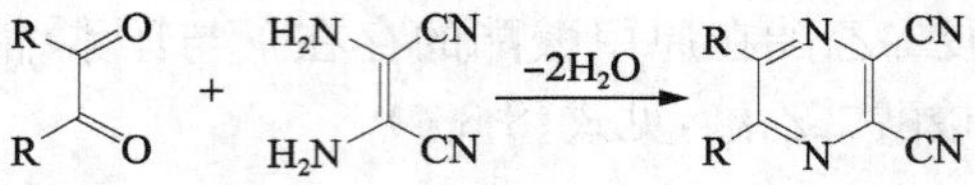

$-2H_2O$ (8-3-6)

制备吡嗪的最经典合成方法是利用α-氨基羰基化合物的自缩合环化反应。在碱性条件下,α-氨基羰基化合物发生自缩合反应,然后再氧化脱氢可以得到取代吡嗪衍生物,如式(8-3-7)。

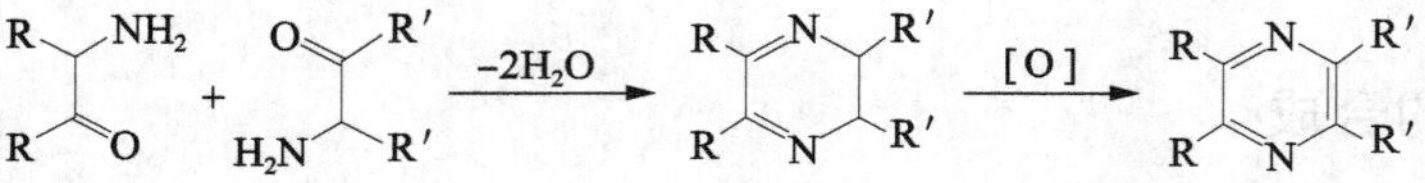

$-2H_2O$ [O] (8-3-7)

8.4 三氮杂六元杂环化合物——三嗪的合成

依三个N原子互处位置的不同,三嗪化合物可以分为1,2,3-三嗪、1,2,4-三嗪和1,3,5-三嗪。典型的三嗪衍生物有2,4,6-三聚氯氰、2,4,6-三聚氰胺和2,4,6-三聚氰酸。其中,三聚氯氰是一种重要的化工中间体,被广泛应用于三嗪类除草剂及染料的合成。此外,三聚氰胺本来也是一种重要的化工原料,但由于其氮元素的含量很高,因而被不法分子用作“蛋白精”添加到蛋白制品(如奶粉)中,最终导致众所周知的三鹿奶粉事件的发生。

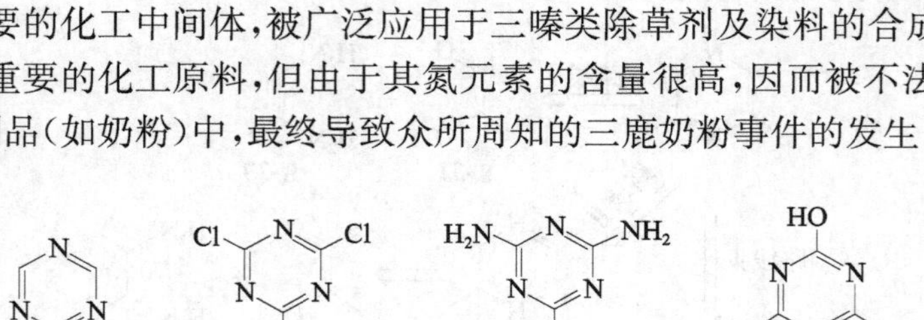

1,3,5-三嗪　三聚氯氰　三聚氰胺　三聚氰酸

下面,我们以1,3,5-三嗪为例,简要介绍三嗪类杂环化合物的逆合成分析,如下所示

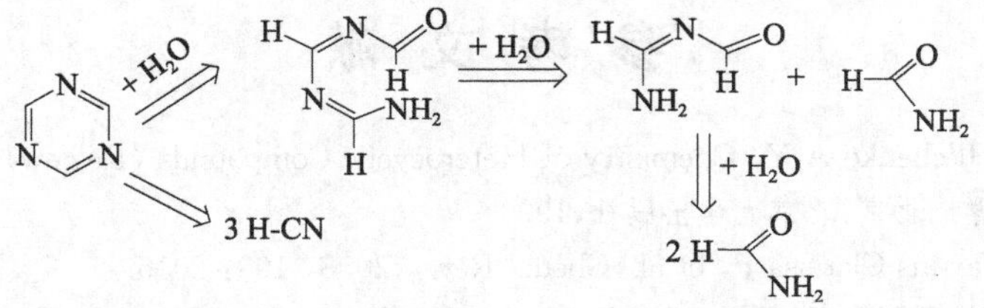

根据以上的逆合成分析可以看出，1，3，5-三嗪既可以氢氰酸（或腈）作为起始原料来制备，也可以甲酰胺或其类似物（如亚氨酯、咪）为起始原料来制备。例如，原甲酸乙酯与甲咪乙酸盐在加热的条件下发生环缩合反应可以得到1，3，5-三嗪，如式(8-4-1)。

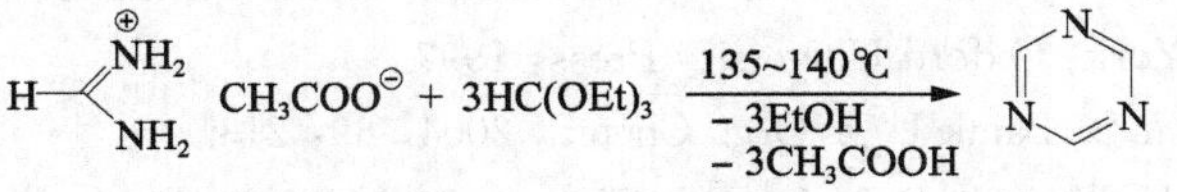

(8-4-1)

在酸（氯化氢、Lewis 酸）或碱催化下，腈类化合物发生环合三聚可以制得2，4，6-三取代1，3，5-三嗪类化合物，如式(8-4-2)。此外，在三价镧离子催化下，腈类化合物还可以与氨气进行环化，制备烷基或芳基取代的2，4，6-三取代1，3，5-三嗪[15]，如式(8-4-3)。

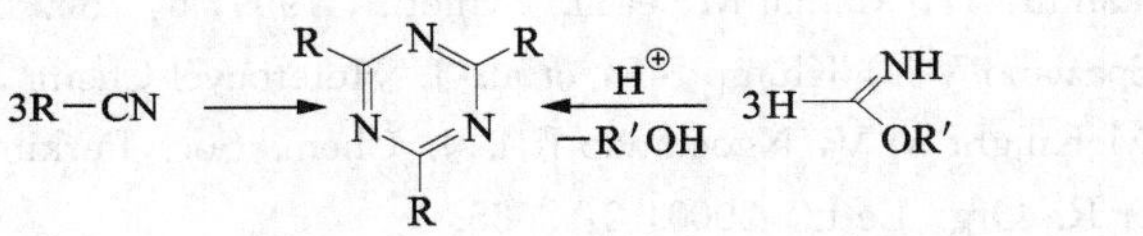

(8-4-2)

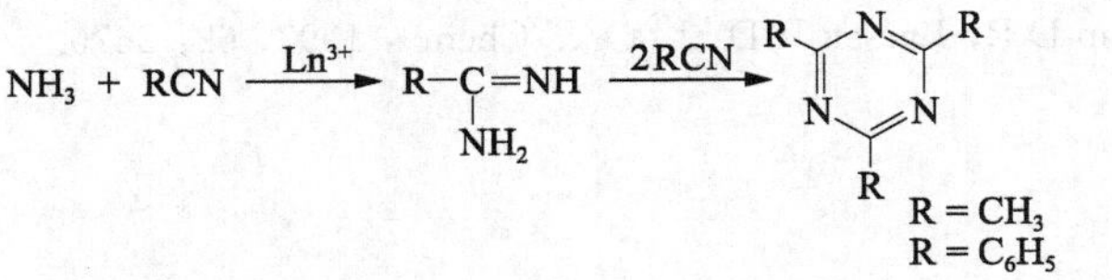

(8-4-3)

思　考　题

1. 以呋喃-2-羧酸为原料，在对甲苯磺酸的催化下，先与2-氨基-2-甲基丙醇反应生成产物A，随后在仲丁基锂的四氢呋喃（$-78℃$）溶液中得到的B与碘甲烷反应，随后酸性水解得到化合物C、C溶于K_2CO_3溶液。写出化合物A、B和C的结构式[16]。
2. 乙酰乙酸叔丁基酯与α-溴代苯乙酮在NaH的THF溶液中反应得到A；化合物A经CF_3COOH，CH_2Cl_2/THF溶液处理得到B，分别推出呋喃衍生物A和B的结构[17]。
3. 邻碘-(*N*-烯丙基)苯胺在25℃下和下列试剂反应：2%的$Pd(OAc)_2$，Na_2CO_3，$[(n\text{-}Bu)_4N]Cl$，DMF（溶剂）。常规处理后分离出产物A(C_9H_9N)。写出A的结构。
4. 完成下列反应（填写产物或反应中间体）。

(1) (1) K_2CO_3/丙酮　(2) CH_3OH/HCl　→（　）

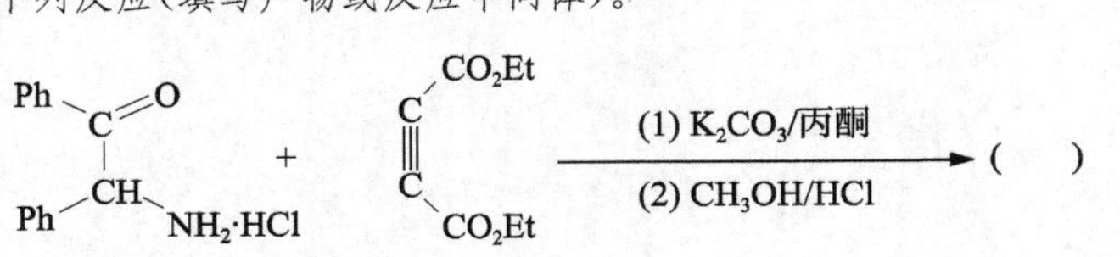

(2) + NH_3 $\xrightarrow{H^{\oplus}}$（　）$\xrightarrow{[O]}$

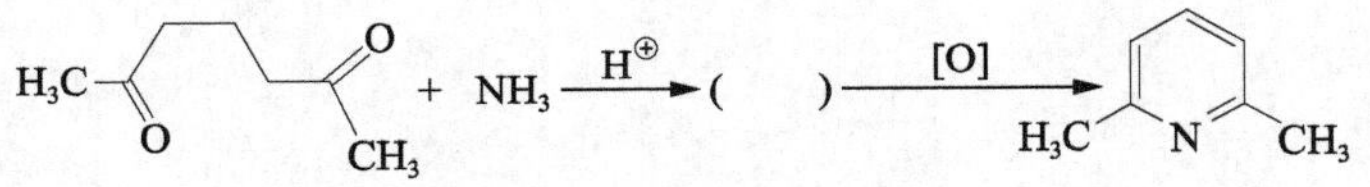

参 考 文 献

[1] Lozinskii M O, Il'chenko A Y. Chemistry of Heterocyclic Compounds (Review), 2009, 45: 376.
[2] 花文廷.杂环化学.北京:北京大学出版社,1990.
[3] Marcos A P, Martins Clarissa P, et al. Chem. Rev., 2008, 108: 2015.
[4] Yadav J S, Reddy B V S, Eeshwaraiah B, et al. Tetrahedron Lett., 2004, 45: 5873.
[5] Hou X L, Cheung H Y, Wong H N C. Tetrahedron, 1998, 54: 1955.
[6] Yamashkin S A, Zhukova N V. Chemistry of Heterocyclic Compounds, 2008, 44: 115.
[7] Nan Y, Miao H, Yang Z. Org. Lett., 2000, 2: 297.
[8] Lionel R Milgrom. The Colours of Life: an Introduction to the Chemistry of Porphyrins and Related Compounds. New York: Oxford University Press, 1997.
[9] Banik B K, Samajdar S, Banik I. J. Org. Chem., 2004, 69: 213.
[10] Hajos G, Riedl Z, Kollenz G. Eur. J. Org. Chem., 2001, 18: 3405.
[11] Roncali J. Chem. Rev., 1992, 92: 711.
[12] Jiang H F, Yang J D, Tang X D, et al. J. Org. Chem., 2015, 80: 8763.
[13] Moorthy S S Palanki, Paul E Erdman, Leah M Gayo-Fung. J. Med. Chem., 2000, 43: 3995.
[14] Funabiki K, Nakamura H, Matsui M, et al. Synlett., 1999, 6: 756.
[15] Forsberg J H, Spaziano V T, Klump S P, et al. J. Heterocycl Chem., 1988, 25: 767.
[16] Chadwick D J, McKnight M V, Ngochindo R I. J. Chem. Soc. Perkin Trans., Ⅰ, 1982, 6: 1343.
[17] Stauffer F, Neier R. Org. Lett., 2000, 2: 3535.
[18] Chen C, Lieberman D R, Larsen R D. J. Org. Chem., 1997, 62: 2676.

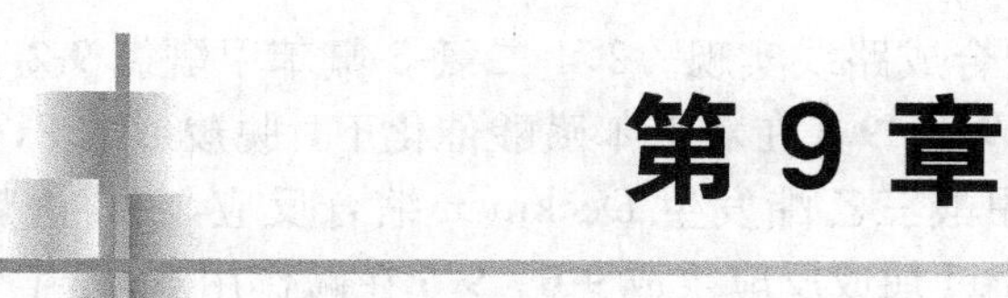

第 9 章

多步骤有机合成

本章介绍一些结构复杂的化合物的多步骤合成，以巩固提高所学的有机反应和合成设计策略。

9.1 环丙沙星的合成

9.1.1 背景介绍[1]

在 20 世纪 80 年代早期，氟代喹诺酮抗菌药被发现具有更好的活性和药代动力学特性（更长的半衰期和更好的口服效果）。这些被称作第二代喹诺酮抗菌药的有诺氟沙星、培氟沙星和环丙沙星。它们显示更广的抗菌活性谱、增强的药效、降低的抗药性和更小的毒性。在当代医学中，它们已成为抵制各种传染病，用于临床治疗的第一线药。

与所有的氟代喹诺酮抗菌药一样，环丙沙星（**9-1**）的靶向是细菌的 DNA 促旋酶（也称为 DNA 拓扑异构酶Ⅱ）和 DNA 拓扑异构酶Ⅳ（一种重要的细菌酶）。环丙沙星与 DNA 促旋酶的 A 亚单元黏合，抑制 DNA 促旋酶，包括切断 DNA 骨架，从而发挥抗菌效果。环丙沙星是最强的氟代喹诺酮类体外抗菌药之一。本节以环丙沙星为例，介绍该类抗菌剂的合成。

9-1

9.1.2 合成[2-5]

在合成策略上，选择在芳环的 C—N 键处断裂，采取了如下的逆合成分析路线环丙沙星的合成可按图 9-1 的合成路线实现。2,4-二氯-5-氟苯甲酰氯 **9-2** 在乙醇镁存在下,与丙二酸二乙酯缩合生成酮 **9-3**。**9-3** 在对甲苯磺酸催化下,脱羧形成 2,4-二氯-5-氟苯甲酰乙酸乙酯(**9-4**)。**9-4** 与原甲酸三乙酯发生 Deckman 缩合反应,获得丙烯酸酯 **9-5**。接着 **9-5** 与环丙胺作用,发生 Michael 加成反应生成 **9-6**。**9-6** 在碱作用下,发生分子内亲核取代反应环化成喹诺酮 **9-7**。**9-7** 在酸催化下发生酯水解生成相应羧酸 **9-8**。最后,**9-8** 与哌嗪化学选择性地在芳环的氯上进行亲核取代反应产生环丙沙星(**9-1**)。

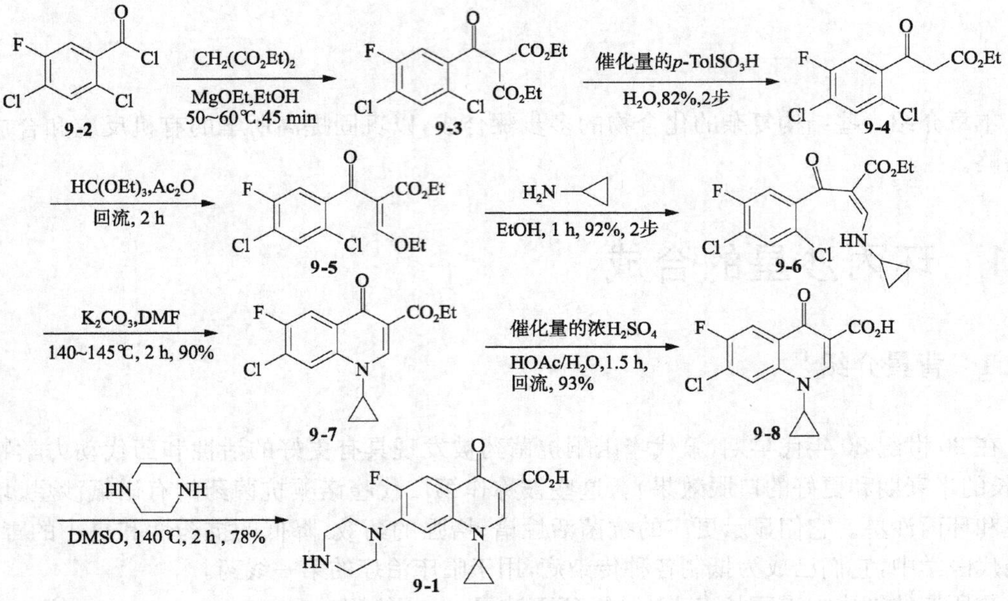

图 9-1 环丙沙星(9-1)的合成

9.2 吗啉噁酮的合成

9.2.1 背景介绍[6, 7]

吗啉噁酮(**9-9**)是一个具有良好的药理、药物代谢动力学和安全特征的化合物。它的作用机制是通过抑制细菌蛋白质的开始阶段。吗啉噁酮对广谱的革兰氏阳性菌,包括对 2,6-二甲氧基苯基青霉素有抵抗能力的金黄色葡萄状球菌、糖肽中间体的金黄色葡萄状球菌、对万古霉素有抵抗能力的肠道球菌和对青霉素有抵抗能力的肺部链球菌有抑制活性。

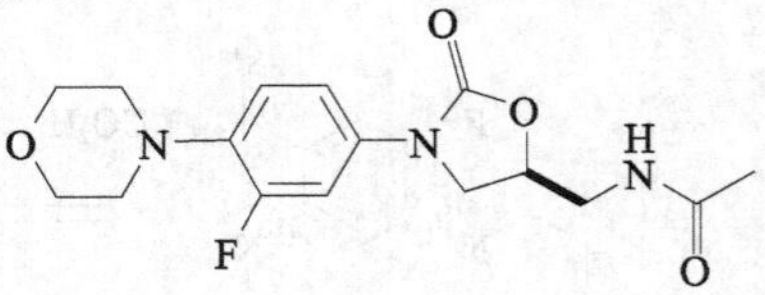

9.2.2 合成[8, 9]

在合成策略上,采取了如下的逆合成分析路线

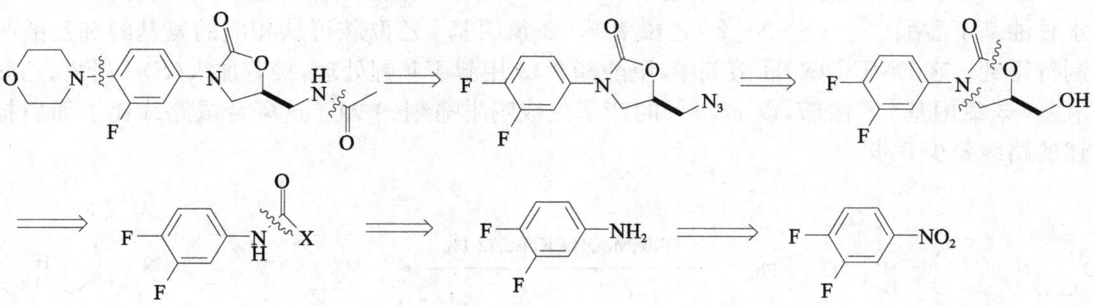

吗啉噁酮(**9-9**)的合成可以 3,4-二氟硝基苯(**9-10**)作为起始原料(见图 9-2)。首先吗啉选择性地取代 **9-10** 芳环上 4 位的氟生成 **9-11**,接着 **9-11** 还原成苯胺 **9-12**。**9-12** 用苄氧基甲酰氯保护后获得 **9-13**,**9-13** 用 *n*-BuLi 处理,再与(*R*)-缩水甘油基丁酸酯反应,生成噁唑烷酮 **9-14**。**9-14** 用甲磺酰氯进行甲磺酰化生成甲磺酸酯 **9-15**,**9-15** 再用 NaN_3 进行 S_N2 取代生成叠氮化物 **9-16**。**9-16** 的还原和接着的乙酰化一锅法形成吗啉噁酮(**9-9**)。

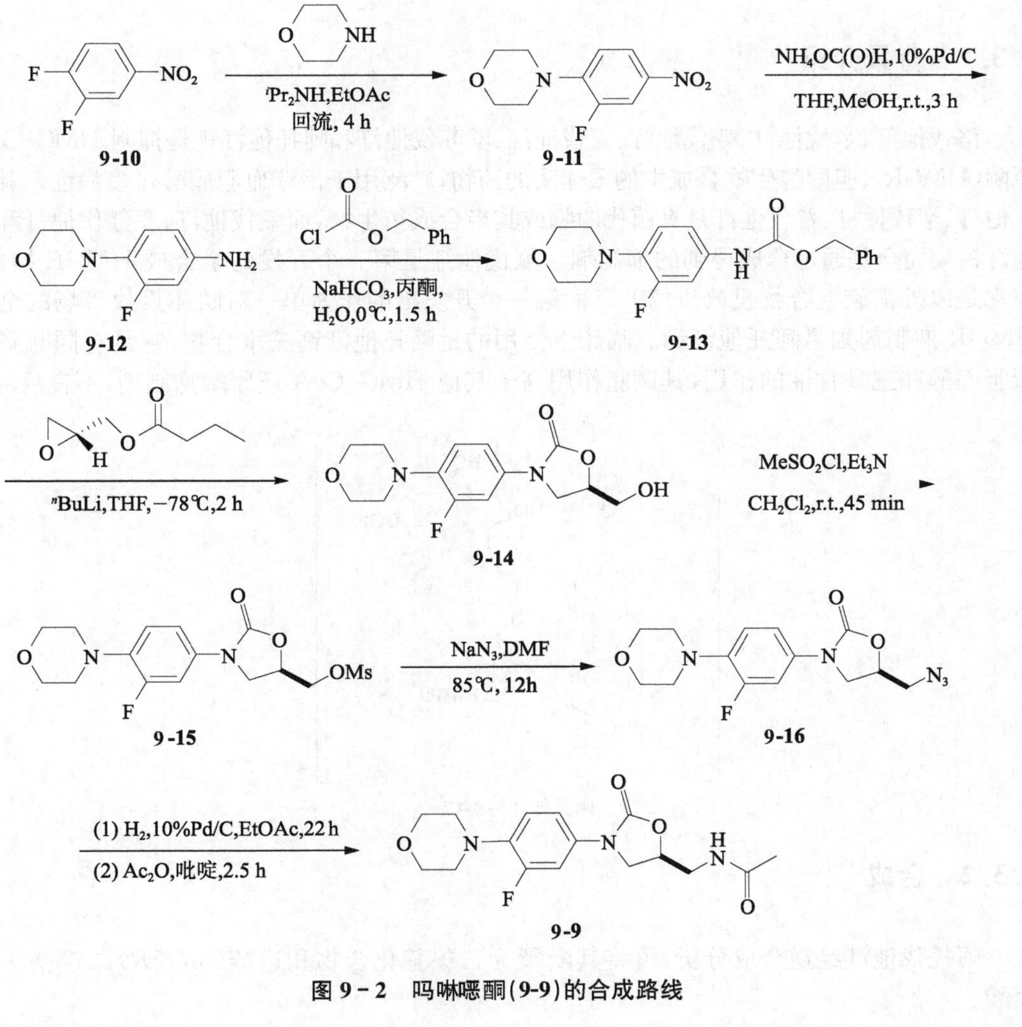

图 9-2　吗啉噁酮(9-9)的合成路线

另一个合成吗啉噁酮的方法是用(*S*)-*N*-[2-(乙酰氧基)-3-氯丙基] 乙酰胺代替(*R*)-缩水甘油基丁酸酯[10]。(*S*)-*N*-[2-(乙酰氧基)-3-氯丙基] 乙酰胺可从相应的氨基醇和乙酸酐制备得到。在DMF-MeOH溶剂中,甲酸酯**9-13**用叔丁基锂处理,接着加入(*S*)-*N*-[2-(乙酰氧基)-3-氯丙基] 乙酰胺,以72.1%的产率生成吗啉噁酮(**9-9**)。这条合成路线比上面所描述的路线要少5步。

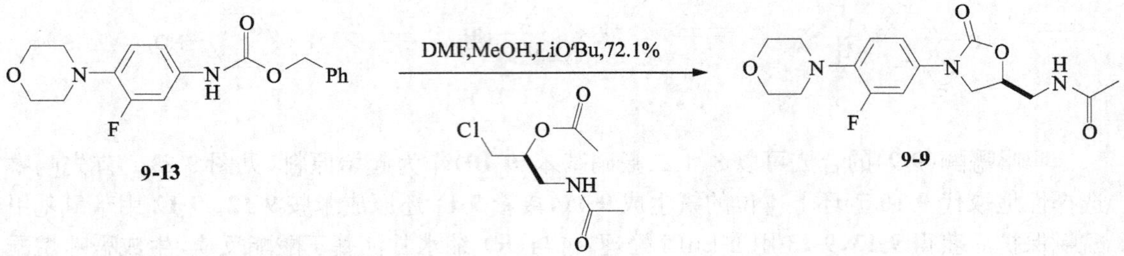

DMF,MeOH,LiO^{t}Bu,72.1%

9-13 **9-9**

9.3 阿托他汀钙的合成

9.3.1 背景介绍[11, 12]

洛伐他汀、辛伐他汀、普伐他汀、氟伐他汀、罗苏伐他汀和阿托他汀钙是抑制HMG-CoA还原酶(HMGR)、胆固醇生物合成中的限速酶的药物,广泛用于治疗血胆脂醇过多病症。其中洛伐他汀、辛伐他汀、普伐他汀是真菌代谢物或其半合成衍生物,而氟伐他汀、罗苏伐他汀和阿托他汀钙则完全是通过合成得到的抑制剂。氟伐他汀是第一个开发的全合成HMGR抑制剂,但它是以外消旋混合物投放市场的。而第一个开发出的作为单一对映体投放市场的全合成HMGR抑制剂则是阿托他汀钙。临床上使用的是阿托他汀钙三水合物,它具有同时降低血清胆固醇和三酰甘油的作用,其调脂作用高于其他HMG-CoA还原酶抑制剂,不良反应小。

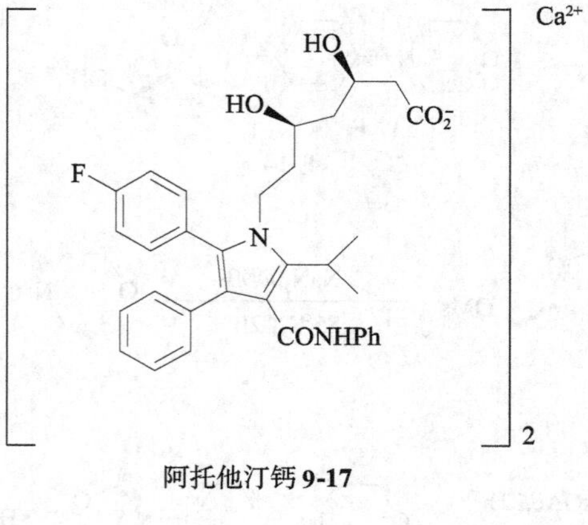

阿托他汀钙 **9-17**

9.3.2 合成[13-15]

阿托伐他汀经逆合成分析,可将其断裂为三羰基化合物和边链(3*R*,5*R*)二羟基-7-氨基庚酸。

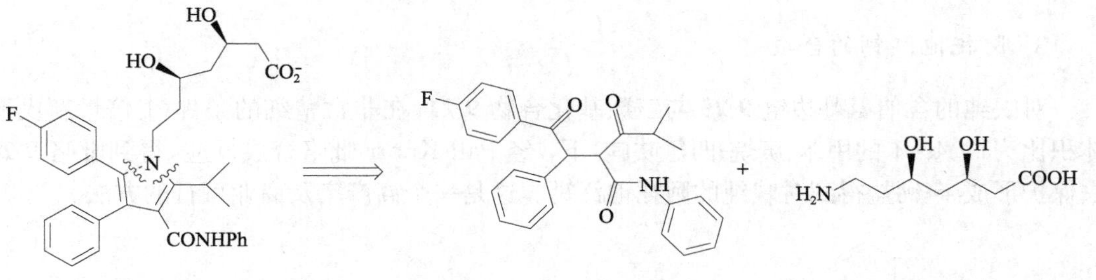

1. 三羰基化合物的合成

三羰基化合物的断裂有(a)、(b)两种方式

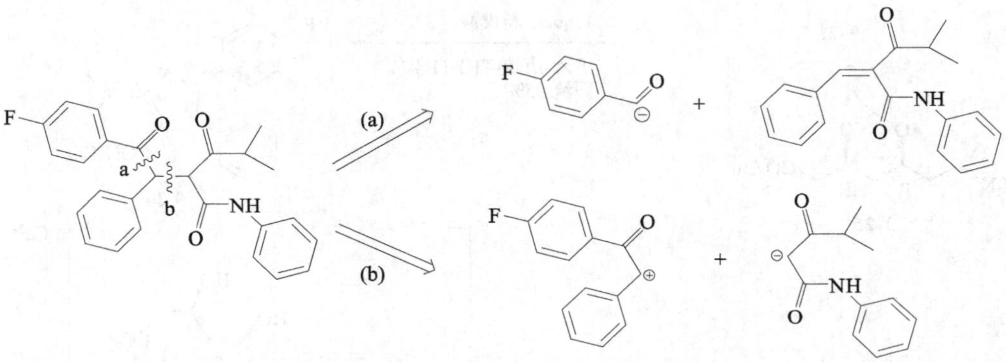

按(a)方式断裂的正向合成的原料比较容易得到。商业上可得的异丁酰乙酰苯胺**9-18**与苯甲醛在β-丙氨酸和乙酸存在下缩合得到烯酮**9-19**。在Stetter条件下，该烯酮**9-19**用4-氟苯甲醛处理，无水条件下使用*N*-乙基噻唑衍生物催化剂**9-20**得到三羰基化合物**9-21**。

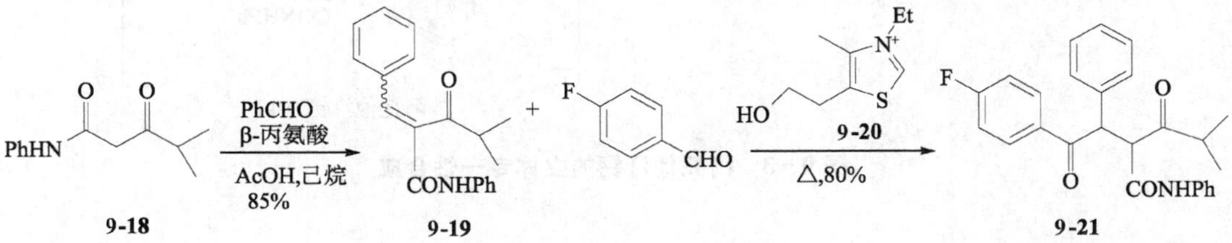

2. 边链的合成

由商业上可得的醇**9-22**开始，**9-22**转变为4-氯代苯磺酸酯**9-23**，再用氰化钠取代得到**9-24**。**9-24**用Raney Ni还原得到边链叔丁基酯**9-25**。

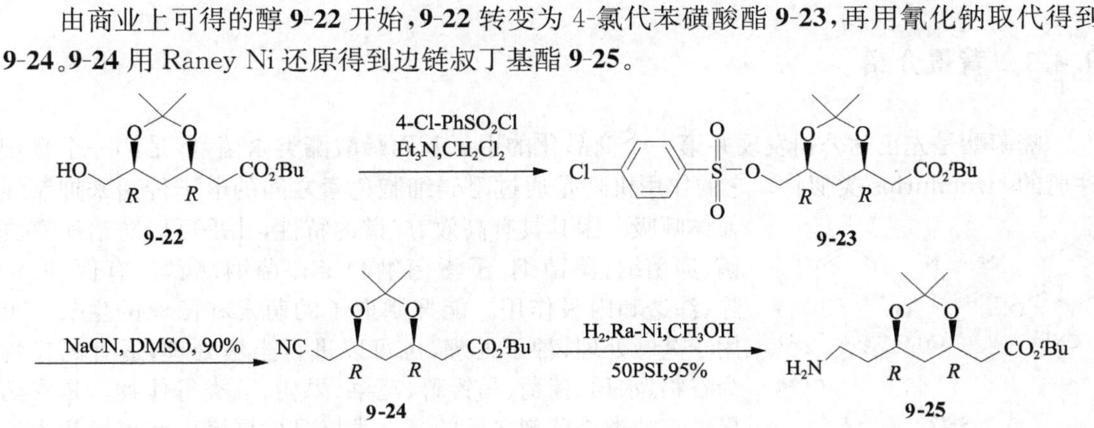

3. 阿托他汀钙的合成

对映纯的含伯氨基边链 **9-25** 与三羰基化合物 **9-21**，在非常精细的条件(1 倍量新戊酸，体积比为1∶4∶1 的甲苯-庚烷-四氢呋喃)下，经 Pall-Knorr 吡咯合成反应，得到吡咯 **9-26**，去保护形成半-钙盐得到对映纯的阿托他汀钙。这是一个高产率及商业可行的方法。

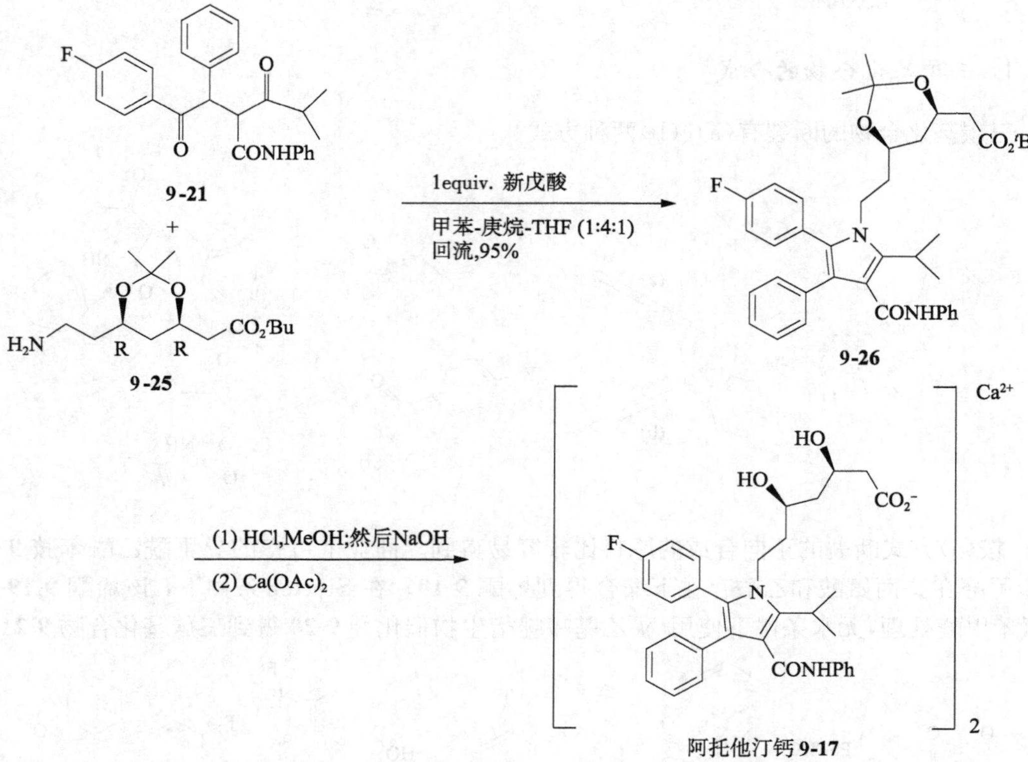

F　O　CONHPh

9-21

+

H_2N　R　R　$CO_2{}^tBu$

9-25

1equiv. 新戊酸

甲苯-庚烷-THF (1:4:1)

回流,95%

$CO_2{}^tBu$　F　N　CONHPh

9-26

(1) HCl,MeOH;然后NaOH

(2) $Ca(OAc)_2$

HO　HO　CO_2^-　F　N　CONHPh　Ca^{2+}　2

阿托他汀钙 **9-17**

图 9-3　阿托他汀钙的立体专一性合成

9.4　嘧菌酯的合成

9.4.1　背景介绍

嘧菌酯是先正达公司发现并第一个商品化的甲氧基丙烯酸酯类杀菌剂，是第一个登记注册的 strobilurins 类似物。它的作用机理是通过阻碍细胞色素之间的电子传递来抑制线粒体呼吸。因其具有高效、广谱的特性，几乎可以防治所有真菌(卵菌纲、藻菌纲、子囊菌纲和半知菌纲)病害，有保护、铲除、渗透和内吸作用。能抑制孢子的萌发和菌丝的生长。可用于茎叶处理、种子处理，也可以进行土壤处理，适宜的作物为谷物、水稻、葡萄、马铃薯、蔬菜、果树、豆类等作物。是农药界继三唑类杀菌剂之后的又一类极具发展潜力和市场活力的

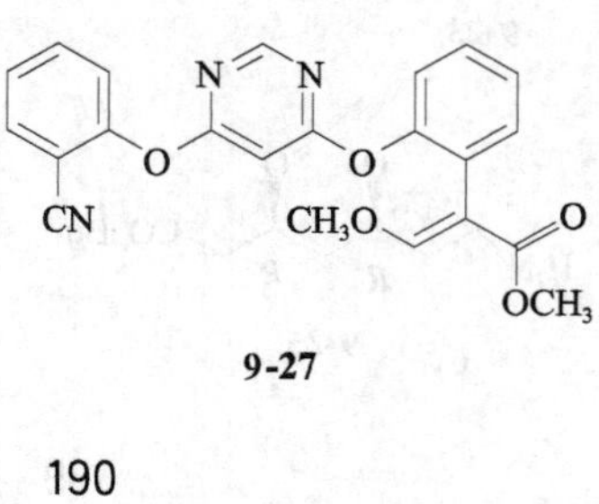

N　N　O　O　CN　CH_3O　O　OCH_3

9-27

新型农用杀菌剂。

9.4.2　合成[16-18]

在合成策略上，选择在嘧啶两侧链的醚键处断裂，采取了如下的逆合成分析路线

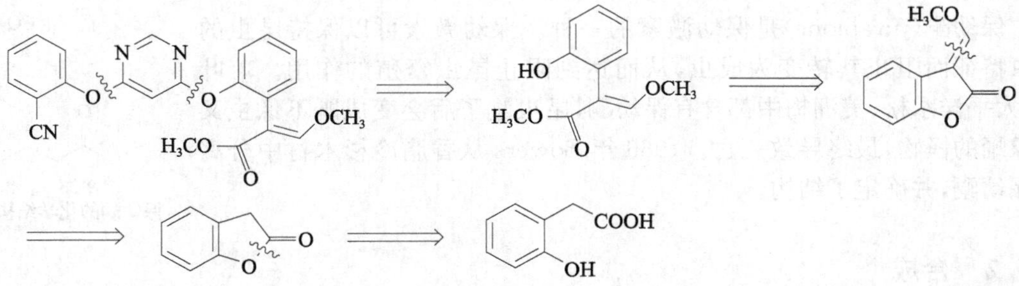

合成嘧菌酯的路线主要分成以下 2 种：第 1 种是先合成(E)-3-甲氧基-2-(2-羟基苯基)-丙烯酸甲酯(**9-31**)，然后与 4,6-二氯嘧啶、2-氰基苯酚反应得到嘧菌酯原药。第 2 种方法是 4,6-二氯嘧啶先与 2-氰基苯酚反应后再与化合物 **9-31** 反应得到原药。中间体 **9-31** 的合成是合成嘧菌酯的关键。文献报道化合物 **9-31** 有 4 种合成路线。

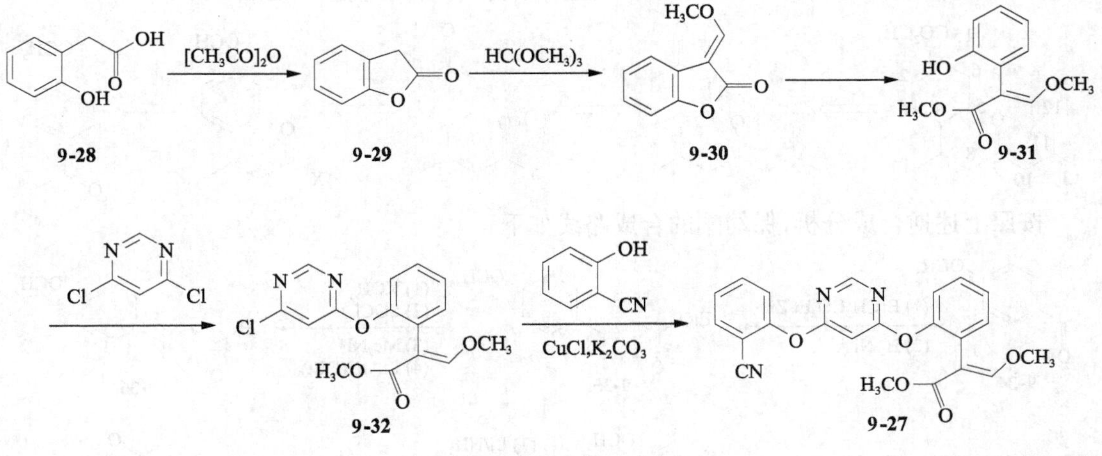

图 9－4　嘧菌酯的合成

以上合成化合物 **9-31** 的路线是以邻羟基苯乙酸(**9-28**)为起始原料，**9-28** 在乙酸酐存在下酯化成环得到化合物 **9-29**。化合物 **9-29** 和原甲酸三甲酯反应得到化合物 **9-30**。**9-30** 直接开环就可得到中间体化合物 **9-31**。此路线的合成步骤仅有 3 步，各步产率较高，且反应试剂易得，宜于工业化生产。而其他合成 **9-31** 的方法不仅步骤多，产率低，且其中要用到昂贵的原材料，不利于工业化。由于化合物 **9-31** 的稳定性较差，在分离提纯的过程中常常会转化成其他物质，这不仅降低了反应产率，而且引入了杂质。为解决上述问题，在化合物 **9-30** 开环生成化合物 **9-31** 后不经提纯直接加入 4,6-二氯嘧啶进行反应制备化合物 **9-32**。最后在氯化亚铜和碱存在下，**9-32** 与 2-氰基苯酚反应得到嘧菌酯 **9-27**。

9.5 保幼酮的合成

9.5.1 背景介绍[19]

保幼酮(juvabione)是保幼激素的一种。保幼激素可以保持昆虫的幼虫特征而阻止其转变为成虫,从而达到阻止昆虫繁殖的作用。落叶松、太平洋水松、美洲梅中都含有保幼酮,昆虫吃了后会变成既不像虫又不像蛹的怪物,最终导致死亡。1966 年 Bowers 从香脂冷杉木材中分离出保幼酮,并确定了结构。

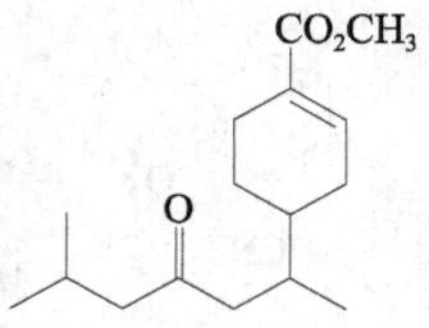

CO_2CH_3

9-33

保幼酮的化学结构

9.5.2 合成[20]

经逆合成分析,首先切断连接在 1 位的酯基,然后再切断 C9-C10 键,因为这一个键可以很方便地通过对应于 C10-C13 的亲核基团与 C9 羰基的加成反应来形成。第三步逆合成转化是,环己烯酮环经过适当取代的芳醚经 Birch 还原得到,其中甲氧基取代基转化成环状羰基。最后一步逆合成分析得到一个简单的起始原料,即对-甲氧基苯乙酮。

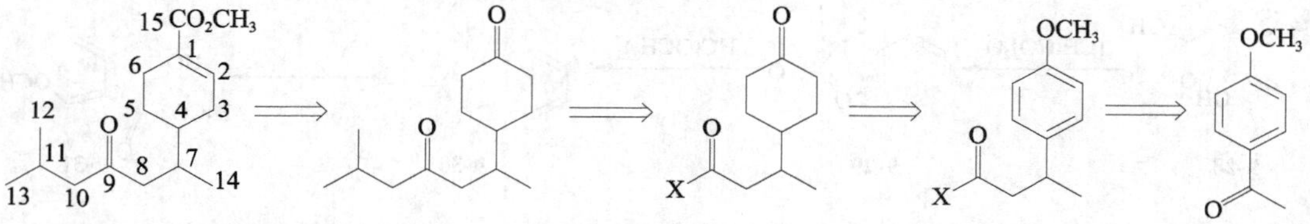

按照上述逆合成分析,保幼酮的合成路线如下

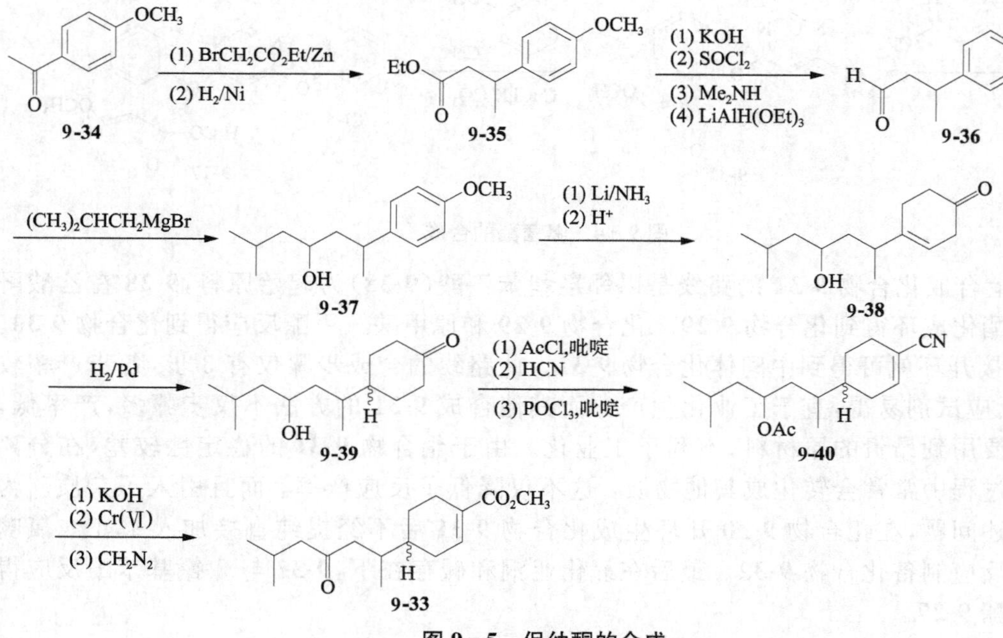

(1) $BrCH_2CO_2Et/Zn$ (2) H_2/Ni → 9-35;(1) KOH (2) $SOCl_2$ (3) Me_2NH (4) $LiAlH(OEt)_3$ → 9-36;$(CH_3)_2CHCH_2MgBr$ → 9-37;(1) Li/NH_3 (2) H^+ → 9-38;H_2/Pd → 9-39;(1) AcCl,吡啶 (2) HCN (3) $POCl_3$,吡啶 → 9-40;(1) KOH (2) Cr(Ⅵ) (3) CH_2N_2 → 9-33

图 9-5 保幼酮的合成

这个路线采用了一些很熟悉的反应类型。C7-C8 键的形成首先通过 Reformatsky 反应,然后经过加氢得到 **9-35**。接下来,通过两步引入 C10-C13 异丙基,得到 **9-37**,其中 C9-C10 键的形成是通过 Grignard 试剂加成反应完成的。芳醚 **9-37** 经 Li/NH_3 还原得到环己烯酮 **9-38**,**9-38** 经催化加氢得到环己酮 **9-39**,再经 CN-取代、消除、水解等反应在 C1 位引入酯基,侧链经氧化,最终形成保幼酮 **9-33**。

由于保幼酮分子中存在两个手性中心(C4 和 C7),因此其存在多个异构体。但从植物中分离出的保幼酮,其 C4 位置都是 *R* 构型,其结构有以下两种形式(苏式和赤式)。有关保幼酮的立体控制合成也有许多报道[21-24]。

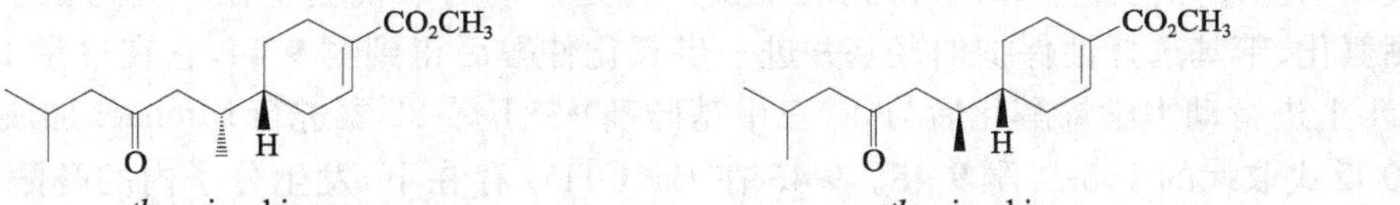

CO_2CH_3 CO_2CH_3

threo-juvabione *erythro*-juvabione

9.6 青蒿素的合成

9.6.1 背景介绍

青蒿素(Arteannium)是从我国传统中草药分离得到的一种具有治疗疟疾药效的化合物,是由我国药物化学家和合成化学家自主研究开发出的具有高效、快速、低毒和抗耐药性的抗疟新药,它对红细胞内期疟原虫具有高效、快速的杀灭作用,目前在国内外广泛用于疟疾的治疗。屠呦呦因发现抗疟药青蒿素和双氢青蒿素获得 2015 年"诺贝尔生理学或医学奖",成为我国自然科学领域的第一个诺贝尔奖获得者。

青蒿素是一种含有过氧桥结构的新型倍半萜内酯,它的分子中除含有 7 个手性中心外,还含有一个独特的过氧桥缩醛/酮结构,而且其中的 5 个氧原子都处于同一平面。这些结构特点及其相当的结构复杂性使得青蒿素成为一个具有挑战性的合成目标分子。我国上海有机化学研究所周维善院士课题组在青蒿素的全合成中做出了开创性的工作,并于 1983 年完成了青蒿素的全合成。

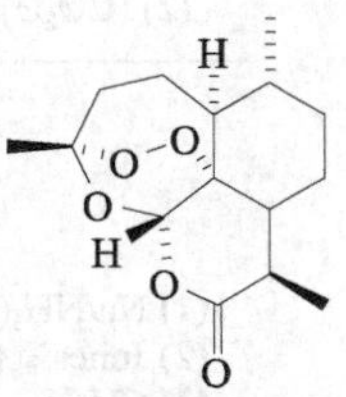

青蒿素9-41

9.6.2 合成[25, 26]

在合成策略上,周维善研究组在过氧缩酮、醛内酯结构处同时断裂,采取了如下的逆合成分析路线。经逆合成分析,烯醇甲醚与酮甲酸酯是合成的关键化合物,利用光氧化反应可把过氧基团引入七元环的 C6 位,这是合成的关键反应。

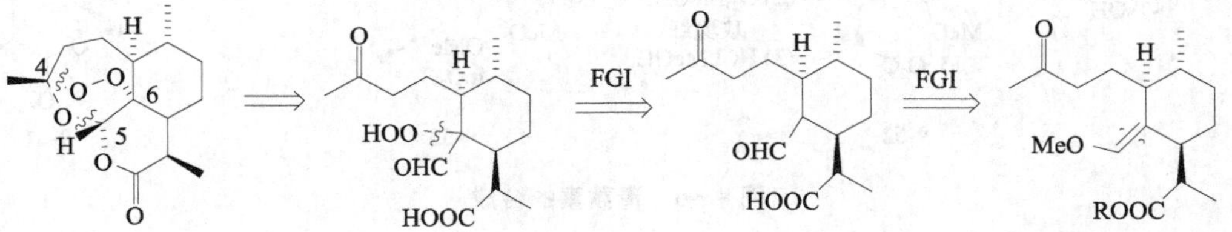

HOO OHC HOOC FGI OHC HOOC FGI MeO ROOC

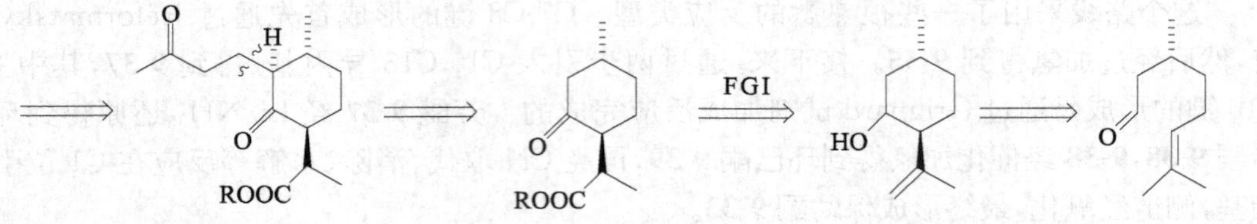

FGI

在具体合成过程中,基本上采用了线型合成的方法,整个合成过程包括了20个主要反应步骤(图9-6)。首先在$ZnBr_2$催化下,(*R*)-香茅醛**9-42**发生分子内的烯反应得到异薄荷醇(isopulegol),反应产物的立体化学由(*R*)-香茅醛的已有手性中心控制。尽管该反应可以形成4个立体异构体**9-43**,但得到的主要产物是预期的取代基全在e键的稳定结构。**9-43**经硼氢化、苄基选择性保护伯羟基并进一步氧化仲醇后得到酮**9-44**,它在过量LDA存在下于C1上进行动力学烯醇化后与3-(三甲基硅基)-3-丁烯-22酮进行Michael加成反应后得到1,10反式取代的1,5-二酮**9-45**。**9-45**在$Ba(OH)_2$存在下,发生分子内的醇酮反应并进一步在酸性条件脱水形成烯酮**9-46**。烯酮**9-46**在吡啶中用硼氢化钠彻底还原,再用Jones试剂氧化羟基得到酮**9-47**,圆二色光谱分析表明1位和6位的氢均是a键取向的,这与最终目标分子所要求的构型是相一致的。酮**9-47**与甲基溴化镁反应并进一步将加成产物在酸性

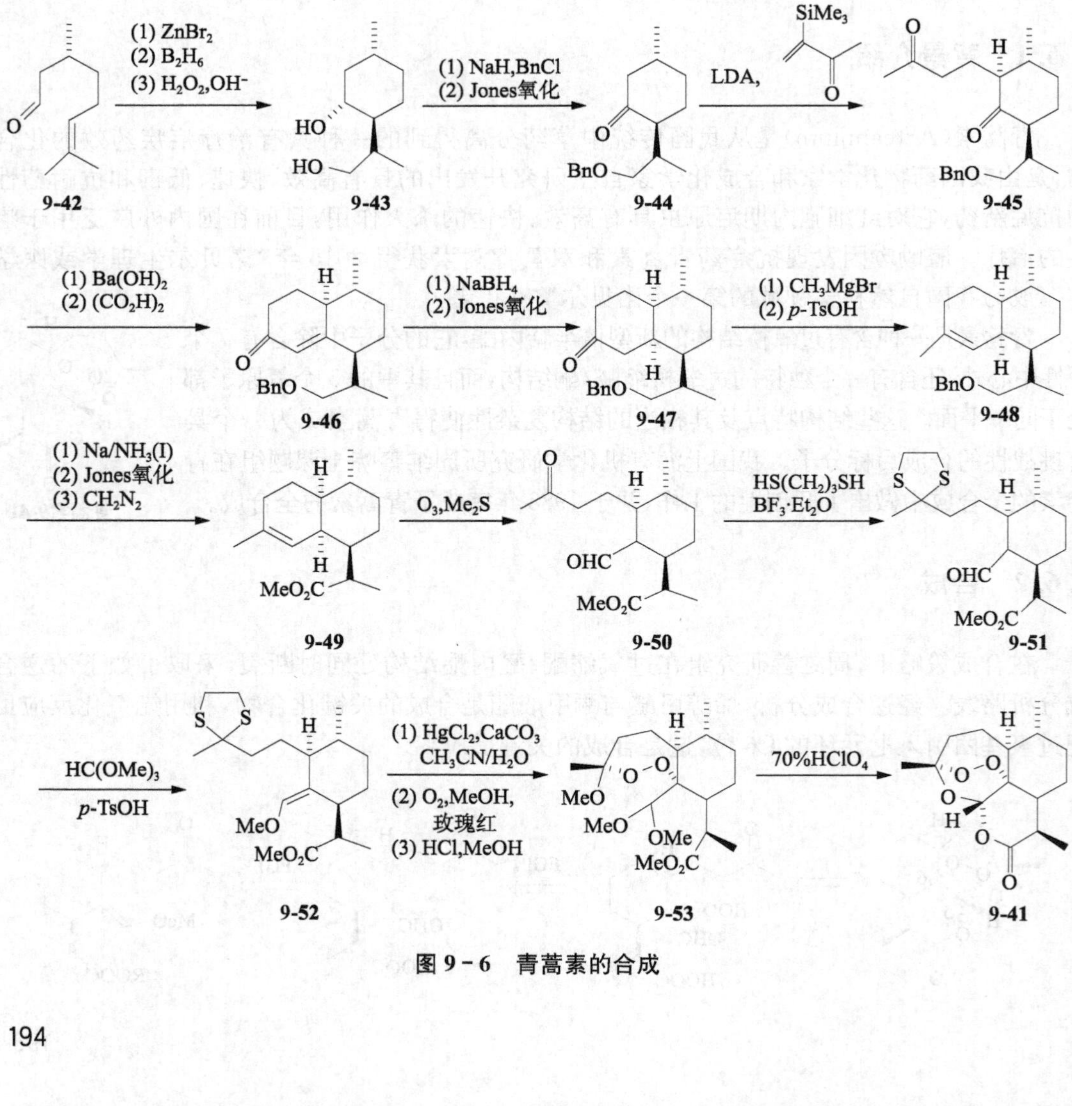

(1) $ZnBr_2$ (2) B_2H_6 (3) H_2O_2,OH^- (1) NaH,BnCl (2) Jones氧化 LDA, $SiMe_3$

9-42 9-43 9-44 9-45

(1) $Ba(OH)_2$ (2) $(CO_2H)_2$ (1) $NaBH_4$ (2) Jones氧化 (1) CH_3MgBr (2) *p*-TsOH

9-46 9-47 9-48

(1) Na/NH_3(l) (2) Jones氧化 (3) CH_2N_2 O_3,Me_2S $HS(CH_2)_3SH$ $BF_3\cdot Et_2O$

9-49 9-50 9-51

$HC(OMe)_3$ *p*-TsOH (1) $HgCl_2$,$CaCO_3$ CH_3CN/H_2O (2) O_2,MeOH,玫瑰红 (3) HCl,MeOH 70%$HClO_4$

9-52 9-53 9-41

图9-6 青蒿素的合成

条件下脱水得到烯烃 **9-48**，再经脱除苄基、Jones 试剂氧化和重氮甲烷酯化得到 **9-49**，其中的双键经臭氧氧化开裂后得到醛酮 **9-50**。在后续的合成步骤中，用 1，3-丙二硫醇选择性对酮羰基进行保护形成硫缩酮 **9-51**，醛基然后与原甲酸甲酯反应，形成缩醛中间产物，并进一步在二甲苯中加热后失去一分子甲醇，得到甲基烯醇醚 **9-52**。**9-52** 在 $HgCl_2$ 存在下脱除硫缩酮中的保护基形成酮。接着在甲醇溶液中以四碘荧光素为光敏剂，发生双键上的氧化反应形成过氧化中间产物，然后在氯化氢存在下进一步环化形成甲基过氧缩醛酮 **9-53**，即青蒿素前体。**9-53** 在高氯酸中发生酯基-缩醛和缩酮之间的分子内多米诺环化反应得到目标物——青蒿素（**9-41**）。

9.7　番杏科生物碱(±)-Mesembrine 的合成

9.7.1　背景介绍

番杏科生物碱（*Aizoaceae alkaloid*）——（—）-Mesembrine 由 Bodendorf 等于 1957 年从番杏科（*Aizoaceae*）目中花属（*Mesembryanthemum*）植物中首次提取分离得到。后来从番杏科其他植物中也分离得到了该生物碱。Mesembrine 按结构分类属苄基苯乙胺型生物碱。该生物碱具有抗焦虑活性、抗成瘾性等生理活性，并具有典型的手性环状季碳中心结构单元，是 Crinine 型石蒜碱的降解产物。近年来，一直是有机合成的热点目标分子之一。1965 年 Shamma 等首次用 21 步反应合成了 Mesembrine 分子（**9-53**）。此后的近 50 年间出现了大量 Mesembrine 的全合成方法。

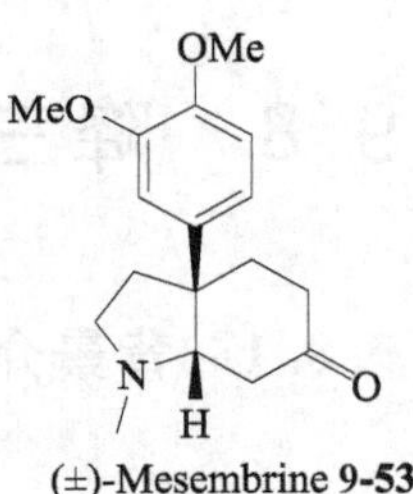

(±)-Mesembrine 9-53

9.7.2　合成[27]

2009 年我国学者张洪彬教授以羰基邻位芳基化反应与 Tsuji-Trost 反应的串联反应作为关键步骤来构筑季碳中心，完成了 Mesembrine（**9-53**）的全合成。其逆合成分析路线如下

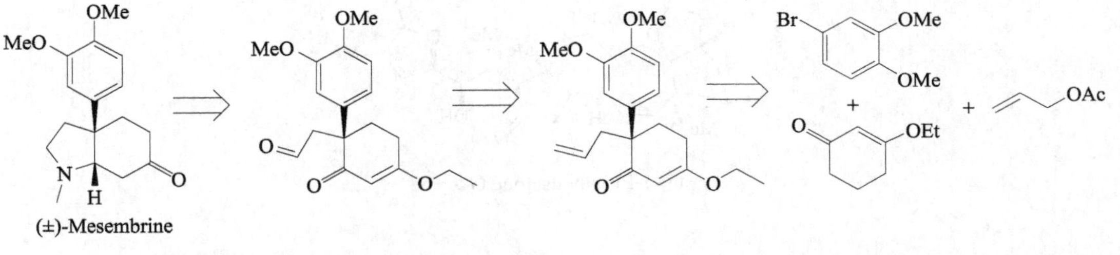

(±)-Mesembrine

Mesembrine（**9-53**）的合成路线如图 9-7 所示，首先 3-乙氧基环己烯酮（**9-54**）经羰基邻位芳基化反应与 Tsuji-Trost 反应的串联反应得到化合物 **9-55**。四氧化锇/高碘酸钠切断 **9-55** 端烯得醛 **9-56**，酸水解 **9-56** 得三羰基中间体，进一步加入甲胺盐酸盐及氰基硼氢化钠处理，再经还原胺化及烯胺化后得化合物 **9-57**，Birch 还原 **9-57** 得到 Mesembrine（**9-53**）。

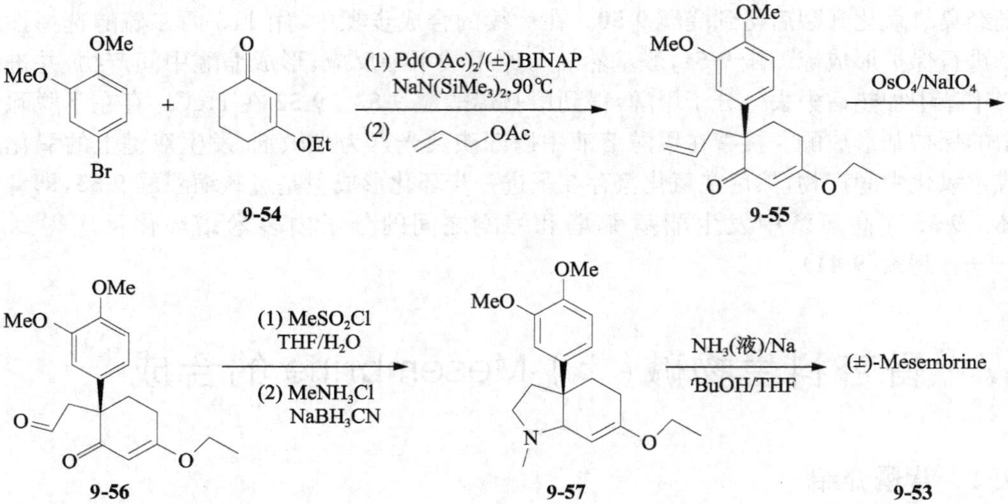

图 9-7　Mesembrine 的合成

9.8　降三萜天然产物(+)-Propindilactone G 的合成

9.8.1　背景介绍

五味子科植物是重要的药用资源植物，其果实具有安神、滋补、止咳之功效，而其茎藤则具有祛风除湿、清热解毒、活血化瘀等药用价值。(+)-Propindilactone G 是由孙汉董院士于 2008 年从五味子科植物合蕊五味子(Schisandra propinqua var. propinqua)的茎藤(又称血藤)中分离得到的降三萜天然产物。(+)-Propindilactone G 具有独特的 5/5/7/6/5 环系骨架，分子中拥挤的排布有 10 个手性中心，其中包括 3 个四级碳手性中心。初步的生物活性研究表明，该家族天然产物具有显著的抗 HIV 活性。

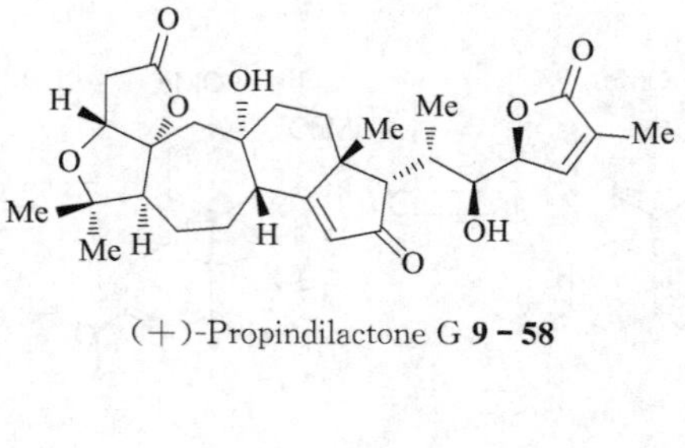

(+)-Propindilactone G **9-58**

9.8.2　合成[28]

2015 年杨震教授、陈家华教授课题组以精炼的 20 步合成路线完成了(+)-Propindilactone G 分子的不对称全合成工作。其逆合成分析如下：

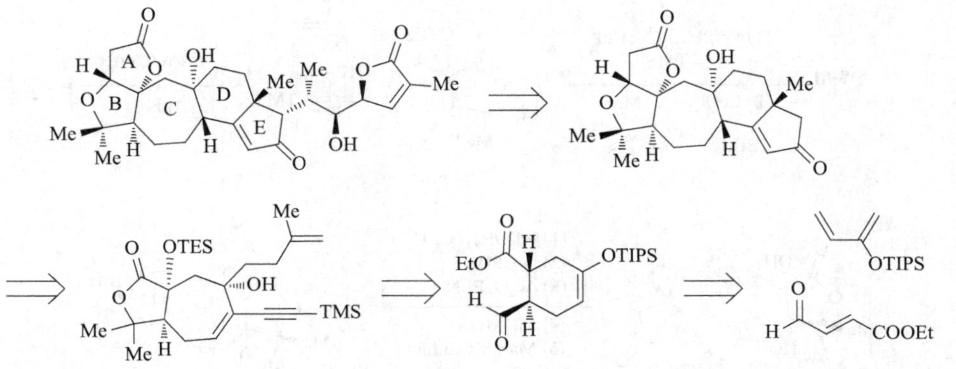

（+）-Propindilactone G 的合成以有机小分子催化的不对称 Diels-Alder 反应为起始步骤，经过多种不对称 DA 反应的筛选，最终使用 Hayashi-Jorgensen 催化剂以 98%的*e.e.* 值不对称的构建出最初的两个手性中心 **9-59**。随后经过简单的转化关上分子中的 B 环，接着顺利完成分子中 B、C 环系间三级醇的构建并同时原位保护。将得到的产物 **9-60** 进行环丙烷化与 Ag 催化的正离子重排扩环反应得到七元环，构建出分子中的 B，C 环系。扩环所得的产物 **9-61** 是课题组进行五味子家族天然产物的多样性导向全合成的重要节点化合物。

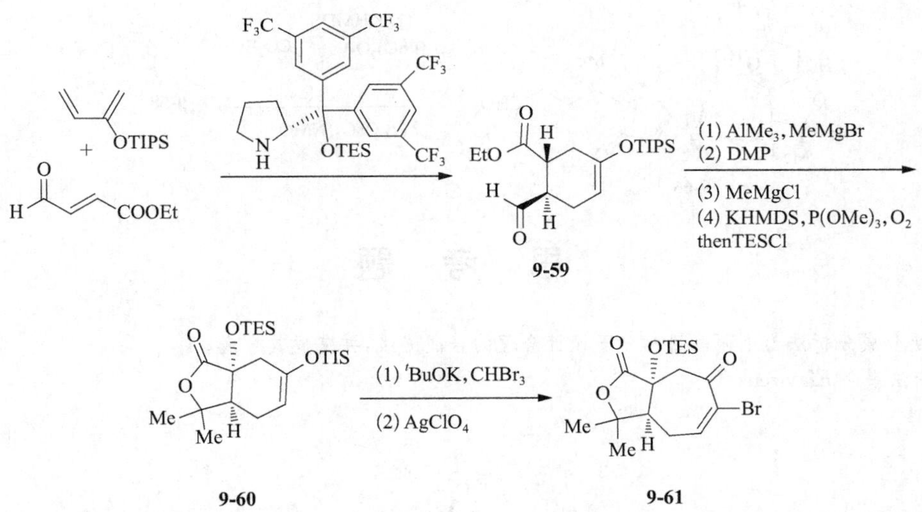

在扩环产物的基础上，通过两步反应得到 Pauson-Khand 反应的前体 **9-62**，并经过针对底物、催化剂及助催化剂的大量筛选，实现了使用大位阻的 Pauson-Khand 反应高效的构建出天然产物中的 D、E 环系及关键的全碳手性中心的目的，并完成天然产物基本骨架**9-63**的构建。随后经过选择性的氢化还原—异构化—脱水过程，并选择性地在 C、D 环间构建出环氧结构，实现了在区分分子中的两个三级羟基的同时、调整分子构象的目的。随后，在此基础上通过 Dieckmann 缩合反应构建出了分子中的 A 环 **9-64**，并通过单晶确认分子中的手性中心都是正确的。

在此基础上，通过氢化反应在饱和 A 环上 C ═C 双键的同时，立体选择性的打开环氧环，构建出反式的并环结构 **9-65**。随后，经过系统的研究，天然产物中的侧链部分使用异组分烯醇硅醚间的氧化偶联反应予以顺利构建，**9-66** 经过 HWE 与双羟化两步反应，即最终以 20 步简洁地完成了（+）-Propindilactone G（**9-58**）的不对称全合成工作。

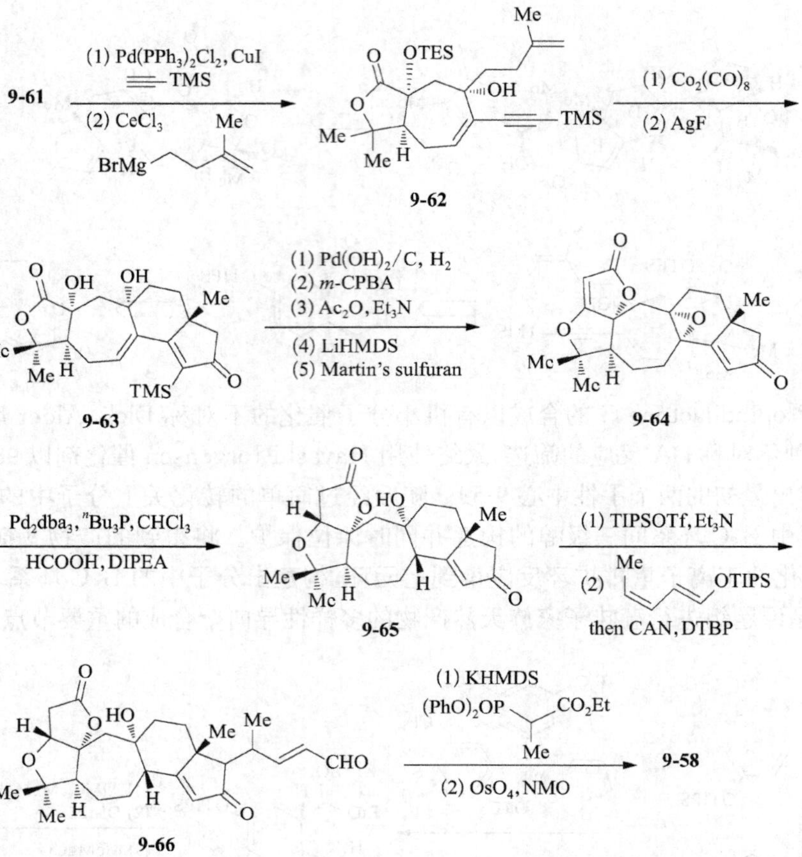

9-61 →[(1) $Pd(PPh_3)_2Cl_2$, CuI, ≡—TMS; (2) $CeCl_3$, BrMg⁀(Me)] 9-62 →[(1) $Co_2(CO)_8$; (2) AgF] 9-63 →[(1) $Pd(OH)_2/C$, H_2; (2) *m*-CPBA; (3) Ac_2O, Et_3N; (4) LiHMDS; (5) Martin's sulfuran] 9-64 →[Pd_2dba_3, $^nBu_3P$, $CHCl_3$, HCOOH, DIPEA] 9-65 →[(1) TIPSOTf, Et_3N; (2) Me-diene-OTIPS, then CAN, DTBP] 9-66 →[(1) KHMDS, $(PhO)_2OP$-CH(Me)-CO_2Et; (2) OsO_4, NMO] 9-58

思考题

1. 利用逆合成分析法为下面的目标分子设计合理的合成路线,并完成其合成。

(1) 依法韦仑 Efavirenz[29]

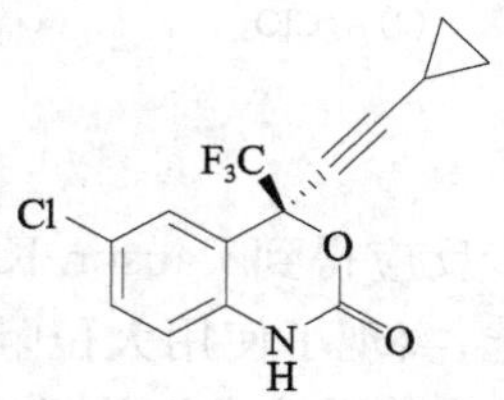

(2) 舞毒蛾雌性信息素 disparlure[30]

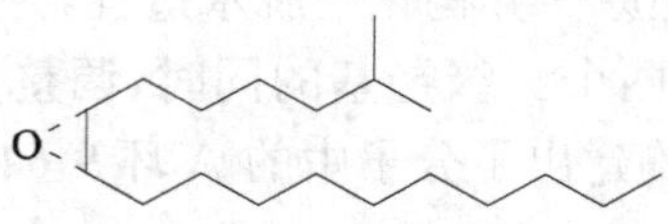

(3) 植物次生代谢产物[31]

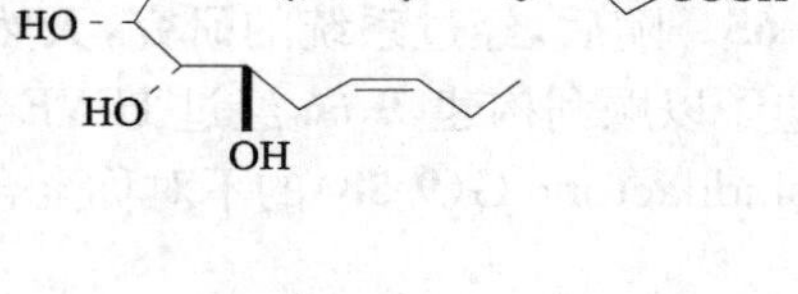

(4) 倍半萜烯(+)-Asteriscanolide[32]

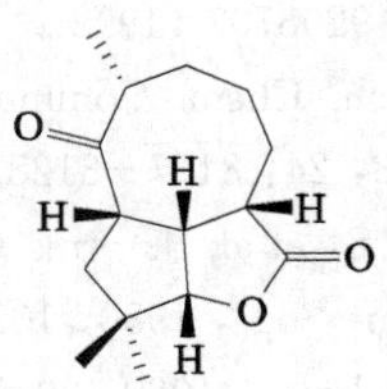

(5) 鬼臼毒素(+)-Podophyllotoxin[33]

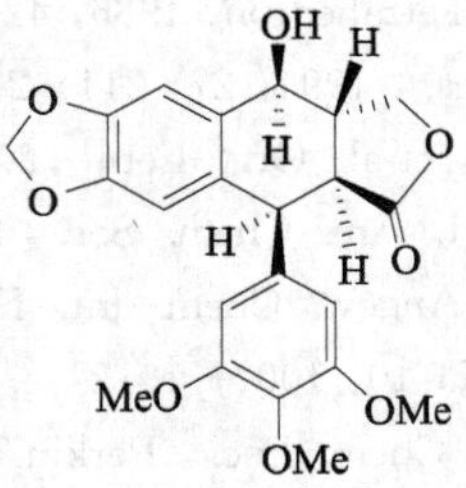

(6) 大环内酯类抗生素(−)-bafilomycin A_1[34]

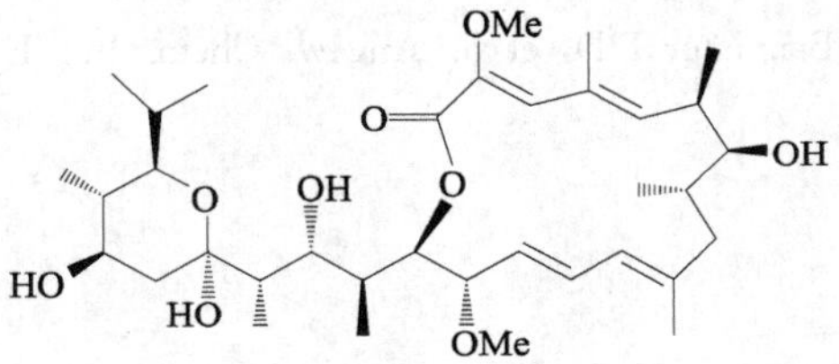

2. 查阅文献归纳抗癌药紫杉醇的合成路线,并评价每条路线的优缺点。

参考文献

[1] Watt B, Brown F V J. Antimicro. Chemother., 1986, 17: 605-613.
[2] Grohe K, Zeiler H-J, Metzger K. DE 3142854 (1983).
[3] Grohe K, Zeiler H-J, Metzger K. US 4670444 (1987).
[4] Grohe K, Heitzer H. Liebigs. Ann. Chemie., 1987, 1987: 29-37.
[5] MacDonald A A, Hobbs-Dewitt S, Hogan E M, et al. Tetrahedron Lett., 1996, 37: 4815-4818.
[6] Zyvox Ford C W, Hamel J C, Wilsom D M, et al. Antimicro. Ag. Chemother., 1996, 40: 1508-1513.
[7] Perry C M, Jarvis B. Drugs, 2001, 61: 525-551.
[8] Barbachyn M R, Brickner S J, Hutchingson D K. WO 95/07271 (1995).
[9] Brickner S J, Hutchingson D K, Barbachyn M R, et al. J. Med. Chem., 1996, 39: 673-679.
[10] Perrault W R, Pearlman B A, Godrej D B. WO 02/085849 (2002).
[11] Duriez P. Expert Opin. Pharmacother., 2001, 2: 1777-1794.
[12] Repic O, Prasad L, Lee G T. Organic Process Research & Development, 2001, 5: 519-527.
[13] Roth B D. US 5273995 (1993).
[14] Baumann K L, Butler D E, Deering C F, et al. Tetrahedron Lett., 1992, 33: 2283-2284.
[15] Beck G, Jendralla H, Kesseler K. Synthesis, 1995: 1014-1018.
[16] Martin C, Richard G C. EP 0468695 (1992).

[17] Margarent A V, Martin C J. EP 0242081 (1987).
[18] David J J, Andrew D G, Paul W. WO 9208703 (1992).
[19] Wimmer Z, Romanuk M. Collect. Czech. Chem. Commun., 1989, 54: 2302-2328.
[20] Mori K, Matsui M. Tetrahedron, 1968, 24: 3127-3128.
[21] Pawson B A, Cheung H-C, Gurbaxani S, et al. J. Am. Chem. Soc., 1970, 92: 336-343.
[22] Evans D A, Nelson J V. J. Am. Chem. Soc., 1980, 102: 774-782.
[23] Tokoroyama T, Pan L-R. Tetrahedron Lett., 1989, 30: 197-200.
[24] Watanabe H, Shimizu H, Mori K. Synthesis, 1994, 1994: 1249-1254.
[25] Xu X X, Zhu J, Huang D Z, et al. Tetrahedron, 1986, 42: 819-828.
[26] Zhou W S, Xu X X. Acc. Chem. Res., 1994, 27: 211-216.
[27] Zhao Y -H, Zhou Y -Y, Liang L -L, et al. Org. Lett. ,2009, 11: 555-558.
[28] You L, Liang X-T, Xu L-M, et al. J. Am. Chem. Soc., 2015,137: 10120-10123.
[29] Tan L, Chen C, Tillyer R D, et al. Angew. Chem. Int. Ed., 1999, 38: 711-713.
[30] Brevet J L, Mori K. Synthesis, 1992, 10: 1007-1012.
[31] Honda T, Ohata M, Mizutani H. J. Chem. Soc., Perkin Trans 1, 1999, 23-30.
[32] Paquette L A, Tae J, Arrington M P, et al. J. Am. Chem. Soc., 2000, 122: 2742-2748.
[33] Wu Y, Zhao J, Chen J, et al. Org. Lett., 2009, 11: 597-600.
[34] Scheidt K A, Tasaka A, Bannister T D, et al. Angew. Chem. Int. Ed., 1999, 38: 1652-1655.

第10章

有机合成新技术与新方法

我们在第1章中就已经讲到，对于一个理想的有机合成而言，我们不仅需要能够合成具有预期功能的分子，而且还需要快速、高效、高选择性及经济的合成路线。因此，为了适应这一要求，人们发展了各种新合成方法和技术，有机合成的效率也明显提高，合成过程也更加绿色化。本章中我们将对近年来发展起来的一些重要合成新方法和新技术做简要的介绍。

10.1 固相合成与组合化学

1963年美国化学家Merrifield[1]发表了第一篇采用固相树脂为载体的四肽化合物(Leu-Ala-Gly-Val)合成的论文，从而开创了固相有机合成化学。由于利用固相方式合成多肽具有液相合成法无法比拟的优越性，因此在短短的几年时间内，人们利用这种方法合成了大量的生物活性多肽和一些蛋白质，从而极大地促进了生命科学的飞速发展，Merrifield本人也因此荣获1984年诺贝尔化学奖。

固相有机合成的基本原理可以用图10－1进行表示。首先，需要对固相载体进行功能化改造，使固相载体带上一定的连接基团(Linker)。然后，将反应的底物通过连接基团附载到固相载体上。反应时，键连在固相载体上的底物分子处在适当的溶剂中，与试剂分子进行固液相反应。待反应完成后，只需要进行简单的过滤和洗涤，就可以实现产物的分离。最后，利用特殊的解离试剂将产物从固相载体上剪切下来。

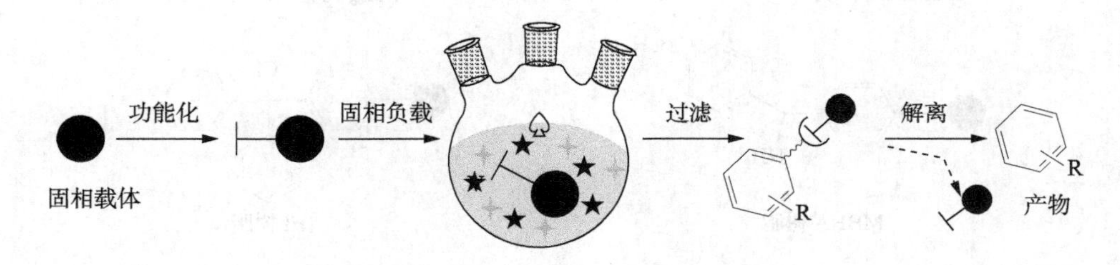

图10－1　固相有机合成的基本原理

由于只需要进行过滤、洗涤等简单操作就可以除去全部可溶性杂质，因此固相有机合成反应免除了传统液相有机合成中的重结晶、蒸馏、柱层析等烦琐、费时的纯化程序。此外，在固相有机合成中还可以使用比底物大大过量的可溶性试剂，从而提高反应的转化率，而过量的试剂在反应完成后可以很容易通过过滤和洗涤除去。

固相有机合成反应的另一个独特优越性就是假稀释效应(pseudo-dilution effect)。由于参加反应的底物分子是通过 Linker 固定在固相载体上的,因而无法像溶液反应中的分子一样自由运动,底物分子之间相互接近、相互碰撞的概率明显降低,从而避免了分子间反应。这就好像底物分子被无限稀释在溶液中一样,故而称为假稀释效应。由于假稀释效应的缘故,溶液中含双官能团的进攻试剂也只能允许一个官能团与底物分子发生反应,从而实现区域选择性反应(见图 10-2)。

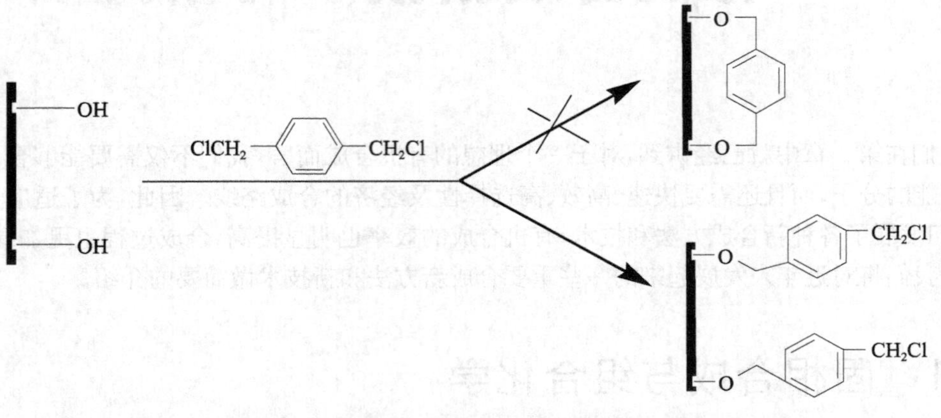

图 10-2　固相有机合成中由于假稀释效应导致的区域选择性

固相载体是进行固相合成的基础。常见的固相载体主要是一些高分子聚合物,如聚苯乙烯、聚丙酰胺等。这些高分子载体通常具有很好的化学稳定性,除了可以和 Linker 进行键合之外,还要求对随后的化学反应表现出惰性,其本身也不受反应过程的影响。此外,这些树脂在常规溶剂中无法溶解,但具有良好的溶胀性。

根据所键合的 Linker 的不同,固相载体的名称也不同。图 10-3 列出了一些常用的固相有机合成树脂。目前,已有多种商品化的功能化树脂,基本上可以满足各种常规固相有机合成反应的需要。

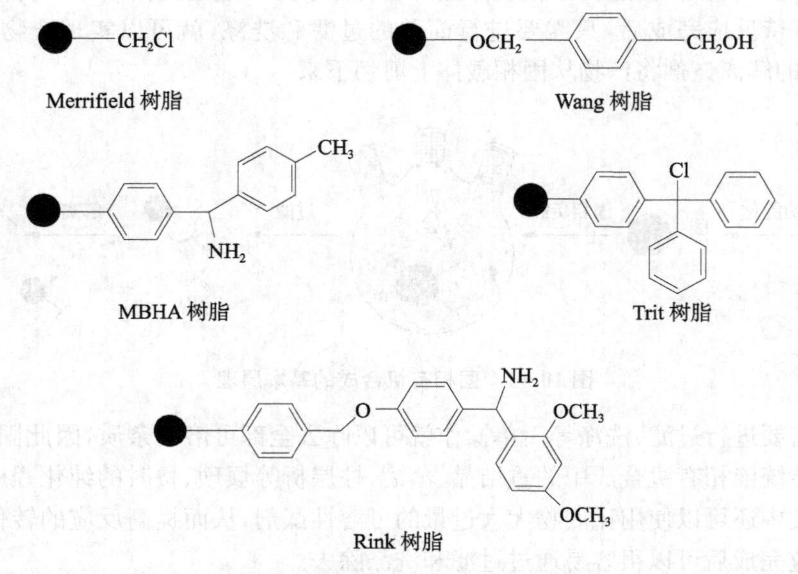

图 10-3　常用的固相有机合成树脂

组合化学(Combinatorial Chemistry)正是在固相多肽合成的基础上发展起来的。在过去很长的一段时间里,国际大型药物公司进行药物研发所需的化合物主要是来源于天然产物及所积累的合成化合物库。随着新药开发的成功率日益降低,化合物的合成速度在很大程度上决定了新药研发的成功率。因此,任何能够快速合成化合物的技术都受到了药物化学家的欢迎,组合化学正是在这种背景下产生的。

组合合成的本质是在短时间内快速合成大量化合物。过去,传统有机合成一次只进行一个化学反应,并只能合成一种目标化合物。如图 10－4 所示,化合物 A 与化合物 B 反应产生化合物 AB,反应结束后再通过重结晶、蒸馏或柱层析等手段进行分离纯化。在组合合成中,反应体系中同时存在化合物 $A_1 \sim A_n$ 及化合物 $B_1 \sim B_n$,这两种类型的化合物之间都可以彼此发生反应,且反应活性基本相当,因而可以同时产生大量的化合物。

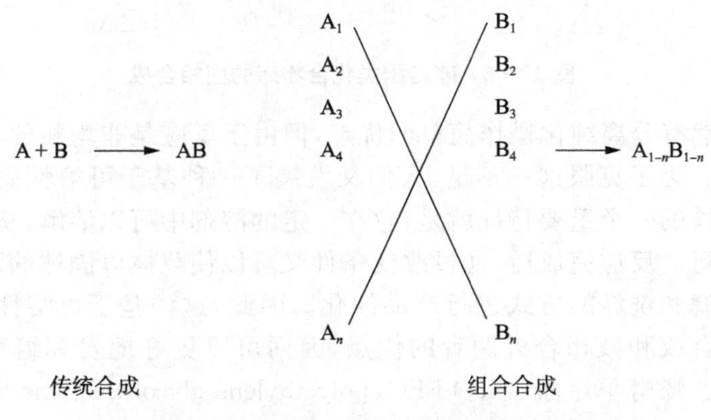

图 10－4　传统合成与组合合成的比较

下面,用几个实例来简要介绍一下组合合成在药物发现中的应用。例如,烯醇负离子的烷基化是有机合成中的一个重要反应,在合成药物中间体中具有重要的应用价值,为此,人们成功地发展了几例烯醇负离子烷基化的固相反应。如图 10－5 所示[2],采用三氟甲磺酸钪为催化剂,被固载化的烯醇硅醚可与醛和胺发生三组分的 Mannich 反应,经硼氢化锂还原切割后可得到一个含有 48 个氨基醇分子的化合物库。

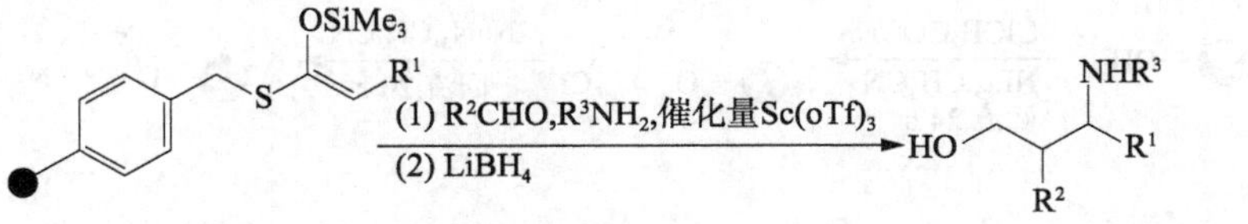

$OSiMe_3$, R^1, S; (1) R^2CHO, R^3NH_2, 催化量 $Sc(oTf)_3$; (2) $LiBH_4$ → HO, NHR^3, R^1, R^2

图 10－5　氨基醇化合物库的固相合成

环丙氟羟吖酮(ciprofloxacin)是一种喹诺酮类抗菌剂,它的作用机理是通过抑制真菌 DNA 促旋酶的活性而导致真菌死亡的。文献[3]报道了一种制备含有 8 个喹诺酮类分子库的固相合成方法,如图 10－6 所示。首先,固载在 Wang 树脂上的 2,4,5-三氟苯甲酰基乙酸分子中活泼亚甲基发生缩合反应,引入环丙基胺。然后,采用四甲基胍为催化剂发生分子内环化生成喹诺酮。最后,与哌嗪发生亲核取代反应生成连接在树脂上的环丙氟羟吖酮,再利用三氟乙酸可以将目标分子从树脂上解离下来。从以上的合成路线可以看出,通过这种方法制备的目标分子只有一处可变的位点,也就是说,所引入的不同胺的结构类型决定了所制备的化合物库的结构多样性。

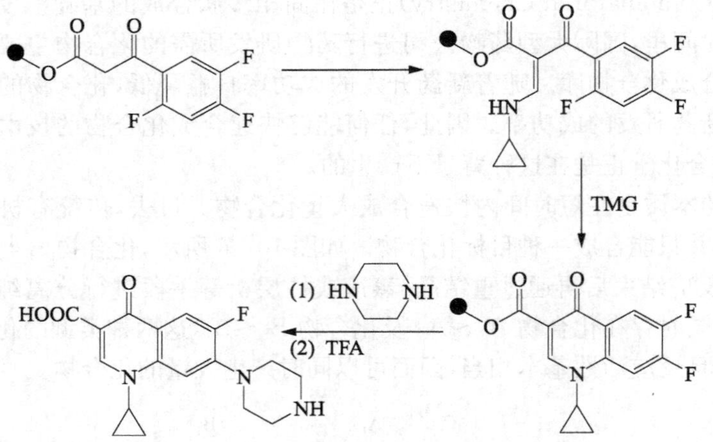

TMG

(1) HN NH

(2) TFA

HOOC F N NH F F F N

图 10-6 喹诺酮类化合物库的固相合成

固相合成固然有分离纯化操作简单的优点,但由于反应是非均相的,因此固相合成的转化率往往较低。为了克服这一不足,人们又发展了一种基于可溶性固相载体的组合合成方法。这种载体的一个重要特征就是:它在一定的溶剂中可以溶解,从而使得反应能够以均相的形式进行。反应完成后,通过改变条件又可以使载体以固体的形式沉淀出来,从而又可以利用过滤和洗涤的方式进行产品纯化。因此,这种基于可溶性固相载体的组合合成结合了固相合成和液相合成两者的优点,因而可以更好地发挥组合化学的优越性。常用的载体是聚乙烯醇单甲醚(MeO-PEG,polyethylene glycol monomethyl ether),这种聚合物在很多有机溶剂中都可以完全溶解,而在乙醚当中具有强烈的结晶倾向,从而发生沉淀。图 10-7 表示了一个利用可溶性树脂的咪唑啉酮杂环化合物库的固相合成方法[4]。首先,通过 4 步反应可以很方便地制备碳二亚胺中间体 **10-1**。然后,**10-1** 再与各种伯胺反应得到咪唑啉酮衍生物 **10-2** 和 **10-3**。需要说明的是,反应完成后加入乙醚,可溶性载体就被沉淀下来,经过滤就可以实现产物的分离,再通过重结晶或柱层析就可以得到纯产品。

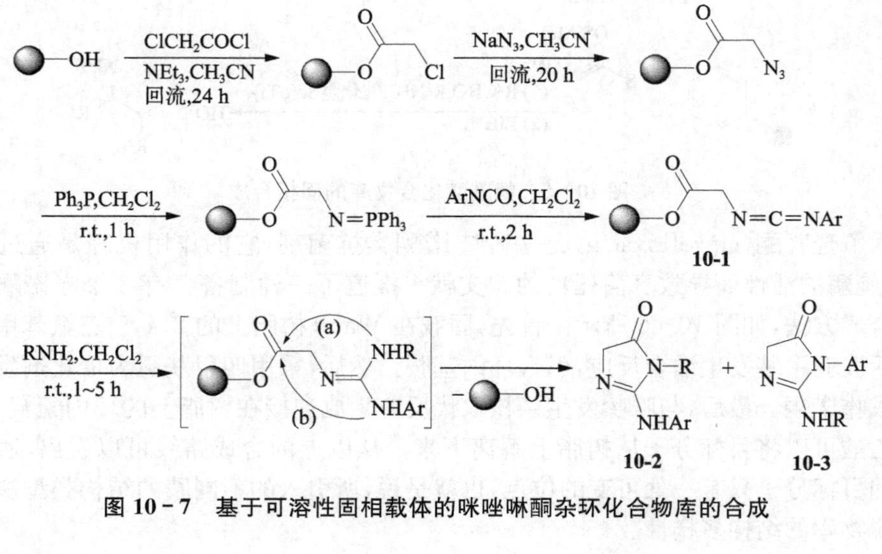

OH

$ClCH_2COCl$ / NEt_3,CH_3CN / 回流,24 h

Cl

NaN_3,CH_3CN / 回流,20 h

N_3

Ph_3P,CH_2Cl_2 / r.t.,1 h

$N{=}PPh_3$

$ArNCO,CH_2Cl_2$ / r.t.,2 h

$N{=}C{=}NAr$

10-1

RNH_2,CH_2Cl_2 / r.t.,1~5 h

(a) (b) NHR NHAr

OH

N—R NHAr N—Ar NHR

10-2 **10-3**

图 10-7 基于可溶性固相载体的咪唑啉酮杂环化合物库的合成

实际上，除了制备化合物库之外，固相有机合成技术还可以被用来纯化目标产物。在液相反应中，通常为了促进底物反应完全而使用过量的试剂。这样，反应结束后使用固相捕获剂与过量试剂进行反应就可以达到清除过量试剂从而纯化产物的目的。如图 10－8 所示，在苯并噁唑酮衍生物的液相合成中[5]，为了促使底物苯胺反应完全，使用了过量的酰化试剂。为此，在进行第二步反应之前，先使用仲胺型清除试剂 **10-4** 来除去过量的酰化试剂，在第三步反应中再次用到了清除试剂 **10-4**。由于在第四步反应中用到四丁基氟化铵来脱除分子中的硅烷基，因此需要使用另外的磺酸型固相清除试剂 **10-5** 和 **10-6** 来除去四丁基铵阳离子和氟阴离子。最后，在固相试剂 EDC 的作用下发生分子内缩合反应，得到目标产物。从这个实例可以看出，在固相清除试剂配合下的液相合成的效率得到了明显提高，中间产物无须作进一步的分离纯化便可以直接进行下步反应。

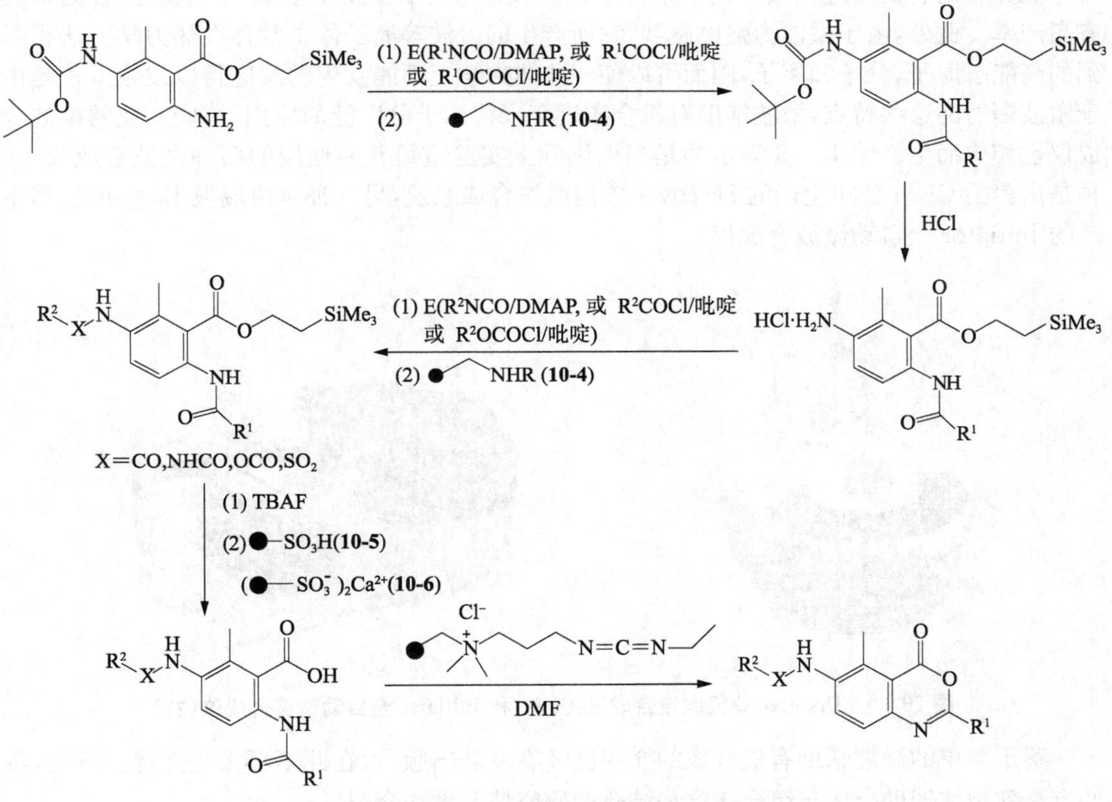

图 10－8　基于固相清除试剂的杂环化合物库的合成

事实上，起源于固相合成的组合化学并没有像人们所预期的那样可以明显提高药物发现的效率。这是因为，组合化学的最大优越性就在于可以在短时间内快速合成大量化合物供药物筛选。然而，这些合成的化合物是以混合物的形式进行筛选的，而要从这些混合物中找到真正有活性的组分是一件极为费力的事情。为此，人们发展了一些寻找活性组分的策略，如混合裂分法等。从理论上来讲，化合物库的容量越大，发现活性分子的概率越大。但化合物的容量越大，从这些混合物中找出真正活性分子的工作量也急剧增大，甚至于超过逐一合成所需要的工作量。因此，近年来人们对组合化学在药物发现的作用进行了重新的审视，又提出了一些新的概念，如组合平行合成、氟相组合合成、微波辅助组合合成等。

10.2 微波辅助有机合成

微波通常是指波长在1 cm至1 m之间和频率在0.3～300 GHz的电磁波。家用微波炉和实验室用的微波反应系统的微波频率通常设定在2.45 GHz,对应的波长为12.24 cm。与通常化学键的键能(80～120 kcal/mol)相比,微波光子的能量(0.03 kcal/mol)是非常小的,因此微波辐射不会对分子的结构产生影响,只是可以加速分子的运动和振动。

近二十年来,微波辐射技术在有机合成中得到了广泛的应用,它的一个显著特点是可以使常规反应速率大大加快,并提高产率,减少副产物。常规条件下需要几十个小时或几个小时才能完成的有机反应在微波辐射条件下往往仅需数分钟或数秒钟即可完成,而且通常具有高产率。此外,由于微波为强电磁波,它所产生的微波等离子体中常存在热力学方法得不到的高能态原子、分子和离子,因而可以使一些热力学上不能发生的反应得以发生。正是由于微波辐射的这些特点,微波辅助有机合成近年来得到十分广泛的应用,一些专业的微波合成仪也相应而生。图10-9显示的是当前国际上实验室最普遍使用的两种微波合成仪,一种是由美国CEM公司生产的Discover单模微波合成系统,另一种是由瑞典Biotage公司生产的Initiator全自动微波合成仪。

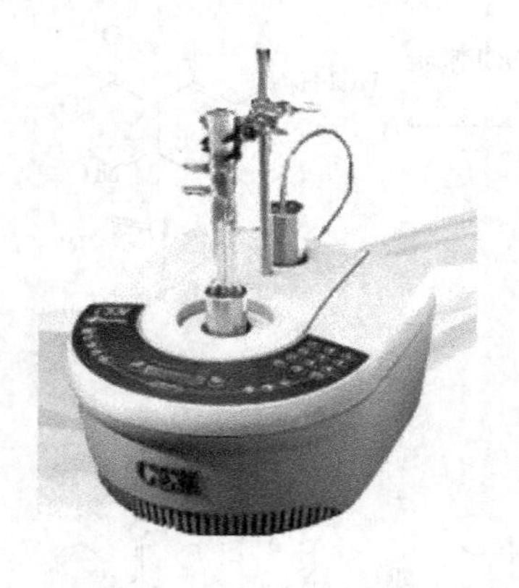

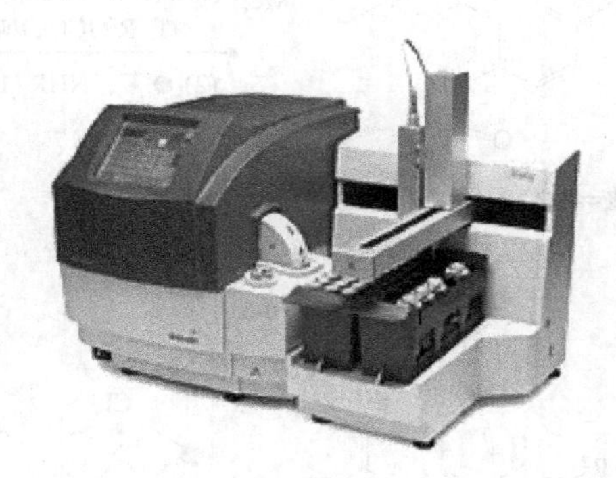

图10-9 Discover单模微波合成系统(左)和Initiator全自动微波合成仪(右)

鉴于简单的微波辅助有机合成的介绍已经有专著出版[6],在此不再重复介绍。下面,我们重点就微波辅助合成与组合化学相结合的研究情况做一介绍。

前面提到,尽管组合合成技术能够在短时间内合成结构多样性的庞大化合物库,但其本身也存在一些不足之处。一方面,从化合物库中寻找高活性结构仍然是一件费时且费钱的工作,减少库的容量又难以获得满意的结构多样性,而增加库的容量,必将使寻找高活性结构的难度进一步加大。另一方面,虽然组合平行合成技术与高通量筛选技术相结合可以直接确定高活性结构,但由于组合平行合成技术需要使用价格不菲的组合平行合成仪,且与传统有机合成反应相比,组合平行合成技术无法缩短反应时间,无法在短时间内获得大量化合物,尤其是遇到需很长反应时间或产率很低的反应时,组合平行合成技术的优势更无法体现。因此,微波辅助组合合成技术[7](Microwave-assisted Combinatorial Synthesis, MACS)也应运而生,并在新药开发中得到了迅速而广泛的应用,被许多国际著名的药物公司认为是在药物开发过程中快速高通量合成化合物库的有效方法。微波辅助组合合成技术不仅克服了传统固相组合合成技术以及液相组合合成技术无法提高产物产率的不足，而且利用该技术所制得的化合物库中对应的是高纯度的单一化合物，采用高通量筛选技术可以快速直接地确定高活性结构，极大地提高了新药开发的效率。

1988 年，文献[8]最早报道了利用微波辐射在固相载体上进行肽的水解反应。如图 10-10 所示，在微波辐射条件下，连接在聚乙烯上的肽水解反应仅用了 7 min，而常规加热水解则需要 1 440 min。四年之后，Yu 等[9]又对连接在固相载体上的肽进行了经典偶联反应，结果发现微波辐射不仅可以加速肽的水解，而且还可以加速肽的偶联，偶联产率可达到 99%～100%。

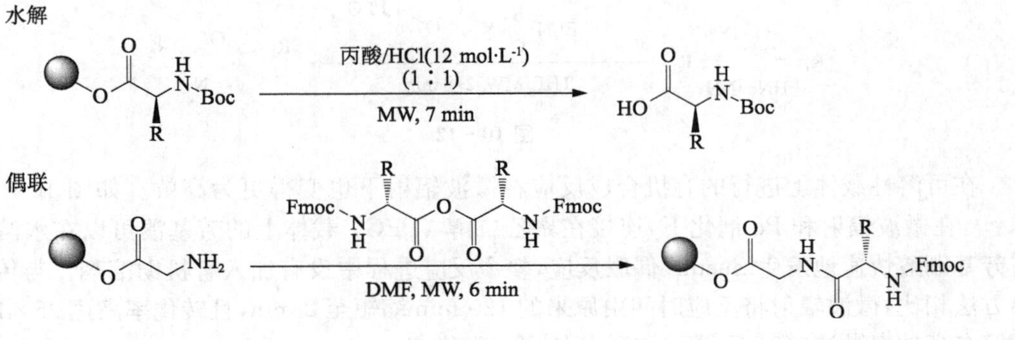

水解

丙酸/HCl(12 mol·L⁻¹) (1∶1)　MW, 7 min

偶联

DMF, MW, 6 min

图 10-10

Yu 等人的实验是有关微波辐射应用于固相合成的最早报道，它开启了微波辅助有机合成技术与组合化学的融合，使微波辅助有机合成技术在固相有机合成中得到了广泛的应用。特别是近年来，随着既可控制反应温度，又可控制辐射功率的多功能微波反应器在有机合成中应用的普及，微波辅助固相组合合成得到了进一步的发展。

由于三嗪衍生物具有广泛的活性，因此研究它的合成具有特殊的意义。通常情况下，利用亲核试剂与三聚氯氰的亲核取代反应来制备 1,3,5-取代三嗪。如图 10-11 所示，文献[10]报道在微波辅助下，利用亲核取代反应将 1,3,5-三嗪首先连接在纤维素-8000 上，然后再通过与胺的反应来平行合成不同取代基的 1,3,5-三嗪。在与胺反应时，若采用传统加热方式在 80℃反应 300 min，产率只有 50%。但采用微波辐射进行加热时，反应只需 6 min，产率就达到 95%。

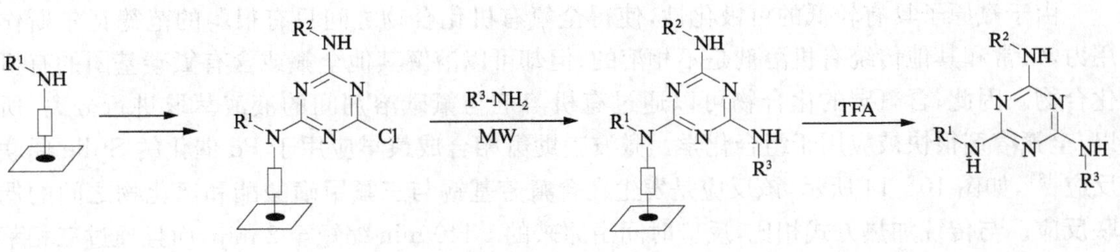

R^3-NH_2　MW　TFA

图 10-11

近年来，将聚合物支载的试剂(polymer-supported reagents，PSR)应用于组合化学逐渐引起了人们的注意。这种试剂集合了固相合成和液相合成的优点，它不仅可以使反应很容易进行完全，而且还大大简化了产品的分离纯化过程，只需要通过过滤即可得到纯度较高的产品。由于多聚载体催化剂具有后处理简单以及可循环使用的优点,采用微波辅助后可以大幅度提高其催化效果,因而越来越受到人们的重视,有关多聚载体催化剂应用于微波组合合成化学的文章也逐渐增多。例如,Brain 利用附载在固相载体上的 Burgess 试剂成功制备了 1,3,4-噁二唑[11]。如图 10-12 所示,在微波辐射下,附载在聚乙二醇上的 Burgess 试剂与各种 1,2-双酰肼的反应时间仅需 2~8 min,且产率高(75%~96%)、纯度高。如果使用常规加热方式,在回流条件下反应 3 h 后也只有 40%的转化率。其中聚乙二醇上的 Burgess 试剂可以通过硅胶过滤除去,无须进一步纯化,每一个实验都是在单个密闭微波反应瓶中进行的。

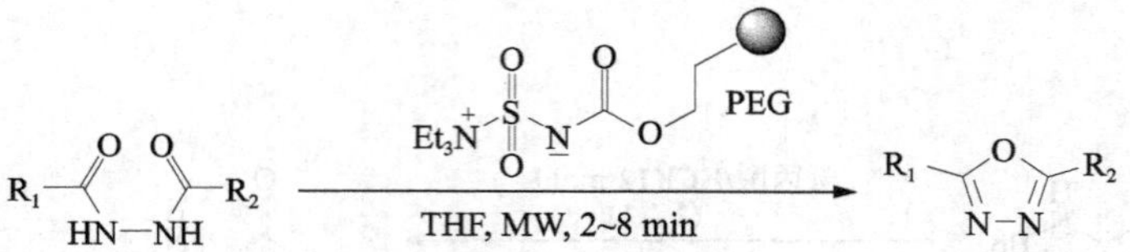

R_1 HN—NH R_2 ; $Et_3\overset{+}{N}$ PEG ; THF, MW, 2~8 min ; R_1 R_2 N—N

图 10-12

在可溶性载体上进行的有机合成反应在微波辐射下也变得更为高效。如图 10-13 所示[12],在微波辐射和 Pd 催化下,连接在聚乙二醇(PEG)载体上的芳基溴可以在水溶液中与芳基硼酸快速地发生 Suzuki 偶联反应,整个反应进程中没有加入有机助溶剂。与传统加热方法相比,微波辐射将反应时间由原来的 120 min 缩短至 2 min,且转化率高达 95%以上。即使在高功率微波辐射下,聚乙二醇载体也非常稳定。

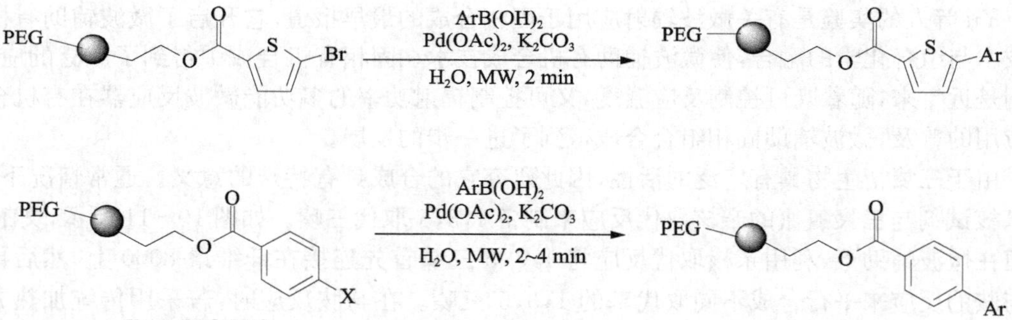

PEG S Br ; $ArB(OH)_2$, $Pd(OAc)_2$, K_2CO_3 ; H_2O, MW, 2 min ; PEG S Ar

PEG X ; $ArB(OH)_2$, $Pd(OAc)_2$, K_2CO_3 ; H_2O, MW, 2~4 min ; PEG Ar

X=I, OTf, ONf

图 10-13

由于氟原子具有较低的可极化性,使得全氟有机化合物之间只有很弱的范德瓦尔斯作用力,常常和其他传统有机溶剂是不相溶的,但却可以溶解其他全氟或含有氟碳基团的有机化合物。因此,含氟碳的化合物可以通过有机溶剂与氟碳溶剂间的液液萃取进行分离,所以,全氟溶剂很快被应用于组合化学。微波辅助氟相合成最早应用于 Pd 催化的 Stille 偶联反应[13],如图 10-14 所示,该反应是发生在含氟芳基锡与三氟甲磺酸酯和卤化物之间的偶联反应。与传统加热方式相比,反应时间由原来的 1 440 min 缩短至 2 min,而且通过三相萃取可以得到高产率、高纯度的产物。

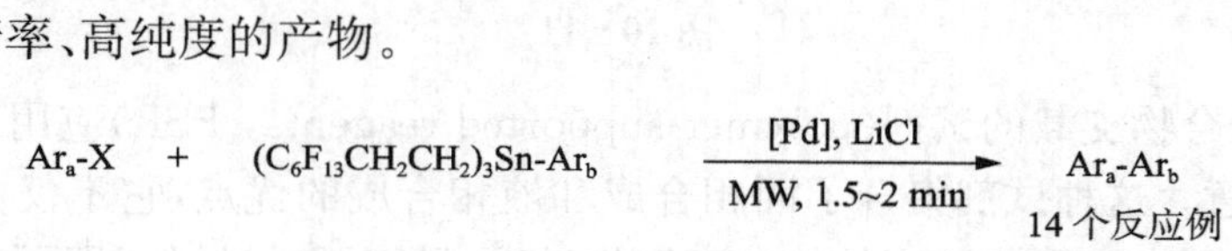

$$Ar_a\text{-}X + (C_6F_{13}CH_2CH_2)_3Sn\text{-}Ar_b \xrightarrow[\text{MW, 1.5~2 min}]{[Pd],\ LiCl} Ar_a\text{-}Ar_b$$

14 个反应例

图 10-14

最近，文献报道了在全氟溶剂中用含氟氨基酸为底物平行合成一系列二氢蝶啶酮类化合物[14]及在全氟溶剂中微波辅助三组分一锅法制备 3-氨基咪唑[1,2-a]并吡啶(吡嗪)类化合物库的新方法[15]，合成路线如图 10－15 所示。

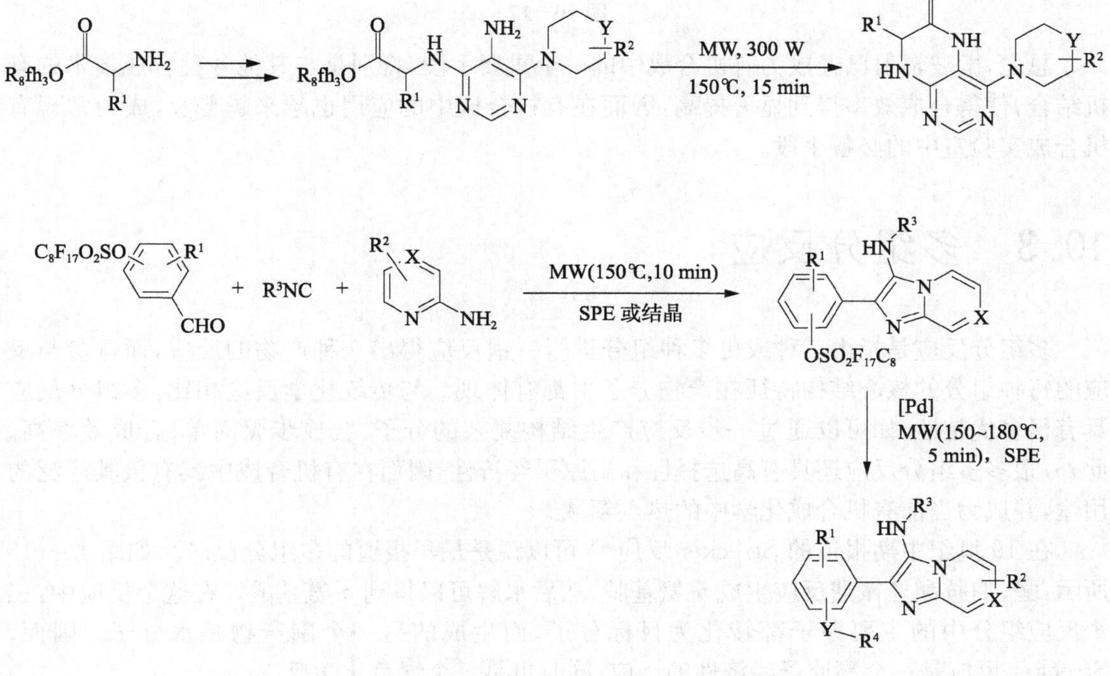

MW, 300 W
150℃, 15 min

MW(150℃,10 min)
SPE 或结晶

[Pd]
MW(150~180℃, 5 min)，SPE

图 10－15

平行合成是一种重要的组合合成方法。第一例微波辅助平行合成的实例是在 1996 年报道的[16]，如图 10－16 所示。在微波辅助下，利用烷基碘与 60 个哌啶或哌嗪间的亲核取代反应，仅用 240 min 就合成了 60 个 2-氨基-4-芳基噻唑类化合物。通过抗 HSV-1(herpes simplex virus-1)活性筛选，结果发现了 3 个高活性化合物。这一实例有力地说明了微波辅助平行合成技术是快速发现先导化合物的重要手段。

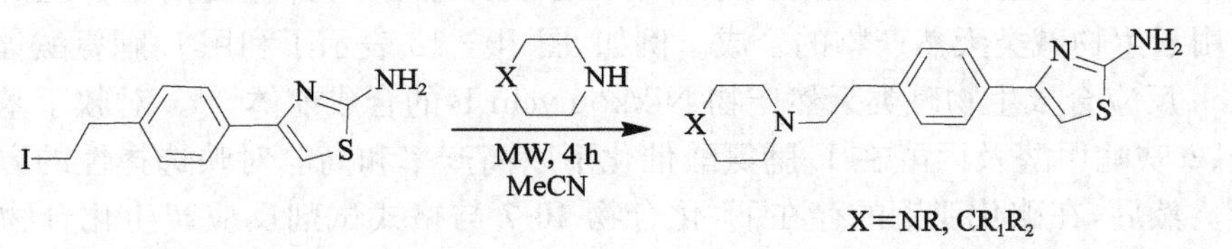

MW, 4 h
MeCN

$X=NR, CR_1R_2$

图 10－16

另一个微波辅助平行合成的实例是关于吡啶衍生物化合物库的制备[17]。如图 10－17 所示，利用 12 种醛和 8 种 1,3-二酮在 96 孔板上进行 Hantzsch 缩合反应制备了一个含吡啶衍生物的化合物库。通过 HPLC 检测表明，Hantzsch 缩合反应可以在 96 孔板上十分顺利地发生，且大部分产物的产率都大于 70%，这说明在多个反应器中的平行合成不受临近微波吸收物质的影响。当然，在许多单个反应中也检测到了没有反应完全的原料，特别是一些体积较大的 1,3-二酮由于反应较慢而没有得到相应的产物。

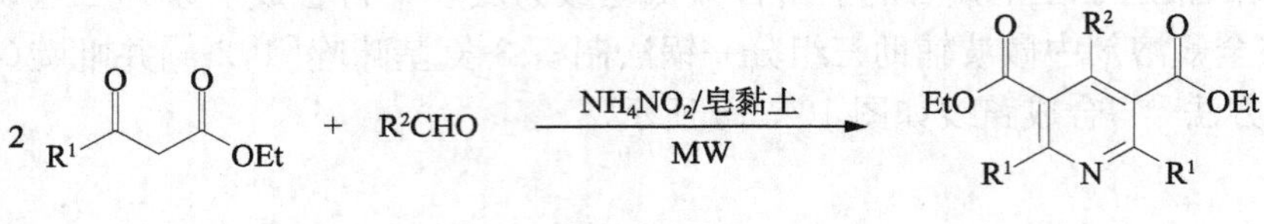

$$2\ R^1COCH_2COOEt + R^2CHO \xrightarrow[MW]{NH_4NO_2/皂黏土}$$ EtOOC, R², COOEt, R¹, N, R¹

图 10-17

总之,微波辐射已经成为有机合成中的一个重要手段,特别是与其他各种合成技术的有机结合,使得合成效率得到显著提高,因而在有机合成中的应用也越来越普及,成为常规有机合成实验室中的必备手段。

10.3 多组分反应

多组分反应是指由三种或更多种组分进行一锅反应得出一种产物的反应,而且参与反应的每种组分的核心结构特征在产物分子中都有体现。与传统化学反应相比,多组分反应具有很多优越性,如可以通过一步反应产生结构复杂的分子、合成步骤简单、合成效率高。此外,很多多组分反应还具有高选择性和高原子经济性,因而在有机合成中具有极其广泛的用途,并成为当前有机合成化学中的热点领域。

在 19 世纪中期报道的 Strecker 反应[18]可以说是最早报道的多组分反应。如图 10-18 所示,醛、伯胺和氢氰酸反应生成 α-氨基腈,然后水解可以得到 α-氨基酸。在这个反应中,三个反应组分中的主要原子都转化为目标分子,而生成的另一个副产物是水分子。因而,Strecker 反应是一个高原子经济性的反应,同时也是一个绿色化学反应。

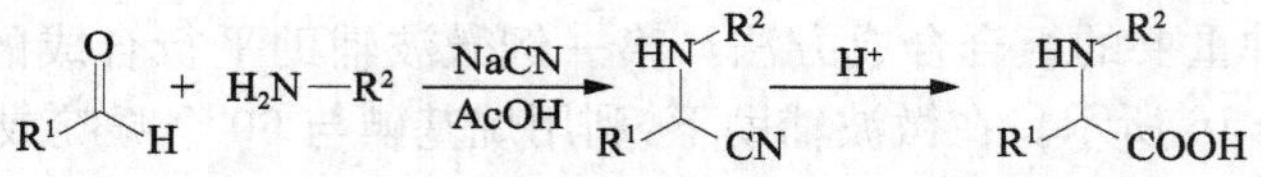

$$R^1CHO + H_2N{-}R^2 \xrightarrow[AcOH]{NaCN} R^1CH(CN)NHR^2 \xrightarrow{H^+} R^1CH(COOH)NHR^2$$

图 10-18 Strecker 反应

Mannich 反应[19]是由醛、胺和一种可以烯醇化的羰基化合物之间一锅合成 β-氨基酮或 β-氨基酯的三组分反应,目前已经成为最有用的合成反应之一,并作为高原子经济性的反应被广泛应用于生物碱类天然产物的合成。例如,图 10-19 表示了利用 L-脯氨酸催化的三组分 Mannich 反应合成生物碱类天然产物 Nikkomycin B 的合成前体[20]。对叔丁基二甲基硅氧基苯胺、2-呋喃甲醛及丙醛在 L-脯氨酸催化下以高产率和高非对映选择性的方式得到化合物 **10-7**。然后,在碘化亚铜的存在下,化合物 **10-7** 与格式试剂反应产生化合物 **10-8**。最后,再经过 7 步反应可以得到合成天然产物 Nikkomycin B 的重要前体——化合物 **10-9**。

由于在 Mannich 反应中有两种羰基化合物参与反应,为了在 Mannich 反应中实现化学选择性,人们通常使用烯醇盐与醛和胺进行反应。如图 10-20 所示,在含有表面活性剂十二烷基硫酸钠的水溶液中,醛、邻甲氧基苯胺和烯醇醚通过 Mannich 三组分反应以 2∶1 的非对映选择性得到 β-氨基酮 **10-10**[21]。化合物 **10-10** 非对映异构体的混合物经 HF 处理后,分子中的羟基被溴化,然后再经分子内亲核取代反应进行环化而得到化合物 **10-11** 和**10-12**。这两个化合物经分离后可以分别作为抗疟疾药物 Febrifugine 和 Isofebrifugine 的合成中间体。

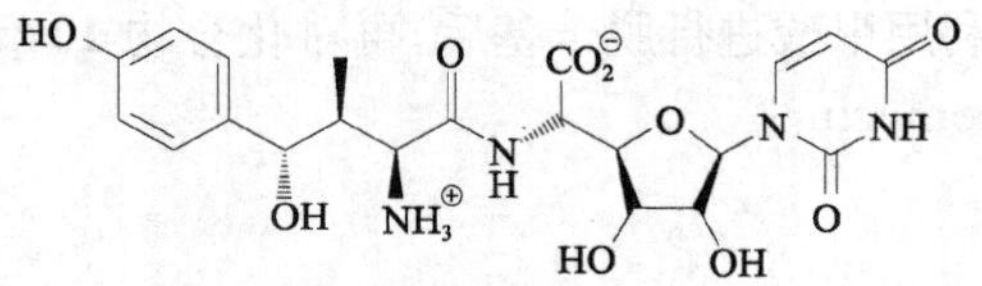

HO　$CO_2^{\ominus}$　O　N　NH　OH　$NH_3^{\oplus}$　H　HO　OH　O

Nikkomycin B

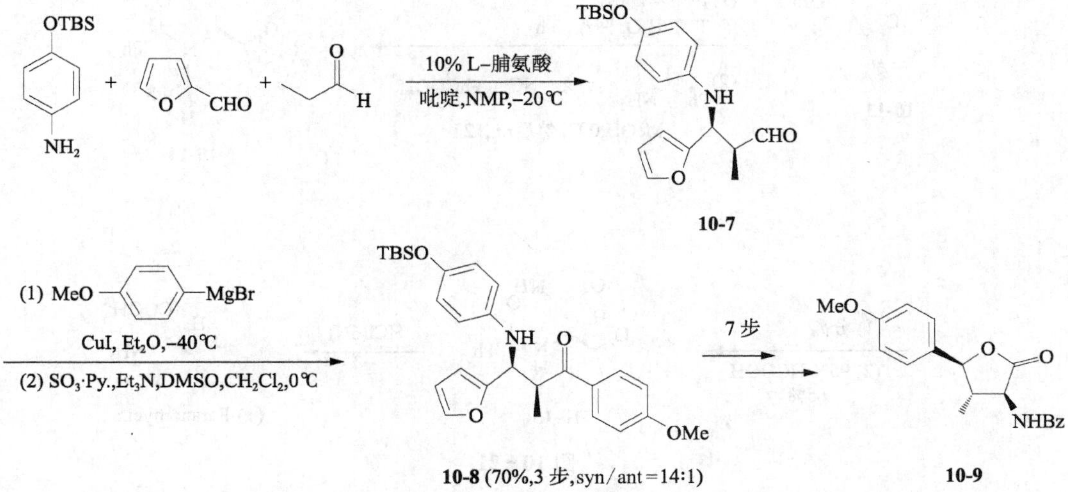

OTBS　NH_2　+　CHO　+　H　10% L-脯氨酸　吡啶,NMP,-20℃　TBSO　NH　CHO

10-7

(1) MeO—⟨⟩—MgBr　CuI, Et_2O,-40℃　(2) SO_3·Py.,Et_3N,DMSO,CH_2Cl_2,0℃　TBSO　NH　O　OMe　7 步　MeO　O　O　NHBz

10-8 (70%,3 步,syn/ant=14:1)　**10-9**

图 **10-19**

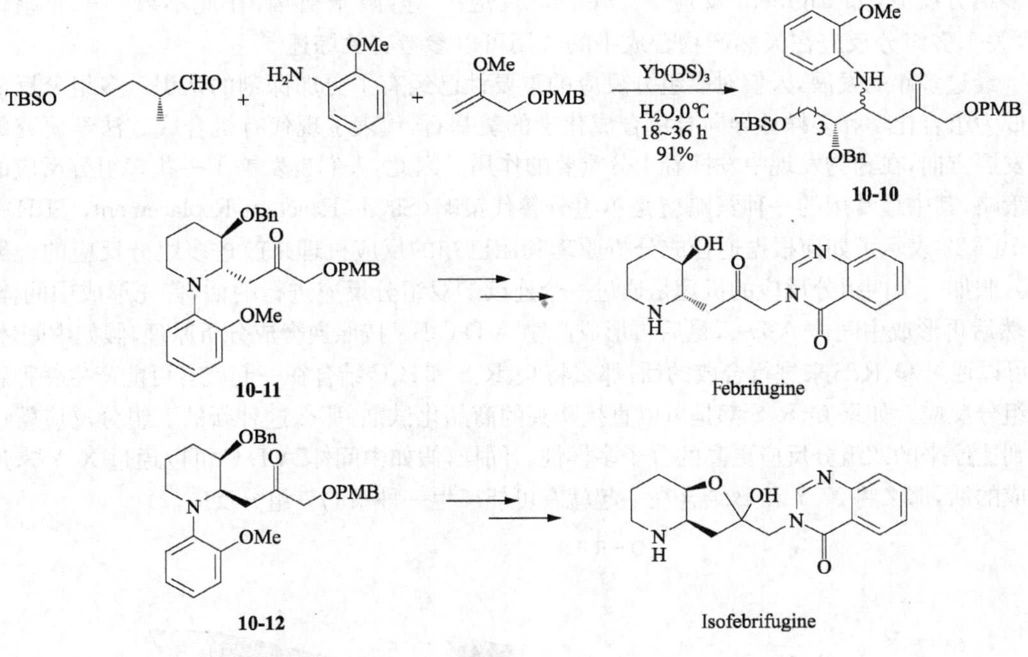

TBSO　CHO　+　H_2N　OMe　+　OMe　OPMB　$Yb(DS)_3$　H_2O,0℃　18~36 h　91%　OMe　NH　O　TBSO　3　OPMB　OBn

10-10

OBn　O　OPMB　N　OMe　**10-11**　OH　O　N　N　N　H　O　Febrifugine

OBn　O　OPMB　N　OMe　**10-12**　O　OH　N　N　N　H　O　Isofebrifugine

图 **10-20**

除 Mannich 反应之外，Ugi 反应也是一种非常重要的多组分反应，通常被用来制备含有肽骨架结构的目标分子。例如，Furanomycin 是一种氨基酸类抗生素天然产物，利用 Ugi 反应作为关键步骤可以方便地实现它的全合成。如图 10-21 所示[22]，缩醛(**10-13**)、α-甲基苄胺、叔丁基异氰和苯甲酸在甲醇溶液中发生 Ugi 四组分反应，可以顺利得到可以分离的非对

映异构体混合物 **10-14**。利用甲酸进行脱苄基后,再对化合物 **10-15** 进行酸性水解就可以得到目标化合物(+)-Furanomycin。

10-13 →(1) *p*-甲苯磺酸, THF/H_2O, 回流, 3 h; (2) Ph—CH(CH$_3$)—NH$_2$, t-BuNC, PhCOOH, MeOH, 0℃; 然后r.t.,12 h → **10-14**

→(1) 分离; (2) 95% HCOOH, 85% → **10-15** →HCl(6N)→ (+)-Furanomycin

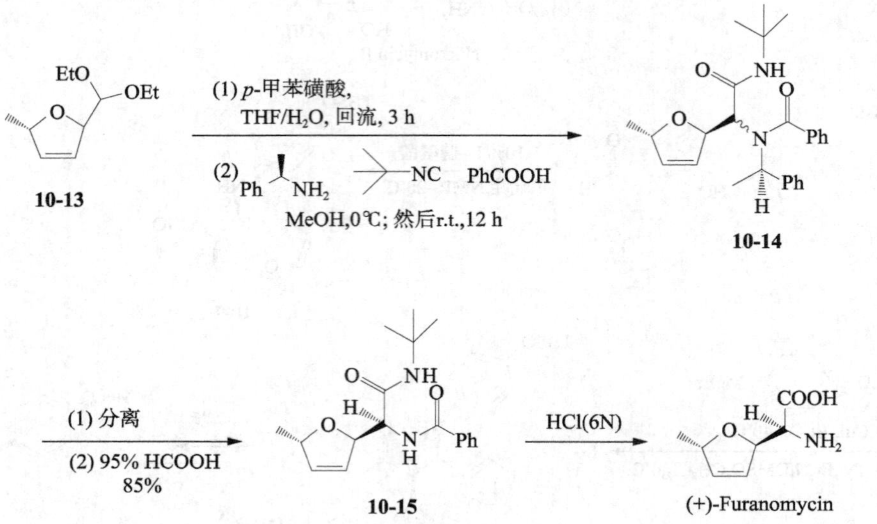

图 10-21

事实上,除了上面介绍的 Strecker 反应、Mannich 反应和 Ugi 反应之外,还有很多重要的多组分反应,如 Biginelli 反应[23]、Petasis 反应[24]等,限于篇幅,在此不再一一介绍。另外,关于多组分反应在天然产物合成中的应用可以参考有关综述[25]。

经过多年的发展,人们对多组分反应的重要性已经有了更加深刻的认识。多组分反应已经成为组合化学和多样性导向有机合成化学的奠基石,代表了现代有机合成方法学研究的重要发展方向,在药物发现中发挥着十分重要的作用。因此,人们也发展了一些多组分反应的设计策略,其中最常用的一种策略就是单组分替代策略(Single Reactant Replacement, SRR)[26]。图 10-22 表示了如何根据逆合成分析原理利用已知的反应机理来改进多组分反应的一般方法。假如一个四组分反应的机理是通过一个连续的双组分反应进行的话,首先形成中间体 A-D,然后再形成中间体 A-D-C,最后再形成产物 A-D-C-B。按照逆合成分析原理,假如中间体 A-D 可以通过 Q、R、S 来进行合成的话,那么将 Q、R、S 和 B、C 结合在一起就有可能产生一种新的五组分反应。如果 Q、R、S 都是可以直接购买的商品化试剂,那么这种新的五组分反应就可以得到比原来的四组分反应更高的分子多样性。同样,假如中间体 A-D-C 可以通过 X、Y 来进行合成的话,那么将 X、Y 和 B 结合在一起就有可能产生一种新的三组分反应。

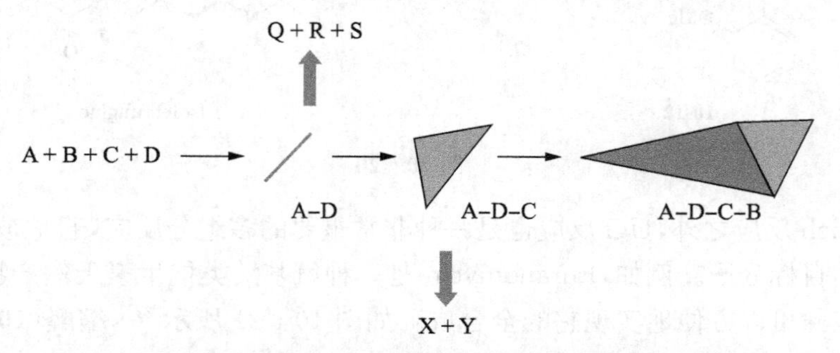

图 10-22　通过逆合成分析来改进已知多组分反应的一般策略

图 10-23 表示了利用单组分替代策略设计新的多组分反应的基本思路。首先，需要对参与多组分反应的每一个组分的功能或者是反应机理进行系统的评价。基于这种评价，利用一种新的组分 W 来替代组分 A。需要说明的是，W 组分应该可以模仿 A 组分与 B、C 组分发生化学反应所需的关键化学反应性质。这样，由于组分 W 包含有不同的反应性或功能，导致所设计出来的新多组分反应可能得出不同的结果，产生新的结构骨架或环系。因此，对已知的多组分反应进行机理研究是开展单组分替代从而产生多组分反应的基础。

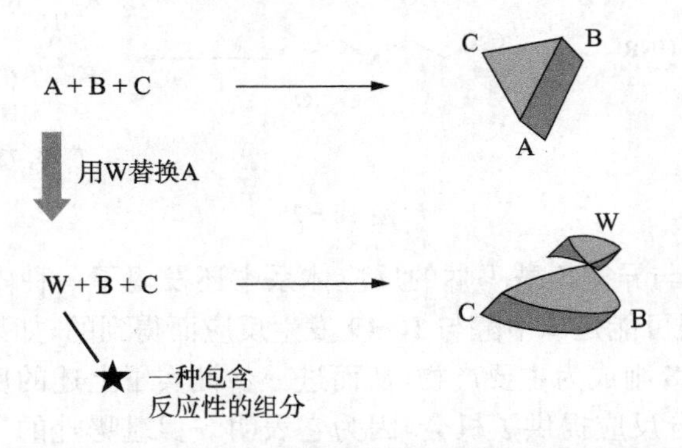

图 10-23　利用单组分替代策略发现新的多组分反应

例如，Passerini 反应是一个经典的三组分反应[27,28]，如图 10-24 所示。该反应的机理是，羧酸分子中的羟基通过与醛分子中的羰基氧形成氢键来活化醛羰基，然后异氰分子对醛羰基发生亲核进攻，再经过一个分子内重排反应得到 α-酰氧基酰胺。根据这样一个反应机理，人们很容易想到可以用 Lewis 酸来替代羧酸，因为 Lewis 酸同样可以活化醛羰基。结果发现，在三甲基氯硅烷的存在下，吗啉乙基异氰与苯甲醛反应形成了化合物 **10-16**。但是，当使用简单的异氰如环己基异氰、正丁基异氰等作为反应物时，反应并不发生。这有可能是因为异氰分子中的吗啉基团可以稳定反应过程中所形成的中间体 **10-17** 的缘故。

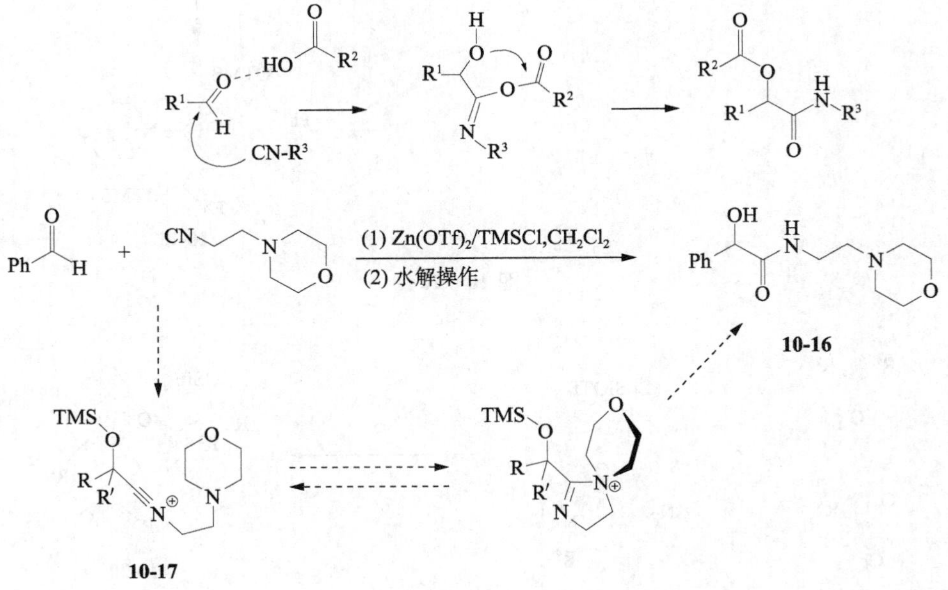

(1) $Zn(OTf)_2$/TMSCl, CH_2Cl_2
(2) 水解操作

10-16

10-17

图 10-24

实验过程中还发现,如果预先将醛组分与吗啉或者是二乙胺在溶剂中混合后,再与异氰乙酰胺进行反应,则可以顺利得到噁唑环衍生物[29],如图 10-25 所示,这是合成噁唑环的一种新的多组分反应。进一步用亚胺来替代醛,结果发现,在这个反应中,尽管在吡啶盐酸盐或者是三乙胺盐酸盐的存在下产物产率明显提高,但是并不需要使用 Lewis 酸作为催化剂。

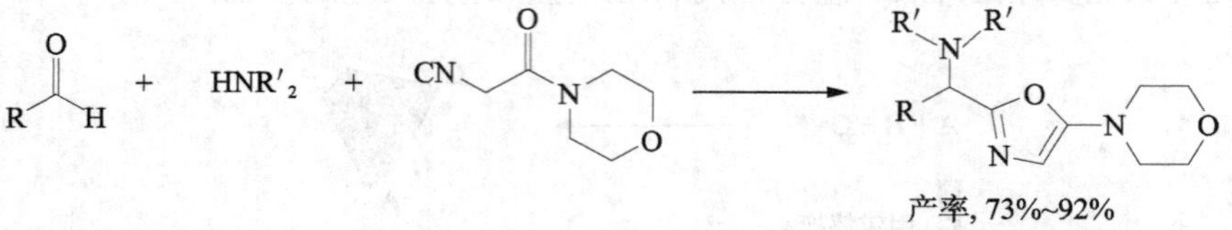

产率, 73%~92%

图 10-25

事实上,在苯甲醛与异氰乙酰吗啉的反应体系中还发现了一种副产物 **10-18**,如图 10-26 所示,这一副产物很可能是苯甲醛与 **10-19** 发生反应而得到的,如果使用 2 当量的苯甲醛进行反应,化合物 **10-18** 则成为主要产物,从而进一步证实了上述的反应机理。这个意外的发现为设计新的多组分反应提供了机会,因为它表明 5-氨基噁唑的 4 位具有很高的反应活性。为此,人们又设计出了一种新的四组分反应,如图 10-27 所示,羰基化合物、Et_3SiOTf、异氰乙酰胺和酰氯发生四组分反应得到 2,4,5-三取代噁唑衍生物 **10-20**[30]。

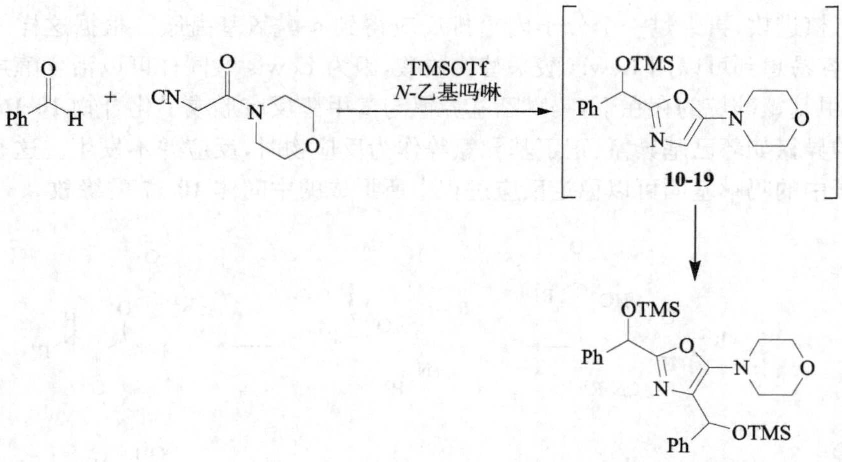

TMSOTf
N-乙基吗啉

10-19

10-18

图 10-26

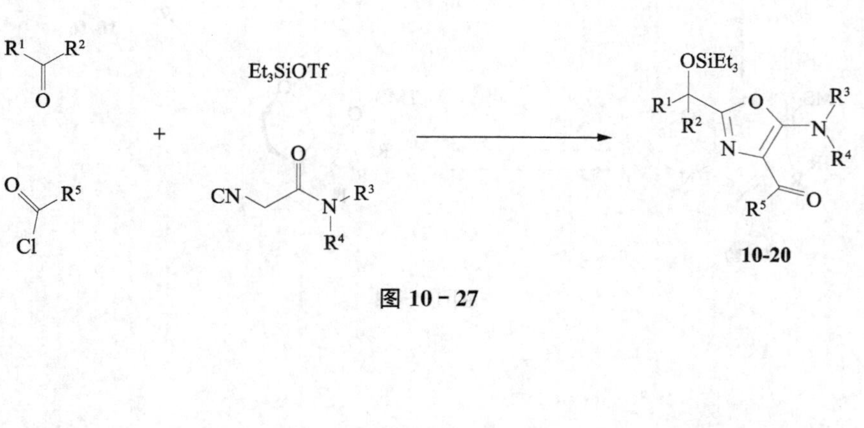

Et_3SiOTf

10-20

图 10-27

10.4　水相有机合成

由于长期以来，人们一直认为“不溶解就不会发生化学反应”，绝大多数有机化合物在水中的溶解度很小，甚至不溶解。因此，通常情况下，有机化学反应都是在有机溶剂中进行的。然而，在工业上使用有机溶剂进行化学反应往往带来很大的环境污染。因此，寻求绿色的反应介质一直是合成化学家的一个重要科学目标[31]。

事实上，自然界却是选择“水”作为各种转化过程的反应介质。有趣的是，由维勒报道的第一例有机合成反应，即尿素的制备就是在水溶液中进行的。当然，如果从真正意义上的有机合成来讲，第一例以水为反应介质的有机合成反应是在 1882 年由拜尔(Baeyer)和 Drewsen 报道的[32]。如图 10－28 所示，邻硝基苯甲醛在丙酮-水中的悬浮液在 NaOH 的作用下，可以形成一种蓝色的沉淀，即目标产物靛蓝(**10-21**)，这是一种还原染料，也是人类最早应用的天然染料之一。

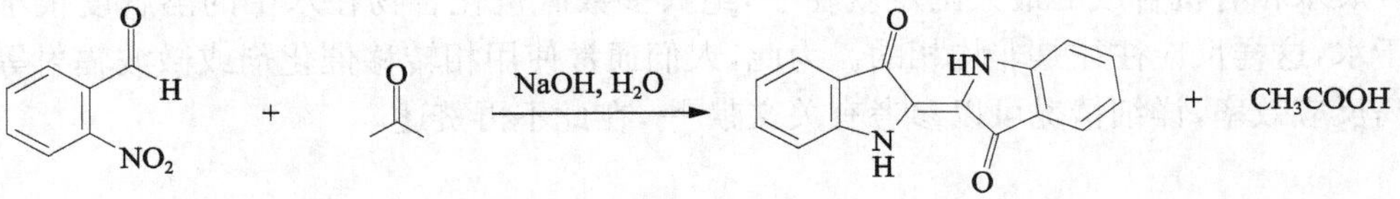

NaOH, H_2O　　+ CH_3COOH

10-21

图 10－28

水具有很多独特的物理和化学性质。例如，它可以在较宽的温度范围内保持液态、容易形成氢键、具有高的热容量、较大的介电常数及最佳的氧气溶解度。这些独特的性质是由水分子的独特结构所决定的。因此，近年来有关水分子结构的研究也是一个新的热点，关于利用水分子来提高有机反应速率以及影响反应选择性的研究也有较多的报道。

文献报道了第一例水分子对两种不溶于水的化合物之间 Diels-Alder 反应的反应速率及选择性的促进效应[33, 34]。结果表明，在稀的水溶液中进行反应时，环戊二烯与丁烯酮之间的 Diels-Alder 反应的反应速率和选择性均可以得到明显改进，表 10－1 列出了该反应在不同溶剂中进行时的二级速率常数。从表 10－1 可以看出，在水溶液中的反应速率是在 2,2,4-三甲基戊烷中反应速率的 740 倍，是甲醇中反应速率的 58 倍。非常有趣的是，当加入4.8 mol・L^{-1}的氯化锂之后，反应速率得到进一步的提高。表 10－2 列出了在不同溶剂中进行 Diels-Alder 反应的选择性情况，从中可以看出，当反应在水中进行时，我们可以得到最高的选择性。

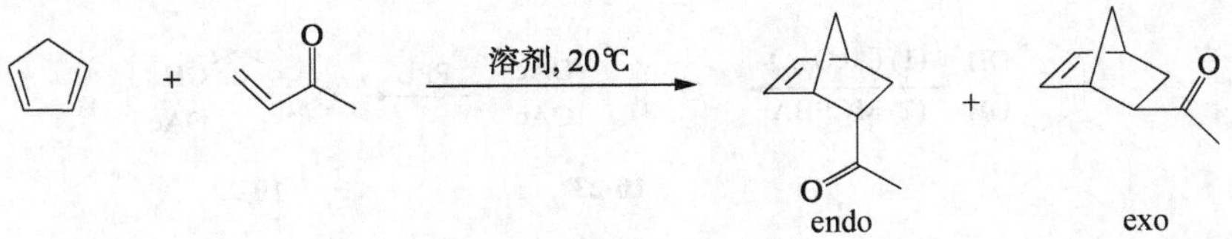

溶剂, 20℃

endo　　exo

表 10-1 环戊二烯与丁烯酮在不同溶剂中 Diels-Alder 反应的速率常数

反应溶剂	$k_2 \times 10^5/(mol \cdot L^{-1} \cdot s^{-1})$
2,2,4-三甲基戊烷	5.94 ± 0.3
甲醇	75.5
水	4400 ± 70
水(含 4.86 mol·L^{-1}的 LiCl)	10,800

表 10-2 不同溶剂对环戊二烯与丁烯酮 Diels-Alder 反应选择性的影响

反应溶剂	endo/exo
无溶剂(使用过量的丁烯酮)	3.85
乙醇	8.5
水	21.4

开展水相有机合成的最大困难就在于,绝大多数有机化合物在水中的溶解度很小甚至不溶于水,这样反应往往是非均相的。为此,人们通常使用相转移催化剂或微波辐射等手段来提高反应效率,详细情况可以参考有关文献[35],在此不再赘述。

10.5 生物催化的有机合成

生物催化(biocatalysis)是指利用酶或者生物有机体(全细胞、细胞器、组织等)作为催化剂实现化学转化的过程,又称为生物转化(biotransformation)。生物催化中常用的有机体主要是微生物,其本质是利用微生物细胞内的酶进行催化。生物催化通常具有以下几个方面的优点:① 反应条件温和,基本上在常温、中性和水相等环境中进行;② 具有高度的底物选择性以及化学反应选择性(区域选择性、化学选择性和立体选择性)。因此,生物催化的有机合成是一种绿色合成,成为有机合成化学的一个重要发展方向。

在经典有机合成中要实现二酯的区域选择性水解生成单酯是一件比较困难的事情,尤其是要制备光学活性的单酯则更为不易。但是,在水解酶的催化下,这一过程则是一件很简单的事情。例如,文献[36]报道了利用水解酶选择性水解二酯成功制备环氧类昆虫信息素的重要中间体 **10-22**。如图 10-29 所示,以 2-丁烯-1,4-二醇为起始原料,经过酯化和环氧化制得二酯 **10-23**。然后,在含 30%异丙醚的磷酸缓冲溶液中,用猪胰脂酶(PPL)作为催化剂,二酯 **10-23** 进行区域选择性水解制得光学活性的(2*S*, 3*R*)单酯 **10-22**,*e.e.* 值可达 91%,且分子中的环氧环在整个反应过程中不受影响。

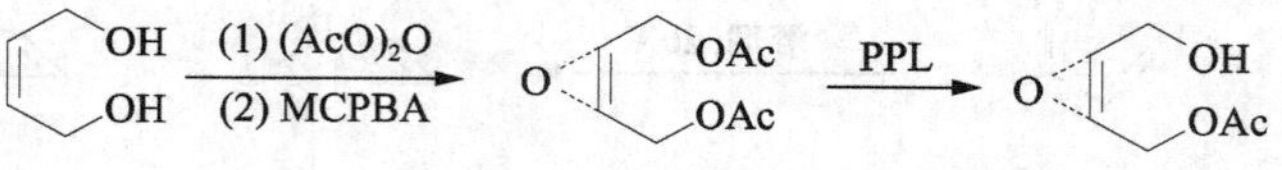

OH OH —(1) $(AcO)_2O$ (2) MCPBA→ O OAc OAc (**10-23**) —PPL→ O OH OAc (**10-22**)

图 10-29

人们还报道了一种“酶催化的二级不对称转化反应”来制备光学活性的中间体[37]。因为在使用酶催化反应进行外消旋体拆分的时候，所得的单一异构体的最高产率也只有 50%，而另一个异构体通常是无用的。为此，人们将酶催化反应与外消旋化作用进行巧妙的结合，设计了一种“酶催化的二级不对称转化反应”，使得单一异构体的产率得到显著提高。如图 10－30 所示，在离子交换树脂的作用下，芳香醛与丙酮氰醇发生可逆性的氰基交换反应，生成外消旋的氰醇 **10-24**。然后，在酯酶的催化下，**10-24** 发生对映选择性的酯交换反应生成 *S*-构型的氰醇乙酸酯 **10-25**。与此同时，为了维持可逆性氰基交换反应的平衡，*R*-构型的氰醇 **10-24** 会通过外消旋化作用而不断转化为 *S*-构型的氰醇 **10-24**。这样，经过循环往复，一个外消旋的氰醇就被完全转化为单一构型的氰醇乙酸酯，产物的光学纯度可达 80%～91%，产率可达70%～96%。

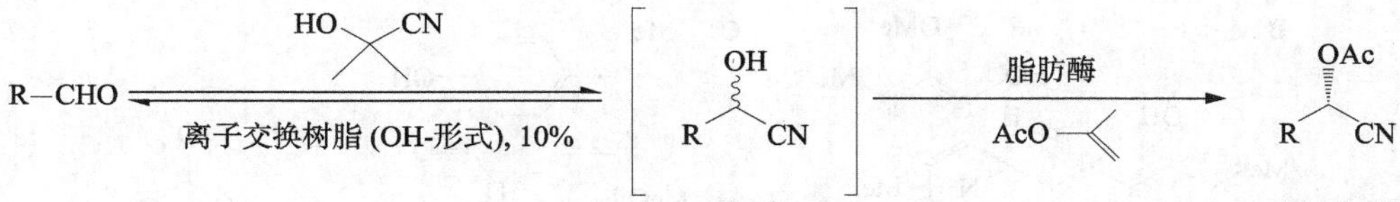

R—CHO ⇌ (HO, CN; 离子交换树脂 (OH-形式), 10%) [OH / R, CN] **10-24** → (脂肪酶; AcO) OAc / R, CN **(*S*)-10-25**

图 10－30

当然，生物催化也有一定的局限性。例如，生物催化剂在反应介质中往往不是太稳定，能够在工业上进行大规模使用的生物催化剂还很少。此外，开发生物催化剂的周期也比较长。为此，人们也在不断地发展一些新的技术来克服上述不足。例如，发展固定化技术不仅可以提高生物催化剂的稳定性，而且还可以使生物催化剂易于与反应体系进行分离。此外，在计算机辅助下利用基因工程重组技术来设计开发新型生物催化剂也成为近年来生物催化研究领域的一个重要方向[38]。

10.6　靶标导向的有机合成和多样性导向的有机合成

自从有机合成化学诞生以来，以获得特定靶标分子为目标的合成化学研究取得了显著进展，这种合成通常被称为“靶标导向的有机合成（Target-oriented organic synthesis，TOS）”。因此，在 TOS 中不可避免地需要用到逆合成分析策略。TOS 的目标分子通常是天然产物分子、药物分子或它们的类似物。由于天然产物分子往往是自然界经过长期进化之后而选择的，因此人们热切期望能够通过将合成大量的、多样性的小分子和高通量筛选技术进行有机结合来发现可以解决化学、生物学和药学领域中复杂问题的合成分子。多样性导向的有机合成（Diversity-oriented organic synthesis，DOS）正是为了满足这一需求而诞生的[39]。在 TOS 中，复杂性和多样性是非常重要的因素，这是因为许多可以调控蛋白质-蛋白质相互作用的天然产物往往是结构复杂的有机分子，而且构建结构多样性分子集合是提高发现有价值合成分子成功率的关键。

如图 10－31 所示，TOS 的目标是合成一个特定的分子。因此，逆合成分析是从一个复杂的目标结构开始的，目的是找到简单的起始原料。相反，DOS 并没有特定的目标分子，因此逆合成分析在 DOS 中无法发挥作用。为此，人们又提出了“正向合成分析（forward synthetic analysis)”，目的是为了帮助设计可以高效率实现最大复杂性和多样性的 DOS 路线。所谓正向合成分析，也就是沿着从反应物到产物的方向来分析合成反应路线，如图 10－32 所示。

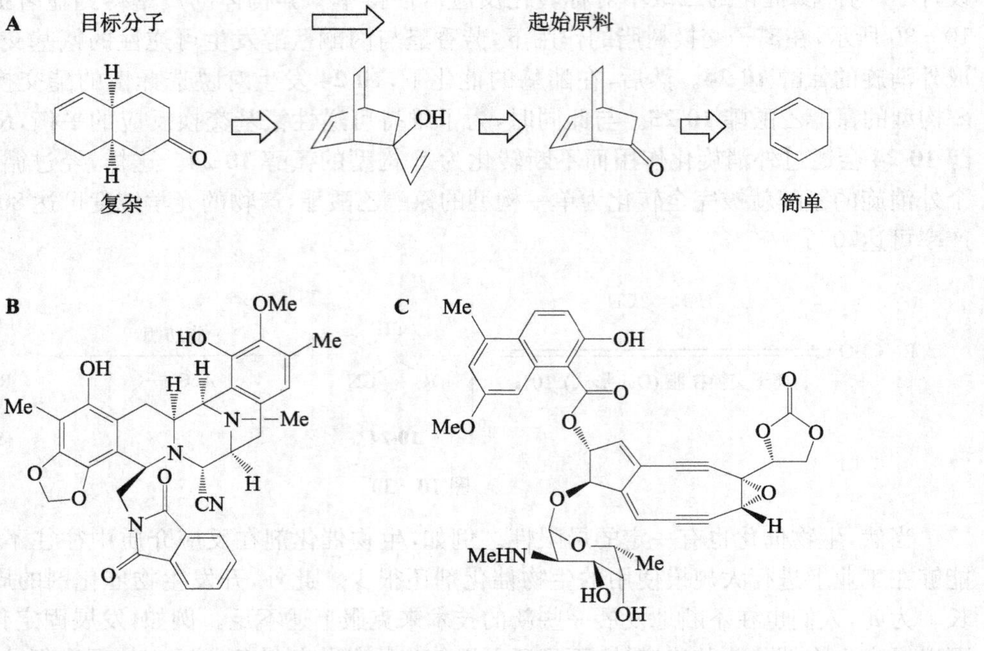

图 10－31 靶标导向的有机合成(Target-oriented organic synthesis, TOS)[40-42]：逆合成分析从一个复杂的结构开始，直到找到一个简单的起始原料。化合物 B 和 C 分别是两种通过逆合成分析方法合成的小分子，其中化合物 B 是具有抗癌活性的合成分子，而化合物 C 是具有抗细胞增殖活性的天然产物

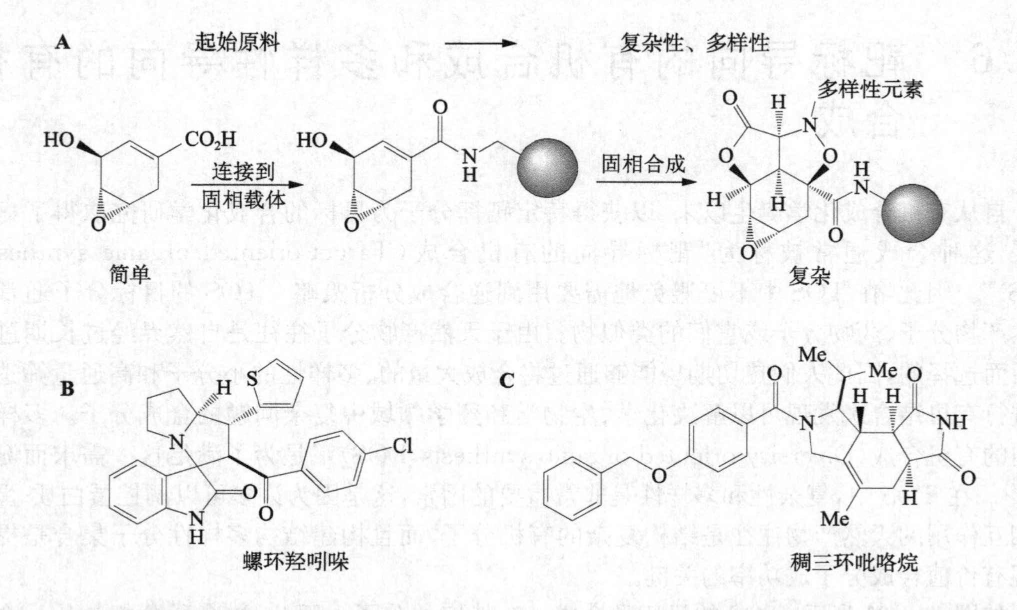

图 10－32 多样性导向的有机合成(Diversity-oriented organic synthesis, DOS)[43-45]：正向合成分析从一个简单的原料开始，通过一系列的反应合成结构复杂的多样性分子集合。化合物 B 和 C 就是两种通过 DOS 得到的可以用于调控与疾病相关生理过程的小分子

DOS 中的多样性通常包括三个方面[46]：构筑基元的多样性、立体化学多样性和分子骨架多样性。图 10－33 列出了一些常见的构筑基元[47]，包括醇、硫醇、醛、酰氯、异氰酸酯、肼以及羟胺等，这些多样性的构筑基元是实现目标分子集合多样性的基础。

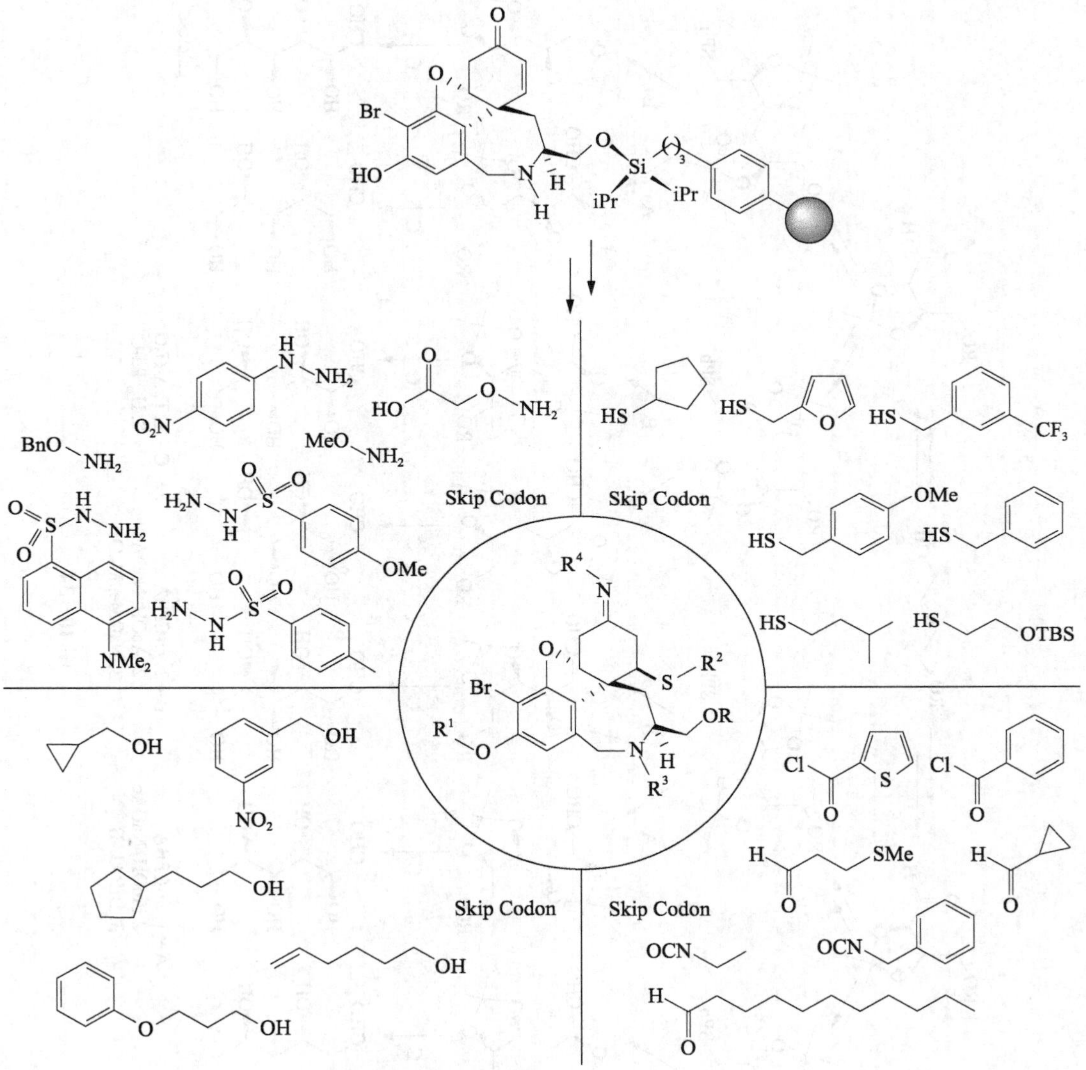

图 10－33

但需要指出的是，为了产生立体化学和分子骨架的多样性，则必须要依赖于进攻试剂而不是底物（即构筑基元）。这主要是因为对于一个前手性的进攻试剂而言，每个底物分子有可能以不同的非对映选择性来与之进行反应。因此，人们要求进攻试剂必须有足够的能力可以克服底物固有的立体化学倾向而产生单一的非对映体产物。例如，Sharpless 环氧化反应就是一种可以满足这种要求的化学反应[48]，如图 10－34 所示。

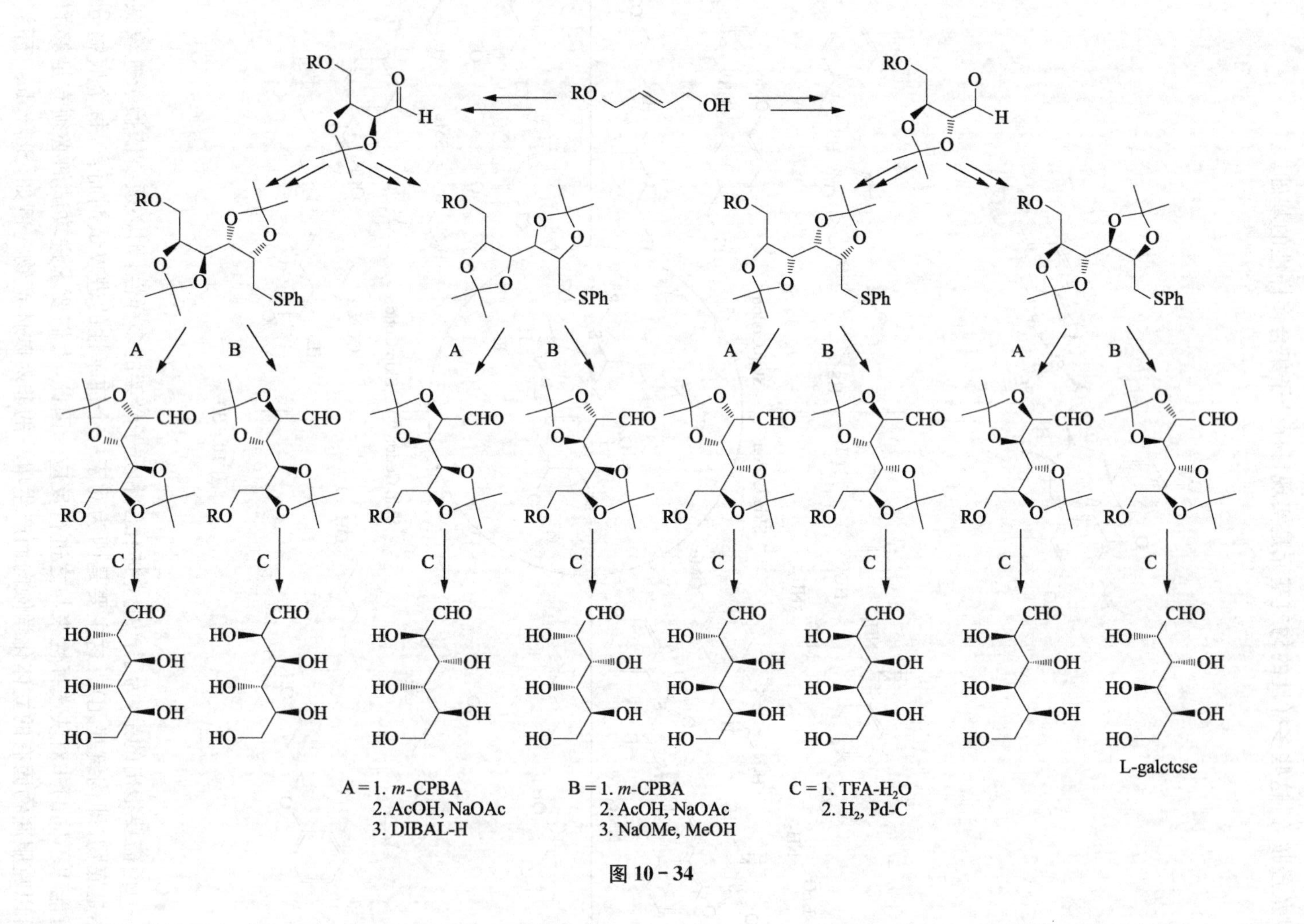
A = 1. m-CPBA
2. AcOH, NaOAc
3. DIBAL-H
B = 1. m-CPBA
2. AcOH, NaOAc
3. NaOMe, MeOH
C = 1. TFA-H2O
2. H2, Pd-C
L-galctcse

图 10－34

此外，人们还提出了一种分支反应途径（branching reaction pathway）策略来实现分子骨架多样性[49]。其基本思路是，使单一的分子骨架在不同的反应条件下进行反应，从而获得不同的分子骨架。如图 10－35 所示，一个官能团化的十二元环既可以与环氧化试剂反应得到一种分子骨架，也可以进行烷基化、环氧化、重排等一系列反应而产生不同的分子骨架。

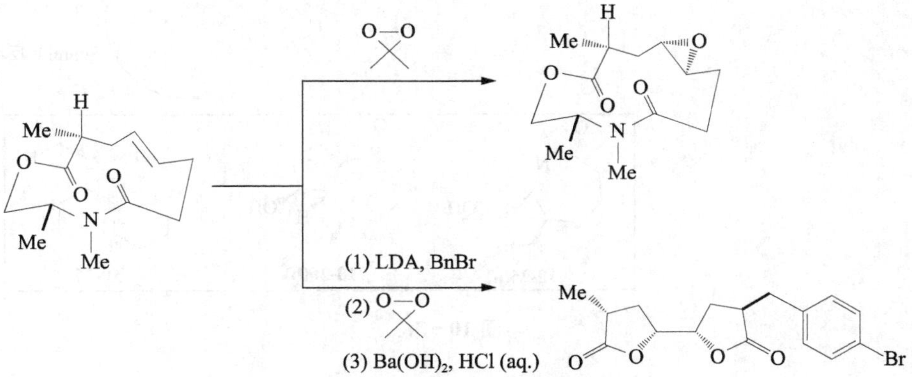

(1) LDA, BnBr
(2)
(3) $Ba(OH)_2$, HCl (aq.)

图 10－35

10.7　基于一锅反应方法学的有机合成

生命活动实际上是由一系列高度有序的高效化学反应串联起来的，因此，人们一直试图努力去模仿生物体内的这种高度有序的连续反应过程，在一个反应瓶内连续进行多步骤反应来合成比较复杂的目标分子，这样可以不用进行中间体的分离，免除了复杂后处理所带来的消耗和污染，从而降低了废弃物的产生，是一种环境友好的合成反应。近年来发展的多米诺反应（domino reaction）、串级反应（cascade reaction）、串联反应（tandem reaction）和前面讲到的多组分反应等都属于这种基于一锅反应方法学的有机合成策略。

Domino 反应是指在一个反应瓶内，两个或更多个反应依次有序地进行，前一反应的产物是下一反应的反应物。与传统多步骤合成相比，Domino 反应具有更高的合成效率。例如，文献[50]报道了一种利用 Domino 反应来合成内酰胺的方法。如图 10－26 所示，2-环己烯-1-酮和烯丙基三甲基氯硅烷在 Lewis 酸 $TiCl_4$ 的催化下首先发生 Sakurai 反应，通过 TLC 监测反应完成后再加入 3-叠氮基丙醛进行 Aldol 反应和 Schmidt 反应，以 36%～42%的产率和较高的非对映选择性给出预期的内酰胺 **10-26**[**10-26**(a)：**10-26**(b)＝6.4：1]，同时还生成了 10%的化合物 **10-27**。由于整个反应不需要进行中间体的分离，因而合成效率明显提高。

Aspidophytine 是一种具有杀虫活性的天然产物，关于它的全合成是一个具有极大挑战性的研究课题。Corey 小组[51]利用一个由阳离子引发的串级反应作为关键步骤成功实现了 Aspidophytine 的全合成。如图 10－37 所示，在 23℃的条件下，将化合物 **10-28** 的乙腈溶液缓慢地滴加到化合物 **10-29** 的乙腈溶液中，反应 5 min 后，将反应液冷却到 0℃。然后，缓慢滴加到剧烈搅拌的三氟乙酸酐的乙腈溶液中，滴加过程中始终保持反应体系在 0℃。然后，在 0℃下继续反应 2 h 后，产生的黄色溶液用 5 当量的 $NaBH_3CN$ 进行处理，经过萃取和硅胶柱层析，可以 66%的产率得到合成 Aspidophytine 所需的关键中间体 **10-30**。由化合物

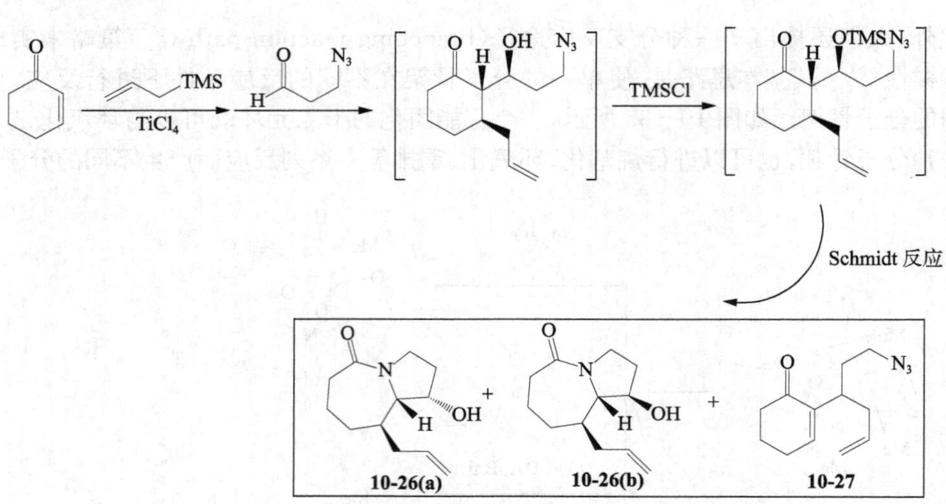

图 10-36

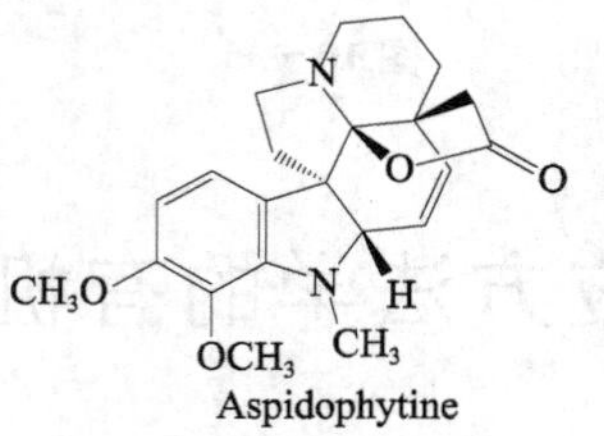

Aspidophytine

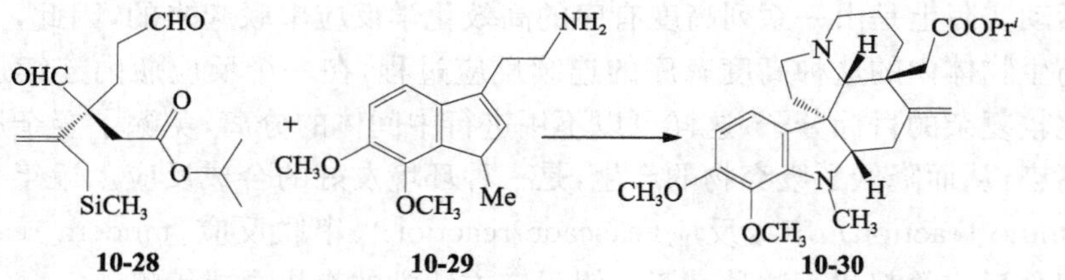

10-28　10-29　10-30

图 10-37

10-28 和 **10-29** 来制备化合物 **10-30** 实际上经历了 5 步转化，但这些转化都是在一锅中进行，无须进行中间体的分离，大大提高了合成效率。

串联反应是第一步反应生成的活泼中间体接着进行后面步骤的反应。例如，Ghosh 等人[52]报道了一篇"一锅法"生成苯并呋喃及其衍生物的串联反应。如图 10-38 所示，邻碘苯

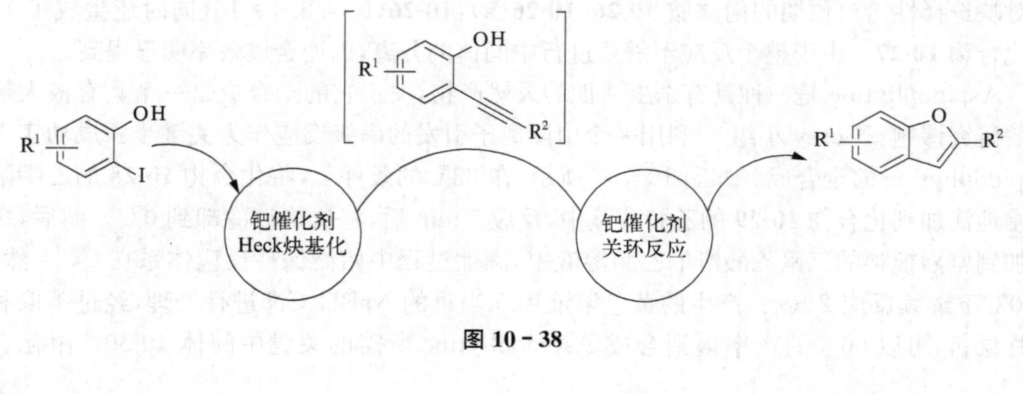

钯催化剂
Heck炔基化

钯催化剂
关环反应

图 10-38

酚及其衍生物与端炔在钯催化剂的作用下首先发生 Heck 炔基化反应生成炔基苯酚及其衍生物，然后它再进一步发生关环反应生成苯并呋喃及其衍生物。值得一提的是，他们利用这种策略合成了天然产物 Egonol 的重要中间体 **10-31**(见图 10－39)。

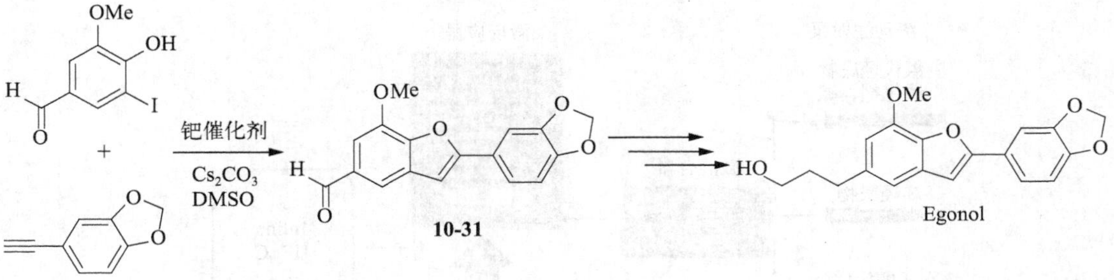

钯催化剂, Cs_2CO_3, DMSO

10-31　　Egonol

图 10－39

10.8　基于微反应技术的有机合成

微反应器(Microreactor)也被称为“微通道”反应器(Micro-channel reactor)[53](如图10－40所示，该装置是由德国 IMM 公司开发出来的)，是由美国 Dupont 公司于 20 世纪 90 年代初率先开发出来。此后，微反应技术得以迅速发展并成为科研院校和企业界共同的研究热点，其在医药、农药、特种材料及精细化工产品及中间体的合成中已得到广泛应用[54]。进入 21 世纪以来，各大跨国公司也开始关注这一新兴技术并成立专门的微反应技术部门开展相关工业领域的应用研究。2010 年，瑞士龙沙公司(Lonza)和德国拜耳-埃尔费尔德微技术公司(EMB)合作向市场推出了符合 GMP 认证要求的 Flowplate 系列微反应器。微反应技术具有以下优势：① 在传质、传热、恒温等方面表现出的巨大优势；② 良好的可操作性，安全性高；③ 反应工艺条件可精确控制和快速筛选，反应效率高，适用于复杂化学反应；④ 小试工艺不需中试可直接放大，研发周期大幅缩短，连续化工艺便于自动化控制。由此可见，微反应技术具有良好的应用前景。

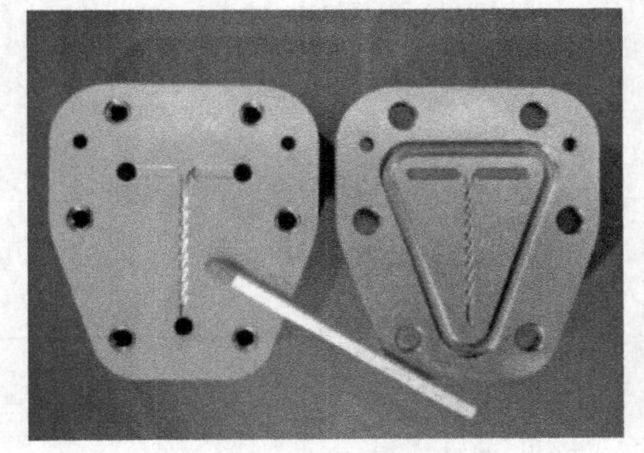

图 10－40　微反应器

目前，将微反应技术用于各类有机合成反应已成为研究热点。2010 年，Buchwald，Jensen 等人[55]成功利用微反应技术应用于经典的 Heck 反应。在这篇报道中，氯代烃底物、钯催化剂和碱的混合物，烯烃底物和正丁醇分别加入 3 个不同的注射器，利用流动注射泵控制 3 个注射器的流速并进入微混合器，再进入微反应器中，最后用 HPLC 进行检测(见图10－41)。这种将自动化集成到连续流体系方法是一种有机合成的有效新方法，该方法可以快速、高效地实现反应条件的优化，并直接将实验室所得结果进行规模扩大。此后，Buchwald 课题组又利用微反应技术发展了一种三步合成策略以高收率和高对映选择性的方式合成了一系列手性 β-芳基酮类化合物(见图 10－42)[56]。该策略充分发挥了这种技术的优势，主要优势在于：① 使用廉价的反应原料；② 室温下实现锂化反应；③ 反应时间短且无须分离芳基硼类化合物。

$F_3C-C_6H_4-Cl$ + 2,3-二氢呋喃 $\xrightarrow[\text{正丁醇},90℃]{\text{催化剂,碱}}$ $F_3C-C_6H_4$-二氢呋喃

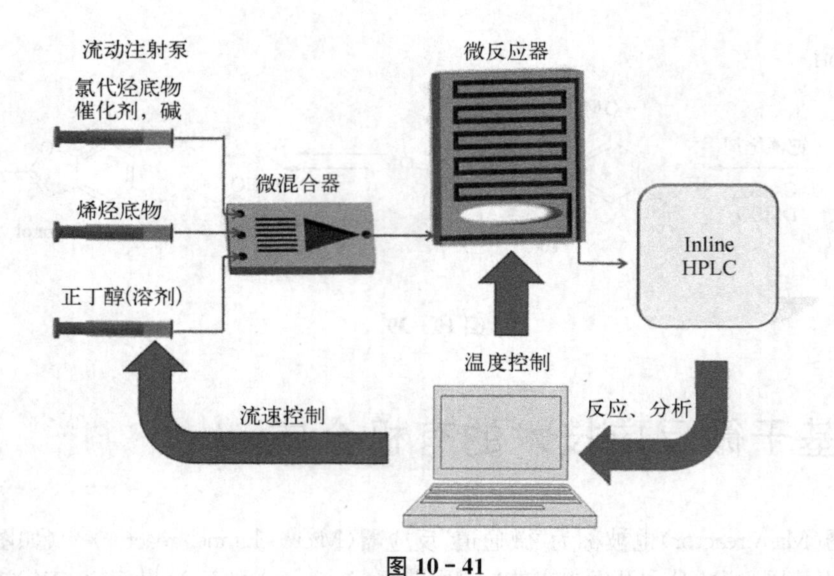

图 10－41

$$\text{Ar—Br} \xrightarrow[\text{(2) B(O}^i\text{Pr)}_3,\ 60℃,6\text{ s}]{\text{(1) }^n\text{BuLi, RT},2\sim50\text{ s}} \text{Ar—B(O}^i\text{Pr)}_3 + R^1\text{C(=O)CH=CHR}^2 \xrightarrow[\text{KOH, THF/H}_2\text{O, }60℃,10\sim20\text{ min}]{\text{铑催化剂, 手性配体}} R^1\text{C(=O)CH}_2\text{CH(Ar)R}^2$$

收率：67%~91%

83%–>99.5%*e.e.*

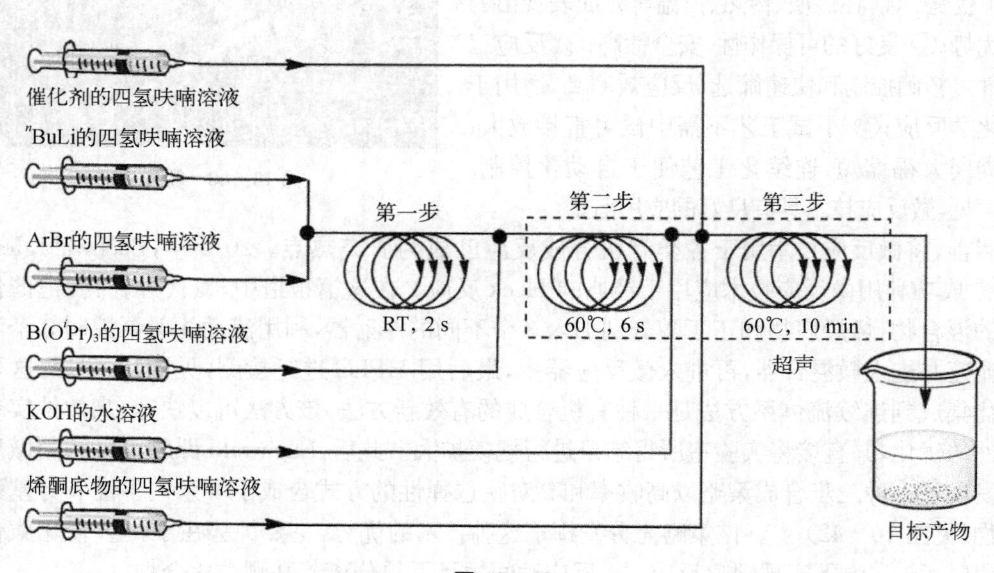

图 10－42

不久前,Fülöp 等人利用微反应技术发展了一种固态多肽合成的高效策略,该策略是一种经济、可持续的策略,可以自动合成毫克到克级的产物[57]。这种方法仅需使用 1.5 当量的氨基酸作为原料即可几乎定量转化成相应的多肽,多种氨基酸可以被高效转化成相应的多肽(如图 10－43 所示)。尤为值得一提的是,传统方法难以合成的多肽及β-肽折叠体也可以以高收率得以合成(如图 10－44 所示),因此,这种基于微反应技术的多肽合成新方法是一种具有潜在应用前景的新方法。

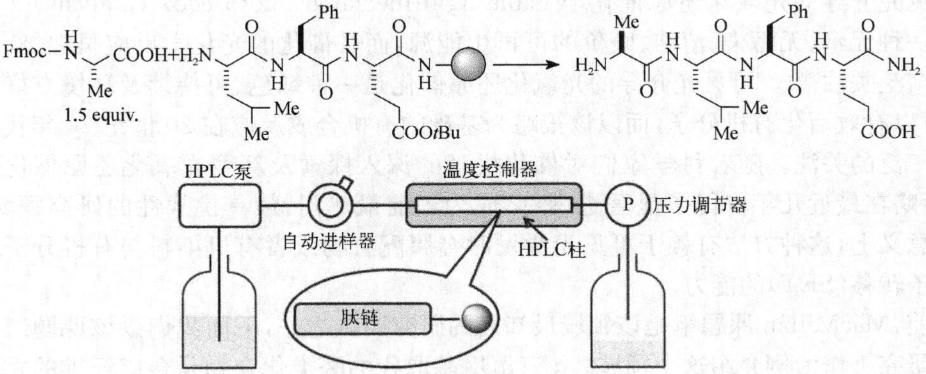

Fmoc—NH—CH(Me)—COOH + H_2N—Leu—Phe—Glu(OtBu)—NH—(树脂) → H_2N—Ala—Leu—Phe—Gln—NH_2

1.5 equiv.

HPLC泵　自动进样器　温度控制器　HPLC柱　压力调节器　肽链

图 10－43

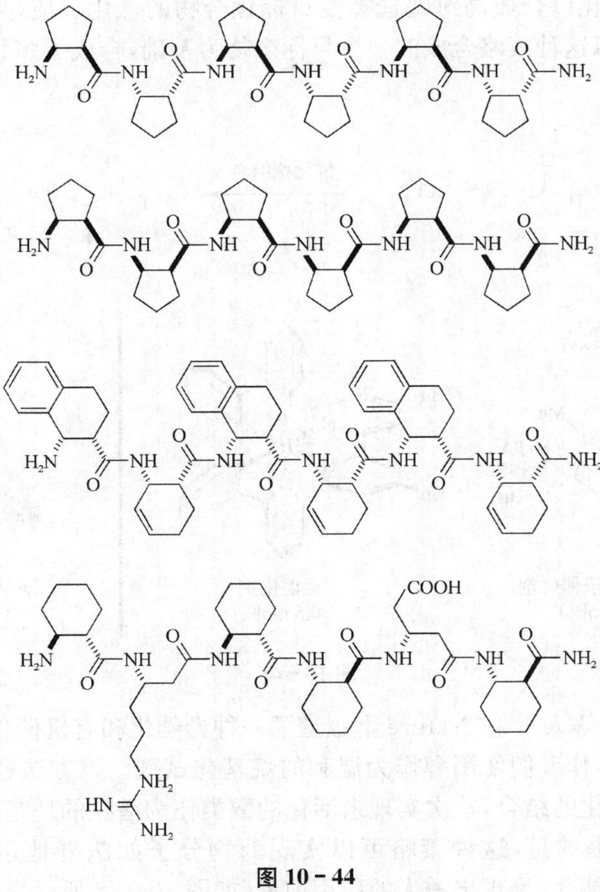

图 10－44

10.9 基于可见光介导的光氧化还原催化的有机合成方法学

催化领域的基本目标之一是发展小分子活化的新模式，而其中一种近期备受关注的方法是可见光介导的光氧化还原催化(Visible light-mediated photoredox catalysis)[58,59]。可见光是一种无毒、无污染、清洁、廉价的可再生能源，而其催化的光化学反应早在 20 世纪初已得到广泛关注[60]。可见光介导的光氧化还原催化是一种绿色、可持续及环境友好的合成策略，可以有效活化有机分子，而以该策略为基础的有机合成反应在 20 世纪 70 年代后期开始得到广泛的关注。随着科学家们对催化机理的深入探索及新型光氧化还原催化剂的发展，该策略在最近几年取得了显著进展，已成为当前最热门、最具挑战性的研究领域之一。在一般意义上，这种方法有赖于可见光激发时金属配合物或者有机染料与有机分子之间发生单电子转移(SET)的能力。

目前，MacMillan 课题组是该领域最知名的研究团队之一，下面我们以该课题组的两个代表性研究工作为例介绍这个领域。α-三氟甲基取代的醛类化合物是合成纤维的重要中间体。2009 年，MacMillan 等将可见光、光催化剂与有机小分子催化剂结合，首次报道了醛的不对称 α 位三氟甲基化以合成高对映选择性目标化合物的催化反应(见图 10－45)[61]。在这篇报道中，他们还以这种策略合成的一个目标产物为基础，合成了多种含有机氟的合成纤维(见图 10－46)。

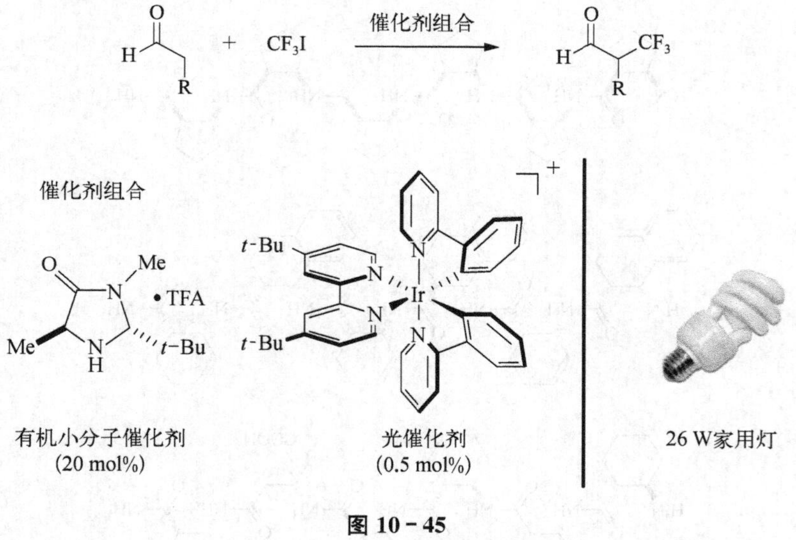

催化剂组合

有机小分子催化剂 (20 mol%)　　光催化剂 (0.5 mol%)　　26 W家用灯

图 10－45

最近，MacMillan 等人[62]在 Nature 上报道了一种光催化和有机催化结合的杂环烷基化反应。在这篇报道中，作者们使用醇作为温和的烷基化试剂。该方法通过光诱导氧化还原催化与氢原子转移催化的结合，首次实现未活化的醇类作为潜在的烷基化试剂(如图 10－47 所示)。尤为值得一提的是，这种策略可以实现药物分子如法舒地尔(fasudil)和米力农(milrinone)的后期功能化，展现出诱人的应用前景(如图 10－48 所示)。

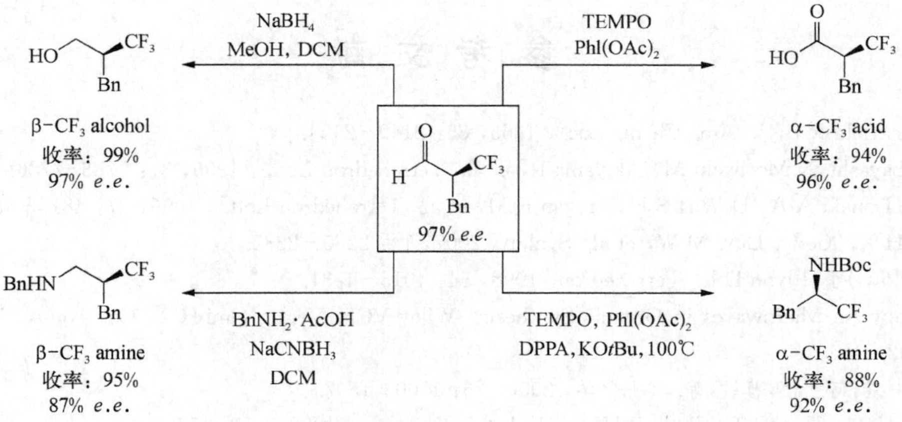

NaBH$_4$ MeOH, DCM

TEMPO PhI(OAc)$_2$

β-CF$_3$ alcohol
收率：99%
97% *e.e.*

97% *e.e.*

α-CF$_3$ acid
收率：94%
96% *e.e.*

BnNH$_2$·AcOH NaCNBH$_3$ DCM

TEMPO, PhI(OAc)$_2$ DPPA, KO*t*Bu, 100℃

β-CF$_3$ amine
收率：95%
87% *e.e.*

α-CF$_3$ amine
收率：88%
92% *e.e.*

图 10-46

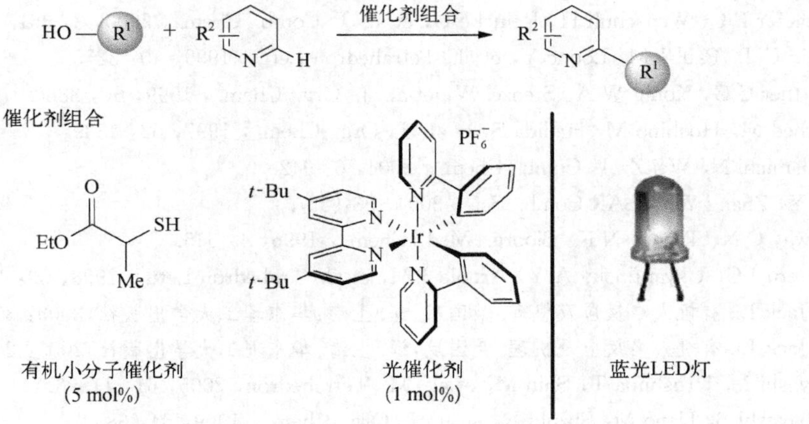

催化剂组合

催化剂组合

有机小分子催化剂
(5 mol%)

光催化剂
(1 mol%)

蓝光LED灯

图 10-47

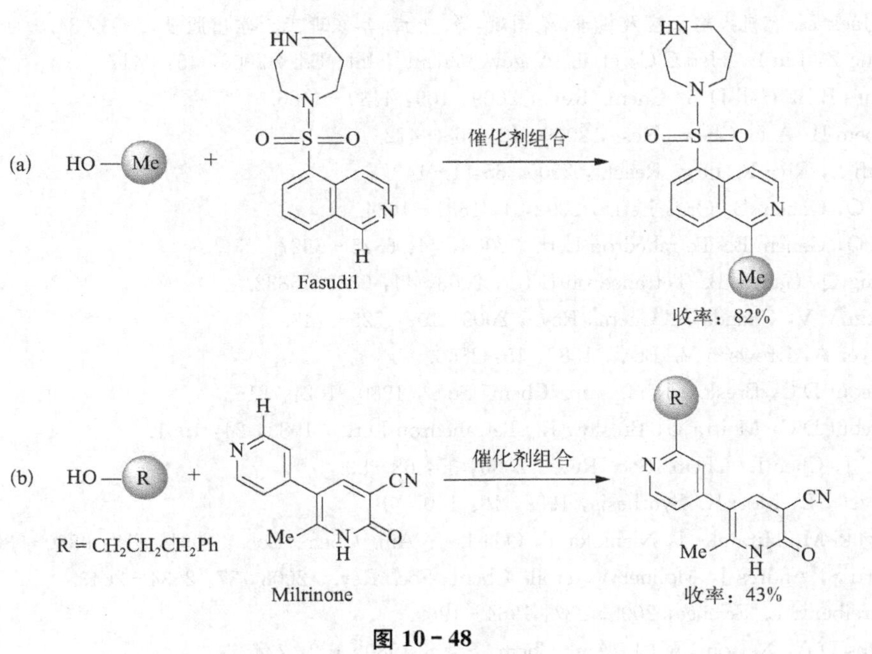

(a)

催化剂组合

Fasudil

收率：82%

(b)

R = CH$_2$CH$_2$CH$_2$Ph

催化剂组合

Milrinone

收率：43%

图 10-48

参 考 文 献

[1] Merrifield R B, J. Am. Chem. Soc., 1963, 85: 2149 - 2154.

[2] Kobayashi S, Moriwaki M, Akiyama R, et al. Tetrahedron Lett., 1996, 37: 7783 -7786.

[3] MacDonald A A, DeWitt S H, Hogan E M, et al. Tetrahedron Lett., 1996, 37: 4815 - 4818.

[4] Li H X, Xie C, Ding M W, et al. Synlett, 2007, 14: 2280 - 2282.

[5] Parlow J J, Flynn D L. Tetrahedron, 1998, 54: 4013 - 4031.

[6] Loupy A. Microwaves in Organic Synthesis. Wiley-VCH Verlag GmbH & Co. KgaA, Weinheim, 2002.

[7] 周中振,何彦祯,曹敏,等.有机化学, 2006, 26: 1500 - 1507.

[8] Yu H M, Chen S T, Chiou S H, et al. J. Chromatogr., 1988, 456: 357.

[9] Yu H M, Chen S T, Chiou S H, et al. J. Org. Chem., 1992, 57: 4781.

[10] Schaefer F C, Wenschuh H, Reineke U, et al. J. Comb. Chem., 2000, 2: 361.

[11] Brain C T, Paul J M, Loonc Y, et al. Tetrahedron Lett., 1999, 40: 3275.

[12] Blettner C G, Konig W A, Stenzel W, et al. J. Org. Chem., 1999, 64: 3885.

[13] Larhed M, Hoshino M, Hadida S, et al. J. Org. Chem., 1997, 62: 4539.

[14] Tadamichi N, Wei Z. J. Comb. Chem., 2004, 6: 942.

[15] Lu Y, Zhang W. QSAR Comb. Sci., 2004, 23: 827.

[16] Selway C N, Terrett N K. Bioorg. Med. Chem., 1996, 4: 645.

[17] Cotteril I C, Usyantinsky A Y, Arnold J M, et al. Trahedron Lett., 1998, 39: 1117.

[18] Jie Jack Li. 有机人名反应及机理.荣国斌,译.上海:华东理工大学出版社,2003: 399.

[19] Jie Jack Li. 有机人名反应及机理.荣国斌,译.上海:华东理工大学出版社,2003: 246.

[20] Hayashi Y, Urushima T, Shin M, et al. M. Tetrahedron, 2005, 61: 11393.

[21] Kobayashi S, Ueno M, Suzuki R, et al. J. Org. Chem., 1999, 64: 6833.

[22] Semple J E, Wang P C, Lysenko Z, et al. J. Am. Chem. Soc., 1980, 102: 7505.

[23] Jie Jack Li. 有机人名反应及机理.荣国斌,译.上海:华东理工大学出版社,2003: 34.

[24] Hong Z, Liu L, Hsu C C, et al. Angew. Chem., Int. Ed., 2006, 45: 7417.

[25] Toure B B, Hall D G. Chem. Rev., 2009, 109: 4439 - 4486.

[26] Ganem B. Acc. Chem. Res., 2009, 42: 463 - 472.

[27] Banfi L, Riva R. Org. React., 2005, 65: 1 - 140.

[28] Xia Q, Ganem B. Org. Lett., 2002, 4: 1631 - 1634.

[29] Xia Q, Ganem B. Tetrahedron Lett., 2003, 44: 6825 - 6827.

[30] Wang Q, Ganem B. Tetrahedron Lett., 2003, 44: 6829 - 6832.

[31] Fokin V V, Chanda A. Chem. Rev., 2009, 109: 725 - 748.

[32] Baeyer A, Drewsen V. Ber., 1882, 15: 2856.

[33] Rideout D C, Breslow R. J. Am. Chem. Soc., 1980, 102: 7816.

[34] Rideout D C, Moitra U, Breslow R. Tetrahedron Lett., 1983, 24: 1901.

[35] Li C J, Chen L. Chem. Soc. Rev., 2006, 35: 68 - 82.

[36] Brevet J L, Mori K. Synthesis, 1992, 10: 1007.

[37] Inagaki M, Hiratake J, Nishioka T, Oda J. J. Am. Chem. Soc., 1991, 113: 9360 -9361.

[38] Marti S, Andres J, Moliner V, et al. Chem. Soc. Rev., 2008, 37: 2634 - 2643.

[39] Schreiber S L. Science, 2000, 287: 1964 - 1969.

[40] Evans D A, Nelson J V. J. Am. Chem. Soc., 1980, 102: 774.

[41] Martinez E J, Owa T, Schreiber S L, et al. Proc. Natl. Acad. Sci. U. S. A., 1999, 96: 3496.
[42] Myers A G, Liang J, Hammond M, et al. J. Am. Chem. Soc., 1998, 120: 5319.
[43] Spaller M R, Burger M T, Fardis M, et al. Curr. Opin. Chem. Biol., 1997, 1: 47.
[44] Powers D G, Casebier D S, Fokas D, et al. Tetrahedron, 1998, 54: 4085.
[45] Heerding D A, Takata D T, Kwon C, et al. Tetrahedron Lett., 1998, 39: 6815.
[46] Burke M D, Lalic G. Chem. Bio., 2002, 9: 535-541.
[47] Pelish H E, Westwood N J, Feng Y, et al. J. Am. Chem. Soc., 2001, 123: 6740-6741.
[48] Masamune S, Sharpless K B. Science, 1983, 220: 949-951.
[49] Lee D, Sello J K, Schreiber S L. J. Am. Chem. Soc., 1999, 121: 10648-10649.
[50] Huh C W, Somal G K, Katz C E, et al. J. Org. Chem., 2009, 74: 7618-7626.
[51] He F, Bo Y, Altom J D, et al. J. Am. Chem. Soc., 1999, 121: 6771-6772.
[52] Kumar A, Gangwar M K, Prakasham A P, et al. Inorg. Chem., 2016, 55: 2882-2893.
[53] Mason B P, Price K E, Steinbacher J L, et al. Chem. Rev., 2007, 107: 2300-2318.
[54] 张纪领,赵罗生.舰船防化,2010,6: 9-12.
[55] McMullen J P, Stone M T, Buchwald S L, et al. Angew. Chem. Int. Ed., 2010, 49: 7076-7080.
[56] Shu W, Buchwald S L. Angew. Chem. Int. Ed., 2012, 51: 5355-5358.
[57] Mándity I M, Olasz B, Ötavös S B, et al. ChemSusChem, 2014, 7: 3172-3176.
[58] Narayanam J M R, Stephenson C R. J. Chem. Soc. Rev., 2011, 40: 102-113.
[59] Prier C K, Rankic D A, MacMillan D W C. Chem. Rev., 2013, 113: 5322-5363.
[60] Ciamician G. Science, 1912, 36: 385-394.
[61] Nagib D A, Scott M E, MacMillan D W C. J. Am. Chem. Soc., 2009, 131: 10875-10877.
[62] Jin J, MacMillan D W C. Nature, 2015, 525: 87-90.

主要参考书

[1] 黄培强，靳立人，陈安齐. 有机合成. 北京：高等教育出版社，2004.

[2] 闻韧. 药物合成反应. 北京：化学工业出版社，2002.

[3] 麦凯 R K，等. 有机合成指南. 孟歌，译. 北京：化学工业出版社，2009.

[4] 陆国元. 有机反应与有机合成. 北京：科学出版社，2009.

[5] 谢如刚. 现代有机合成化学. 上海：华东理工大学出版社，2007.

[6] 张书圣，温永红. 有机合成——概念与方法. 李英，等译. 北京：化学工业出版社，2006.

[7] 薛志强，王志忠，张蓉，等. 现代有机合成方法与技术. 北京：化学工业出版社，2003.

[8] 林国强，陈耀全，陈新滋，等. 手性合成——不对称反应及其应用. 北京：科学出版社，2000.

[9] Greene T. 有机合成中的保护基. 华东理工大学有机化学教研组，译. 上海：华东理工大学出版社，2004.

[10] 巨勇，赵国辉，席婵娟. 有机合成化学与路线设计. 北京：清华大学出版社，2002.

[11] 武钦佩，李善茂. 保护基化学. 北京：化学工业出版社，2007.

[12] Paul Wyat，Stuart Warren. 有机合成——策略与控制. 张艳，王剑波，译. 北京：科学出版社，2009.

[13] Jie-Jack Li，Douglas S，Johnson Drago R，et al. 当代新药合成. 施小新，秦川，译. 上海：华东理工大学出版社，2005.

[14] Carey F A，Sundberg R J. Advanced Organic Chemistry，Part B. 4th Edition. New York：Plenum Press，2001.

[15] Wuts Peter G M，Greene Theodora W. Greene's protective groups in organic synthesis. 4th Edition. John Wiley & Sons，Inc.，2006.

内 容 提 要

本书共分 10 章。第 1 章是绪论，主要介绍有机合成的发展历史、发展趋势及面临的挑战。第 2 章主要介绍逆合成分析，包括逆合成分析的基本原理及合成子的概念，对常用的合成子进行重点介绍。第 3 章和第 4 章主要讨论碳碳单键和碳碳双键的形成。第 5 章主要介绍碳环的形成与断开。第 6 章主要介绍有机合成中的官能团保护。第 7 章重点介绍有机合成中的选择性。第 8 章主要介绍杂环化合物的合成。第 9 章主要介绍多步骤有机合成，还着重强调有机合成的高效性以及选择性控制，并进一步强化逆合成分析原理的应用。第 10 章主要对有机合成新技术和新方法进行介绍。每个章节后面均附有参考文献，可作为进一步的阅读材料。除了第 1 章和第 10 章之外，每章还附有少量的思考题，有些还标注了相应的参考文献，目的是引导学生深入思考。

本书既适合化学、应用化学及其相关专业本科生选作教材，又可作为有机化学专业的研究人员、教师的参考书和工具书。